阜陽職業技術學院

国家骨干高职院校建设项目成果

数控技术专业系列教材编委会

阜阳职业技术学院国家骨干高职院校建设项目成果

机械制图

主　　编　亓　华　刘青山

副主编　戴永明　侯培海

编写人员（以姓氏笔画为序）

亓　华　刘青山　张立新

陈囡囡　侯培海　戴永明

中国科学技术大学出版社

内 容 简 介

“机械制图”课程是机械制造及相关专业必修的一门技术基础课，主要培养学生读图和绘图的基本知识和基本技能。本书对“机械制图”方面的内容进行了全面的介绍，主要内容包括制图的基本知识与技能、基本体的三面投影及其表面交线、正投影零件图和装配图等。

本书适合高职高专机械制造及相关专业作为教材使用，对相关工程技术人员及自学者也有一定的参考价值。

图书在版编目(CIP)数据

机械制图/亓华，刘青山主编. —合肥：中国科学技术大学出版社，2015.1
ISBN 978-7-312-03620-0

Ⅰ.机…　Ⅱ.①亓…②刘…　Ⅲ.机械制图—高等职业教育—教材　Ⅳ.TH126

中国版本图书馆 CIP 数据核字(2014)第 311858 号

出版　中国科学技术大学出版社
安徽省合肥市金寨路 96 号，230026
http://press.ustc.edu.cn

印刷　合肥市宏基印刷有限公司

发行　中国科学技术大学出版社

经销　全国新华书店

开本　787 mm×1092 mm　1/16

印张　18.5

字数　473 千

版次　2015 年 1 月第 1 版

印次　2015 年 1 月第 1 次印刷

定价　40.00 元

总　序

邹　斌
（阜阳职业技术学院院长、第四届黄炎培职业教育杰出校长）

职业院校最重要的功能是向社会输送人才，学校对于服务区域经济和社会发展的重要性和贡献度，是通过毕业生在社会各个领域所取得的成就来体现的。

阜阳职业技术学院从1998年改制为职业院校以来，迅速成为享有较高声誉的职业学院之一，主要就是因为她培养了一大批德才兼备的优秀毕业生。他们敦品励行、技强业精，为区域经济和社会发展做出了巨大贡献，为阜阳职业技术学院赢得了“国家骨干高职院校”的美誉。阜阳职业技术学院迄今已培养出近3万名毕业生，有的成为企业家，有的成为职业教育者，还有更多人成为企业生产管理一线的技术人员，他们都是区域经济和社会发展的中坚力量。

2012年阜阳职业技术学院被列为国家百所骨干高职院校建设单位，学校通过校企合作，推行了计划双纲、管理双轨、教育“双师”、效益双赢，人才共育、过程共管、成果共享、责任共担的“四双四共”运行机制。在建设中，不断组织校企专家对建设成果进行总结与凝练，收获了一系列教学改革成果。

为反映阜阳职业技术学院的教学改革和教材建设成果，我们组织一线教师及行业专家编写了这套“国家骨干院校建设项目成果系列丛书”。这套丛书结合SP-CDIO人才培养模式，把构思（Conceive）、设计（Design）、实施（Implement）、运作（Operate）等过程与企业真实案例相结合，体现专业技术技能（Skill）培养、职业素养（Professionalism）形成与企业典型工作过程相结合。经过同志们的通力合作，并得到阜阳轴承有限公司等合作企业的大力支持，这套丛书于2014年9月起陆续完稿。我觉得这项工作很有意义，期望这些成果在职业教育的教学改革中发挥出引领与示范作用。

成绩属于过去，辉煌须待开创。在学校未来的发展中，我们将依然牢牢把握育人是学校的第一要务，在坚守优良传统的基础上，不断改革创新，提高教育教学质量，培养造就更多更好的技术技能人才，为区域经济和社会发展做出更大贡献。

我希望丛书中的每一本书，都能更好地促进学生职业技术技能的培养，希望这套丛书越编越好，为广大师生所喜爱。

是为序。

2014 年 10 月

前　言

“机械制图”课程是机械制造类及相关专业必修的一门技术基础课。本课程主要培养学生读图和绘图的基本知识和基本技能，为后续课程的学习和以后工作中的绘图工作、应用投影方法解决工程实际问题提供必要的基础。

本书是按照“高职高专专业人才培养目标及规格”的要求，依据教育部“高职高专机械制图课程体系基本要求”，并结合高职高专教育的特点，在充分汲取众多院校培养技术应用型专门人才方面取得的有益经验的基础上，围绕阜阳职业技术学院国家级骨干院校建设目标，为积极配合教材建设任务而编写的。

本书具有以下特点：

(1) 在内容选取方面，遵循“理论够度、突出应用”的原则，兼顾知识的系统性和职业教育的职业性、实用性，并与金工实习、职业技能等级证书鉴定结合。

(2) 应用了“机械制图”、“技术制图”方面的最新国家标准，强化标准意识，便于技术交流。

(3) 坚持教学做合一，结构设置上以减速器、齿轮油泵整机测绘为载体，坚持过程与集中测绘相结合，通过零部件的拆、测、查、装、绘等教学情境，做到学中做、做中学，学以致用。

(4) 例题、插图、选材博采众长，紧密结合企业生产需求，力求实际、实用、新颖、前沿，以提高学生的学习兴趣和学习效果。

本书共设置有九个模块，另加附录。主要内容包括制图的基本知识与技能、基本体的三面投影及其表面交线、正投影法与三视图、轴测图、组合体、图样表达方法、标准件与常用件、零件图和装配图等。因有关计算机绘图的内容另有单独的配套教材进行翔实的介绍，故本书未涉及。

本书由阜阳职业技术学院亓华、刘青山担任主编，由阜阳职业技术学院戴永明和安徽开乐汽车有限公司侯培海担任副主编，参加编写的还有阜阳职业技术学院陈囡囡和阜阳三江水电有限责任公司张立新。

由于我们水平有限，书中存在缺点、错误在所难免，敬请师生和读者批评指正，不胜感谢。

编　者

目　　录

绪　　论

一、"机械制图"课程的性质和地位

本课程是研究阅读和绘制机械图样原理和方法的一门重要技术基础课。

图样具有语言文字所不具备的直观、形象的功能，机器、仪器、工程建造等产品的研发设计、加工检测直至产品的使用都是通过图样来实现的，图样是表达设计意图、交流技术思想的重要工具，是工程界通用的语言。机械图样是工程图样的一种，是机械制造必需的技术性文件和依据。机械图样是进行技术交流的工程技术语言，学习掌握这一技术语言，是每位技能型应用型人才，在从事机械制造及相关技术岗位工作时必须具备的工程文化素质和能力。

二、本课程的主要任务和要求

本课程的主要任务是培养学生一定的绘制和识读机械图样的能力，并通过后续课程的学习，能在就业岗位上承担起相应的技术性工作。其基础性是相关人才培养不可缺少的内容。学习本课程的要求如下：

(1) 学会正确、熟练地使用绘图仪器、工具，掌握绘图方法和技能。

(2) 学习正投影法的基本理论及其应用。

(3) 在阅读和绘制机械图样的实践过程中，遵守国家标准，具备查阅有关资料的能力。

(4) 通过减速器、齿轮油泵等教学案例的拆、测、查、装、绘一系列的实训学习，具备绘制各零件草图、零件图、装配示意图、装配图的能力。

(5) 培养空间想象和形象思维能力及创新意识。

(6) 培养严肃认真的工作态度、耐心细致的工作作风、良好的职业道德。

三、本课程的学习方法

(1) 遵守标准。严格遵守国家标准，养成规范的绘图习惯。

(2) 勤于思考。理解投影原理，由物想图，由图想物，从三维到二维及二维到三维，掌握图物转换规律。

(3) 反复实践。本课程理论性和实践性都较强，多看图、多画图、多思考，反复练习完成一定的习题量，只有勤动手、多动脑，才能掌握好绘图、看图的基本技能。

(4) 不断总结。完成听课、做题、总结的各个学习环节，才能不断地巩固提高。

四、我国工程图学发展简介

我国在工程图学方面有着悠久的历史，据出土文物考证，早在一万多年前的新石器时代，我国人民就能够绘制一些简单的几何图形。西安半坡出土的仰韶期彩盆上有人面形和鱼形图案；甘肃省出土的彩陶罐的表面画有剖视表示的捕获野兽的陷阱图等。三千多年前，我国劳动人民就创造了“规”、“矩”、“绳”、“墨”、“悬”、“水”等绘图工具。宋代刊印的《营造法式》是我国较早的建筑典籍之一，书中印有大量的建筑图样，这些图样与近代工程制图表示方法基本相似。但由于长期的封建统治和帝国主义列强的侵略，致使我国近代工程图学的发展停滞不前。

新中国成立以来，在党和政府的重视下，我国结束了工程图学无工业体系无制图标准的混乱局面。1959 年国家科学技术委员会颁布了第一个“机械制图”国家标准，并于 1974 年、1984 年、1993 年先后三次进行较大的修订，其后又进行了多次小的修订，以接轨于最新国际标准。

与此同时，广大科技、教育工作者不断努力，也推动了工程图学的发展。如赵学田教授总结的三视图的投影规律——“长对正、高平齐、宽相等”，使三视图易学易懂。改革开放及生产科技的推动，计算机的出现与普及，为制图技术、制图应用开拓了广阔的应用发展前景。计算机软硬件不停的升级换代，促进了制图领域向更高的技术水平发展，我们已进入计算机绘图时代。3D 打印技术的应用、人类登月计划的实现、火星探测器的研制都离不开图形信息，工程制图技术必将在我国的现代化建设中发挥出越来越重要的作用。

模块一　制图基本知识与技能

图样是工程界的“语言”，是表达设计思想、进行技术交流和指导生产时必不可少的技术资料。工程技术人员必须具备绘制和阅读机械图样的能力，系统地学习有关制图的基本理论，掌握制图的基本知识和基本技能，熟悉并严格遵守国家标准。

任务一　制图基本规定

为了便于生产和技术交流，图样的格式、内容和表示方法必须有统一的规定。为此，国家技术监督局发布实施了一系列“技术制图”和“机械制图”方面的国家标准。本节摘要介绍其中的部分内容。

一、图纸幅面和格式(GB/T 14689—2008)

1. 图纸幅面尺寸

绘制技术图样时，应优先采用如表 1.1 所示的基本幅面图纸。基本幅面代号有 A0、A1、A2、A3、A4 五种。必要时，也允许选用国家标准所规定的加长幅面。这些幅面的尺寸按基本幅面的短边成整数倍增加。

表 1.1 中 A1 号图纸的幅面是 A0 号图纸的幅面对折，其余类推。

表 1.1　基本幅面

幅面代号		A0	A1	A2	A3	A4
尺寸 $B\times L$		841×1189	594×841	420×594	297×420	210×297
边框	a	25				
	c	10			5	
	e	20		10		

2. 图框格式

在绘制图样时，图幅内必须用粗实线绘制出图框，图样必须画在图框之内。图框格式如图 1.1 所示。图框有两种格式：不留装订边和留装订边。同一产品的所有图样应采用同一种格式的图框。

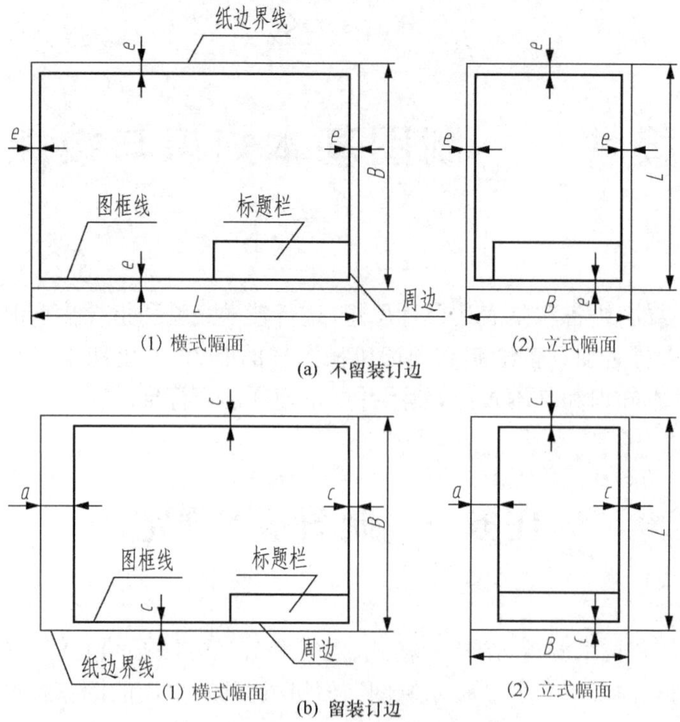

图 1.1　图纸幅面格式

二、标题栏（GB/T 10609.1—2008）

每张图纸的右下角都应有标题栏。标题栏的文字方向应为读图方向。标题栏用来填写零部件名称、所用材料、图形比例、图号、单位名称及设计、审核、批准等有关人员的签字。在正规的图纸上，标题栏的格式和尺寸应按 GB/T 10609.1—2008 的规定绘制，如图 1.2 所示。学校的制图作业一般使用如图 1.3 所示的简易标题栏。

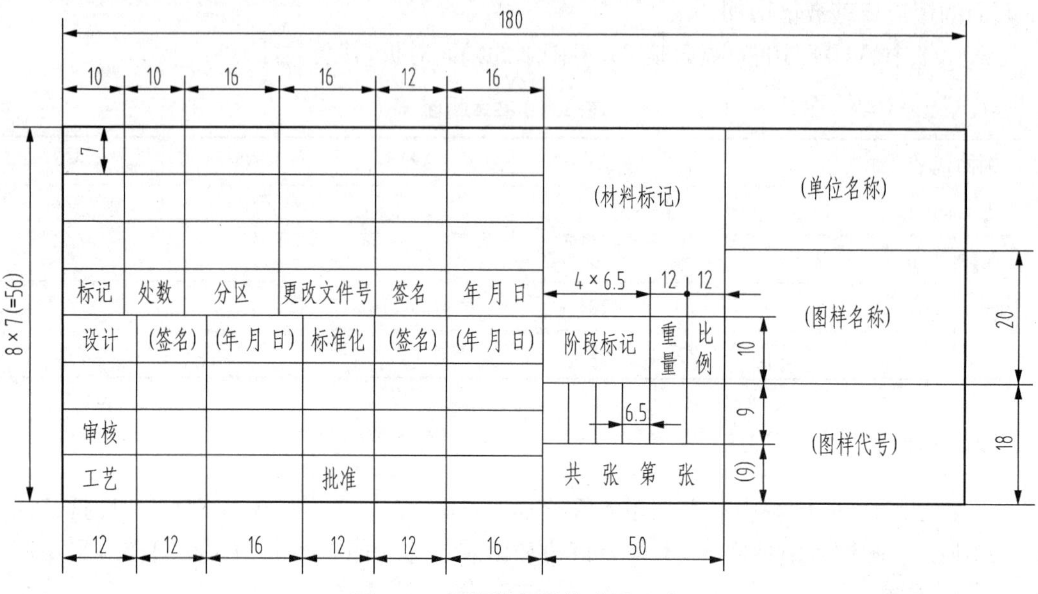

图 1.2　标题栏标准格式及尺寸

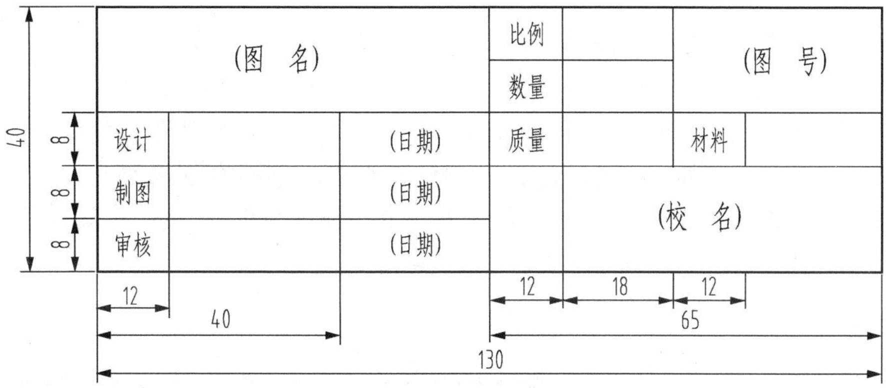

图 1.3　学生用简易标题栏

若标题栏的长边置于水平方向且和图纸的长边平行时，构成 X 型的图纸，也称横式幅面；若标题栏的长边和图纸的长边垂直，则构成 Y 型的图纸，也称立式幅面。如图 1.1 所示。一般 A3 号图纸幅面宜横放，A4 号图纸幅面宜竖放。

三、比例(GB/T 14690—1993)

图中图形与其实物相应要素的线性尺寸之比称为比例。比例分为原值、放大、缩小三种。画图时，为使图形能直接反映实物的真实大小，应尽量采用 1∶1 的比例画图，必要时可选用其他比例画图，但所选比例应符合表 1.2 中规定的系列。不论采用缩小还是放大比例绘图，在图样上标注的尺寸值均按机件实际尺寸，不随绘图的比例变化。如图 1.4 所示。比例一般应标注在标题栏的比例栏内。必要时，可在视图名称的下方或右侧标注比例。

表 1.2　常用比例(摘自 GB/T 14690—1993)

种　类	优先选择系列	允许选择系列
原值比例	1∶1	—
放大比例	2∶1,5∶1,1×10n∶1,2×10n∶1,5×10n∶1	2.5∶1,4∶1,2.5×10n∶1,4×10n∶1
缩小比例	1∶2,1∶5,1∶10,1∶1×10n,1∶2×10n,1∶5×10n	1∶1.5,1∶2.5,1∶3,1∶4,1∶6,1∶1.5×10n,1∶2.5×10n,1∶3×10n,1∶4×10n,1∶6×10n

注：n 为正整数。

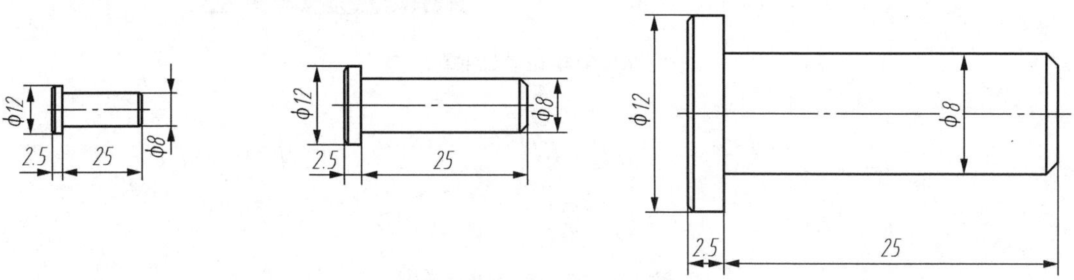

(a) 1:2缩小比例　　(b) 1:1原值比例　　(c) 2:1放大比例

图 1.4　用不同比例画出的图形

四、字体(GB/T 14691—1993)

图样上除了表达物体形状的图形外，还应有数字、文字、字母，以说明物体的大小、技术要求等。在图样中书写的字必须做到字体工整、笔画清楚、间隔均匀、排列整齐。

字的大小应按字号规定选用，字体的号数代表字体的高度 h，其尺寸系列有 1.8 mm、2.5 mm、3.5 mm、5 mm、7 mm、10 mm、14 mm、20 mm。

1. 汉字

在工程图样上填写标题栏、明细表和技术要求等栏目时，要按国标要求书写汉字。汉字应写成长仿宋体，汉字的高度 h 不应小于 3.5 mm，其字宽一般为 $h/\sqrt{2}$。

2. 字母和数字

字母和数字分为 A 型和 B 型两种。B 型的笔画宽度较 A 型宽，我国采用 B 型。在同一张图样上，只允许选用一种型式的字体。字母和数字可写成斜体或直体。斜体字字头向右倾斜，与水平基准线成 75°角。用作指数、分数、极限偏差、注角等的数字和字母，一般应采用小一号的字体。

图 1.5、图 1.6、图 1.7 为图样上常见字体的书写示例。

10 号汉字

字体工整　笔画清楚　间隔均匀　排列整齐

7 号汉字

横平竖直　注意起落　结构均匀　填满方格

5 号汉字

技术制图　机械　电子　汽车　航空　船舶　土木建筑　矿山　港口　纺织　服装

图 1.5　长仿宋字书写示例

0123456789

I II III IV V VI VII VIII IX X

ABCDEFGHIJKLMNOP

QRSTUVWXYZ

abcdefghijklmnopq

rstuvwxyz

图 1.6　数字和字母书写示例

$R3$　$2\times45^\circ$　$M24-6H$　$\phi60H7$　$\phi30g6$

$\phi20^{+0.021}_{0}$　$\phi25^{-0.007}_{-0.020}$　$Q235$　$HT200$

图 1.7　其他符号书写示例

思考题

1. 简述 GB/T 14689—2008 的主要内容。
2. 图纸幅面有哪五种？
3. 什么叫作比例？比例分为哪三种？
4. 国标中对字体有哪些规定？

五、图线(GB/T 4457.4—2002)

1. 图线的型式及其应用

工程图样是由多种型式的图线画成的。GB/T 4457.4—2002《机械制图　图样画法　图线》规定了机械图样中采用的各种线型及其应用场合与画线规则。表 1.3 列出了目前机械制图使用的 9 种线型，图 1.8 为各种型式图线的应用示例。

表 1.3　图线型式及应用

序号	线型	名称	一般应用
1		细实线	过渡线、尺寸线、尺寸界线、剖面线、指引线、螺纹牙底线、辅助线等
2		波浪线	断裂处边界线、视图与剖视图的分界线
3		双折线	断裂处边界线、视图与剖视图的分界线
4		粗实线	可见轮廓线、相贯线、螺纹牙顶线等
5		细虚线	不可见轮廓线
6		粗虚线	表面处理的表示线
7		细点画线	轴线、对称中心线、分度圆(线)、孔系分布的中心线、剖切线等
8		粗点画线	限定范围表示线
9		细双点画线	相邻辅助零件的轮廓线、可移动零件的轮廓线、成形前轮廓线等

2. 图线的画法

图线分粗、细两种。粗线的宽度 d 可在 0.5～2 mm 之间选择，细线的宽度为 $d/2$。绘图时应注意：

(1) 同一图样中同类图线的宽度应基本一致。

(2) 虚线、点画线及双点画线的线段长度和间距应各自大致相等。

(3) 点画线、双点画线的点不是点,而是一个约 1 mm 的短划。点画线、双点画线的首末两端应是线段,而不是短划。

(4) 绘制圆的中心线时,圆心应为线段的交点。

(5) 在较小的图形上绘制点画线或双点画线有困难时,可用细实线代替。

(6) 各种线型相交时,都应以划相交,不应在空隙或点处相交,如图 1.9 所示。

(7) 当两种或两种以上图线重叠时,应按以下顺序优先画出所需的图线:

可见轮廓线→不可见轮廓线→轴线和对称中心线→双点画线

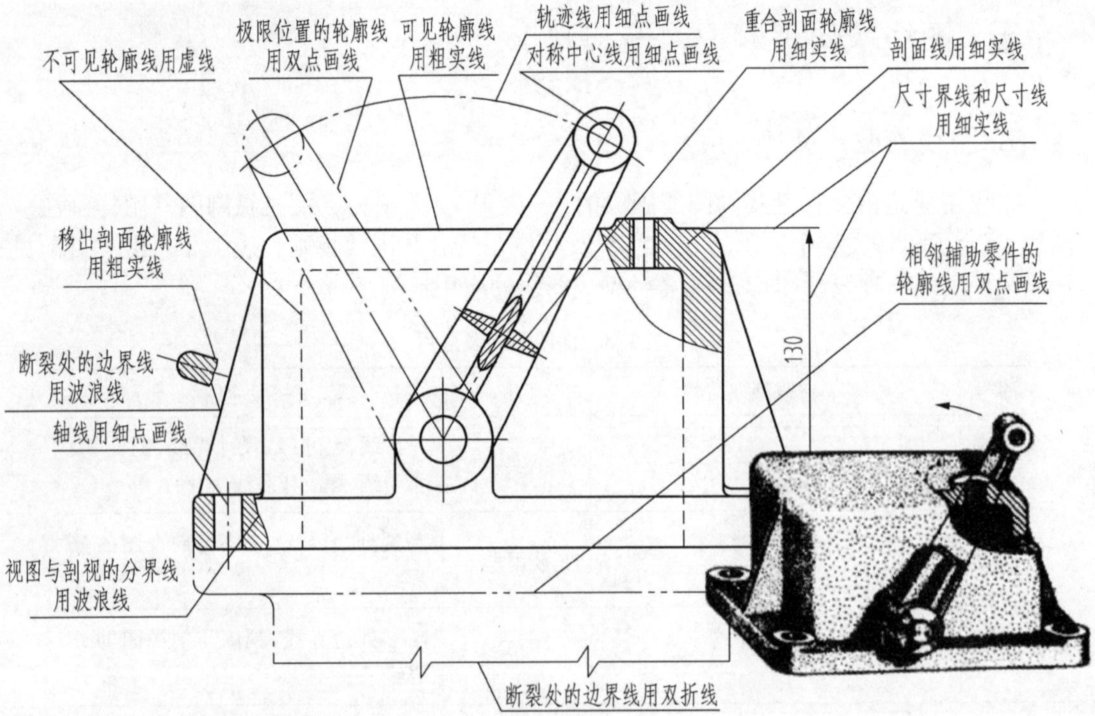

图 1.8　图线应用示例

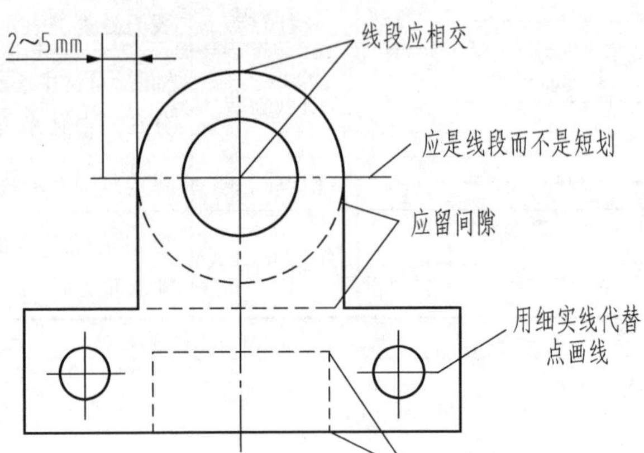

图 1.9　绘制图线注意事项示例

六、尺寸注法(GB/T 4458.4—2003)

1. 基本规则

(1) 机件的真实大小应以图样上所注的尺寸数值为依据，与图形的大小及绘图的准确度无关。

(2) 图样中(包括技术要求和其他说明)的尺寸，一般以毫米为单位。以毫米为单位时，不注计量单位的代号或名称，如采用其他单位，则必须注明相应的计量单位的代号或名称。

(3) 图样中所标注的尺寸，为该图样所表示机件的最后完工尺寸，否则应另加说明。

(4) 机件的每一尺寸，一般只标注一次，并应标注在反映该结构最清晰的图形上。为了便于图样的绘制、使用和保管，图样均应采用规定幅面和格式。

2. 尺寸标注的三要素

完整的尺寸标注包含三个要素：尺寸界线、尺寸线、尺寸数字，具体如图 1.10 所示。

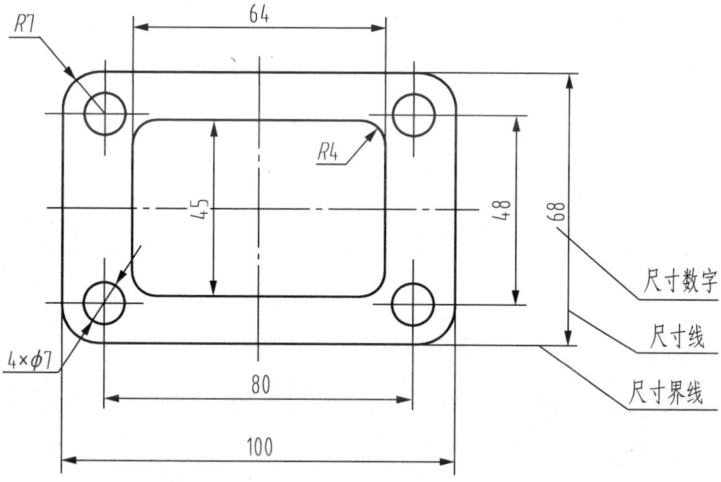

图 1.10　尺寸的组成

(1) 尺寸界线

尺寸界线表示所注尺寸的起始和终止位置，用细实线绘制。也可利用轮廓线、轴线或对称中心线本身作尺寸界线。

尺寸界线一般应与尺寸线垂直，必要时允许与尺寸线成适当的角度，如图 1.11(b)中 ϕ37、ϕ24 尺寸的尺寸界线。尺寸界线一般超出尺寸线 2～3 mm。

(2) 尺寸线

尺寸线表示所注尺寸的度量方向和长度，必须用细实线单独绘出，不能用其他图线代替，不得与其他图线重合或画在其延长线上。标注线性尺寸时，尺寸线必须与所标注的线段平行，且尺寸线之间不应相交，相互平行的尺寸线的间距要均匀，间隔 5～10 mm，以便注写尺寸数字和有关符号。参见图 1.12。

尺寸线终端有箭头(图 1.12(a))和细斜线(图 1.12(b))两种形式。机械图样的尺寸线

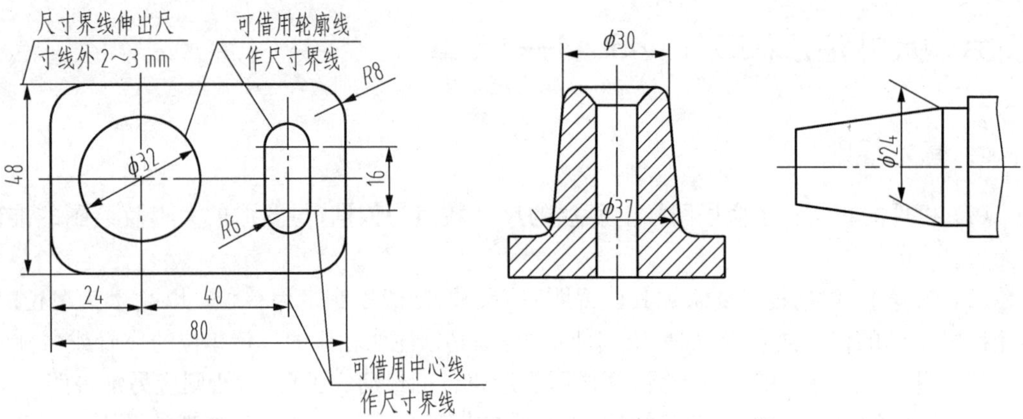

(a)　　(b)

图 1.11　尺寸界线示例

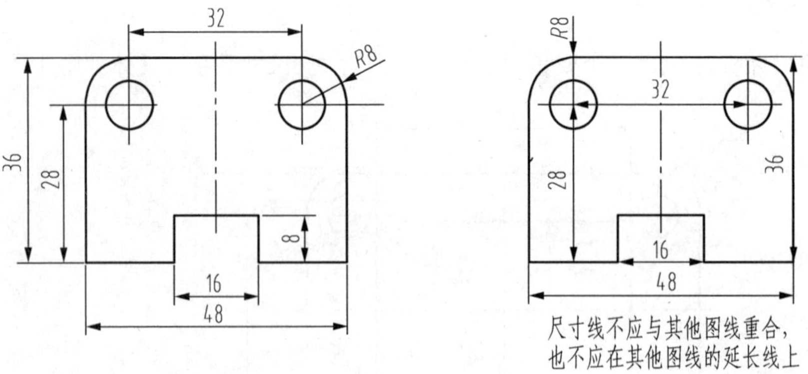

(a) 正确　　(b) 错误

图 1.12　尺寸线示例

终端画箭头，建筑图样的直线尺寸线终端画斜线。同一图样中，一般只能采用一种终端形式。但当采用斜线终端形式时，图中圆弧的半径尺寸、投影为圆的直径尺寸及尺寸线与尺寸界线成倾斜的尺寸，这些尺寸线的终端应画成箭头。当尺寸线太短，没有足够的位置画箭头时，允许将箭头画在尺寸线外边；标注连续的小尺寸时可用圆点代替箭头，如图 1.13(c)所示。

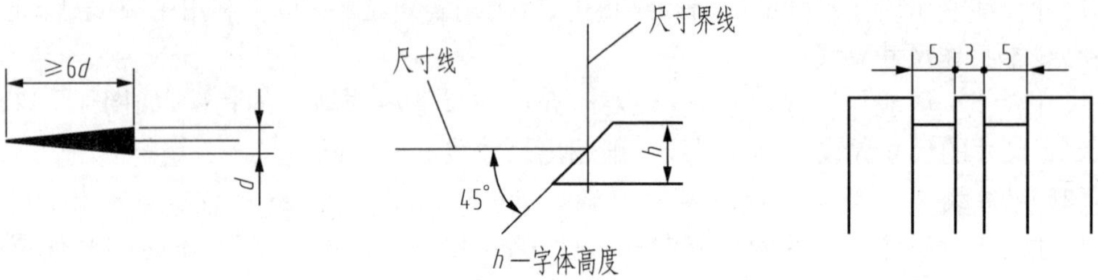

(a) 箭头终端画法　　(b) 斜线终端画法　　(c) 小尺寸的注法

图 1.13　尺寸线终端形式及注法

(3) 尺寸数字

尺寸数字表示机件实际尺寸的大小。

线性尺寸注写位置：尺寸数字注写在尺寸线的上方，当尺寸线为铅垂方向时，应注写在尺寸线的左方，允许注写在尺寸线的中断处，位置不够时，也可以引出标注。尺寸数字不能被任何图线通过，否则应将该图线断开。在同一张图上基本尺寸的字高要一致，一般采用3.5号字，不能根据数值的大小而改变。

线性尺寸数字的注写方向：如图1.14(a)所示，水平方向数字，以标题栏为准，字头朝上；铅垂方向数字，字头朝左；倾斜方向数字，字头保持向上的趋势。尽量避免在图示30°范围内标注尺寸，无法避免时，可按图1.14(b)所示的形式标注。对非水平方向的数字，也可水平地注写在尺寸线的中断处，如图1.14(c)所示。

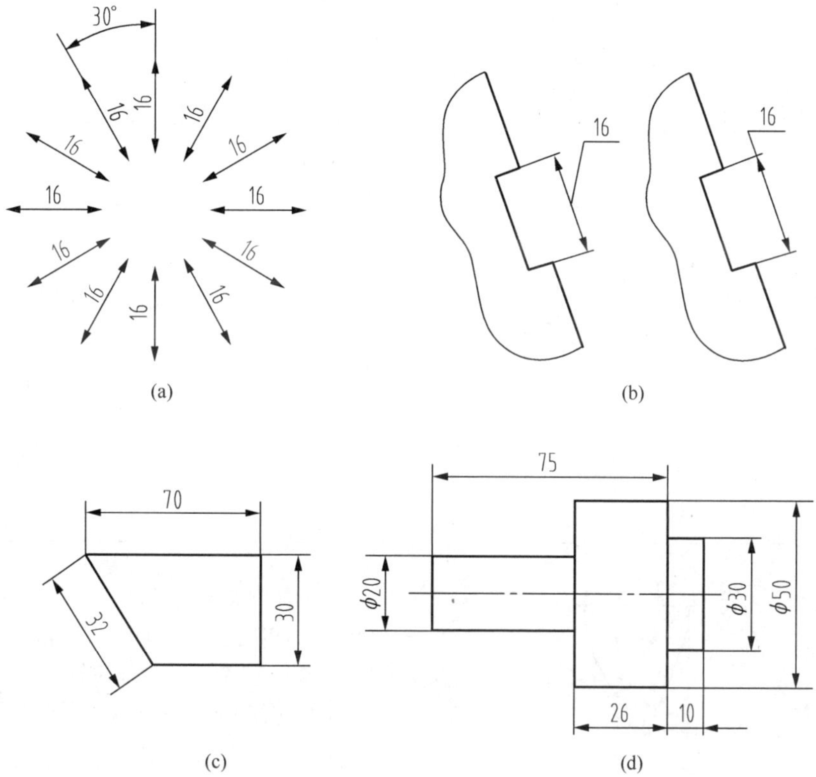

图1.14　线性尺寸标注示例

3. 尺寸的基本注法

常见的尺寸注法参见表1.4。

表1.4　常见的尺寸注法

项目	示　例	说　明
角度	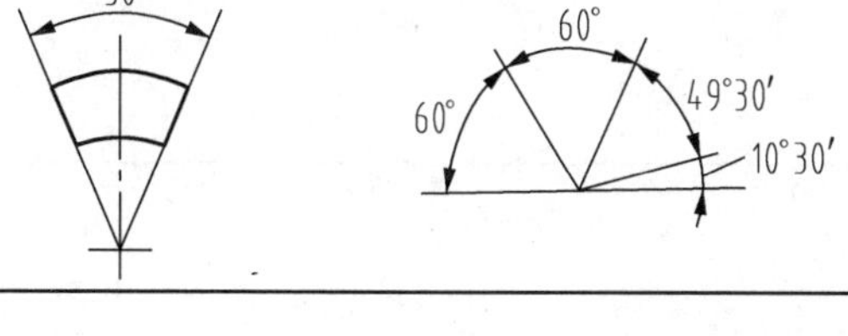	角度的尺寸线应沿径向引出，尺寸线应成圆弧，其圆心是角的顶点，角度的方向一般写成水平方向

续表

项目	示例	说明
弧长和弦长	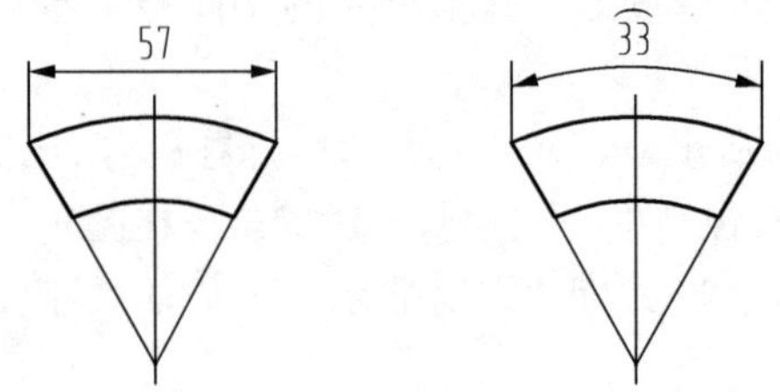	弦长和弧长的尺寸界线应平行于该弦的垂直平分线
圆	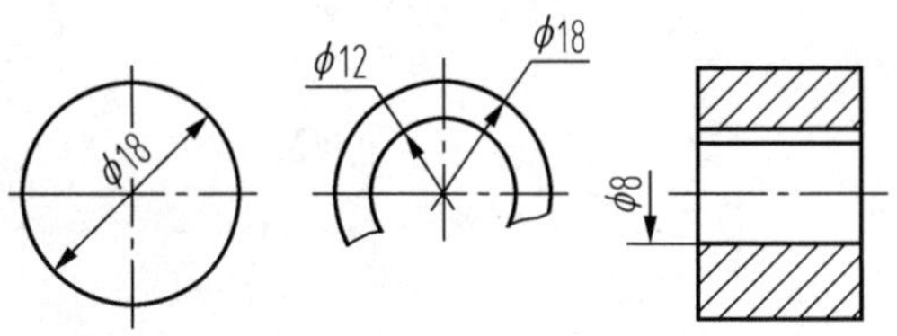	当图形中的圆只画一半或略大于一半时，尺寸线应略超过圆心，此时应在尺寸线的一端画出箭头。正圆或略大于半圆应画直径
大圆弧	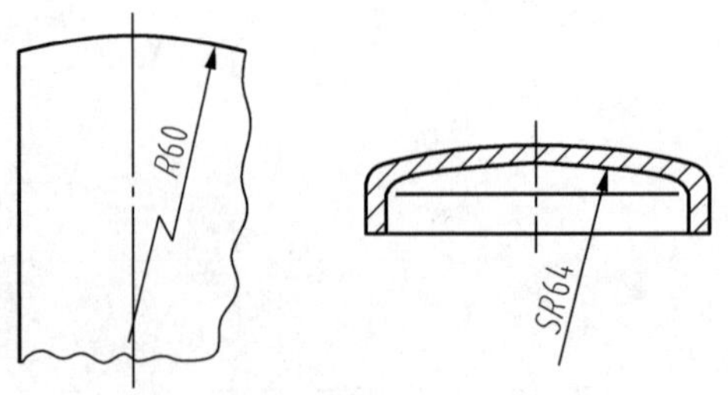 (a) (b)	当圆弧的半径过大，或在图纸范围内无法标注出其圆心位置时，可按图(a)的形式标注；若不需要标注出圆心位置时，可按图(b)的形式标注。标注球面的直径、半径时，应在符号“ϕ”和“R”前再加注符号“S”
圆弧半径	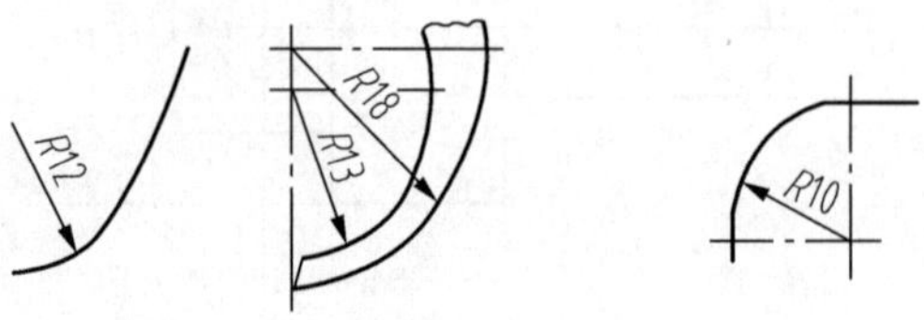	标注圆弧半径时，尺寸线的一端应画到圆心，以明确表示其圆心位置，另一端画成箭头；尺寸数字前应加注符号“R”；半径尺寸必须注在投影为圆弧的图形上
小尺寸	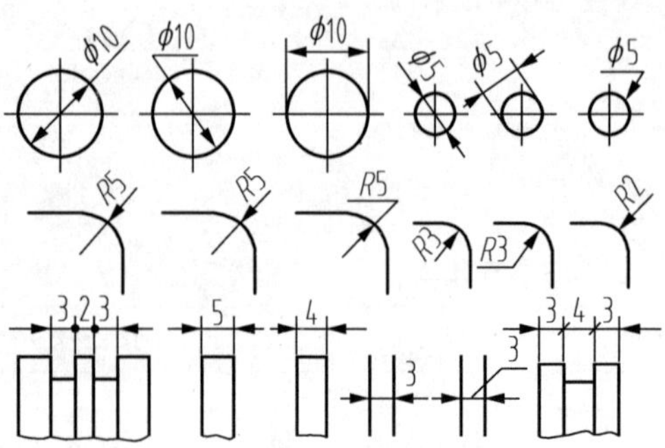	没有足够的位置画箭头和写数字时，可将其中之一布置在外，也可把箭头和数字都布置在外；标注一连串小尺寸时，可用小圆点或斜线代替中间的箭头

续表

项目	示　例	说　明
对称机件	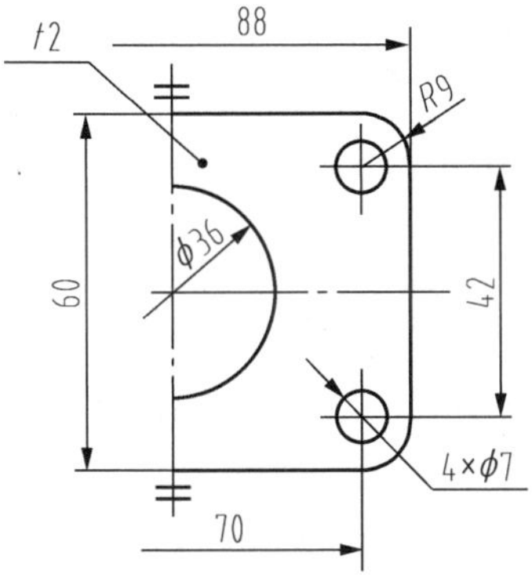	当对称机件的图形只画一半或略大于一半时，尺寸线应略超过对称中心或断裂处的边界线，此时仅在尺寸线的一端画出箭头
光滑过渡处	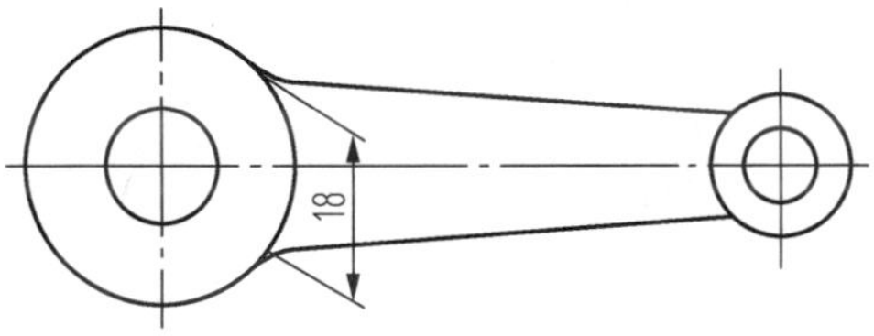	在光滑过渡处必须用细实线将轮廓线延长，并从它们的交点处引出尺寸界线，一般应垂直，若不清晰，允许尺寸界线倾斜

任务二　绘图工具及其使用

常用的绘图工具有三角板、图板、丁字尺等。要提高绘图的质量，加快绘图的速度，必须掌握绘图工具正确的使用方法和使用习惯。

1. 图板、丁字尺、三角板

(1) 图板

图板用作画图时的垫板，要求表面平坦光洁；又因它的左边用作导边，所以左边必须平直。如图 1.15 所示。常用的图板规格有 0 号(900 mm×1200 mm)、1 号(600 mm×900 mm)和 2 号(450 mm×600 mm)。

(2) 丁字尺

丁字尺是画水平线的长尺。丁字尺由尺头和尺身组成，画图时，应使尺头靠着图板左侧的导边。画水平线必须自左向右画。如图 1.15 所示。

(3) 三角板

一副三角板有两块，一块是 45°三角板，另一块是 30°和 60°三角板。除了直接用它们来画直线外，也可配合丁字尺画铅垂线和其他倾斜线。用一块三角板能画与水平线成 30°、45°、60°角的倾斜线。用两块三角板能画与水平线成 15°、75°、105°和 165°角的倾斜线，如图 1.16 所示。

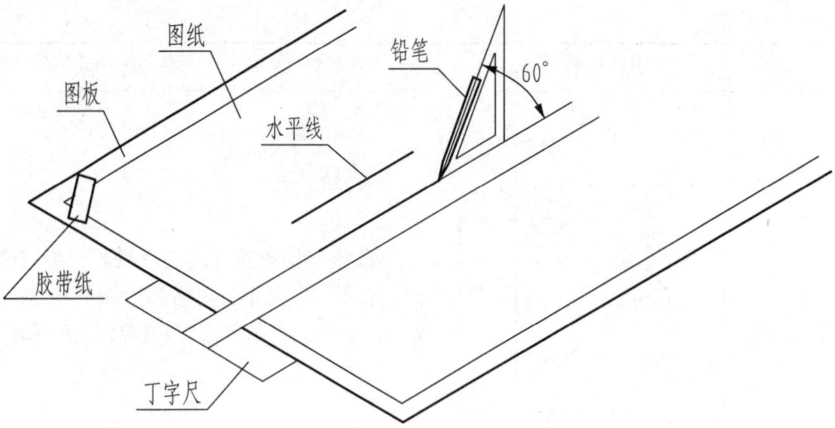

图 1.15　图板和丁字尺

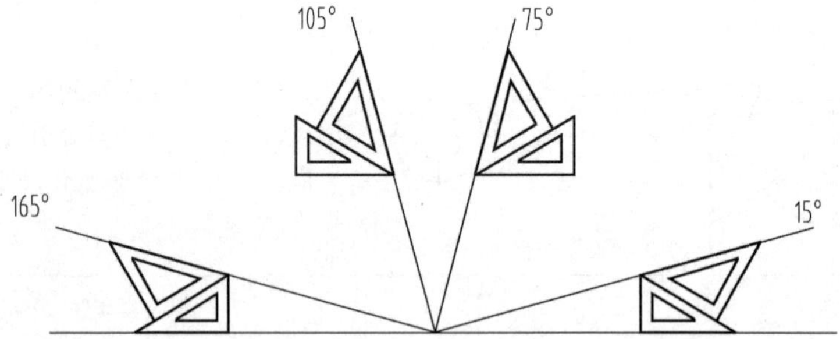

图 1.16　用两块三角板配合画线

2. 圆规和分规

(1) 圆规

圆规用来画圆和圆弧。圆规的一个脚上装有钢针，称为针脚，用来定圆心；另一个脚可装铅芯，称为笔脚。在使用前应先调整针脚，使针尖略长于铅芯。笔脚上的铅芯应削成楔形，以便画出粗细均匀的圆弧。画图时圆规向前进方向稍微倾斜；画较大的圆时，应使圆规两脚都与纸面垂直。如图 1.17 所示。

(2) 分规

分规用来等分和量取线段。分规两脚的针尖在并拢后应能对齐。如图 1.18 所示。

3. 曲线板

曲线板是用来绘制非圆曲线的。首先要定出曲线上足够数量的点，再徒手用铅笔轻轻地将各点光滑地连接起来，然后选择曲线板上曲率与之相吻合的部分分段画出各段曲线。注意应留出各段曲线末端的一小段不画，用于连接下一段曲线，这样曲线才显得圆滑。如图 1.19 所示。

4. 铅笔

B 前面的数字越大，表示铅芯越软(黑)。H 前面的数字越大，表示铅芯越硬(淡)。HB 标号的铅芯硬软适中。绘图时，通常画细线或起草时用 H 型铅笔；加深粗实线时用 B 或 HB

型铅笔;写字、画箭头时选用 HB 型铅笔。2H、H、HB 型铅笔修磨成圆锥形;B 型铅笔修磨成扁铲形。画粗、细线的笔尖形状有区别。铅笔要从没有铅芯标识字母的一端削起,以保留标号便于识别。如图 1.20 所示。

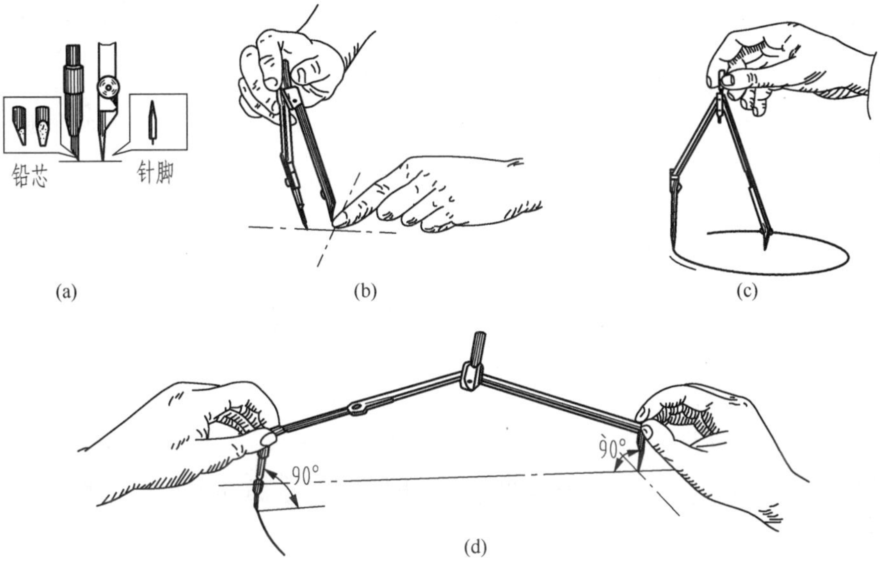

图 1.17　圆规的用法

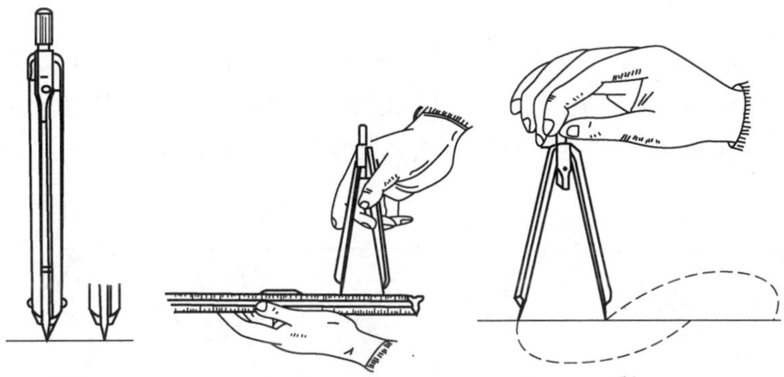

图 1.18　分规的用法

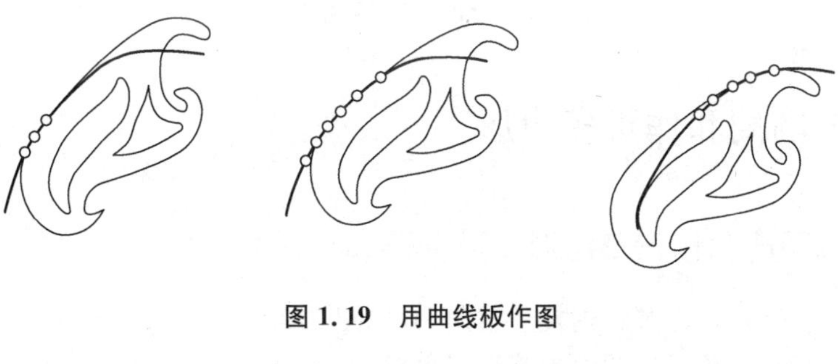

图 1.19　用曲线板作图

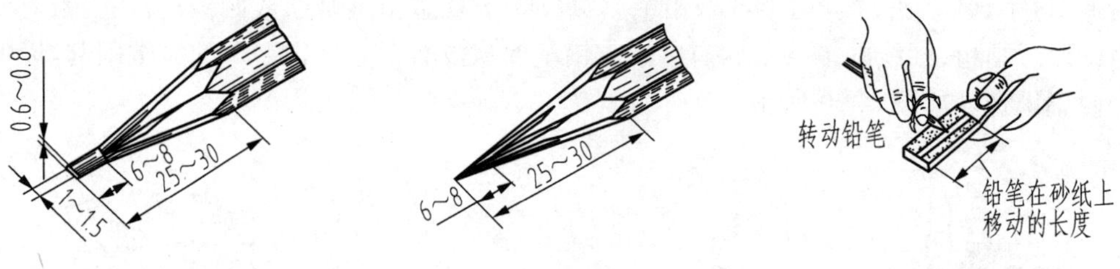

(a) 磨成矩形 (b) 磨成锥形 (c) 铅笔的磨法

图 1.20 绘图铅笔的磨削

任务三 几何作图法

机件的轮廓一般都是由直线、圆、圆弧或其他曲线等几何图形组合而成的，因此，熟练掌握几何图形的基本作图方法，是绘制好机械图形的基础。下面介绍几种常见几何图形的基本作图方法。

一、等分直线段

如图 1.21 所示，过已知线段的一端点，画任意角度的直线，并用分规或三角板自线段的起点量取 n 等份；将等分点的最末点与已知线段的另一端点相连；过各等分点作该线的平行线与已知线段相交即得到等分点。这种方法称为推画平行线法。

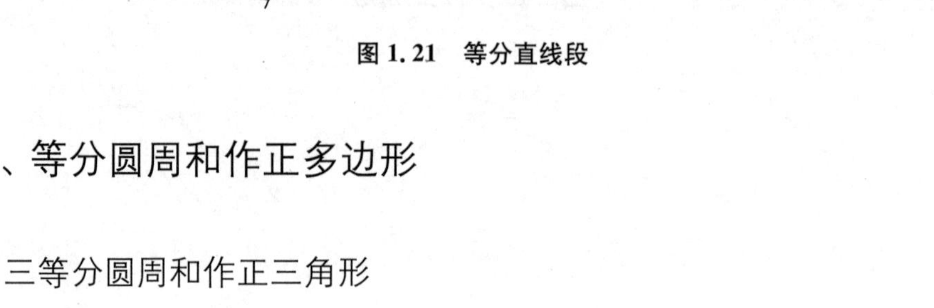

图 1.21 等分直线段

二、等分圆周和作正多边形

1. 三等分圆周和作正三角形

(1) 用圆规和三角板作圆的内接正三角形，如图 1.22 所示。

(2) 用丁字尺和三角板作圆的内接正三角形，如图 1.23 所示。

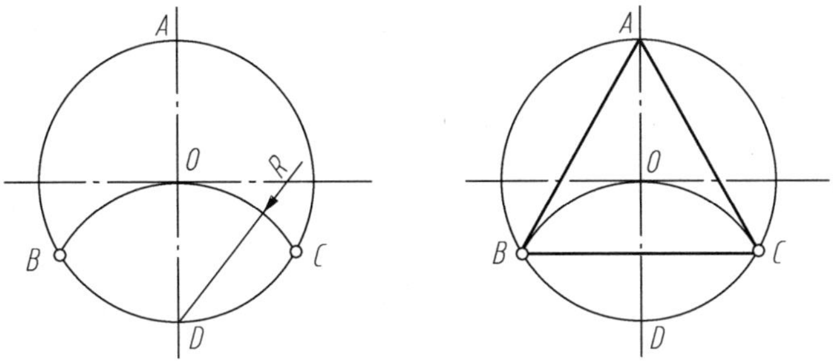

图 1.22　用圆规和三角板作圆的内接正三角形

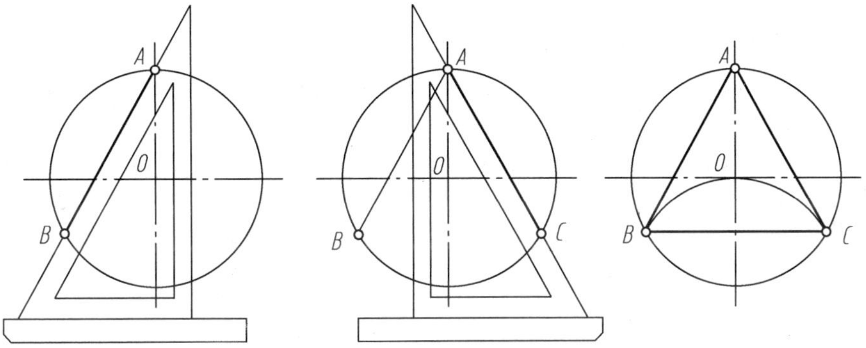

图 1.23　用丁字尺和三角板作圆的内接正三角形

2. 四等分圆周和作正四边形

用丁字尺和三角板作圆的内接正四边形,如图 1.24 所示。

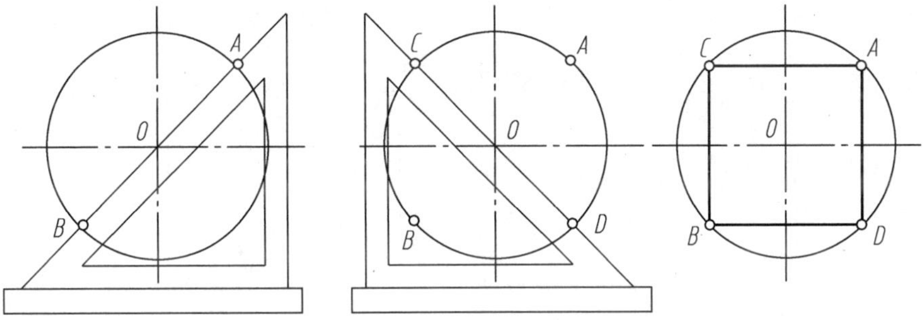

图 1.24　用丁字尺和三角板作圆的内接正方形

3. 五等分圆周和作正五边形

如图 1.25(a)所示,作 OB 的中点 E;如图 1.25(b)所示,以 E 点为圆心、EC 为半径作圆弧,交水平直径 OA 于 F 点, CF 即为五边形的边长;如图 1.25(c)所示,以 CF 为长依次截取圆周得五个等分点,将圆周五等分,连接相邻各等分点即得正五边形。

4. 作正六边形

方法一:用圆规作图。

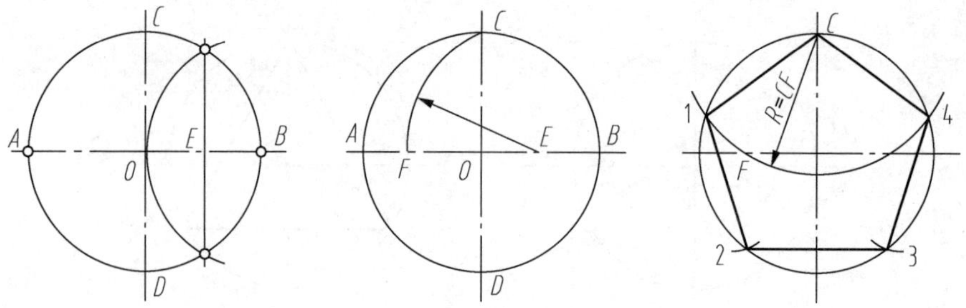

(a)　　(b)　　(c)

图 1.25　正五边形作法

分别以已知圆水平直径的两个端点 A、B 为圆心，以 $R=D/2$ 为半径作圆弧，与圆交于 C、D、E、F 点，依次连接 A、B、C、D、E、F 点即得圆内接正六边形，如图 1.26(a)所示。

方法二：用三角板作图。

以 60°三角板配合丁字尺作平行线，画出四条斜边，再以丁字尺作上、下水平边，即得圆内接正六边形，如图 1.26(b)、(c)、(d)所示。

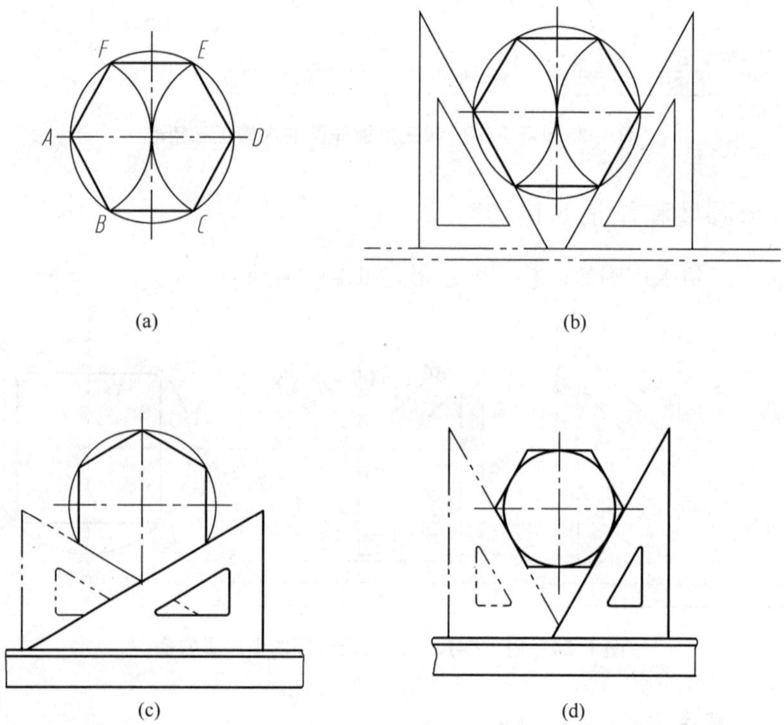

(a)　　(b)

(c)　　(d)

图 1.26　正六边形作法

5. 作正n 边形(以正七边形为例)

n 等分铅垂直径 AK(图 1.27 中 $n=7$)，以 A 点为圆心、AK 为半径作弧，交水平中心线于点 S，延长连线 $S2$、$S4$、$S6$，与圆周交得点 G、F、E，再作出它们的对称点，即可作出圆内接正 n 边形。

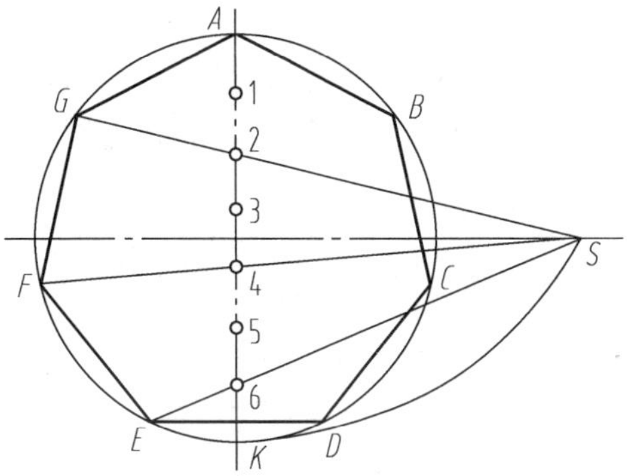

图 1.27　正七边形作法

思考题

在钳工实训中，制作正六边形配合件时如何画线？

三、斜度和锥度

1. 斜度和锥度

如图 1.28、图 1.29、图 1.30 所示，从三个形体的立体图可以看出，各形体的表面上均有斜面或锥面。对这些斜面和锥面，作图时除要用图形表达其形状外，还要在图形上作必要的标注。

图 1.28

图 1.29

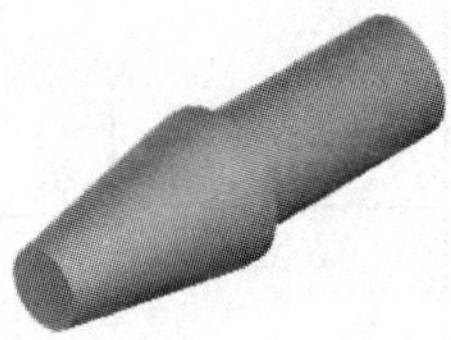

图 1.30

2. 斜度

(1) 定义及规定符号

斜度是指一直线对另一直线或一平面对另一平面的倾斜程度。如机械图样中的锻造斜度、拔模斜度等。其大小用两直线（或两平面）之间所夹锐角的正切值表示，即斜度 $=\tan\alpha=H/L=1:n$。如图 1.31 所示。

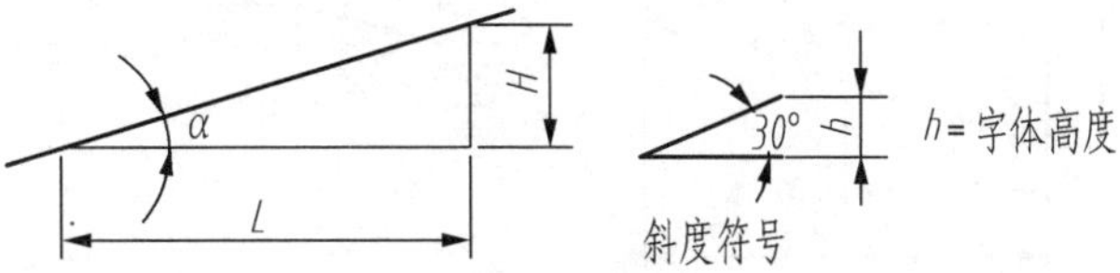

图 1.31　斜度的概念与符号

(2) 画法与标注

斜度可以直接画出，也可以根据相互平行的直线斜度相同的原理进行作图，如图 1.32 所示。斜度用引出线标注，习惯上写成 1∶n 的形式，并在比数之前加注斜度符号"∠"，符号的倾斜方向应与斜度方向一致。

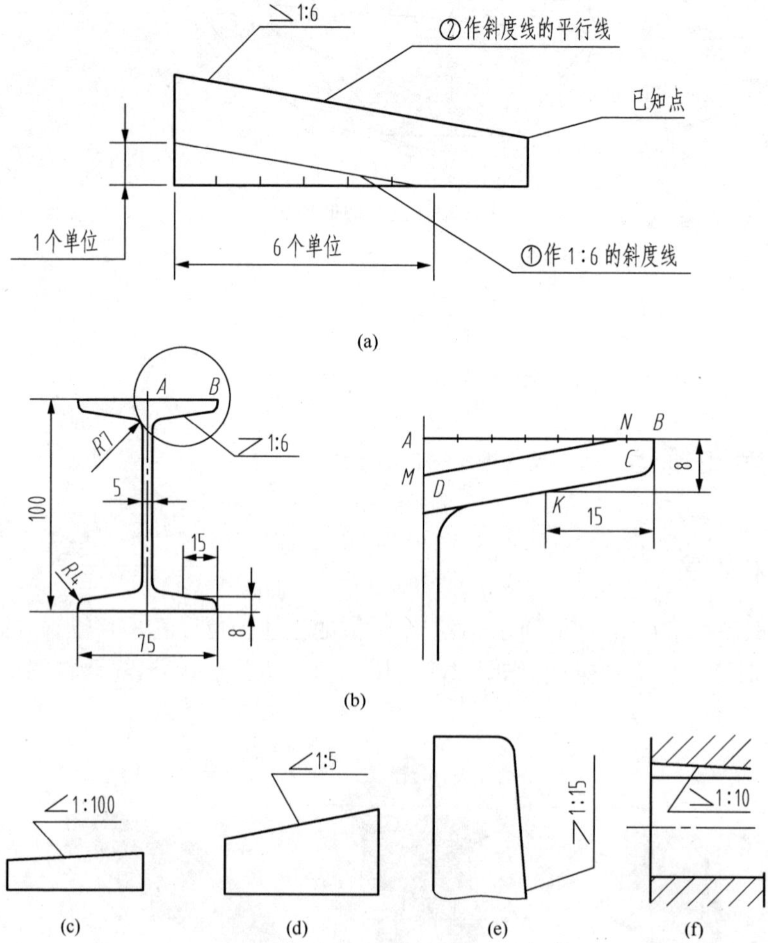

图 1.32　斜度的画法与标注

3. 锥度

(1) 锥度的定义与符号

正圆锥底圆直径与圆锥高度之比，称为锥度。如果是正圆台，则为两底圆直径差与其高之比。锥度$=D/L=(D-d)/l=2\tan\alpha=1∶n$。它的特点是双向分布。如图 1.33 所示。

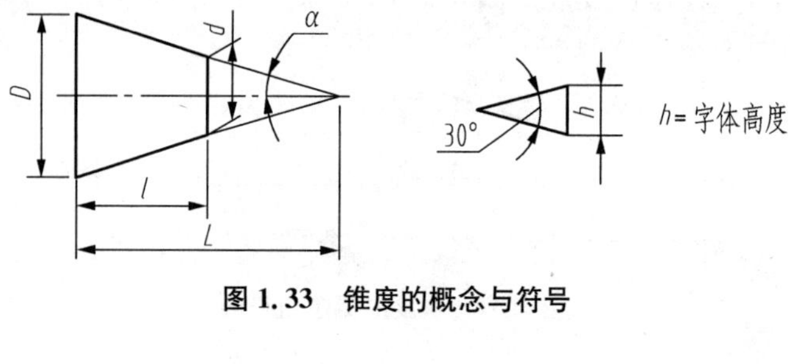

图 1.33　锥度的概念与符号

(2) 锥度的画法与标注

锥度可以直接画出，也可以根据相互平行的直线锥度相同的原理进行作图。锥度用引出线标注，习惯上写成 1∶n 的形式，并在前加注锥度符号“ ▷ ”，且符号“ ▷ ”的方向与锥度方向一致 。如图 1.34 所示。

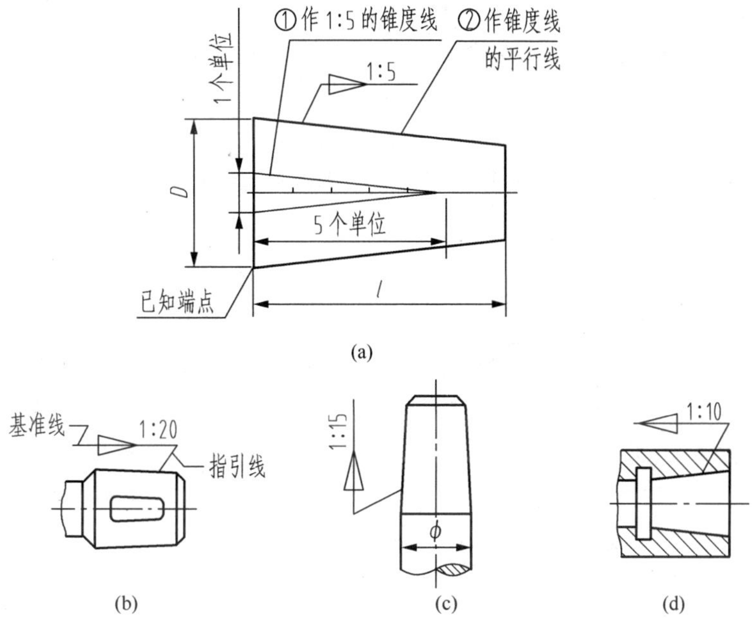

图 1.34　锥度的画法与标注

思考题

1. 作一锥台，上底为 20，高为 30，锥度为 1∶4。
2. 简述斜度和锥度的定义。
3. 简述标注斜度和锥度时的注意点和部分细节。
4. 在钳工实训中，你会制作锤头和锤柄吗？

四、椭圆的画法

1. 同心圆法(理论画法)

同心圆法的作图步骤如图 1.35(a)所示。具体步骤如下：

(1) 分别以长轴 AB 和短轴 CD 为直径作同心圆。

(2) 过圆心作一系列放射线与两圆相交，得若干点。

(3) 过大圆上的各交点引竖直线，过小圆上的各交点引水平线，同一条放射线上的竖直线和水平线交于一点，相应找到椭圆上各点。

(4) 光滑连接各点即得椭圆。

2. 四心圆弧法(近似画法)

四心圆弧法的作图步骤如图 1.35(b)所示。具体步骤如下:

(1) 画出相互垂直平分的长轴 AB 和短轴 CD。

(2) 连接 AC,并在 AC 上取 $CF=OA-OC$。

(3) 作 AE 的中垂线,与长、短轴分别交于 O_1、O_2,再作对称点 O_3、O_4。

(4) 以 O_1、O_2、O_3、O_4 为圆心,O_1A、O_2C、O_3B、O_4D 为半径,分别画弧,即得近似的椭圆。

注意:取线段要准确,四段圆弧两两相接,必须注意连接处的光滑过渡。具体作图如图 1.35(b)所示,求出画椭圆的四个圆心和直径,用四段圆弧近似地代替椭圆。

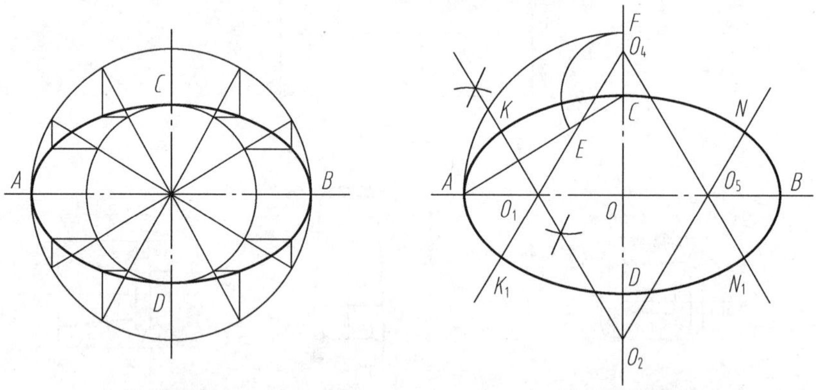

(a) 同心圆法　　(b) 四心圆弧法

图 1.35　椭圆的画法

五、圆弧连接

1. 圆弧连接的概念

平面图形是一个封闭的图形,它往往是直线和圆弧的光滑连接。如图 1.36 所示,绘制时,往往是用圆弧将两条直线、一圆弧与一直线或两个圆弧之间光滑地连接起来,这种连接作图称为圆弧连接,用来连接已知直线或已知圆弧的圆弧称为连接圆弧。要确保圆弧光滑地连接相邻两已知线段,必须正确地找出连接圆弧的圆心和两个连接点(切点)的位置,且两条被连接的线段都要正确地画到连接点为止。

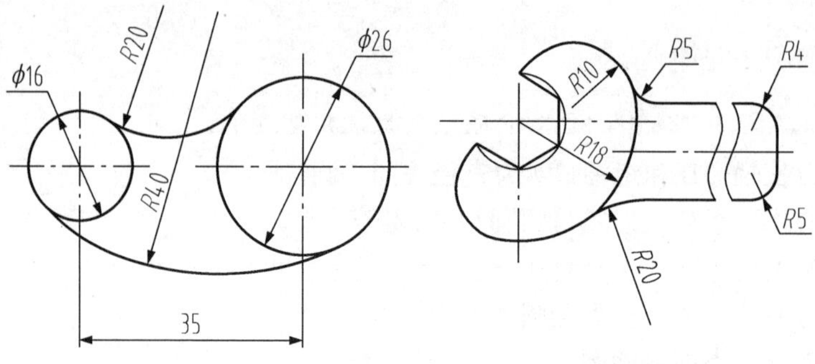

(a)　　(b)

图 1.36　圆弧的连接

2. 圆弧连接的基本原理

圆弧连接的作图原理如表 1.5 所示。

表 1.5　圆弧连接的作图原理

类别	图形	连接圆弧圆心轨迹	连接圆弧切点的位置
圆弧与直线连接（相切）	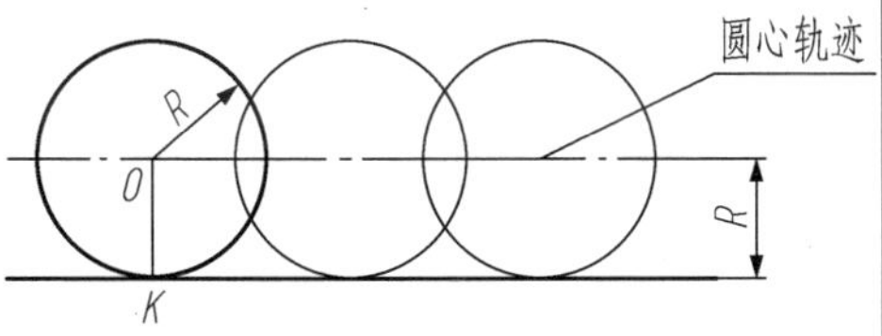	连接圆弧（半径为 R）的圆心轨迹位于与已知直线相距为 R 的平行直线上	圆心 O 向已知直线所作垂线的垂足 K，即为切点
圆弧与圆弧外连接（外切）	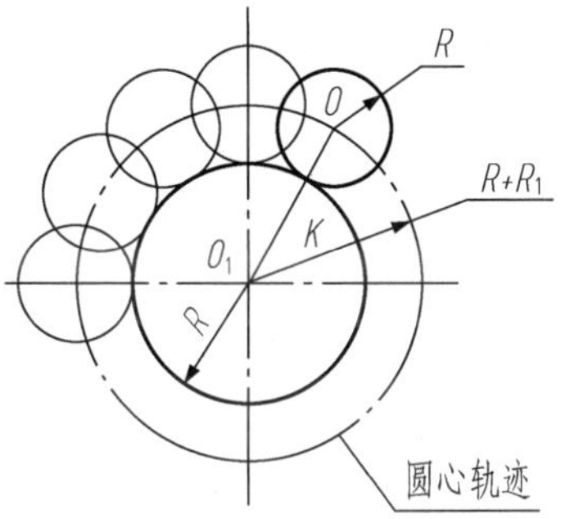	连接圆弧（半径为 R）的圆心轨迹位于已知圆弧（半径为 R_1）的同心圆周上，其半径为 $R+R_1$	两圆心的连线 O_1O 与已知圆弧（半径为 R_1）的交点 K 即为切点
圆弧与圆弧内连接（内切）	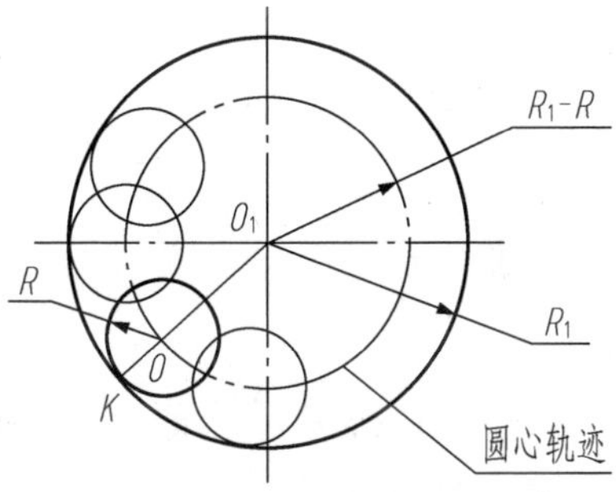	连接圆弧（半径为 R）的圆心轨迹位于已知圆弧（半径为 R_1）的同心圆周上，其半径为 $\|R-R_2\|$	两圆心的延长线 O_1O 与已知圆弧（半径为 R_1）的交点 K 即为切点

无论哪种类型的圆弧连接，其作图步骤为：

(1) 找连接圆弧的圆心 O。

(2) 找出两个连接点（切点）K_1、K_2。

(3) 以 O 为圆心、R 为半径在两切点之间画连接弧。

3. 圆弧连接的作图方法

(1) 圆弧连接两直线

① 分别作与两已知直线相距为 R（连接圆弧的半径）的平行线，其交点 O 即为连接圆弧的圆心。

② 从圆心 O 向两已知直线作垂线，垂足 K_1、K_2 即为切点。

③ 以 O 为圆心、R 为半径，在两连接点（切点 ）之间画弧即为所求连接圆弧。

如图 1.37 所示。

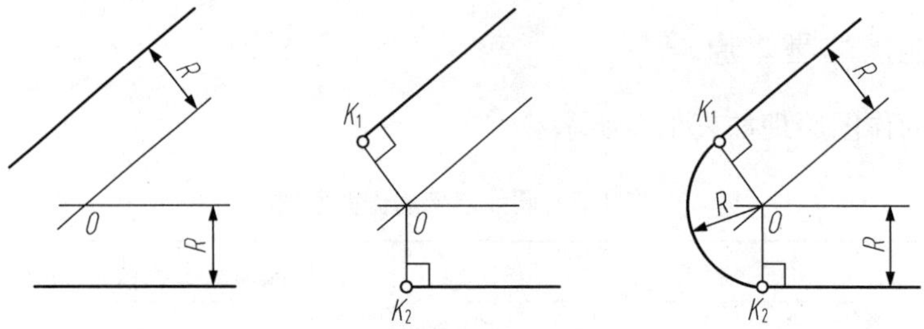

(a)　　(b)　　(c)

图 1.37　圆弧连接两直线

(2) 圆弧连接两圆弧

1）外连接：连接圆弧和已知圆弧的弧向相反（外切）。

① 分别以 O_1、O_2为圆心，$R+R_1$、$R+R_2$为半径画圆弧，得交点 O，即为连接圆弧的圆心。

② 作 OO_1、OO_2与已知圆弧分别交于 K_1、K_2，即为切点。

③ 以 O 为圆心、R 为半径，在两切点 K_1、K_2之间画弧即为所求连接圆弧。

如图 1.38 所示。

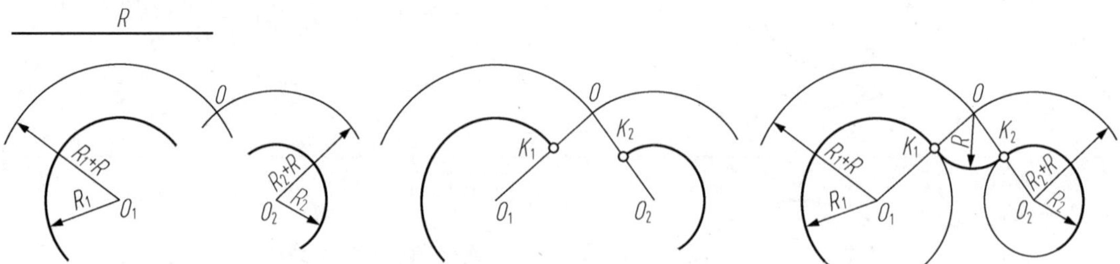

(a)　　(b)　　(c)

图 1.38　圆弧连接两圆弧（外切）

2）内连接：连接圆弧和已知圆弧的弧向相同（内切）。

① 分别以 O_1、O_2为圆心，$R-R_1$、$R-R_2$为半径画圆弧，得交点 O，即为连接圆弧的圆心。

② 作 OO_1、OO_2并延长与已知圆弧分别交于 K_1、K_2，即为切点。

③ 以 O 为圆心、R 为半径，在两切点 K_1、K_2之间画弧即为所求连接圆弧。

如图 1.39 所示。

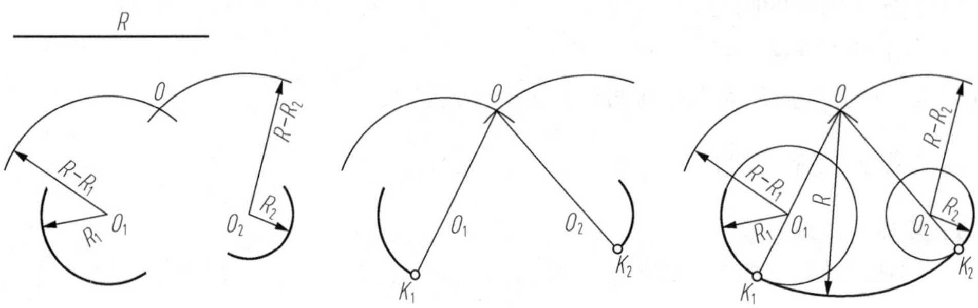

(a)　　(b)　　(c)

图 1.39　圆弧连接两圆弧（内切）

3）混合切：连接圆弧与两已知圆弧分别内切和外切。

① 分别以 O_1、O_2为圆心，$R-R_1$、$R+R_2$为半径画圆弧，得交点 O，即为连接圆弧的圆心。

② 作 OO_1 并延长、作 OO_2 分别与已知圆弧交于 K_1、K_2，即为切点。

③ 以 O 为圆心、R 为半径，在两切点 K_1、K_2 之间画弧即为所求连接圆弧。

如图 1.40 所示。

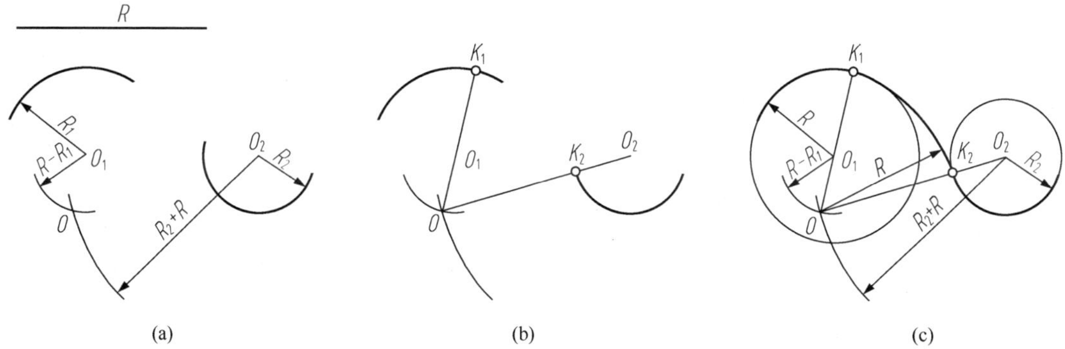

图 1.40　圆弧连接两圆弧(混合切)

(3) 圆弧连接直线和圆弧

① 作与已知直线相距为 R 的平行线。

② 以 O_1 为圆心、$R+R_1$ 为半径画圆弧与平行线交于 O，即为连接圆弧的圆心。

③ 过 O 作已知直线的垂线，得垂足 K_2，连接 O、O_1 与已知圆弧交于 K_1，则 K_1、K_2 即为切点。

④ 以 O 为圆心、R 为半径，在两切点 K_1、K_2 之间画弧即为所求连接圆弧。

如图 1.41 所示。

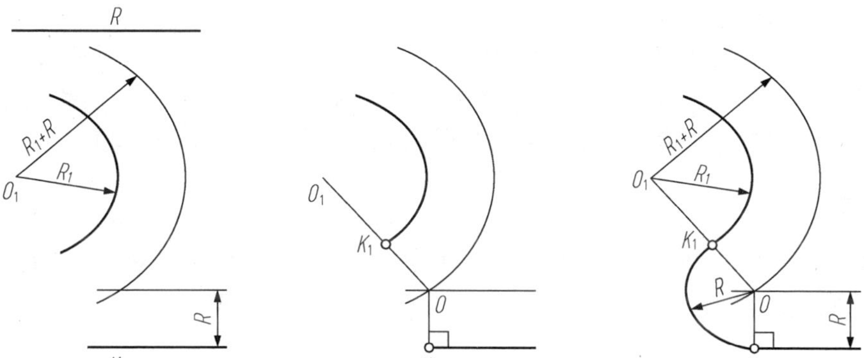

图 1.41　圆弧连接直线和圆弧

任务四　平面图形的绘制

一、平面图形的尺寸分析

画平面图形前，首先要对平面图形进行尺寸分析和线段性质分析，然后才能正确画出平面图形和进行平面图形的尺寸标注。

1. 尺寸基准

在标注和分析尺寸时，首先必须确定尺寸基准。

所谓尺寸基准，就是标注尺寸的起点。一般平面图形常用的尺寸基准有以下几种：

(1) 对称中心线。

(2) 主要的垂直或水平轮廓线。

(3) 较大的圆的中心线，较长的直线等。

2. 尺寸的作用及其分类

根据平面图形中尺寸所起的作用不同，分为定形尺寸和定位尺寸两类。

(1) 定形尺寸

凡用于确定图形中各部分几何形状大小的尺寸，均为定形尺寸。如直线段的长度、倾斜线的角度、圆或圆弧的直径和半径等。

(2) 定位尺寸

凡用于确定图形中各组成部分与基准之间相对位置的尺寸，均为定位尺寸。

注意：存在既起定形作用又起定位作用的尺寸。

二、平面图形的线段分析

平面图形中任一线段(或线框)的确定，一般需要三个条件——两个定位条件，一个定形条件。例如确定一个圆，需要圆心的两个坐标(x、y)和一个半径尺寸。凡具备三个条件的线段可直接画出，否则要利用线段连接关系找出潜在的补充条件才能画出。因此，平面图形中的线段或圆弧，可按照所给的尺寸齐全与否分为三类。以圆弧为例介绍如下：

1. 已知弧

凡具有完整的定形尺寸(ϕ 及 R)和定位尺寸(圆心的两个定位尺寸)，能直接画出的圆弧，称为已知弧。

2. 中间弧

仅知道圆弧的定形尺寸和圆心的一个定位尺寸，需借助与其一端相切的已知线段，求出圆心的另一定位尺寸，然后才能画出的圆弧，称为中间弧。

3. 连接弧

只有定形尺寸而无定位尺寸，需借助与其两端相切的线段，求出圆心后才能画出的圆弧，称为连接弧。

三、平面图形的画图步骤

(1) 画出基准线。

(2) 画出已知线段。

(3) 画出中间线段。

(4) 画出连接线段。

(5) 整理、检查全图,加深图线。

如图 1.42 所示。

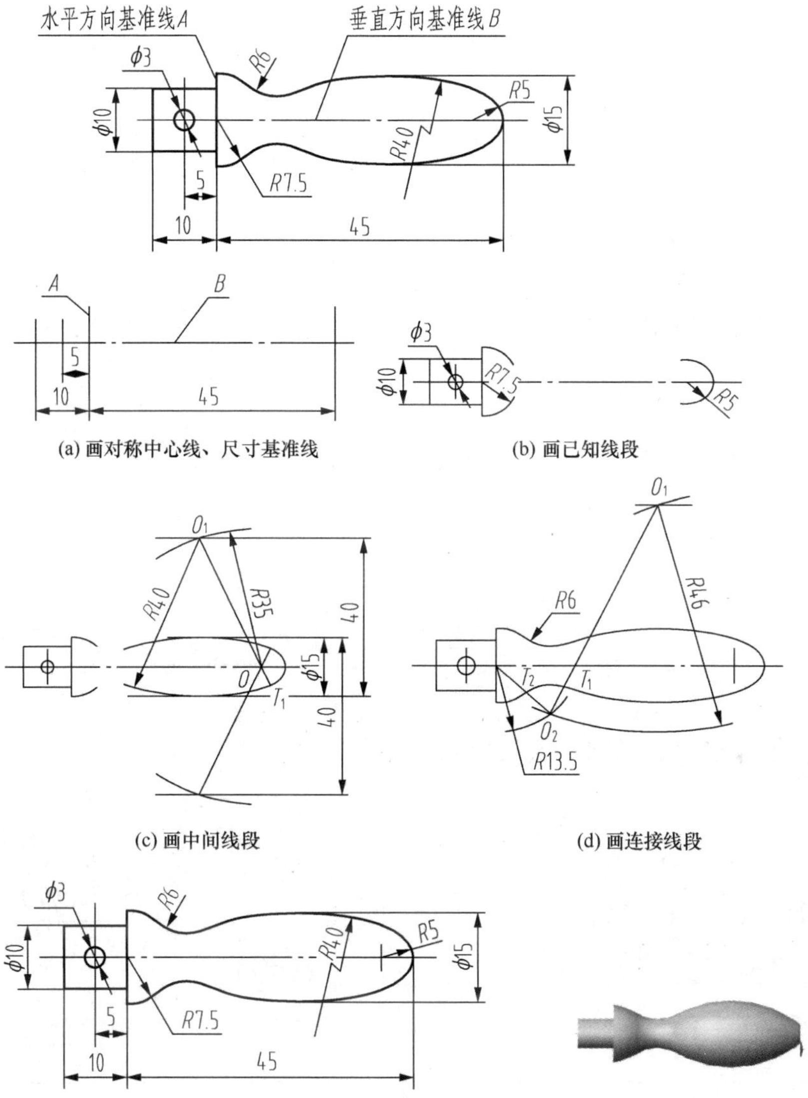

(a) 画对称中心线、尺寸基准线　(b) 画已知线段

(c) 画中间线段　(d) 画连接线段

(e) 检查描深，标注尺寸

图 1.42　绘制手柄的步骤

四、平面图形的尺寸标注

绘制出了平面图形,仅仅绘制出了零件的轮廓,还需按照正确、完整、清晰的要求来标注尺寸。具体步骤如下:

(1) 分析图形的构成,选定尺寸基准。

(2) 逐个地标注出每个线段的定形尺寸。

(3) 标注出每个线段必要的定位尺寸。

(4) 检查、调整,不重复、不遗漏,尺寸排列整齐。

表 1.6 给出了几种常见的平面图形的标注示例。

表 1.6　平面图形标注示例

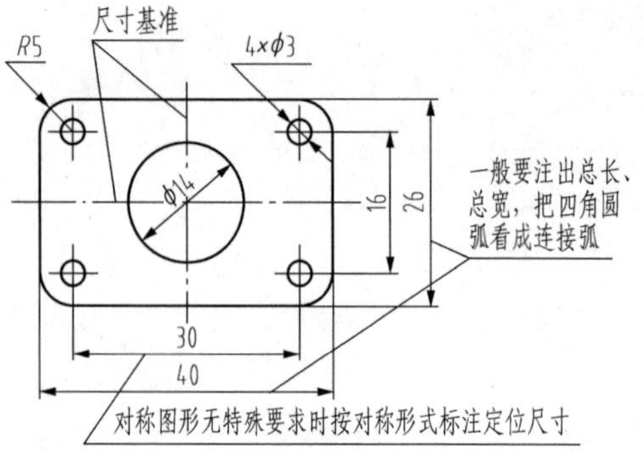

(1)

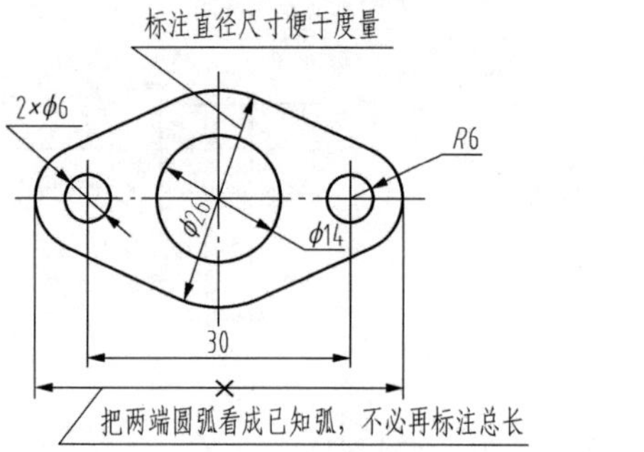

(2)

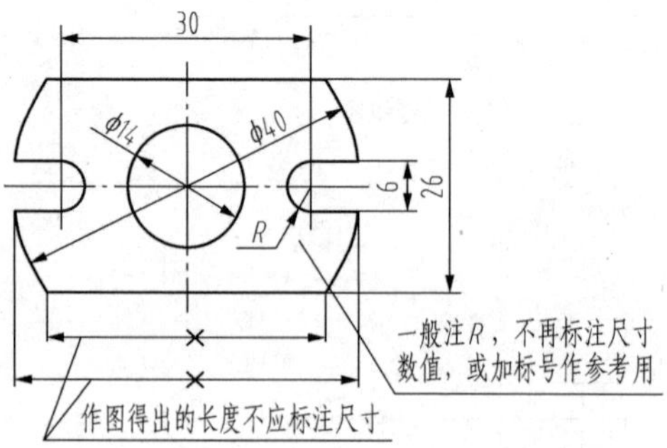

(3)

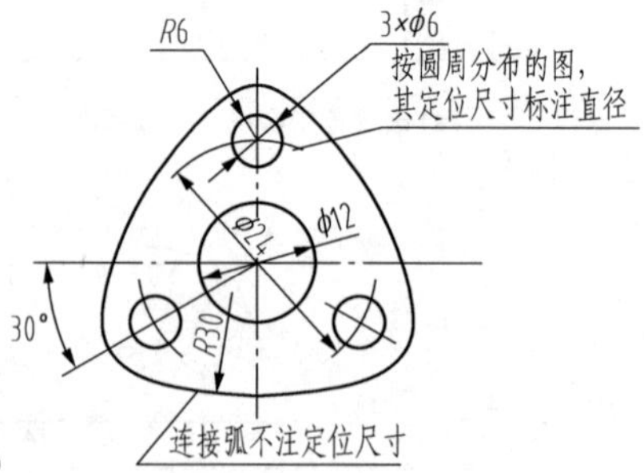

(4)

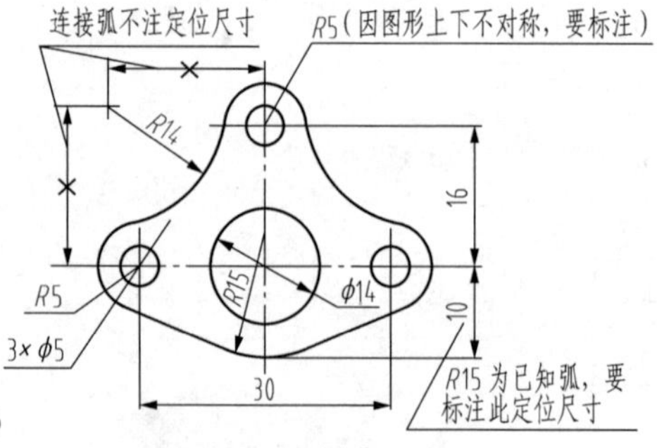

(5)

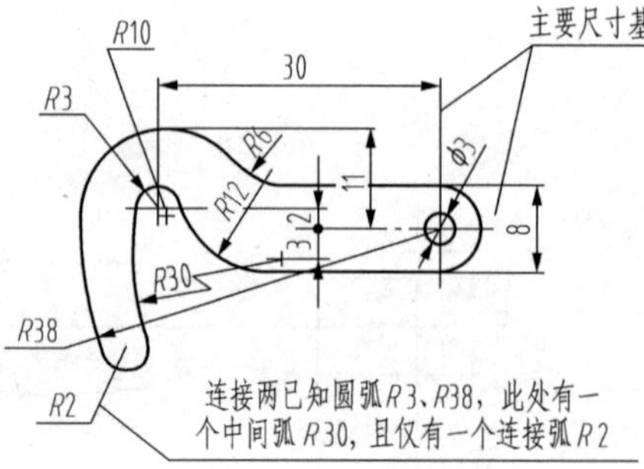

(6)

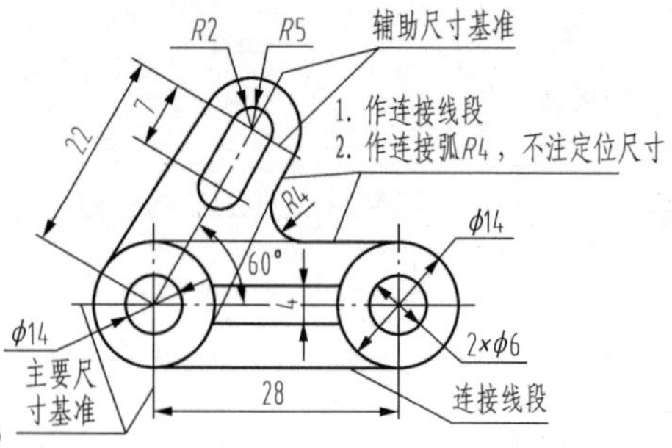

(7)

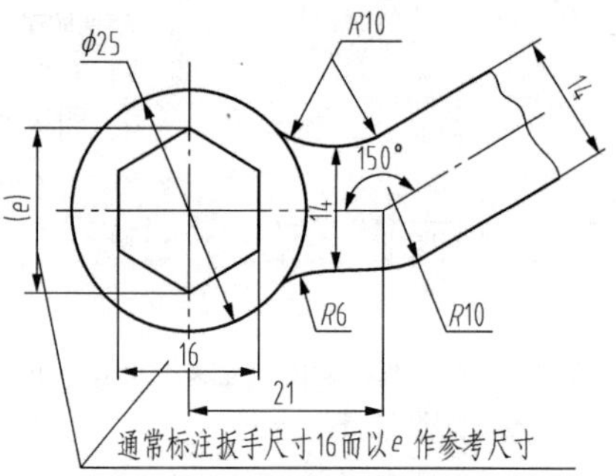

(8)

任务五　徒手绘制草图的方法

用目测来估计物体各部分的尺寸，徒手绘制的图样称为草图。在技术交流、现场测绘、修配机器时，都要绘制草图。随着计算机绘图的普及，草图的应用也越来越广泛。仪器绘图、计算机绘图、徒手绘图已成为三种主要、重要的绘图手段。

绘制草图时使用软一些的铅笔(如 HB、B 或者 2B 型铅笔)，铅笔削长一些，铅芯呈圆形，粗、细各一支，分别用于绘制粗、细线。

画草图时，可以用有方格的专用草图纸，或者在白纸下面垫一张有格子的纸，以便控制图线的平直和图形的大小。

绘制草图时应做到图形准确、线型分明、比例匀称，并应尽可能使图线光滑、整齐。具体画线方法如下。

一、直线的画法

画直线时，可先标出直线的两端点，在两点之间先画一些短线，再连成一条直线。运笔时手腕要灵活，目光应注视线的端点，不可只盯着笔尖。

画水平线应自左至右画出；垂直线自上而下画出；斜线斜度较大时可自左向右下或自右向左下画出，如图 1.43 所示。

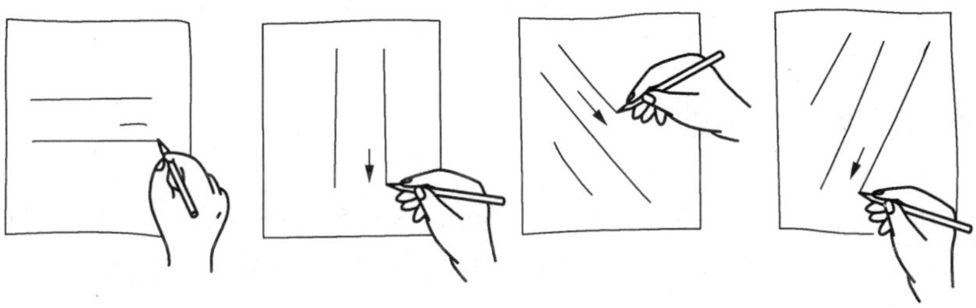

图 1.43　徒手绘制直线

二、角度的画法

角度的画法如图 1.44 所示。

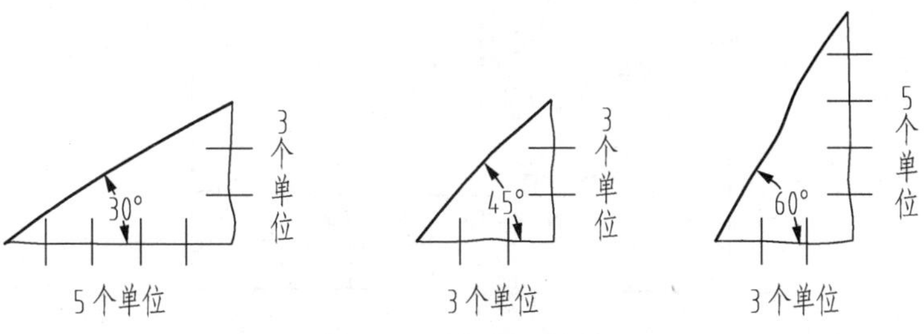

图 1.44　徒手绘制角度

三、圆的画法

画圆时，应先画中心线。较小的圆在中心线上定出半径的四个端点，过这四个端点画圆。稍大的圆可以过圆心再作两条斜线，再在各线上定半径长度，然后过这八个点画圆。圆的直径很大时，可以用手作圆规，以小指支撑于圆心，使铅笔与小指的距离等于圆的半径，笔尖接触纸面不动，转动图纸，即可得到所需的大圆。也可在一纸条上作出半径长度的记号，使其一端置于圆心，另一端置于铅笔，旋转纸条，便可以画出所需圆。如图 1.45、图 1.46 所示。

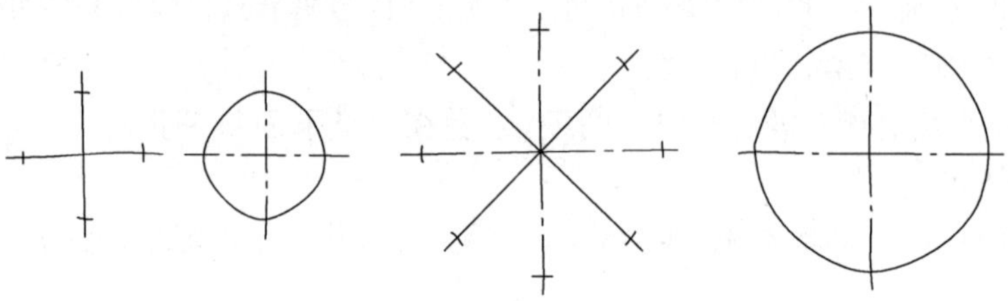

图 1.45　徒手绘制圆形

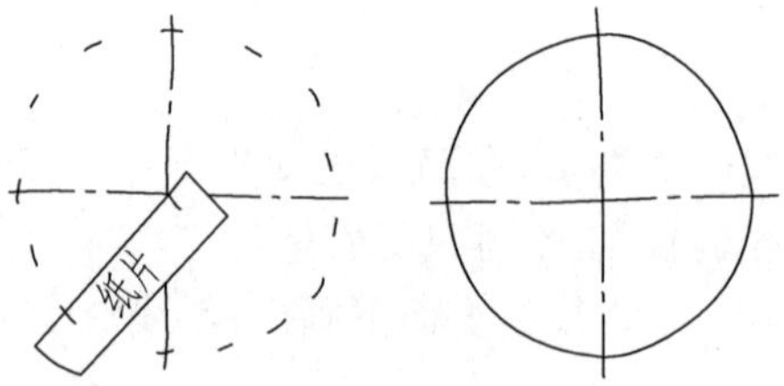

图 1.46　徒手绘制圆形

四、平面图形的绘制

徒手绘制平面图形时，也和使用尺、规作图时一样，要进行图形的尺寸分析和线段分析，先画已知线段，再画中间线段，最后画连接线段。在方格纸上画平面图形时，主要轮廓线和定位中心线应尽可能利用方格纸上的线条，图形各部分之间的比例可按方格纸上的格数来确定。如图 1.47 所示为徒手在方格纸上画平面图形的示例。

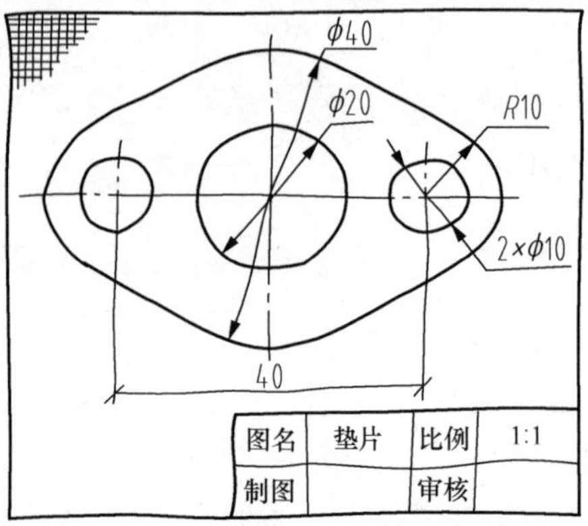

图 1.47　徒手绘制平面图形

知 识 梳 理

(1) 机械图样是设计和制造机械的重要技术文件，是工程界的共同语言，因此在绘图过程中必须遵循《技术制图》、《机械制图》国家标准和有关的技术标准。

(2) 本章就国家标准《技术制图》中有关图纸幅面、比例、字体、图线及尺寸标注等标准做了介绍。学习过程中，在看图和绘图时只要多查阅、多参考，经过一定的实践后便可掌握。对于这些内容，不需要死记硬背。

(3) 圆弧连接的作图可归纳为：

① 求连接圆弧的圆心。

② 找出连接点(切点)。

③ 在两连接点之间画出连接圆弧。

(4) 平面图形的绘制是画机械图样的基础，根据平面图形的尺寸分析和线段分析，应知道先画哪些线段，后画哪些线段，最后再画哪些线段。逐步提高绘图的速度和质量。

(5) 徒手绘图常常用来在现场进行工程记录、表达技术思想等，是一名合格工程技术人员应必备的一项基本技能。本章简要介绍了徒手绘图的基本要求、动作要领及基本技能，需要大家勤加练习并予以掌握。

思考与练习

1. 图纸的幅面有几种？各种图纸的幅面尺寸之间有什么规律？

2. 说明以比例 2∶1 和比例 1∶2 绘图的意义。试以这两种比例分别绘制某一直径 $\phi8$ 的圆，画出的圆哪一个大？

3. 绘制机械图样用的图线有哪几种？线的宽度各为多少？

4. 尺寸标注中的尺寸终端有几种？分别在什么时候使用？能否在同一张图样中出现不同类型的尺寸终端？

5. 什么叫已知线段、中间线段和连接线段？

6. 圆弧连接中，如何求连接弧的圆心及连接弧与已知弧的切点？

7. 试设计一个平面图形，并标注尺寸。

模块二　投影法及三视图

任务一　投　影　法

一、投影法的概念

在日常生活中，当日光或灯光照射在物体上时，在地面或墙壁上就会产生影子，这就是一种投影现象。人们根据生产活动的需要，经过科学的抽象和总结，从物体和投影的对应关系中，总结出了用投影原理在平面上表达物体形状的方法。我们把光线称为投射线(或叫投影线)，地面或墙壁称为投影面，阴影的轮廓线称为物体在投影面上的投影。如图 2.1 所示，上述这种用投射线(投影线)通过物体，向选定的面投射，并在该面上得到图形的方法称为投影法。

二、投影法的分类

投影法可分为两大类：中心投影法和平行投影法。

1. 中心投影法

投射线都从投射中心出发的投影法，称为中心投影法，所得的投影称为中心投影。如图 2.2 所示，中心投影法所得的投影△abc 的大小会随投射中心 S、物体和投影面三者距离的变化而变化，可见中心投影法不反映物体的真实大小。

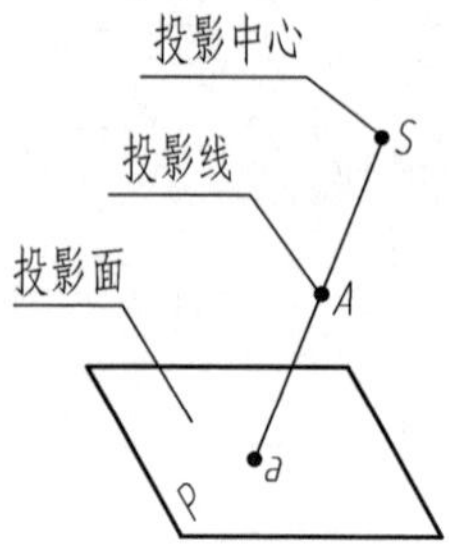

图 2.1　投影法的概念

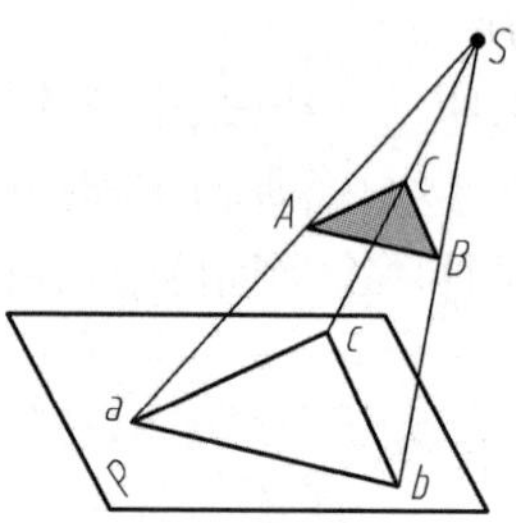

图 2.2　中心投影法

缺点：度量性差 —— 投影的大小随着物体位置的改变而变化。中心投影不能真实地反映物体的形状和大小，并且作图比较复杂，不适用于绘制机械图样。

优点：立体感强，工程上常用这种方法绘制建筑物的透视图。

2. 平行投影法

假设将投射中心移至无穷远处，这时的投射线可视作是互相平行的。投射线都相互平行的投影法称为平行投影法，如图 2.3 所示。相当于投影中心距离投影面在无限远的地方。

在平行投影法中，投射线是相互平行的，若改变形体与投影面的距离，投影的形状和大小不变。

根据投影线与投影面是否垂直，平行投影法又可以分为两种：

(1) 斜投影法（斜角投影）——投射线倾斜于投影面。由斜投影法得到的投影，称为斜投影，如图 2.3(a)所示。

(2) 正投影法（直角投影）——投射线垂直于投影面。由正投影法得到的投影，称为正投影，如图 2.3(b)所示。

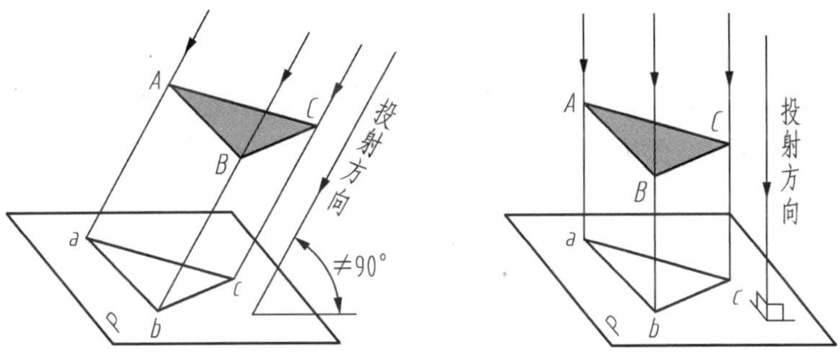

(a) 斜投影法　　(b) 正投影法

图 2.3　平行投影法

正投影法优点：能够表达物体的真实形状和大小，且度量性好、作图简便，因而在工程上得到广泛的应用。本课程研究平行投影且主要是正投影，以后“投影”即指正投影。

三、正投影法的基本特性

正投影具有如下基本特性：

(1) 真实性。当直线段或平面平行于投影面时，其投影反映线段的实长或平面的实形，如图 2.4(a)所示。它体现了正投影度量性好的优点，便于画图、读图、标注尺寸。

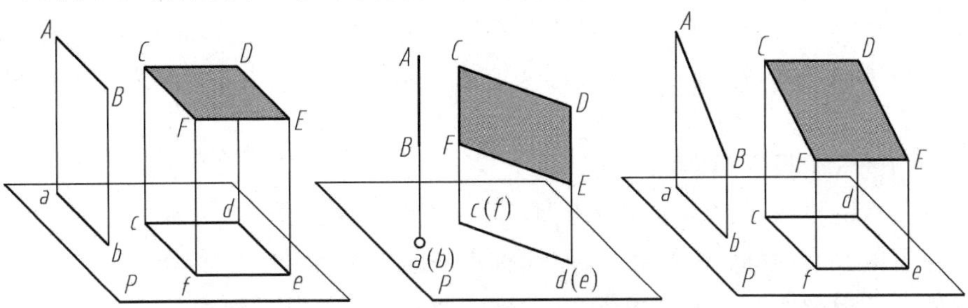

(a) 真实性（全等性）　　(b) 积聚性　　(c) 类似性

图 2.4　正投影的特性

(2) 积聚性。当直线段或平面垂直于投影面时，直线段的投影积聚成点，平面的投影积聚成线段，如图 2.4(b)所示。

(3) 类似性。当直线段或平面倾斜于投影面时，直线段的投影变短，平面的投影为原图形的类似形，如图 2.4(c)所示。

任务二　三视图的形成及投影规律

一般工程图样大都采用由正投影法绘制的正投影图。根据有关标准和规定，用正投影法所绘制出的物体的图形称为视图(在实际绘图中，用视线来代替投射线)。

一、三视图的形成

空间形体有长、宽、高三个尺度 。我们要认识它，就应该从上、下、左、右、前、后各个方面去观察它，才能对其有一个完整的了解。图 2.5 所示的是三个不同的物体，用正投影方法画出三个不同形体的单面投影图，可以看到三个投影图的形状是相同的。如果不附加其他说明，单一投影图是不能确定各个物体的整个形状的。要反映物体的完整形状，必须多取几个投影面上的投影相互补充，才能把物体的形状表达清楚。为了准确地表达物体的形状和大小，我们选取互相垂直的三个投影面。

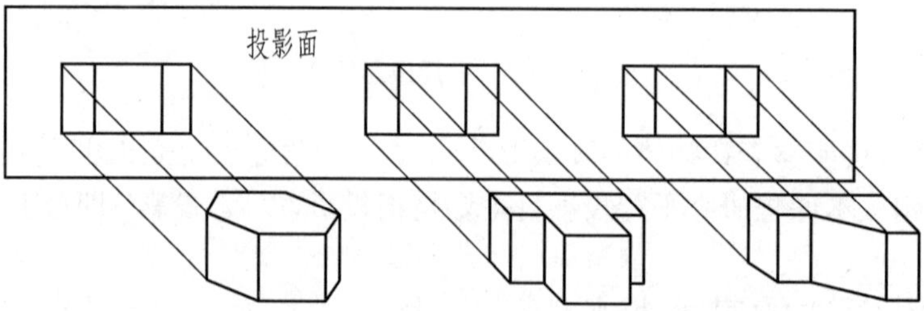

图 2.5　不同的形体在同一投影面上可以得到相同的投影

1. 三投影面体系的建立

如图 2.6 所示设置的 3 个互相垂直的投影面，称为三投影面体系，它把空间分成 8 个分角。GB/T 4458.1—2002 规定，将形体正放在第一分角中进行投影，此时形体的位置在观察者和相应的投影面之间，称为第一角投影法或第一角画法。本书中选取第一分角来讨论物体的投影。

在第一角的 3 个投影面中：

正对观察者的投影面称为正立投影面 (简称正面)，用代号“V”表示。

水平位置的投影面称为水平投影面(简称水平面)，用代号“H”表示。

右面侧立的投影面称为侧立投影面(简称侧面)，用代号“W”表示。

这三个相互垂直的投影面就像是内一角，即像相互垂直的两面墙和地板那样，构成一个三投影面体系。

由于三投影面彼此相互正交，故形成三根投影轴，它们的名称分别是：

OX 轴：*V* 面与 *H* 面的交线，简称 *X* 轴。

OY 轴：*H* 面与 *W* 面的交线，简称 *Y* 轴。

OZ 轴：*V* 面与 *W* 面的交线，简称 *Z* 轴。

OX 轴、*OY* 轴、*OZ* 轴的交点为原点，用“*O*”表示。

如图 2.7 所示。

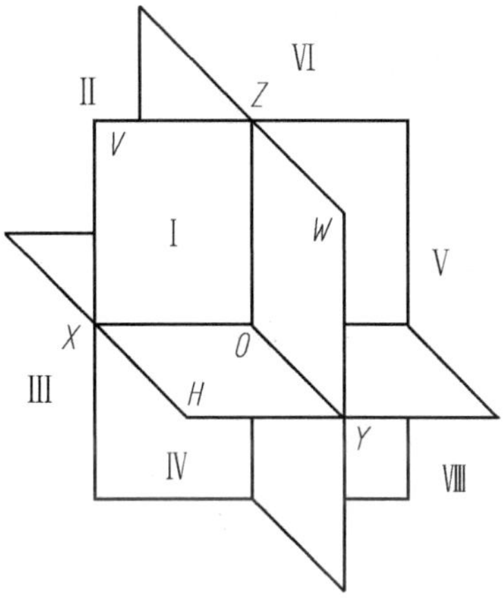

图 2.6　三投影面体系的 8 个分角

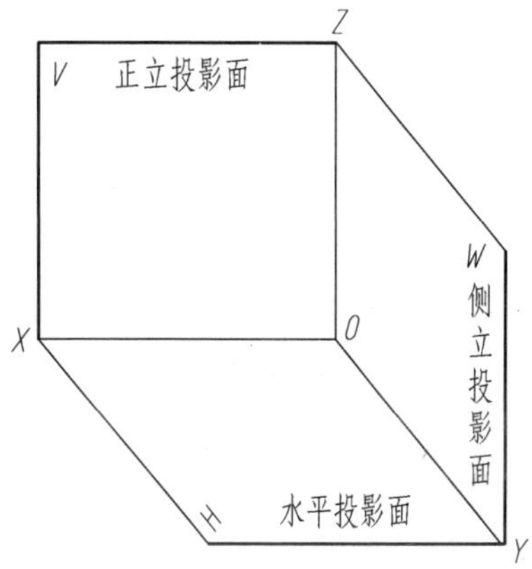

图 2.7　三个投影面的名称和标记

2. 三视图的形成

如图 2.8 所示，将物体放在三投影面体系中，分别向三个投影面投射，为了使所得的三个投影处在同一平面上，就必须把三个投影面展开摊平：保持正面(*V*)不动，将水平面(*H*)绕 *OX* 轴向下旋转 90°，侧面(*W*)绕 *OZ* 轴向右旋转 90°，与正面(*V*)成一平面，这样，便得到物体的三个视图，*V* 面上的视图称作主视图，*H* 面上的视图称作俯视图，*W* 面上的视图称作左视图。三个视图的相对位置不能变动，以主视图为准，俯视图位于主视图的正下方，左视图位于主视图的正右方。由于视图与投影面的大小无关，所以在画三视图时可不画出投影面的边界。三个视图之间的距离可根据需要确定，三条轴线也可以省去。

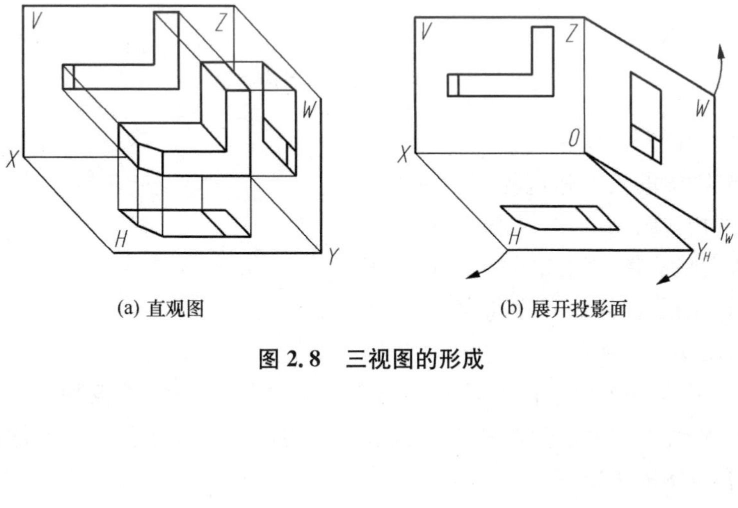

(a) 直观图　　(b) 展开投影面

图 2.8　三视图的形成

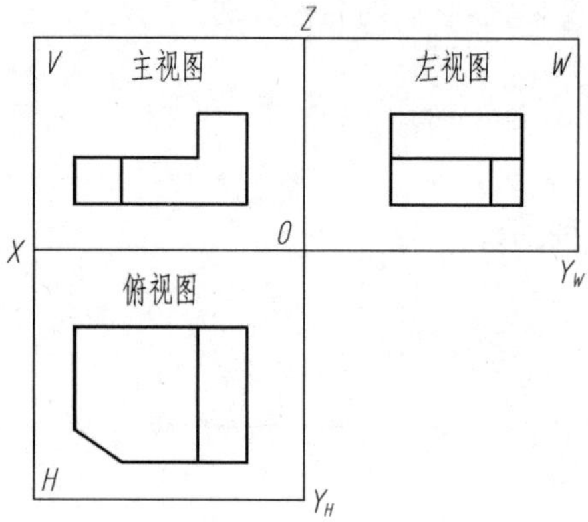

(c)

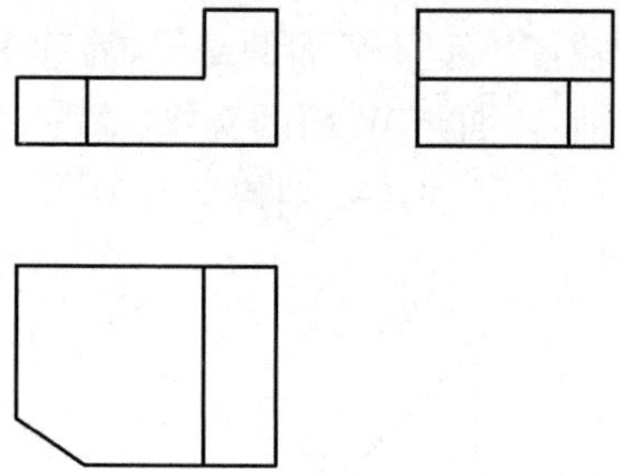

(d)

续图 2.8 三视图的形成

二、三视图的关系及投影规律

1. 度量关系

物体有长、宽、高三个方向的尺寸。物体左右间的距离为长度,前后间的距离为宽度,上下间的距离为高度,如图 2.9 所示。

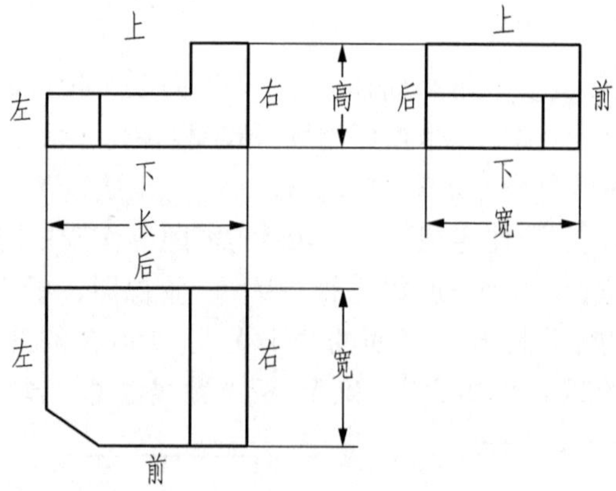

图 2.9 三视图的度量对应关系

主视图反映物体的长度和高度。

俯视图反映物体的长度和宽度。

左视图反映物体的高度和宽度。

主、俯视图反映了物体的同样长度(长对正)。

主、左视图反映了物体的同样高度(高平齐)。

俯、左视图反映了物体的同样宽度(宽相等)。

归纳:“长对正、高平齐、宽相等”反映了三个视图的内在联系,不仅物体的总体尺寸要符合上述规律,物体上的每一处形体、平面、直线、点都遵从上述规律。这一规律是学习本课程全过程中画图和看图的主要依据。

2. 方位关系

物体有上、下、左、右、前、后六个方位，如图 2.10 所示。

主视图反映了物体的上、下、左、右方位。

俯视图反映了物体的前、后、左、右方位。

左视图反映了物体的上、下、前、后方位。

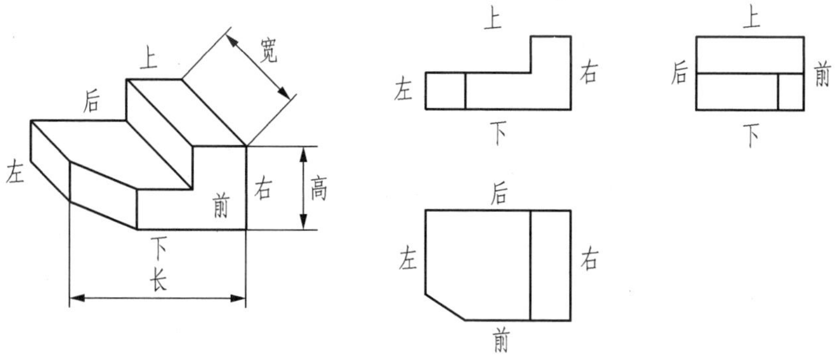

图 2.10　三视图的方位对应关系

任务三　点 的 投 影

通过上一节的学习及画图实践，可以体会到画一个物体的三视图，实质上是画出组成物体的各个面（平面或曲面）的投影，而面是由无数条直线（或曲线）组合而成的，直线与曲线是由一系列的点构成的，因此，为了迅速而正确地画出物体的视图，还需从构成物体的最基本几何元素——点的投影开始。

按统一规定，空间点用大写字母 A、B、C、D…标记，其在 H 面上的投影用 a、b、c、d…标记，在 V 面上的投影用 a'、b'、c'、d'…标记，在 W 面上的投影用 a''、b''、c''、d''…标记。

一、点的三面投影

如图 2.11 所示，将空间 A 点置于三投影面体系中，自 A 点向三个投影面作垂线（即投射线），交得的三个垂足 a、a'、a''即为 A 点的 H 面投影、V 面投影、W 面投影。

将图 2.11(a)投影面展开摊平在同一平面上，则得到点 A 的三面投影图。如图 2.11(c)所示。

图 2.11(b)中 OY 轴被假想地分为两条，随 H 面旋转的称为 OY_H 轴，随 W 面旋转的称为 OY_W 轴。投影图中的边界不必画出，为了便于投影分析，用细实线将点的相邻两投影连起来，aa'和 $a'a''$称为投影连线。a 和 a''不能直接相连，而 OY_H 和 OY_W 均表示同一根 Y 轴，因而作图时常以 O 为圆心、以 Y 轴坐标为半径画圆弧把它们联系起来，或者用图 2.11(c)中所示的辅助线实现这个联系。

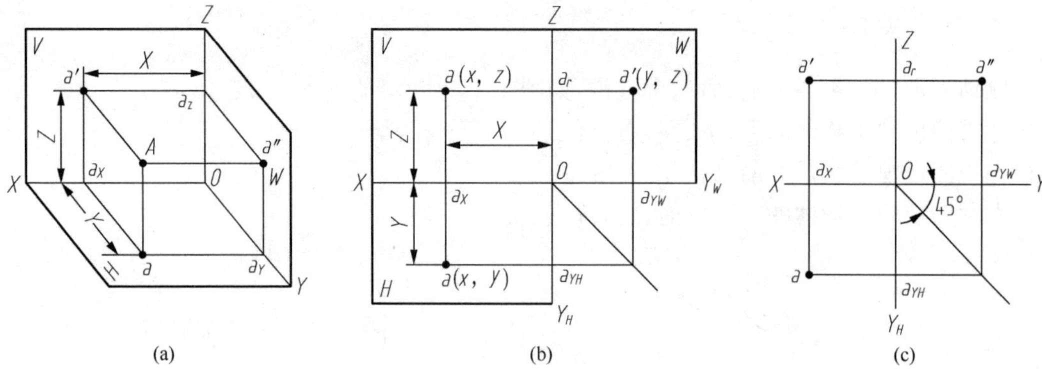

图 2.11　点的三面投影

二、点的三面投影与直角坐标的关系

如果把三投影面体系看作空间直角坐标系，投影面当作坐标面，投影轴当作坐标轴，原点作为坐标原点，则空间点的位置可以用三个坐标值(x,y,z)来表示，如图 2.12 所示。点 A 的三面投影与其坐标面的关系如下：

(1) 空间点 $A(x_A、y_A、z_A)$的任一投影，均反映了该点的某两个坐标值，即 $a(x_A、y_A)$、$a'(x_A、z_A)$、$a''(y_A、z_A)$，如图 2.12(a)所示。

(2) 空间点的每一个坐标值，反映了该点到某投影面的距离，如图 2.12(b)所示。即：

A 点到 W 面的距离为 x 的坐标值 $x=Aa''=aa_y=a'a_z=a_xO=x_A$

A 点到 H 面的距离为 z 的坐标值 $y=Aa=a'a_x=a''a_y=a_zO=z_A$

A 点到 V 面的距离为 y 的坐标值 $z=Aa'=aa_x=a''a_z=a_yO=y_A$

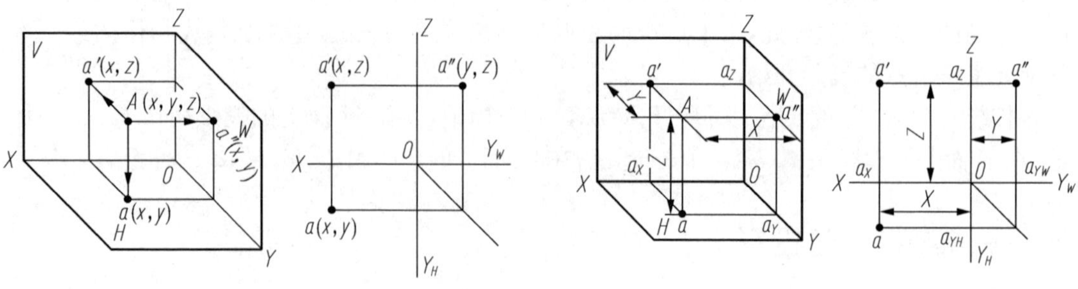

图 2.12　点的投影和直角坐标关系

三、点的三面投影规律

(1) 点的正面投影与水平面投影的连线一定垂直于 OX 轴，即 $aa'\perp OX$(长对正)。

(2) 点的正面投影与侧面投影的连线一定垂直于 OZ 轴，即 $a'a''\perp OZ$(高平齐)。

(3) 点的水平面投影到 OX 轴的距离等于点的侧面投影到 OZ 轴的距离，即 $aa_x=a''a_z$(宽相等)，可以用圆弧或 45°线来反映该关系，如图 2.11(c)所示。

例 2.1　已知点 A 的正面投影 a' 和侧面投影 a''（图 2.13(a)），求作其水平投影 a。

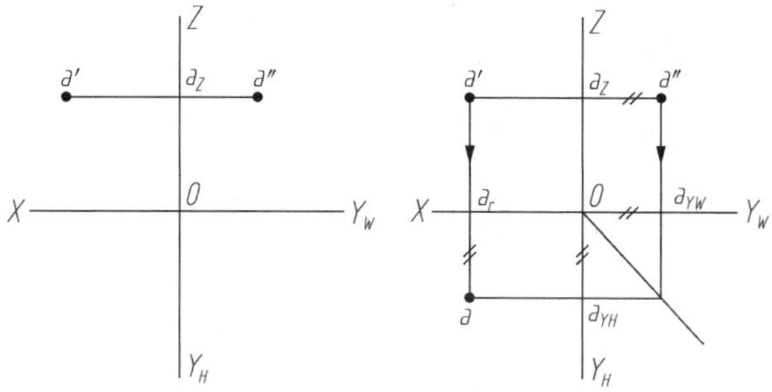

(a) 题目　(b) 解答

图 2.13　已知点的两个投影求第三个投影

例 2.2　已知点 A 的坐标(20,10,18)，作出点的三面投影。

作图方法与步骤如图 2.14 所示：

(1) 作投影轴 OX、OY、OZ，在 OX 轴上量取 $Oa_x=20$，得 a_x，见图 2.14(a)。

(2) 过 a_x 作垂线，自 a_x 向下量取 $aa_x=10$，得 a；自 a_x 向上量取 $a'a_x=18$，得 a'，见图2.14(b)。

(3) 根据 a、a' 作出 a''，见图 2.14(c)。

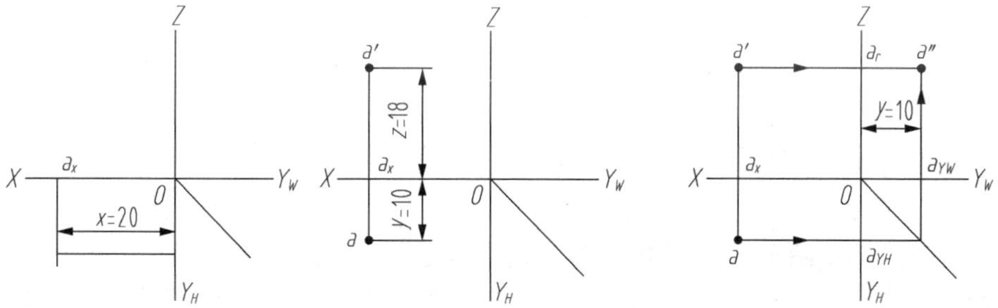

(a)　(b)　(c)

图 2.14　根据点的坐标作点的投影

四、特殊位置点的投影

1. 投影面上的点

当点的 x、y、z 坐标有一个为零时，空间点在投影面上，其两个投影落在投影轴上。特别值得注意的是：当点在 H 面上时，其 W 面的投影落在 Y 轴上，当按三视图的形成方法展开投影体系时，其 W 面投影随 Y 轴一起绕 Z 轴向后旋转落在 Y_W 轴上。

2. 投影轴上的点

当点的 x、y、z 坐标有两个为零时，空间点在投影轴上，其一个投影与原点重合。

无论点在空间处于什么位置，其三面投影仍然遵守“长对正、高平齐、宽相等”的投影规律。

五、两点的相对位置

两点的相对位置是以一点为基准,判断其他点相对这一点的左右、上下、前后位置关系。在三投影面体系中,两点的相对位置是由两点的同面的坐标差决定的。如图 2.15 中,A 点在 B 点的左方 X_A-X_B 处,前方 Y_A-Y_B 处,下方 Z_B-Z_A 处。

X 坐标确定左右相对位置　　X 值大者在左边
Y 坐标确定前后相对位置　　Y 值大者在前边
Z 坐标确定上下相对位置　　Z 值大者在上边

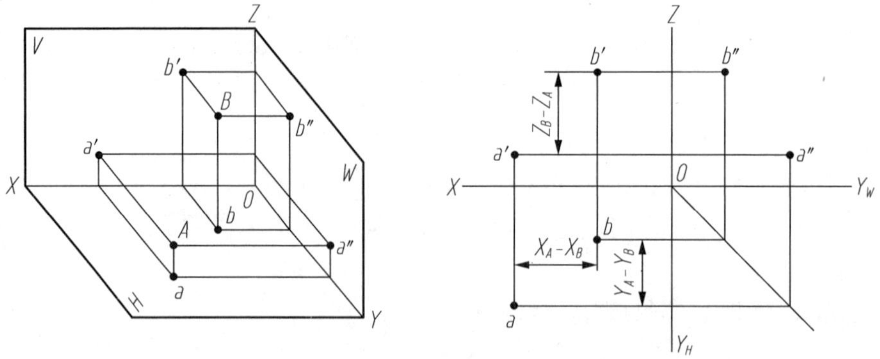

图 2.15　两点的相对位置

六、重影点及其可见性

当空间两点的某两个坐标值相等时,该两点处于某一投影面的同一投射线上,则这两点对该投影面的投影重合于一点。空间两点的同面投影重合于一点的性质,称为重影性,该两点称为重影点。如图 2.16 所示,在投影图中,如果两个点的投影重合,则对重合投影所在投影面的距离即坐标值较大的那个点是可见的,另一点是不可见的,应将不可见的字母用括号括起来,如用“$c(d)$”表示。

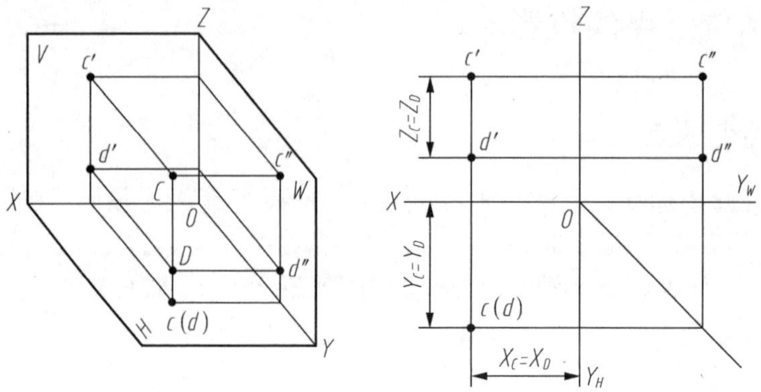

图 2.16　点的重影

任务四　直线的投影

一、直线的投影

1. 直线的投影

一般情况下，由于两点可以确定一条直线，因此在绘制直线的投影图时可由直线上两点（通常取线段的两个端点）的同面投影来确定，只要作出直线上任意两点的投影，再将两点的同面投影连接起来，即得到直线的三面投影。如图 2.17(a)所示是线段两端点 A、B 的三面投影 a、a'、a''和 b、b'、b''，将同面投影连接起来，即得直线 AB 的三面投影 ab、$a'b'$、$a''b''$，如图 2.17(b)所示。

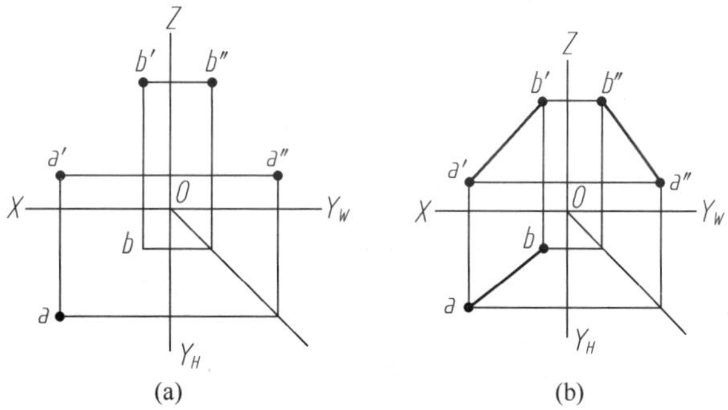

图 2.17　直线 *AB* 的三面投影

2. 各种位置直线的投影

根据直线在三投影面体系中相对于投影面的位置不同，直线可分为三类：一般位置直线、投影面平行线和投影面垂直线。投影面平行线和投影面垂直线也称为特殊位置直线。

(1) 一般位置直线

对三个投影面均倾斜的直线称为一般位置直线。一般位置直线对 H、V、W 面的倾角分别用 α、β、γ 标记。一般位置直线对三个投影面都倾斜，故在三个投影面上的投影都不反映实长，投影与投影轴的夹角都不反映直线与投影面的夹角。如图 2.18 所示。

综上所述，一般位置直线的投影特性为：

① 三个投影都倾斜于投影轴，长度均小于实长（收缩性）。

② 投影与投影轴的夹角不反映直线对投影面的真实倾角。

如图 2.19 所示，正三棱锥的棱线 SA、SC 是一般位置直线，它们对三投影面都倾斜，其三面投影 sa、sc、$s'a'$、$s'c'$、$s''a''$($s''c''$)都是变短了的直线段。

(2) 投影面平行线

只平行于一个投影面，与另外两个投影面倾斜的直线，称为投影面平行线。平行于水平

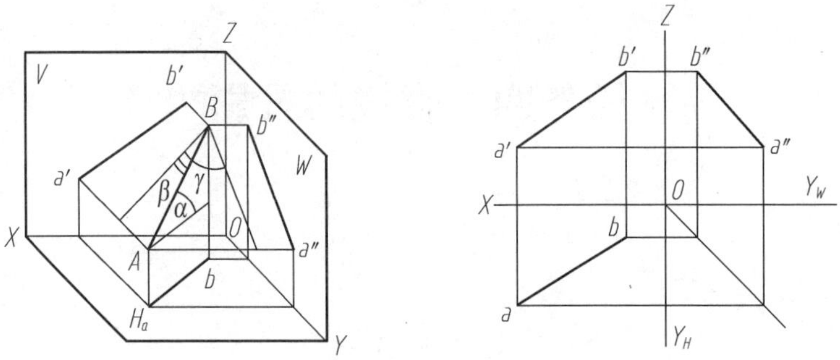

图 2.18　一般位置直线的投影特性

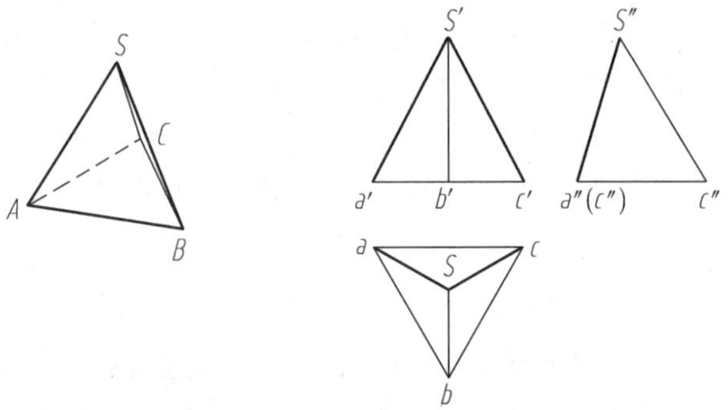

图 2.19　正三棱锥各棱线的投影

面的直线称为水平线；平行于正面的直线称为正平线；平行于侧面的直线称为侧平线。投影面平行线的投影特性见表 2.1。

表 2.1　投影面平行线

名称	水平线	正平线	侧平线
直观图	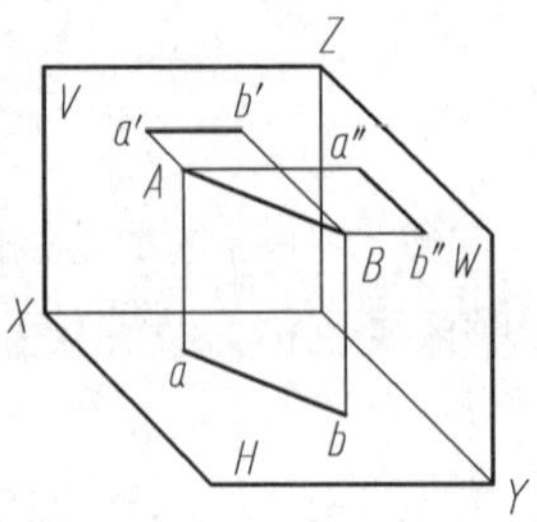	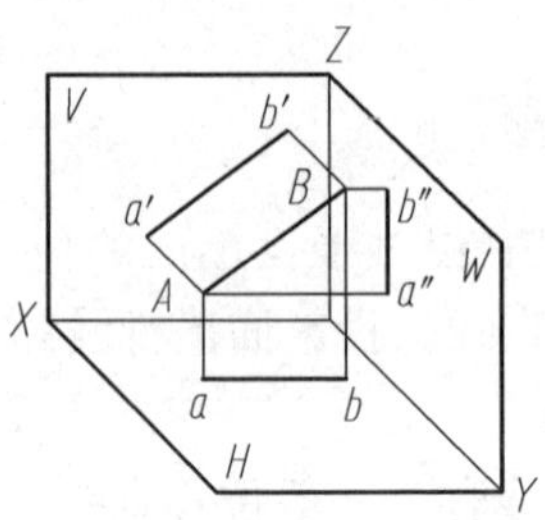	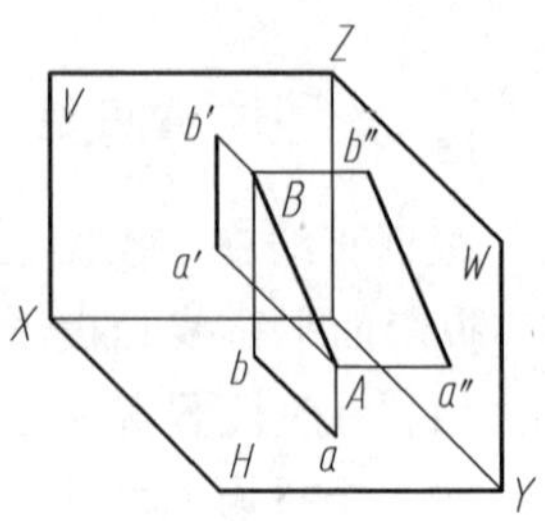
实例	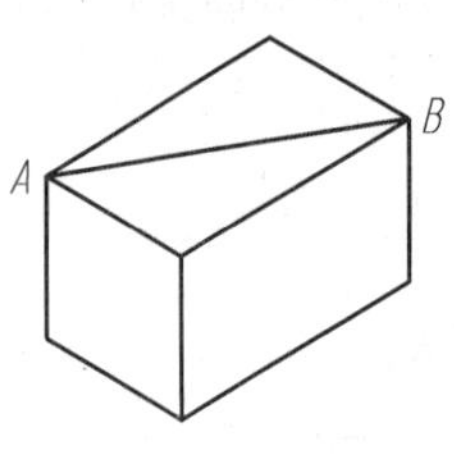	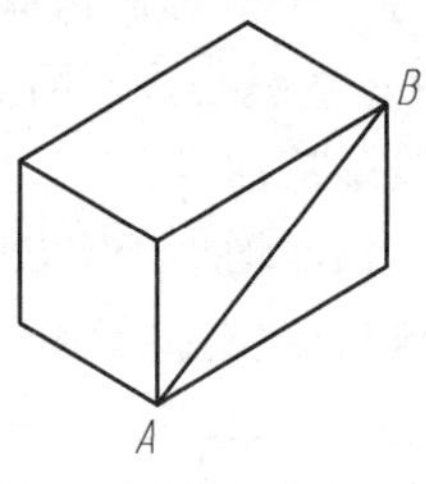	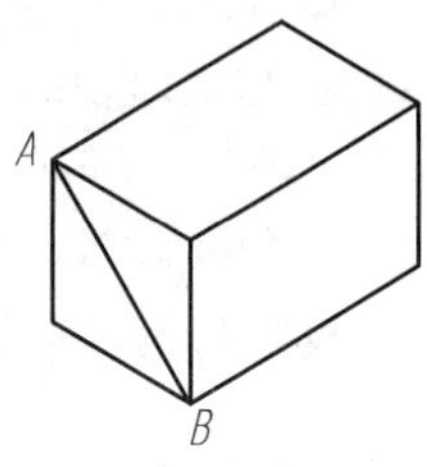

续表

名称	水平线	正平线	侧平线
投影图	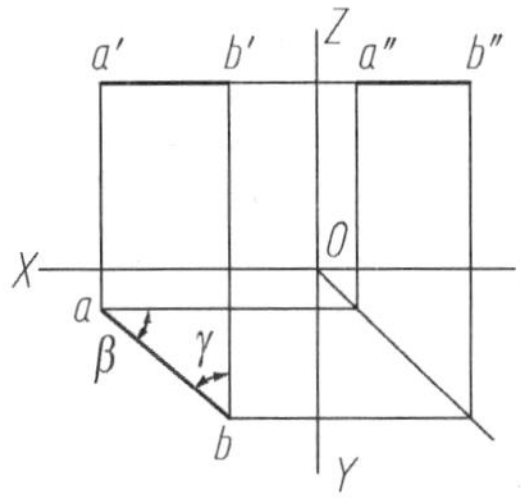	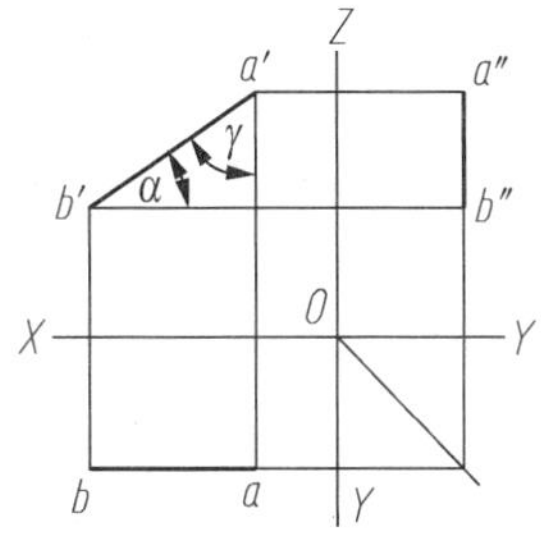	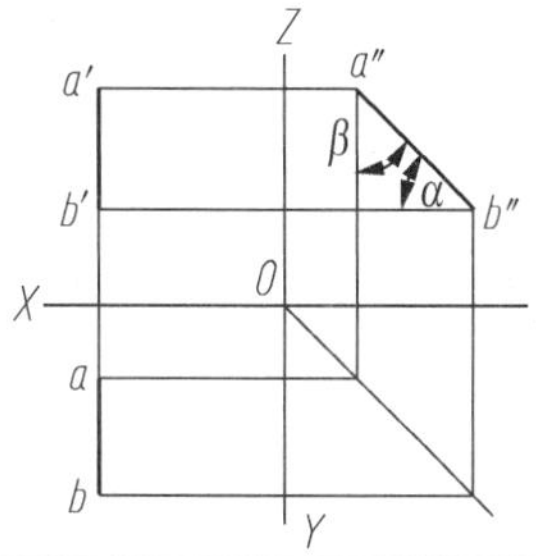
投影特性	(1) ab 反映实长和实际倾角 β、γ。 (2) $a'b' // OX$，$a''b'' // OY_W$，长度缩短。	(1) $a'b'$ 反映实长和实际倾角 α、γ。 (2) $ab // OX$，$a''b'' // OZ$，长度缩短。	(1) $a''b''$ 反映实长和实际倾角 α、β。 (2) $a'b' // OZ$，$ab // OY_H$，长度缩短。

从表 2.1 可以概括出投影面平行线的投影特点：

① 在其平行的那个投影面上的投影反映实长，并反映直线与另两投影面倾角的实际大小(实形性)。

② 另两个投影面上的投影平行于相应的投影轴，其到相应投影轴的距离反映直线与它所平行的投影面之间的距离。

(3) 投影面垂直线

垂直于一个投影面，与另外两个投影面平行的直线，称为投影面垂直线。其中垂直于水平面的直线称为铅垂线；垂直于正面的直线称为正垂线；垂直于侧面的直线称为侧垂线。投影面垂直线的投影特性见表 2.2。

表 2.2　投影面垂直线的投影特性

名称	铅垂线	正垂线	侧垂线
直观图	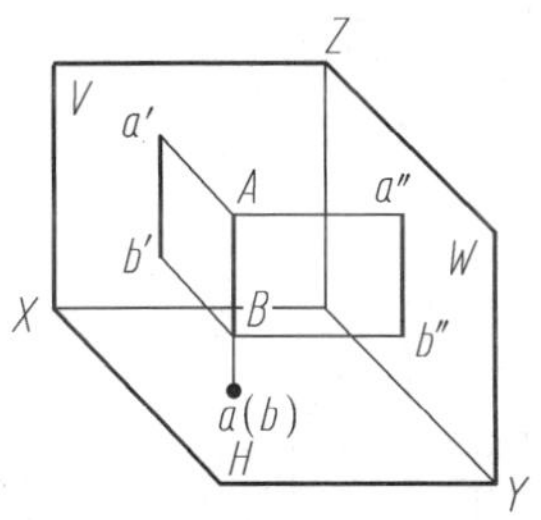	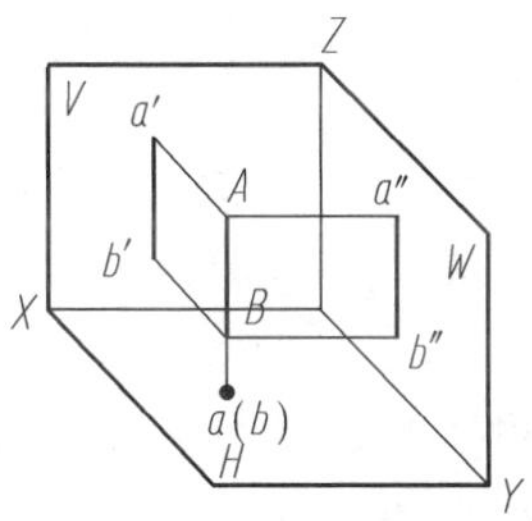	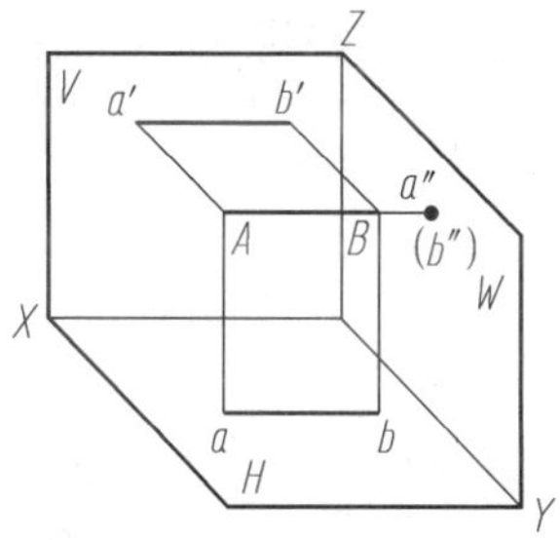
实例	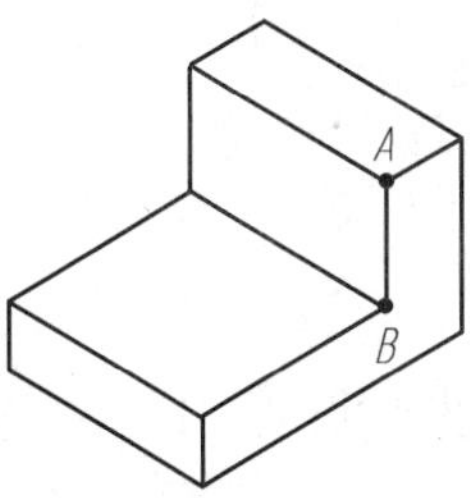	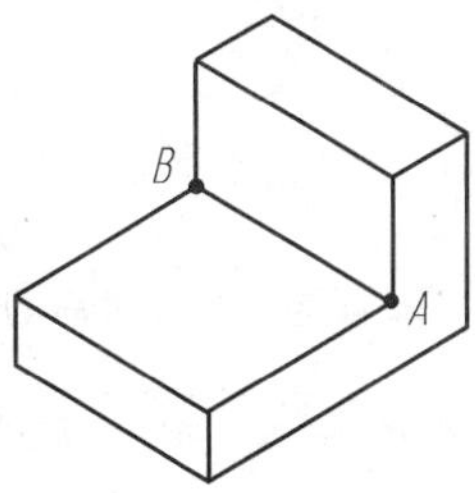	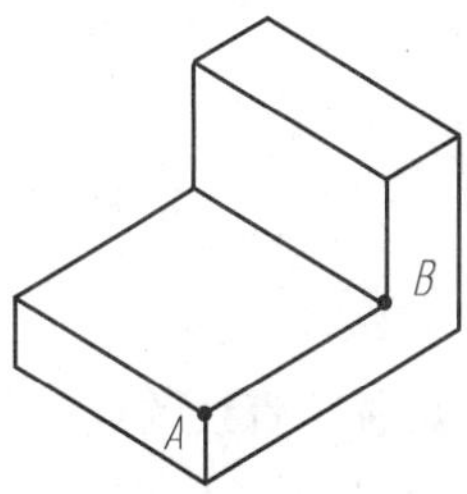

续表

名称	铅垂线	正垂线	侧垂线
投影图	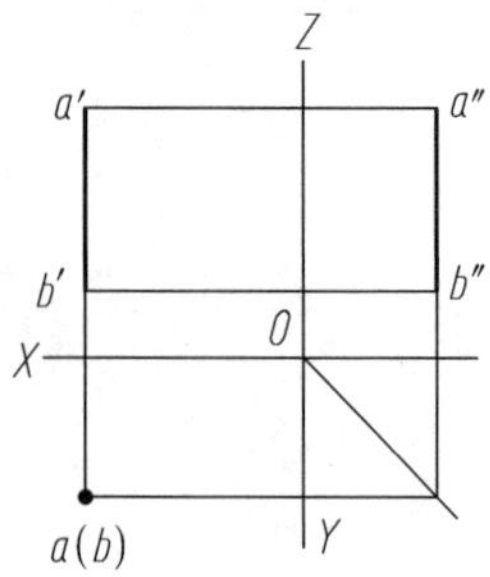	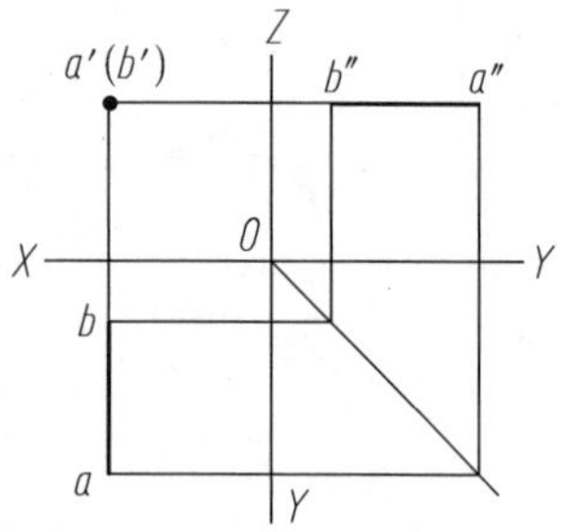	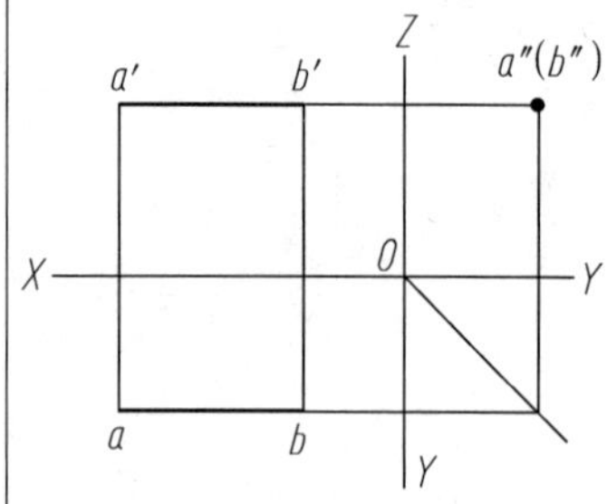
投影特性	(1) a、b 积聚成一点。 (2) $a'b'$ // OZ，$a''b''$ // OZ，都反映实长。	(1) a'、b' 积聚成一点。 (2) ab // OY_H，$a''b''$ // OY_W，都反映实长。	(1) a''、b'' 积聚成一点。 (2) ab // OX，$a'b'$ // OX，都反映实长。

从表 2.2 可概括出投影面垂直线的投影特性：

① 在所垂直的投影面上的投影积聚为一点（积聚性）。

② 另两投影反映线段实长，且分别垂直于相应的投影轴。

二、点与直线及两直线的相对位置

1. 点与直线

点与直线的从属关系有点从属于直线和不从属于直线两种情况。

(1) 点从属于直线

点从属于直线，则点的各个投影必定从属于该直线的同面投影。

例如，图 2.20 所示直线 AB 上有一点 C，则 C 点的三面投影 c、c'、c'' 必定分别在该直线 AB 的同面投影 ab、$a'b'$、$a''b''$ 上。

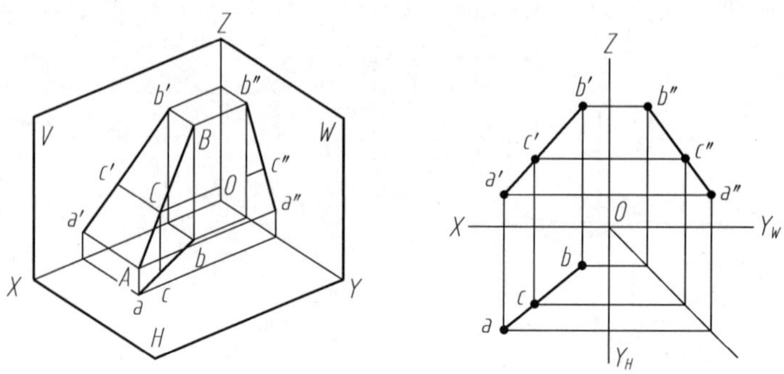

(a)　　　　(b)

图 2.20　直线上点的投影

从属于直线的点分割线段的长度比等于其投影分割线段投影长度之比。这称为直线投影的定比性。

在图 2.20 中，点 C 在线段 AB 上，它把线段 AB 分成 AC 和 CB 两段，根据直线投影的定比性，有 $AC : CB = ac : cb = a'c' : c'b' = a''c'' : c''b''$。

例 2.3　如图 2.21(a)所示，已知侧平线 AB 的两投影和直线上 K 点的正面投影 k'，求 K 点的水平投影 k。

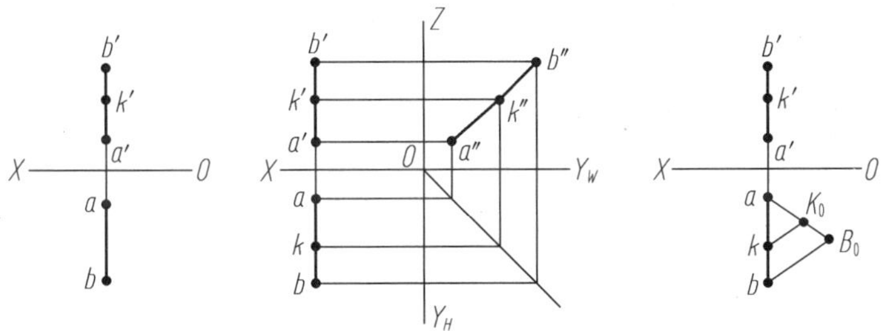

(a) 题目　(b) 解法 1　(c) 解法 2

图 2.21　求直线上点的投影

(2) 点不从属于直线

若点不从属于直线，则点的投影不具备上述性质。

如图 2.22 所示，判断点 K 是否在线段 AB 上。因 k'' 不在 $a''b''$ 上，故点 K 不在 AB 上。或因 $a'k' : k'b' \neq ak : kb$，故点 K 不在 AB 上。

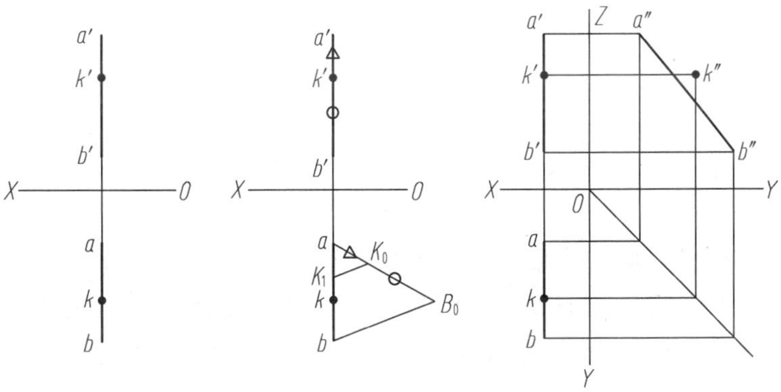

图 2.22　点不从属于直线

2. 两直线的相对位置

两直线的相对位置有平行、相交、交叉三种情况。平行和相交的两直线均属于同一平面（共面）的直线，而交叉两直线则不属于同一平面（异面）的直线。

(1) 两直线平行

1) 特性

若空间两直线平行，则它们的各同面投影必定互相平行。如图 2.23 所示，由于 $AB /\!/ CD$，则必定有 $ab /\!/ cd$、$a'b' /\!/ c'd'$、$a''b'' /\!/ c''d''$。反之，若两直线的各同面投影互相平行，则此两直线在空间也必定互相平行。

2) 判定两直线是否平行

① 如果两直线处于一般位置，则只需观察两直线中的任何两组同面投影是否互相平行即可判定。

② 当两平行直线平行于某一投影面时，则需观察两直线在所平行的那个投影面上的投

影是否互相平行才能确定。如图 2.24 所示。

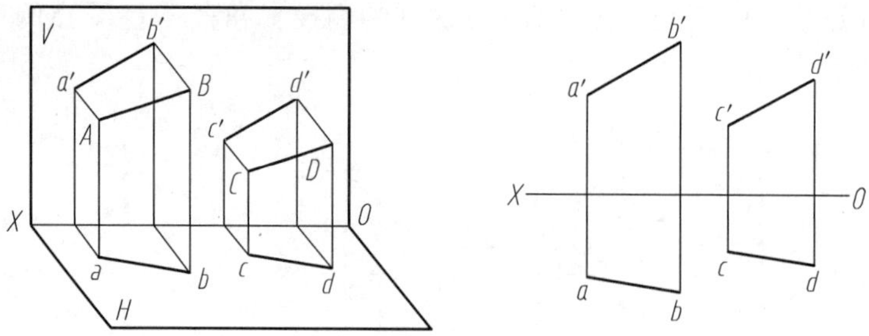

(a)　　　　(b)

图 2.23　两直线平行

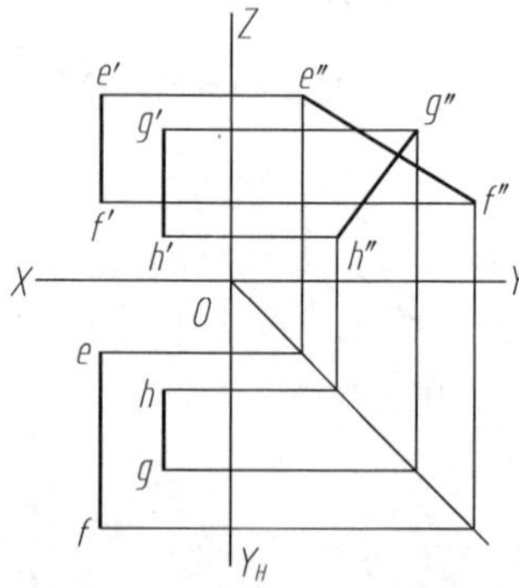

图 2.24　判断直线是否平行

(2) 两直线相交

1) 特性

若空间两直线相交,则它们的各同面投影必定相交,且交点符合点的投影规律。如图 2.25所示,两直线 AB、CD 相交于 K 点,因为 K 点是两直线的共有点,则此两直线的各组同面投影的交点 k、k'、k''必定是空间交点 K 的投影。反之亦然。

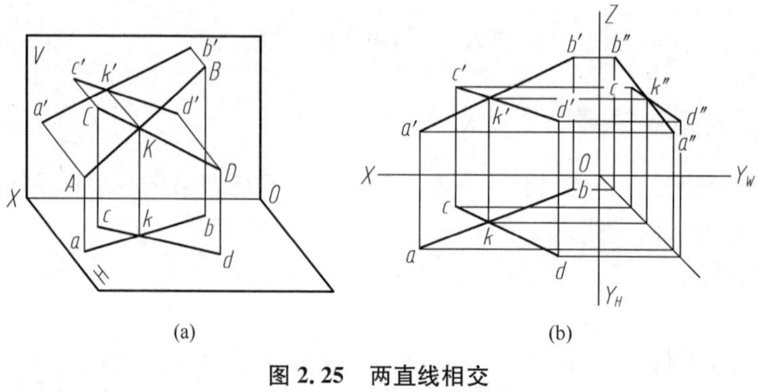

(a)　　　　(b)

图 2.25　两直线相交

2) 判定两直线是否相交

① 如果两直线均为一般位置直线,则只需观察两直线中的任何两组同面投影是否相交且交点是否符合点的投影规律即可判定。

② 当两直线中有一条直线为投影面平行线时,则需观察两直线在该投影面上的投影是否相交且交点是否符合点的投影规律才能确定;或者根据直线投影的定比性进行判断。如

图 2.26 所示，两直线 AB、CD 的两组同面投影 ab 与 cd、$a'b'$ 与 $c'd'$ 虽然相交，但经过分析，可判定两直线在空间不相交。

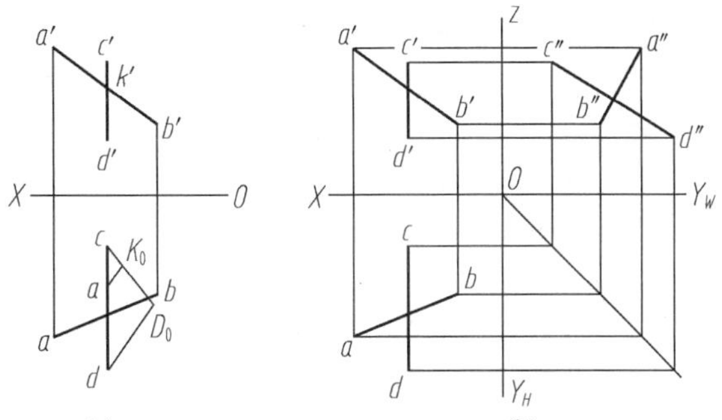

图 2.26　两直线在空间不相交

(3) 两直线交叉

两直线既不平行又不相交，称为交叉直线。

1) 特性

若空间两直线交叉，则它们的各组同面投影必不同时平行，或者它们的各同面投影虽然相交，但其交点不符合点的投影规律，反之亦然。如图 2.27(a)所示。

2) 判定空间交叉两直线的相对位置

空间交叉两直线的投影的交点，实际上是空间两点的投影重合点。利用重影点和可见性，可以很方便地判别两直线在空间的位置。

在图 2.27(b)中，判断 AB 和 CD 的正面重影点 $k'(l')$ 的可见性时，由于 K、L 两点的水平投影 k 比 l 的 y 坐标值大，所以当从前往后看时，点 K 可见，点 L 不可见，由此可判定 AB 在 CD 的前方。同理，从上往下看时，点 M 可见，点 N 不可见，可判定 CD 在 AB 的上方。

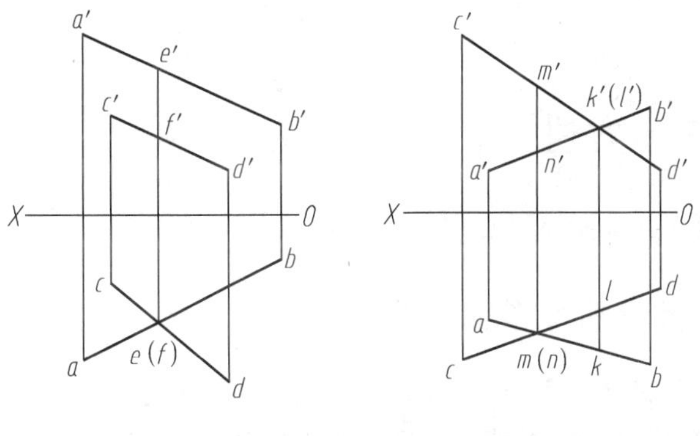

图 2.27　两直线交叉

3. 直角投影定理

空间垂直相交的两直线，若其中的一直线平行于某投影面，则在该投影面的相交投影仍为直角。反之，若相交两直线在某投影面上的相交投影为直角，且其中有一直线平行于该投影面，则该两直线在空间必互相垂直。这就是直角投影定理。

如图 2.28 所示，已知 $AB \perp BC$，且 AB 为正平线，则 ab 必垂直于 bc。

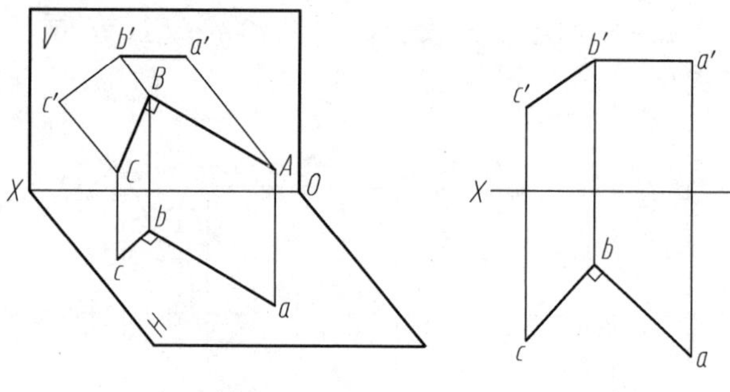

(a)　　　　(b)

图 2.28　垂直相交的两直线的投影

例 2.4　对如图 2.29(a)所示点及直线，求点 A 到直线 BC 的距离。

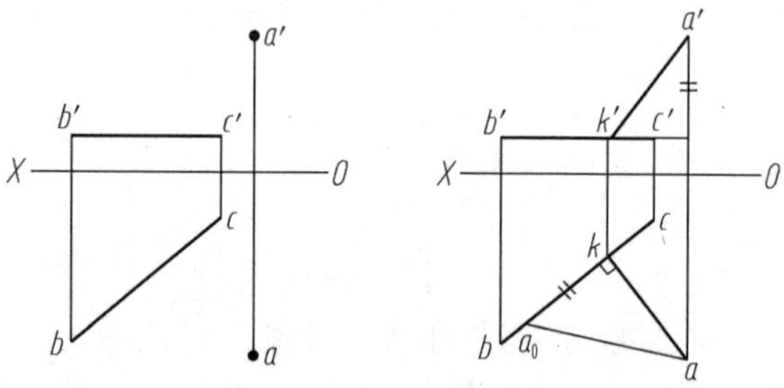

(a) 题目　　　　(b) 解法

图 2.29　求点到直线的距离

任务五　平面的投影

一、平面的表示方法

在投影图上表示平面有两种方法，如下所述。

1. 用一组几何元素的投影表示平面

可用一组几何元素的投影来表示平面：① 不在同一直线上的三点；② 一直线和直线外一点；③ 相交两直线；④ 平行两直线；⑤ 任意平面图形，如三角形、四边形、圆形等。各种情况的示例如图 2.30 所示。

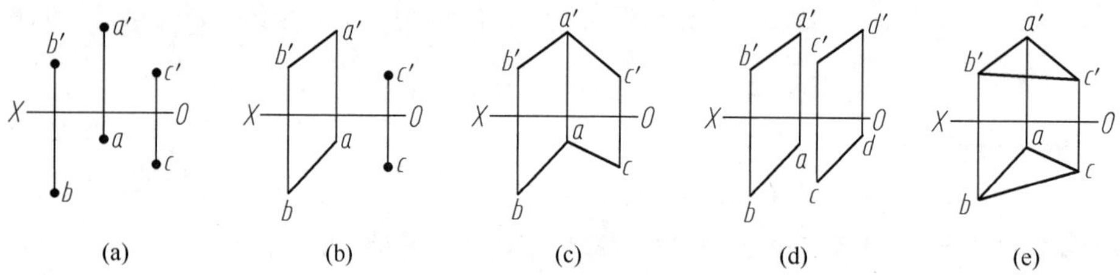

(a)　　(b)　　(c)　　(d)　　(e)

图 2.30　用几何元素表示平面

注意：为了解题的方便，常常用一个平面图形（如三角形）表示平面。

2. 用迹线表示平面

迹线是空间平面与投影面的交线，可用迹线来表示一个平面，如图 2.31 所示。

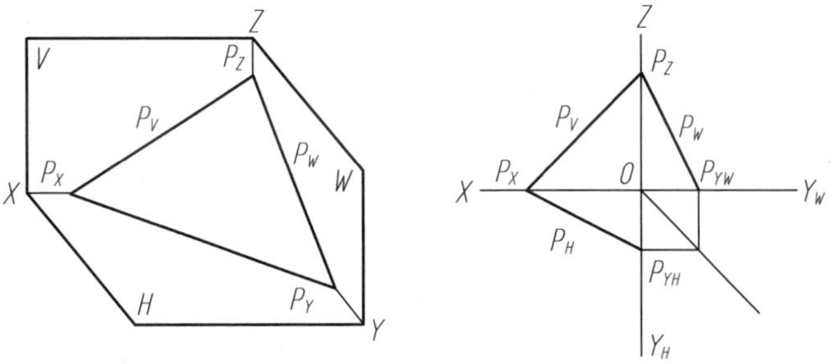

图 2.31　用迹线表示平面

平面 P 与 H 面的交线称为水平迹线，用 P_H 表示；平面 P 与 V 面的交线称为正面迹线，用 P_V 表示；平面 P 与 W 面的交线称为侧面迹线，用 P_W 表示。

二、各类位置平面及其投影特性

1. 分类

根据平面相对投影面的位置不同，平面可分为三类：(1) 投影面垂直面；(2) 投影面平行面；(3) 一般位置平面。前两类平面统称为特殊位置平面。

采用 α、β、γ 表示平面对 H、V、W 三个投影面的倾角。

2. 各种位置平面及其投影特性

(1) 一般位置平面

与多个投影面都处于倾斜位置的平面称为一般位置平面。如图 2.32(a)所示，平面△ABC 与 H、V、W 面都处于倾斜位置，倾角分别为 α、β、γ。图 2.32(b)是△ABC 的三面投影，三个投影都是△ABC 的类似形，且均不能反映该平面对投影面的真实倾角。

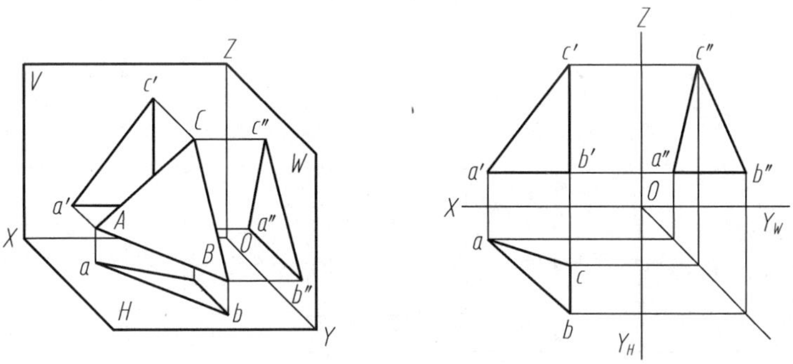

(a) 立体图　　(b) 投影图

图 2.32　一般位置平面的投影

投影特性：在三个投影面上的投影，均为原平面的类似形线框，其形状缩小，不反映真实形状（收缩性），也不反映该平面对投影面的倾角。

如图 2.33 所示是一个一般位置平面的投影示例。

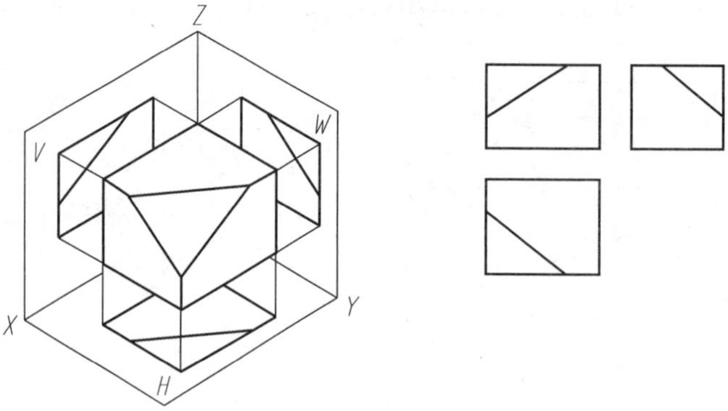

图 2.33　一般位置平面投影示例

(2) 投影面垂直面

垂直于一个投影面而倾斜于其他两个投影面的平面，称为投影面垂直面。垂直于 V 面的平面称为正垂面，垂直于 H 面的平面称为铅垂面，垂直于 W 面的平面称为侧垂面。投影面垂直面的投影特性见表 2.3。

表 2.3　投影面垂直面投影特性

名称	铅垂面（仅⊥H）	正垂面（仅⊥V）	侧垂面（仅⊥W）
直观图	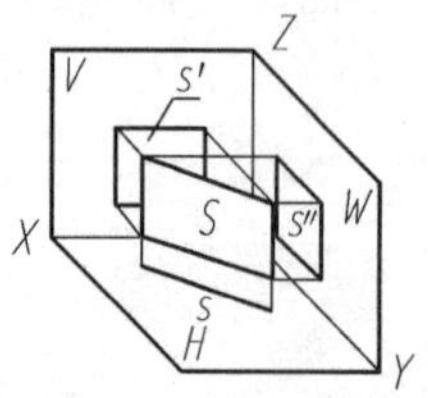	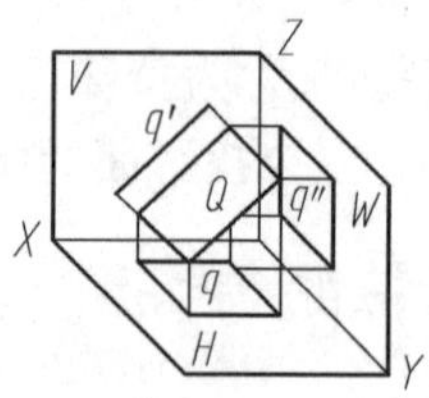	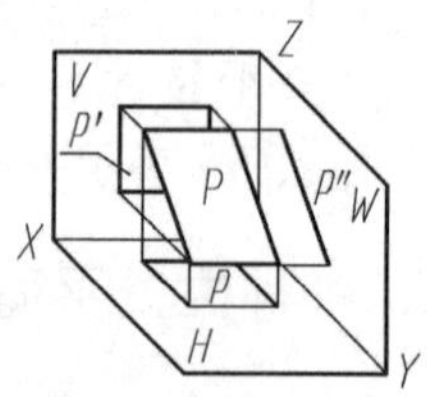
投影图	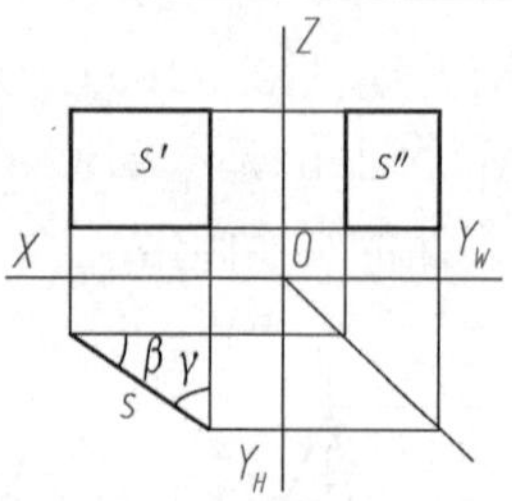	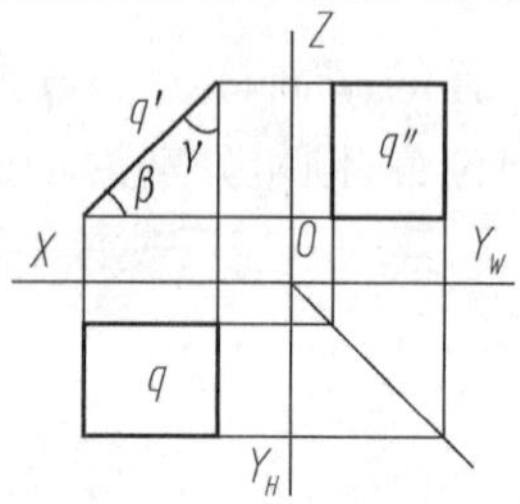	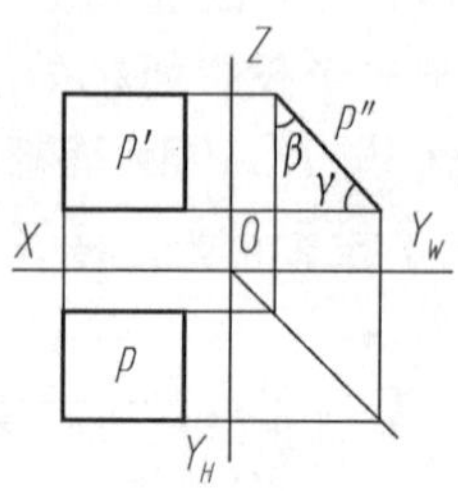
实例	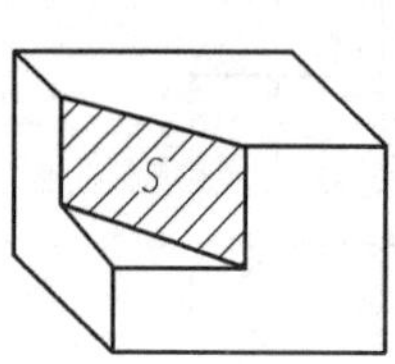	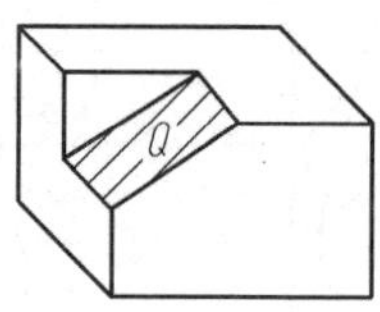	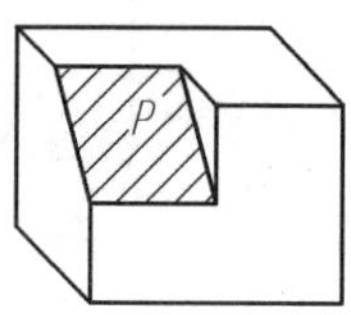
投影特性	(1) H 面投影积聚为一直线段。 (2) V 面、W 面投影为类似形。	(1) V 面投影积聚为一直线段。 (2) H 面、W 面投影为类似形。	(1) W 面投影积聚为一直线段。 (2) H 面、W 面投影为类似形。

从表 2.3 可概括出投影面垂直面的投影特性：

① 在所垂直的投影面上投影积聚为一段斜线（积聚性），该线段与投影轴的夹角分别反映该平面对另两投影面的倾角。

② 在另外两投影面上的投影均为缩小的类似形。

提示：对于投影面垂直面，在画图的时候，一般应先画有积聚性的那个投影，然后根据投影关系再画出另外两个类似形线框的投影。读图时，只要给出平面形的一个类似形线框的投影和一段斜线的积聚性投影，就可判定该平面形为投影面垂直面，且垂直于斜线所在的投影面。

(3) 投影面平行面

平行于一个投影面而垂直于其他两个投影面的平面，称为投影面平行面。平行于 V 面的平面称为正平面，平行于 H 面的平面称为水平面，平行于 W 面的平面称为侧平面。投影面平行面的投影特性见表 2.4。

表 2.4　投影面平行面投影特性

名称	水平面（$/\!/H$）	正平面（$/\!/V$）	侧平面（$/\!/W$）
直观图	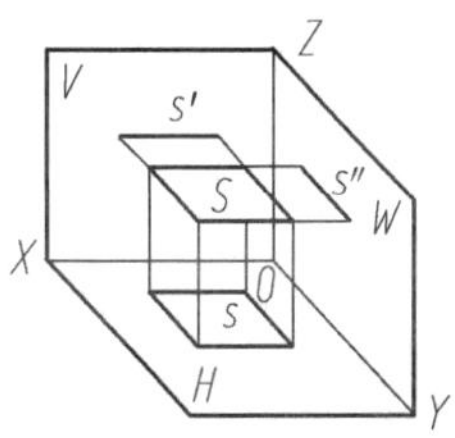	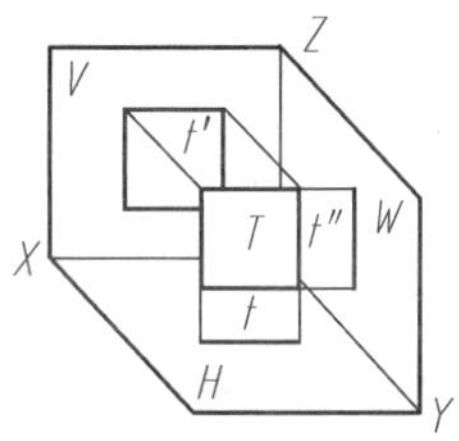	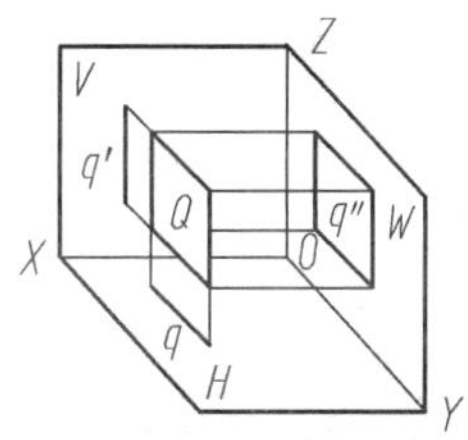
投影图	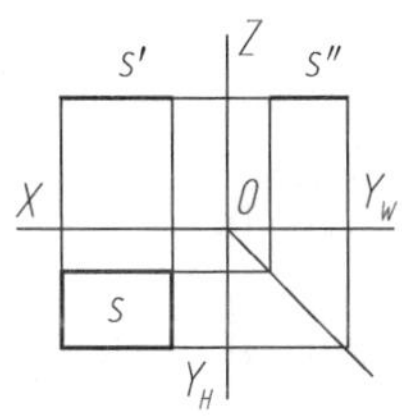	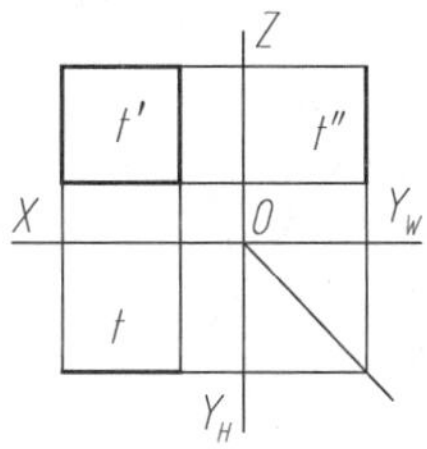	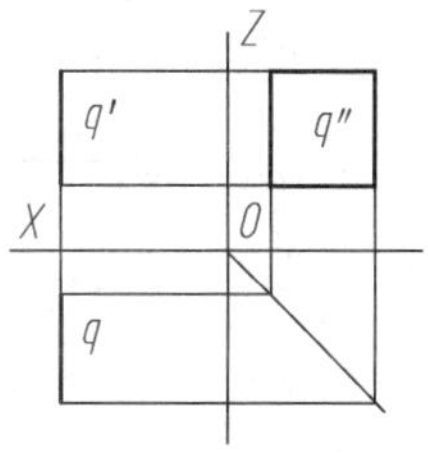
实例	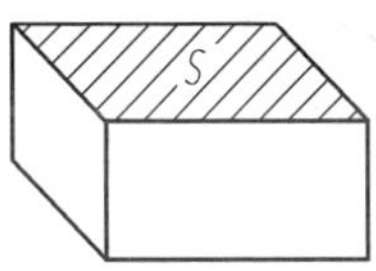	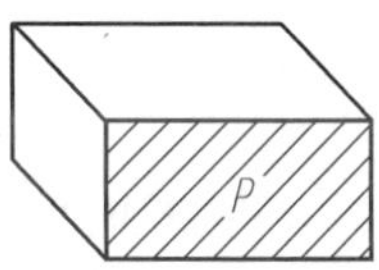	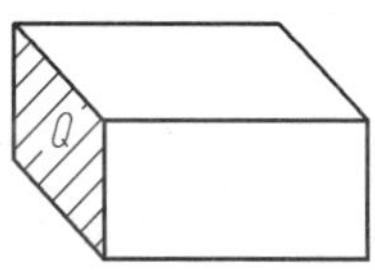
投影特性	(1) H 面投影反映实形。 (2) V、W 面投影积聚为直线段，且分别平行于 OX、OY_W 轴。	(1) V 面投影反映实形。 (2) H 、W 面投影积聚为直线段，且分别平行于 OX、OZ 轴。	(1) W 面投影反映实形。 (2) H 、V 面投影积聚为直线段，且分别平行于 OZ 、OY_H 轴。

从表 2.4 可以概括出投影面平行面的投影特性：

① 在所平行的投影面上的投影反映实形（实形性）。

② 在其他两投影面上的投影分别积聚成直线，且平行于相应的投影轴。

提示：对于投影面平行面，在画图的时候，一般应先画反映实形的投影，然后根据投影关系再画其他两面投影。读图时，只要给出平面图形的一个线框和另一个平行投影轴的积聚投影，就可判断其为投影面平行面，且平行于反映实形的投影面。

3. 平面上的直线和点

(1) 平面上的直线

直线在平面上的几何条件是：

① 若一直线通过平面上的两个点，则此直线必定在该平面上。

② 若一直线通过平面上的一点并平行于平面上的另一直线，则此直线必定在该平面上。

例 2.5　如图 2.34 所示，相交两直线 AB、AC 确定一平面 P，分别在直线 AB、AC 上取点 E、F，连接 EF，则直线 EF 为平面 P 上的直线。作图方法如图 2.34(b)所示。

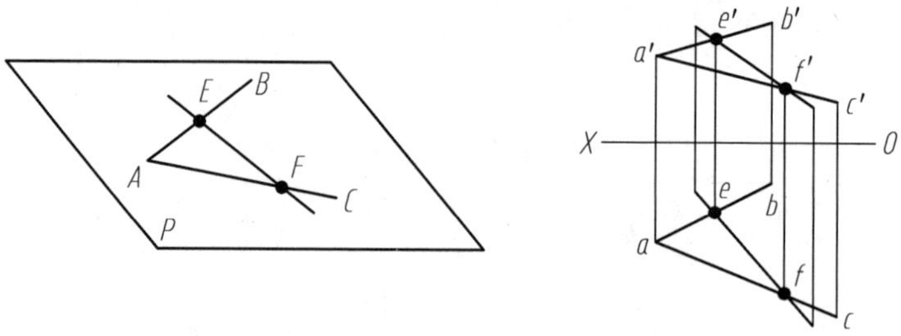

(a)　　(b)

图 2.34　平面上的直线

例 2.6　如图 2.35 所示，相交两直线 AB、AC 确定一平面 P，在直线 AC 上取点 E，过点 E 作直线 $MN /\!/ AB$，则直线 MN 为平面 P 上的直线。作图方法如图 2.35(b)所示。

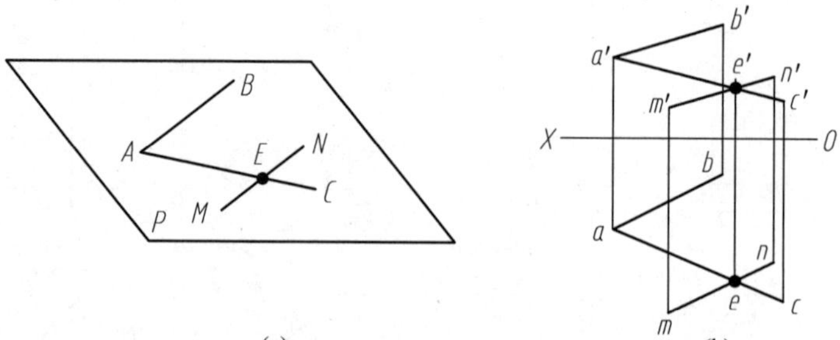

(a)　　(b)

图 2.35　平面上的直线

(2) 平面上的点

点在平面上的几何条件是：点在平面内的一直线上，则该点必在平面上。因此在平面上取点，必须先在平面上取一直线，然后再在该直线上取点。这是在平面的投影图上确定点所在位置的依据。亦即所谓的“过点作线，线上求点”的方法。

例 2.7　如图 2.36(a)所示，试判断点 K 和点 M 是否属于$\triangle ABC$ 所确定的平面。

(3) 平面上的投影面平行线

在平面上且又平行于一个投影面的直线称为平面上的投影面平行线。平面上的投影面平行线的投影，既有投影面平行线的投影特性，又符合平面上直线的投影性质。

一般位置平面上存在投影面的平行线，不存在投影面的垂直线。

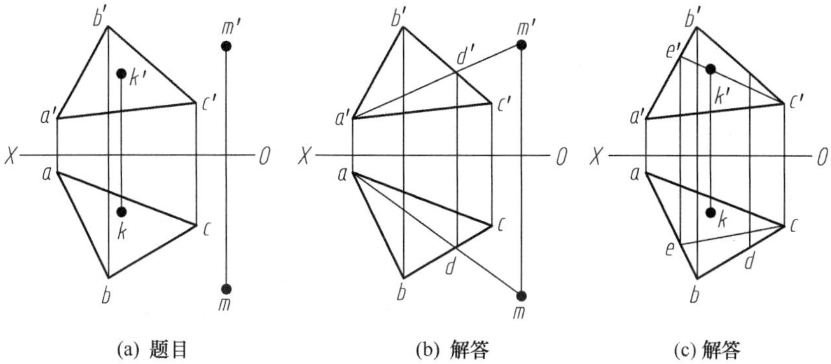

图 2.36　判断点是否属于平面

同一平面上可以作无数条投影面平行线，而且都互相平行。若规定必须通过平面内的某个点或者规定了与某个投影面的距离，则在平面上只能作出一条投影面平行线。

如图 2.37(a)所示，若要过点 A 在平面内作一水平线 AM，先过点 a' 作 am' // OX 轴，再求出它的水平投影 am，$a'm'$ 和 am 即为△ABC 上一水平线 AM 的两面投影；若要过点 C 在平面内作一正平线 CN，可过点 c 作 cn // OX 轴，再求出它的正面投影 $c'n'$，$c'n'$ 和 cn 即为△ABC 上一正平线 CN 的两面投影，如图 2.37(b)所示。

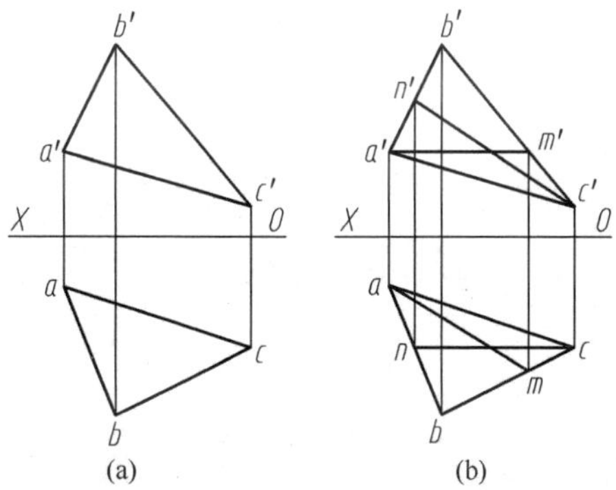

图 2.37　平面上的投影面平行线

例 2.8　△ABC 所确定的平面如图 2.38(a)所示，要求在△ABC 平面上取一点 K，使 K 点在 A 点之下 15 mm，在 A 点之前 10 mm，试求出 K 点的两面投影。

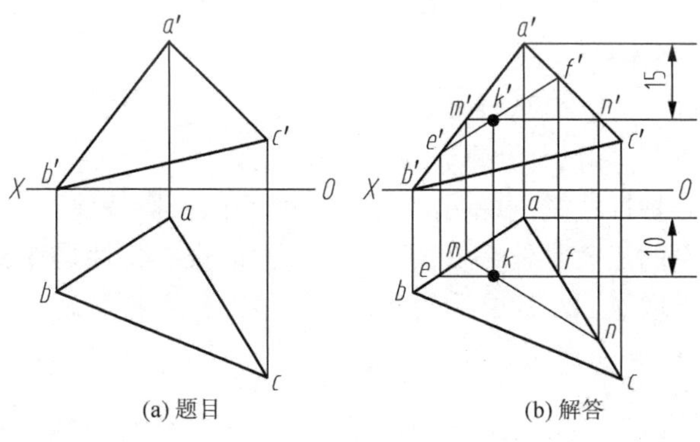

图 2.38　平面上取点

分析　由已知条件得知，可以利用平面上的投影面平行线作辅助线求解。点 K 在点 A 之下 15 mm，可利用平面上的水平线；点 K 在点 A 之后 10 mm，可利用平面上的正平线，点 K 必在两直线的交点上。

如图 2.38(b)所示，作图步骤如下：

① 从 a' 向下量取 15 mm，作一平行于 OX 轴的直线，与 $a'b'$ 交于 m'，与 $a'c'$ 交于 n'，连接水平线的正面投影 $m'n'$ 和水平投影 mn。

② 从点 a 向后量取 10 mm，作一平行于 OX 轴的直线，与 ab、ac 分别交于 e、d 两点，连接正平线的水平投影 ed 和正面投影 $e'd'$，从而作出点 K 的正面投影 k' 和水平投影 k。

知 识 梳 理

(1) 投影法可分为中心投影法与平行投影法；平行投影法又可分为斜投影法与正投影法。制图中表达视图时常用的投影法是正投影法，类似性、真实性、积聚性是正投影法的基本特征，平行性、从属性、定比性是正投影法的附加特性。

(2) 点、线、面是构成立体表面的基本几何元素。点的投影规律是：点的两面投影连线垂直于投影轴；投影到投影轴的距离反映点到投影面的距离。直线的投影可用线段两端点的投影确定。平面的投影可由面上的点、直线的投影确定。

思考与练习

1. 什么是正投影法？
2. 三投影面体系是怎样构成的？
3. 三视图中投射方向与视图名称的关系是什么？
4. 三视图的投影规律是什么？
5. 根据视图怎样判断物体各部分的上下、左右和前后位置呢？
6. 在标注尺寸时，尺寸应尽量标注在哪个视图上？
7. 点的三面投影规律是什么？
8. 怎样根据点的已知两个投影作出第三个投影？
9. 什么是“重影点”？如何判断重影点的可见性？
10. 直线有何投影特性？举例说明侧平线、铅垂线的投影特性。
11. 投影面平行面的定义是什么？投影面平行面的投影特性是什么？
12. 说明在平面上取点、取直线、取投影面平行线的作图方法。

模块三　基本体的三面投影及其表面交线

机械制造中的各种零件，由于作用不同，形状结构各异，但都可以看作是由基本几何体组合而成的。基本几何体有哪些呢？工程制图中通常把棱柱、棱锥、圆柱、圆锥、球、圆环等简单立体称作基本几何体。其中，表面均由平面围成的立体，称为平面立体；表面由曲面或曲面和平面围成的立体，称为曲面立体。在基本体投影这一问题中，讨论上述两类基本体的投影及其表面取点问题。

任务一　基本体的投影

由于平面立体的每一个表面都是平面，相邻平面的交线是棱线，棱线又交汇成点，因此研究平面立体的投影，实质上可归结为去求各棱线或各交汇点的投影，并根据它们的可见与否，分别采用粗实线或虚线依次连成线框。

一、平面立体的投影

1. 棱柱

(1) 棱柱的投影

1）投影分析

如图3.1所示是正六棱柱的投影直观图和展开三视图。该正六棱柱由上、下两个底面(正六边形)和六个棱面(长方形)组成。将其放置成上、下底面与水平投影面平行，并有两个棱面平行于正投影面。

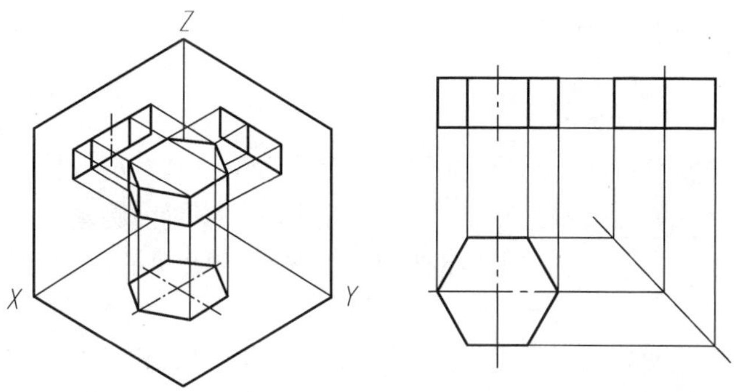

(a)　　　(b)

图3.1　棱柱的投影

上、下两底面均为水平面，它们的水平投影重合并反映实形。正面及侧面投影积聚为两条相互平行的直线。六个棱面中的前、后两个为正平面，它们的正面投影反映实形(矩形)，水平投影及侧面投影积聚为一直线。其他四个棱面均为铅垂面，其水平投影均积聚为直线，正面投影和侧面投影均为类似形。

2) 作图步骤

画正置六棱柱的三面投影图时，如图 3.1(b)所示，一般先画反映上、下底面实形的那个投影(这里是水平投影，为正六边形)，然后再根据三等关系画正面和侧面投影。

3) 正棱柱的投影特征

当棱柱底面平行于某一投影面时，在该面上的投影是一个与底面全等的正多边形，另两个投影的外轮廓均为矩形线框。

(2) 棱柱表面取点

在棱柱表面取点，就是已知点在棱柱表面上的某一投影，求该点在其余两面上的投影。正置棱柱在投影面体系中各表面总处于特殊位置(存在积聚性投影)，表面取点首先应利用柱面的积聚性直接求得点的投影，并把已知点所在的面的积聚性和点在该表面上的可见性结合起来，再根据点的投影规律综合判断。

如图 3.2(b)所示，已知棱柱表面上点 M 的正面投影 m'，求作它的其他两面投影 m、m''。因为 m'可见，所以点 M 必在棱柱左表面前表面 $ABCD$ 上。此棱面是铅垂面，在水平面投影积聚成直线，m 就在此直线上，由 m'、m 就可求出 m''，由于 $ABCD$ 的侧面投影为可见，故 m'' 也为可见。

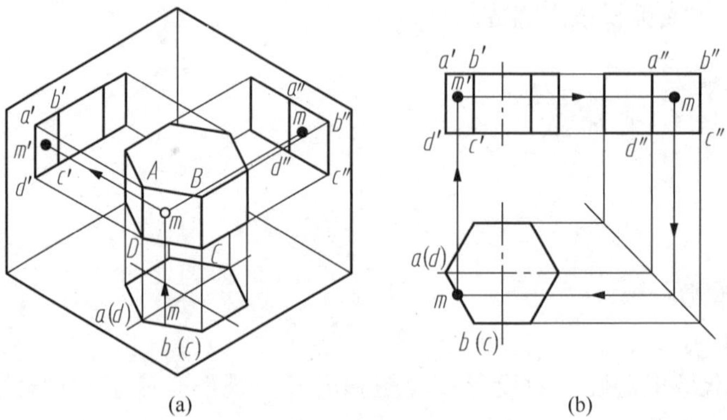

图 3.2　棱柱表面上点的投影

例 3.1　根据已知条件(图 3.3(a))，补画第三视图，并求作形体表面 A、B、C 三点的三面投影。

解　作图，如图 3.3(b)所示。

(1) 根据棱柱的投影特性，结合已知视图进行分析，形体为正五棱柱，其摆放位置为顶、底面为侧平面，最上面的一个侧棱面为水平面，另外四个棱面为侧垂面。

(2) 根据以上分析结果，用三等规律补画正五棱柱的俯视图(其中最下面的一条棱线不可见，用虚线表示)。

(3) 求作 A 点的三面投影。从已知 A 点的正面投影 a'分析，A 点可能是上部前、后两个对称侧棱面上的点，再根据其可见性，A 点属于上、前侧棱面上的点；该侧棱面是侧垂面，在侧面投影上具有积聚性，根据“高平齐”可得 A 点的侧面投影 a''；已知 A 点的两面投影，求作

其第三面投影 a 并判断其可见性。

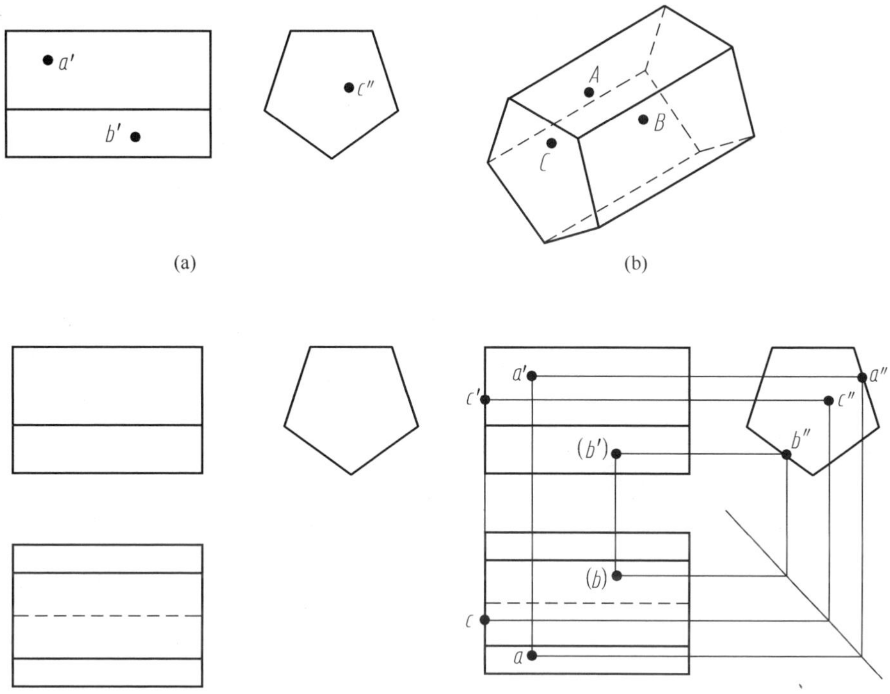

(a)　(b)　(c)　(d)

图 3.3　五棱柱的投影及其表面上的点

(4) 求作 B 点的三面投影。从已知 B 点的正面投影(b')分析，B 点可能是下部前、后两个对称侧棱面上的点，再根据其不可见性，B 点属于下、后侧棱面上的点；该侧棱面是侧垂面，在侧面投影上具有积聚性，根据“高平齐”可得 B 点的侧面投影 b''；已知 B 点的两面投影，求作其第三面投影 b 并判断其可见性。

(5) 求作 C 点的三面投影。从已知 C 点的侧面投影 c'' 分析，由于五个侧棱面在侧投影面上都积聚成直线段，C 点不可能是五个侧棱面上的点，只能是顶、底面上的点，再根据其可见性，C 点属于左底面上的点；左底面是侧平面，在正面投影上具有积聚性，根据“高平齐”可得 C 点的正面投影 c'；已知 C 点的两面投影，求作其第三面投影 c 并判断其可见性。

需要特别注意的是：求作在某一投影面上具有积聚性平面上的点投影，在该投影面内不判断其可见性。如图 3.1 中的 A、B 点，其所在的侧棱面在侧投影面上具有积聚性，求 A、B 点的侧面投影 a''、b'' 时不判断其可见性；C 点，其所在的平面在水平投影面与正投影面上都具有积聚性，求 C 点的水平投影 c 与正面投影 c' 时不判断其可见性。

棱柱表面取点总结：充分利用棱柱每个表面的积聚性直接找点；注意判断点所在表面的可见性。

2. 棱锥

(1) 棱锥的投影

如图 3.4(a)所示为一正三棱锥，它的表面由一个底面(等边三角形)和三个锥面(等腰三角形)围成，将其放置成底面与水平投影面平行，底面有一角正朝前，后锥面垂直于侧投影面。

1）投影分析

正三棱锥的底面为水平面，在俯视图中反映实形。后锥面为侧垂面，在左视图中积聚为一斜线。左、右侧棱面是一般位置平面，在三个投影面上的投影为类似形。

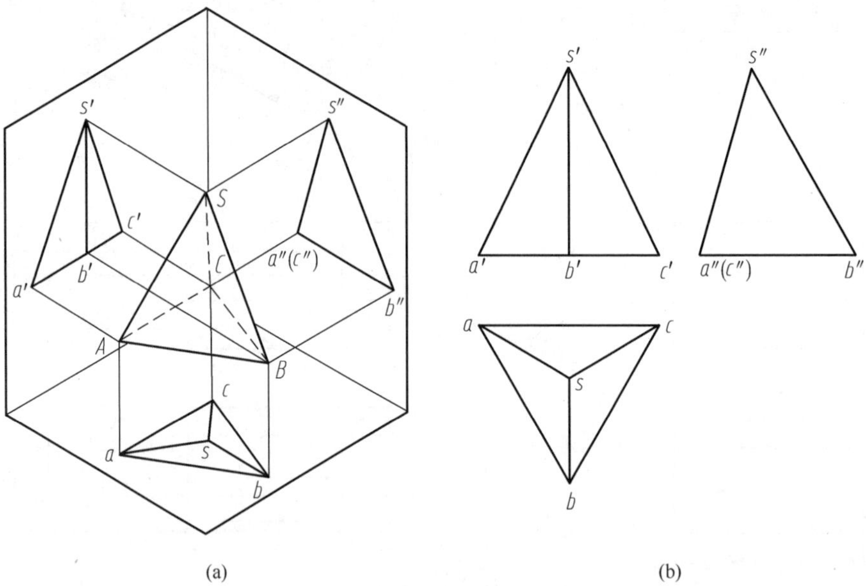

图 3.4 棱锥的投影

2）作图步骤

先画有实形线框（等边三角形）的水平投影，根据三等关系再画另两面投影。因三棱锥只有四个汇聚点（一个顶点三个底角），作出水平投影后，再作这四个点的另两面投影即可。

3）正棱锥的投影特征

当棱锥的底面平行某一个投影面时，一投影为与其底面全等的正多边形，另两个投影外轮廓均为三角形线框。

（2）棱锥表面取点

首先确定点位于棱锥的哪个平面上，再分析该平面的投影特性。若该平面为特殊位置平面，可利用投影的积聚性直接求得点的投影；若该平面为一般位置平面，往往通过辅助线法求得。

例 3.2 如图 3.5(b)所示，已知正三棱锥表面上点 M 的正面投影 m' 和点 N 的水平面投影 n，求作 M、N 两点的其余投影。

分析 因为 m' 可见，因此点 M 必定在△SAB 上。△SAB 是一般位置平面，采用辅助线法，过点 M 及锥顶点 S 作一条直线 SK，与底边 AB 交于点 K。图 3.5(b)中即过 m' 作 $s'k'$，再作出其水平投影 sk。由于点 M 属于直线 SK，根据点在直线上的从属性质可知 m 必在 sk 上，求出水平投影 m，再根据 m、m' 可求出 m''。

因为点 N 不可见，故点 N 必定在三棱锥后表面即棱面△SAC 上。棱面△SAC 为侧垂面，它的侧面投影积聚为直线段 $s''a''(c'')$，n'' 也积聚在此线段上可直接求得，由 n、n'' 即可求出 n'。

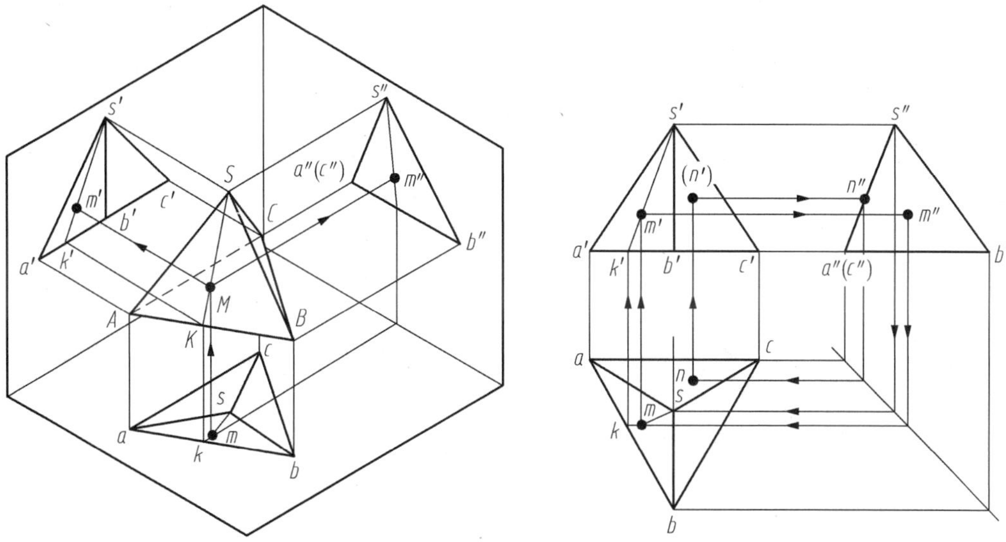

(a) 立体图　　　　(b) 投影图

图 3.5　正三棱锥的投影及其表面上的点

二、曲面立体的投影

工程上常见的曲面立体通常是回转体。回转体可以看作是由一条线(直线或曲线)绕母线旋转而成,其上任意一点的旋转轨迹都是圆,该圆又称为纬圆。所以回转面也可看成是由无数条素线或纬圆组成。常见的回转体有圆柱、圆锥、圆球和圆环。

图示回转体三面投影,必须画出轴线和对称中心线,轴线、对称中心线用细点画线画出,且要超出轮廓线 3～5 mm。

1. 圆柱的投影及其表面取点

(1) 圆柱体的投影

1) 投影分析

圆柱体由圆柱面和顶面、底面组成。圆柱面是由一条直母线,绕与它平行的轴线旋转而形成,圆柱面上的素线都是平行于轴线的直线。

如图 3.6(a)所示,圆柱的顶面、底面是水平面,所以水平投影反映圆的实形,即投影为圆。其正面投影和侧面投影积聚为直线,直线的长度等于圆的直径。由于圆柱的轴线垂直于水平面,圆柱面的所有素线都垂直于水平面,故其水平投影积聚为圆,与上、下底面的圆的投影重合。

在圆柱的正面投影中,前、后两半圆柱面的投影重合为一矩形,矩形的两条竖线分别是圆柱最左、最右素线的投影,也就是圆柱前、后分界的转向轮廓线的投影。在圆柱的侧面投影中,左、右两半圆柱面重合为一矩形,矩形的两条竖线分别是最前、最后素线的投影,也就是圆柱左、右分界的转向轮廓线的投影。图 3.6(b)为圆柱的三面投影。

2) 投影特征

当圆柱的底面平行于某一个投影面时,则圆柱在该投影面上的投影为与其底面全等的圆,而另外两个投影则为两个矩形线框。

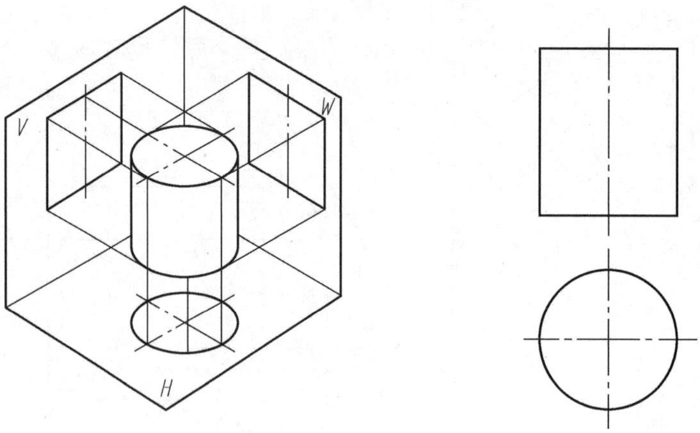

(a) 立体图 (b) 投影图

图 3.6 圆柱的投影

(2) 圆柱表面找点

圆柱表面找点,若点在转向轮廓线上,称为特殊点,可直接根据线上取点的方法直接找出点的投影,注意可见性,特殊点的投影始终处于轮廓的最边上和正中间的位置处,如图 3.7(b)中点 N 的投影。若点不在转向轮廓线上,称为一般点,可根据圆柱面的积聚性,先找出点的积聚性投影,然后再根据点的投影规律找出其余投影,如图 3.7(b)中点 M 的投影。

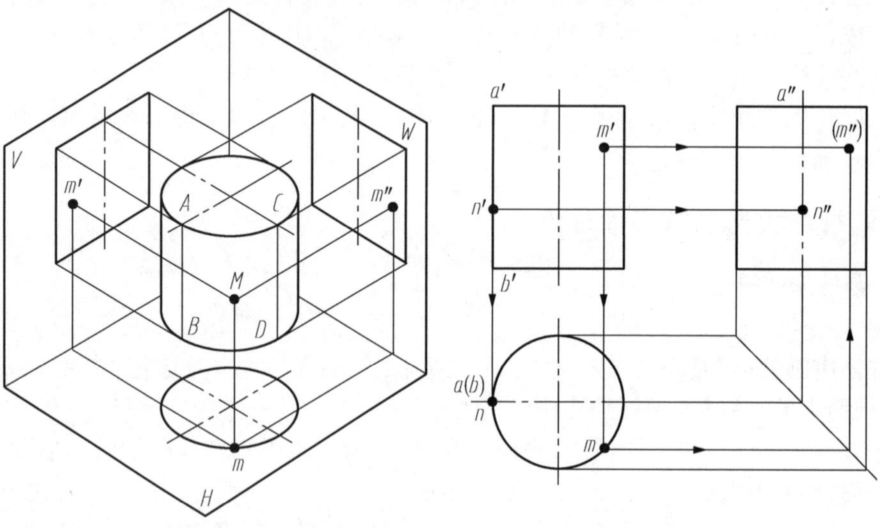

(a) (b)

图 3.7 圆柱表面上的点

2. 圆锥的投影及其表面取点

(1) 圆锥体的投影

1) 投影分析

圆锥体由圆锥面和底面组成(见图 3.8)。

圆锥面是由一条直母线,绕与它相交的轴线旋转而形成。圆锥面上任意位置的素线,均交于锥顶。圆锥面上的纬圆从锥顶到底面直径是越来越大的,底面可看作为圆锥面上直径最大的纬圆。

如图 3.8(a)所示,以直立圆锥为例,它的正面和侧面投影为同样大小的等腰三角形。正面投影的等腰三角形的两腰是圆锥的最左和最右转向轮廓线的投影,其侧面投影与轴线重合;侧面投影的等腰三角形的两腰是圆锥面对侧面的转向轮廓线,亦即圆锥面上最前和最后素线的投影,其正面投影与轴线重合。

圆锥面的水平投影为圆,圆周只是底面圆的投影,而非圆锥面的投影。最左和最右转向轮廓线为正平线,其水平投影与圆的水平对称线重合;最前和最后转向轮廓线为侧平线,其水平投影与圆的垂直对称线重合。图示三面投影时注意用细点画线画出轴线和对称中心线,如图 3.8(b)所示。

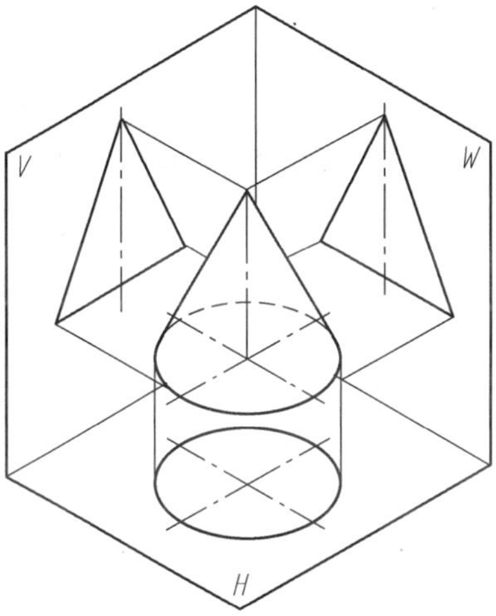

(a) 立体图

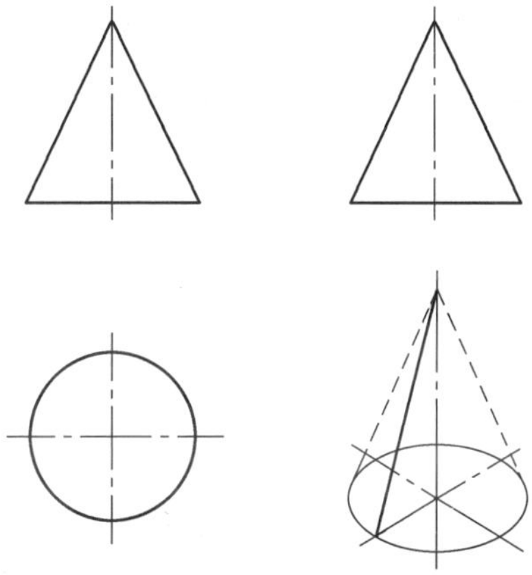
(b) 投影图

图 3.8　圆锥的投影

2) 投影特征

当圆锥的底面平行某一个投影面(或圆锥的轴线垂直某一个投影面)时,则圆锥在该投影面上的投影为与其底面全等的圆,而另外两个投影则为两个等腰三角形线框。

(2) 圆锥面上点的投影

在圆锥的转向轮廓线上找点同圆柱,可根据线上找点的方法来求,见图 3.9(b)中特殊点 N 的三面投影求作。

在圆锥面上取一般位置点,因为圆锥面没有积聚性,所以只能应用作辅助线的方法。圆锥面上的辅助线有纬圆和素线两种,见图 3.10、图 3.11。图 3.9(b)中一般点 M 的三面投影的求法,用的就是纬圆法。

素线法:如图 3.10(a)所示,过锥顶 S 和 M 作锥面上的素线 SA,与底面交于点 A,点 M 的各个投影必在此 SA 的相应投影上。在图 3.10(b)中过 m' 作 $s'a'$,然后求出其水平投影 sa。由于点 M 属于直线 SA,根据点在直线上的从属性质可知 m 必在 sa 上,求出水平投影 m,再根据 m、m' 可求出 m''。

纬圆法:如图 3.11(a)所示,过点 M 在锥面上作一水平辅助纬圆,纬圆与圆锥的轴线垂直,点 M 的各个投影必在此辅助纬圆的相应投影上。在图 3.11(b)中过 m' 作水平线 $a'b'$,此为纬圆的正面投影积聚线。纬圆的水平投影为一直径等于 $a'b'$ 的圆,圆心为 s,由 m' 向下引垂线与此圆相交,再根据点 M 的可见性,即可求出 m。然后再由 m' 和 m 即可求出 m''。

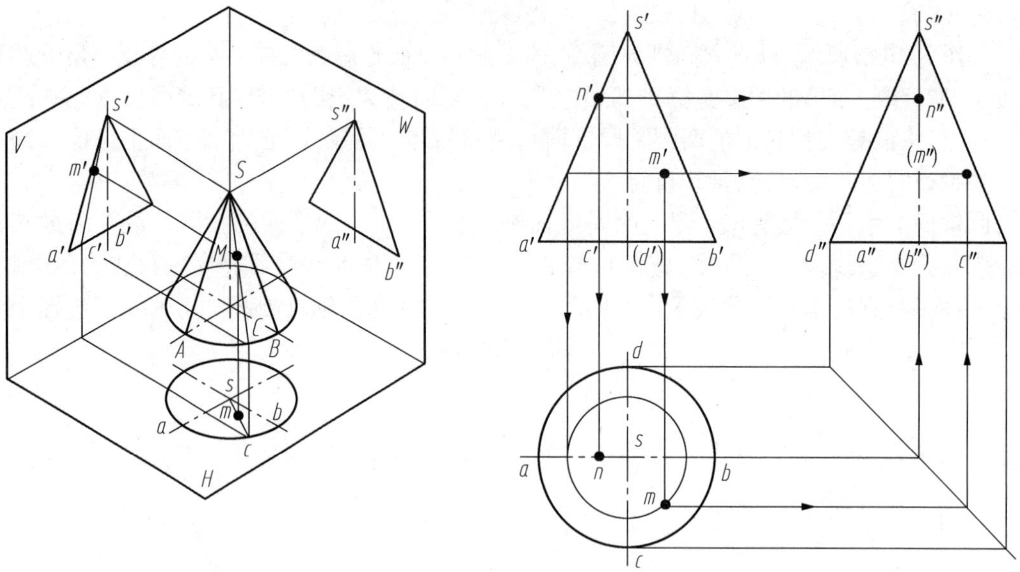

(a) 立体图　　(b) 投影图

图 3.9　圆锥表面上取点

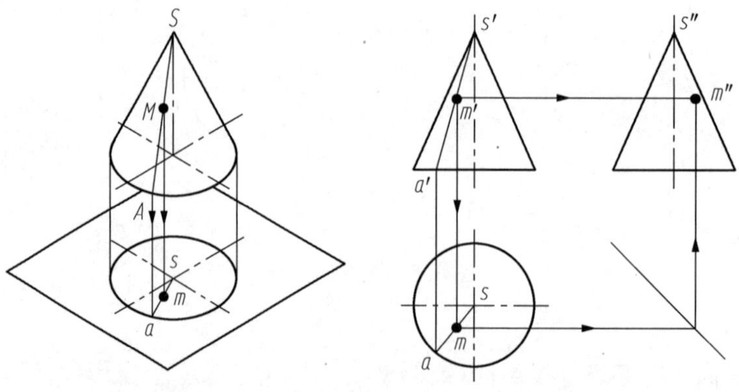

(a) 立体图　　(b) 投影图

图 3.10　素线法在圆锥面上取点

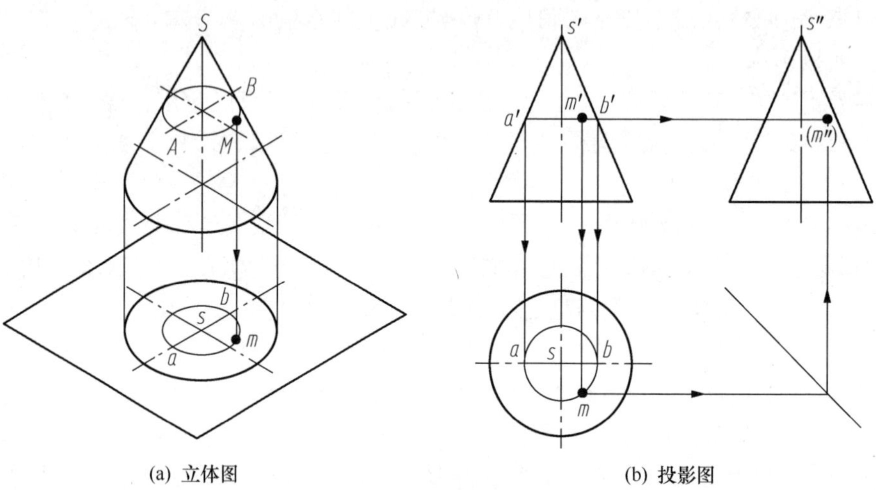

(a) 立体图　　(b) 投影图

图 3.11　纬圆法在圆锥面上取点

3. 圆球体的投影及其表面取点

(1)圆球体的投影

1) 投影分析

圆球体由圆球面围成。圆球面是一圆母线绕通过其圆心的轴线回转而成。如图 3.12(a)所示为圆球的立体图,如图 3.12(b)所示为圆球的投影。圆球在三个投影面上的投影都是直径相等的圆,但这三个圆分别表示三个不同方向的圆球面轮廓素线的投影。正面投影的圆是平行于 V 面的圆素线 A(它是前面可见半球与后面不可见半球的分界线)的投影。与此类似,侧面投影的圆是平行于 W 面的圆素线 C 的投影;水平投影的圆是平行于 H 面的圆素线 B 的投影。这三条圆素线的其他两面投影,都与相应圆的中心线重合,不应画出。

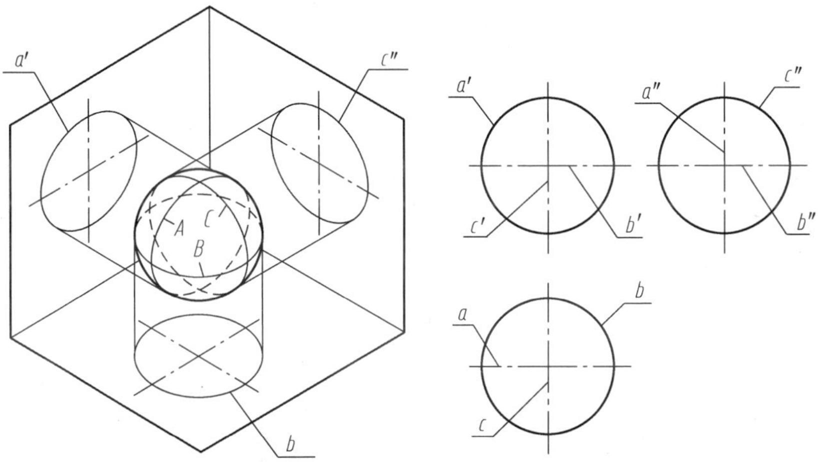

(a) 立体图　　(b) 投影图

图 3.12　圆球的投影

2) 投影特征

圆球的三个投影是圆球上平行相应投影面的三个不同位置的等大的转向轮廓圆。

(2) 圆球面上点的投影

若所找点在转向轮廓线上,同样可根据线上找点的方法来求,但应注意圆球的转向轮廓线为圆。见图 3.13 中特殊点 A、B 的三面投影。

若点在一般位置,则应作辅助线。在球面上只能以辅助纬圆作辅助线。

如图 3.13 所示,若已知圆球面上的点 A、B、C 的正面投影 a'、b'、c',要求各点的其他投影。A、B 两点均为处于转向轮廓线上的特殊位置点,可直接作图求出其另外两投影。因 a' 可见,且在正面的转向轮廓圆上,故其水平投影 a 在水平对称线上,侧面投影 a''在竖直对称线上。b'不可见,且在水平对称线上,故点 B

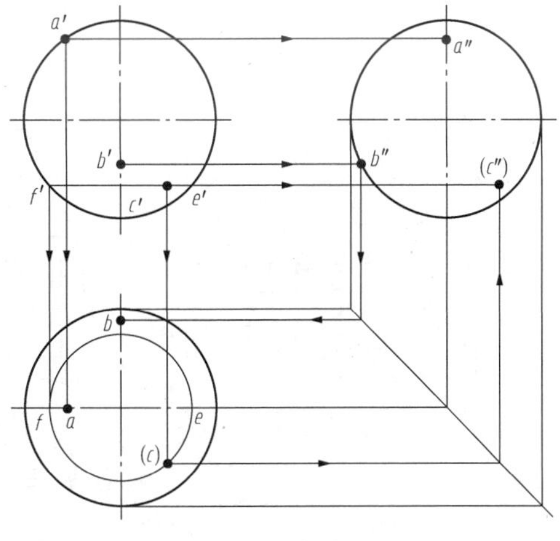

图 3.13　圆球的表面取点

在水平面的转向轮廓圆的后半部，可由 b' 先求出 b，最后求出 b''，由于点 B 在侧面转向轮廓圆的右半部，故 b'' 不可见。而 C 在圆球面上处于一般位置，故需作辅助线。在圆球面上作辅助线，只能采用作平行纬圆的方法。可过 c' 作平行于 X 轴的直线（其实质是过点 C 的水平纬圆的正面投影），与球的正面投影圆相交于 e'、f'，以 $e'f'$ 为直径在水平投影上作圆，则点 C 的水平投影 c 必在此纬圆上，由 c、c' 可求出 c''；因为 C 在球的右、下方，故其水平及侧面投影 c、c'' 均为不可见。

三、基本体的尺寸标注

基本体的投影表达了其结构和形状，基本体的大小则根据尺寸来确定。常见基本体的尺寸注法，是学习各种物体尺寸标注的基础。

1. 平面立体的尺寸标注

平面立体一般标注长、宽、高三个方向的尺寸，如图 3.14 所示。其中正方形的尺寸可采用如图 3.14(f)所示的形式注出，即在边长尺寸数字前加注“□”符号。图 3.14(d)、(g)中加“()”的尺寸称为参考尺寸。

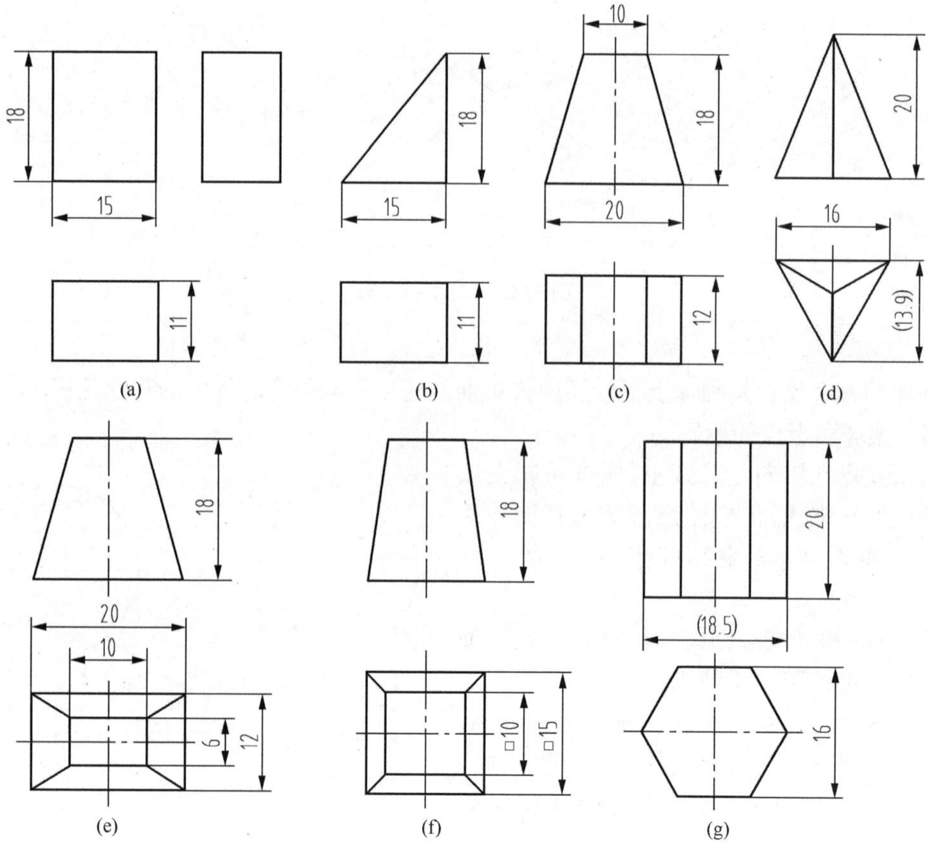

图 3.14 平面立体的尺寸注法

2. 曲面立体的尺寸标注

圆柱和圆锥应注出底圆直径和高度尺寸，圆锥台还应加注顶圆的直径。直径尺寸应在其数字前加注符号“ϕ”，一般注在非圆视图上。这种标注形式用一个视图就能确定其形状和大小，其他视图就可省略，如图 3.15(a)、(b)、(c)所示。标注圆球的直径和半径时，应分别在“ϕ”、“*R*”前加注符号“*S*”，如图 3.15(d)、(e)所示。

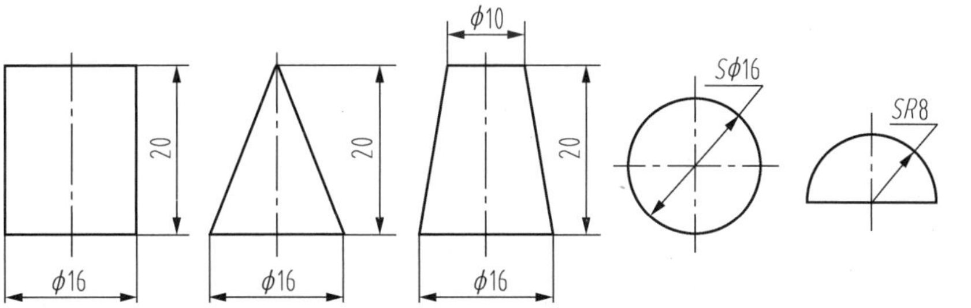

图 3.15　曲面立体的尺寸注法

任务二　立体表面的交线——截交线与相贯线

机器零件大都是由一些基本立体根据不同的要求组合或切割而成的，因此，在立体的表面上就会出现一些新的交线，如图 3.16(a)所示的铣床顶尖中同轴叠加的圆柱和圆锥被平面截切，图 3.16(c)汽车刹车泵体中多处圆柱面的相交。平面与立体表面相交的交线称为截交线，平面称为截平面，被平面截切后的立体称为截断体，如图 3.16(a)所示。两个立体表面相交的交线称为相贯线，两个相交立体称为相贯体，如图 3.16(b)、(c)所示。

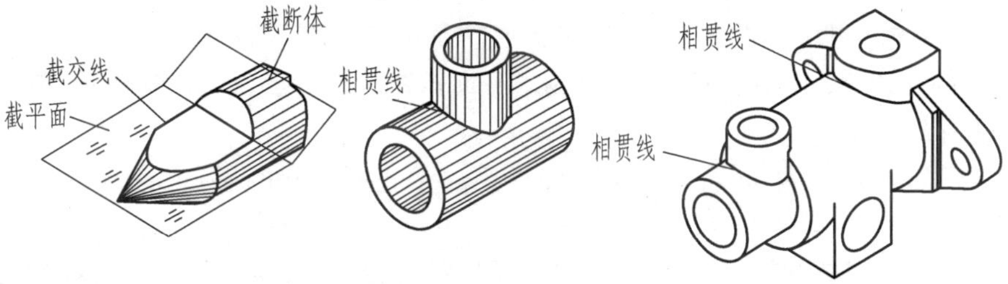

(a) 顶尖　　(b) 三通管　　(c) 阀体

图 3.16　机件表面的截交线和相贯线

为了清楚地表示出机件的形状，必须正确地画出截交线和相贯线的投影。

从图中可以看出，交线是零件上平面与立体表面或两立体表面的共有线，也是它们表面间的分界线，由于立体有不同的表面并占有一定的空间范围，立体表面的交线通常是封闭的，如果组成该立体的所有表面所确定立体的形状、大小和相对位置一定，则交线也就被确定。立体表面的交线一般是不能直接画出来的，除非交线是圆或直线，因此必须先设法求出属于交线的若干点，然后再把这些点连接起来。

本节将研究截交线和相贯线的画法。

一、平面与立体表面的交线——截交线

立体被平面截切时，立体形状和截平面相对立体的位置不同，所形成截交线的形状也不同。

1. 截交线的特性与作法

(1) 截交线的性质

任何截交线都具有以下两个性质：

1）共有性

截交线属于截平面与立体表面的共有线，截交线上每一点均为截平面与立体表面的共有点。这一条性质为后面求作截交线提供了一个思路，即只要求出这些截平面与立体表面的共有点或共有线，就可求出截交线。

2）封闭性

由于立体表面是封闭的，而截交线又为平面截切所得，因此截交线都是封闭的平面图形。

(2) 截交线的形状

截交线的形状取决于立体的几何形状及截平面与立体的相对位置，通常为平面多边形、平面曲线或由平面折线与曲线组成。

(3) 求截交线的一般方法、步骤

① 求各棱线与截平面的交点，然后依次连接各交点，并判别可见性，称作棱线法。

② 求各棱面与截平面的交线，并判别可见性，称作棱面法。

2. 平面立体的截交线

截平面截切平面立体所形成的交线为封闭的平面多边形，即为平面折线，平面折线拐折点，即为截平面与被截立体的共有点，该多边形的每一条边都是截平面与立体棱面或顶、底面相交形成的交线，故求截交线就可归结为求平面折线的拐折点、拐折线段的问题。

(1) 棱柱的截交线

例 3.1 如图 3.17 所示是对一个六棱柱用一个正垂面进行截切，并求作其截交线的过程。

如图 3.17(a)所示，根据截平面与六棱柱的相对位置可知，该平面与六棱柱的每个侧棱面产生一条交线，这六条交线首尾相连，形成一个封闭的平面六边形，同时，截平面与六棱柱的六条侧棱分别产生一个交点，Ⅰ、Ⅱ、Ⅲ、Ⅳ、Ⅴ、Ⅵ这六个交点就是截交线的六个顶点，由于截平面是一个正垂面，在正面投影有积聚性，且六棱柱的各个面都垂直或平行于相应的投影面，因此这些平面都具有积聚性投影，可直接利用这两个积聚性作图。

具体求作步骤如下：

首先作出未切割前六棱柱的三面投影。

① 利用截平面的积聚性。因截平面是正垂面，就在正面投影中找出截平面与六棱柱棱线的交点 $1'$、$2'(6')$、$3'(5')$、$4'$，它们就是截平面各棱线交点的正面投影。

② 利用被截棱柱的积聚性。六棱柱各棱线是铅垂线，在水平投影面上积聚为六个点 1、2、3、4、5、6，即截交线的水平投影。

③ 已知截交线Ⅰ、Ⅱ、Ⅲ、Ⅳ、Ⅴ、Ⅵ这六个顶点的两面投影，求作其第三面投影 1″、2″、3″、4″、5″、6″，将这六个投影依次首尾相连，则得截交线的侧面投影。

然后整理图形。

先擦去六棱柱三个视图上被截平面截去的部分；然后判断图线可见性，不可见部分用虚线表示；最后整理图线，检查描深。如图 3.17(d)所示。

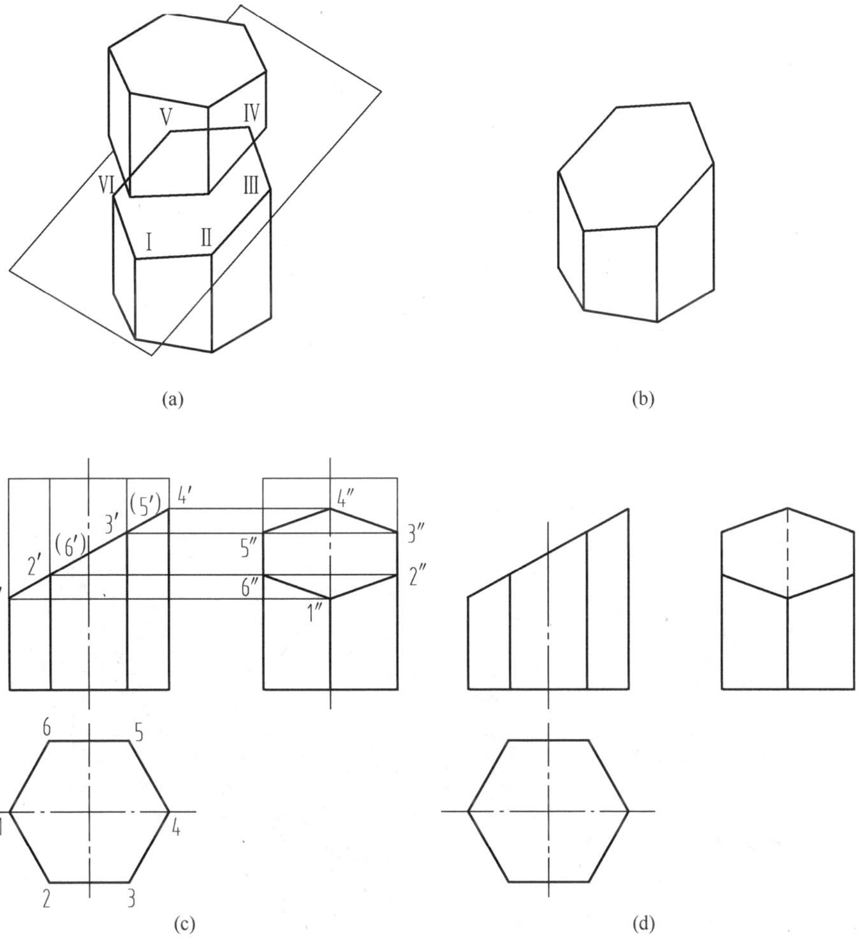

图 3.17　求作六棱柱的截交线

以上六棱柱截交线是采取求作平面与棱线共有点的方法得到的，通常称为棱线法。上述方法与步骤是求作平面体截交线的一般方法与步骤。实际上，在一些特殊情况下，求作平面体的截交线还有另外一种方法——棱面法，通过下面棱锥的例题来说明。

(2) 棱锥的截交线

例 3.2　如图 3.18(a)所示，一带切口的正三棱锥，已知它的正面投影，求其另两面投影。

当用两个以上平面截切平面立体时，在立体上会出现切口、凹槽或穿孔等。作图时，只要作出各个截平面与平面立体的截交线，并画出各截平面之间的交线，就可作出这些平面立体的投影。

分析　该正三棱锥的切口是由两个相交的截平面切割而形成。两个截平面一个是水平面，一个是正垂面，它们都垂直于正面，因此切口的正面投影具有积聚性。水平截面与三棱锥的底面平行，因此它与棱面△*SAB* 和△*SAC* 的交线 *DE*、*DF* 必分别平行于底边 *AB* 和 *AC*，水平截面的侧面投影积聚成一条直线。正垂截面分别与棱面△*SAB* 和△*SAC* 交于直线 *GE*、*GF*。由于两个截平面都垂直于正面，所以两截平面的交线一定是正垂线，作出以上交线的投影即可得出所求投影。

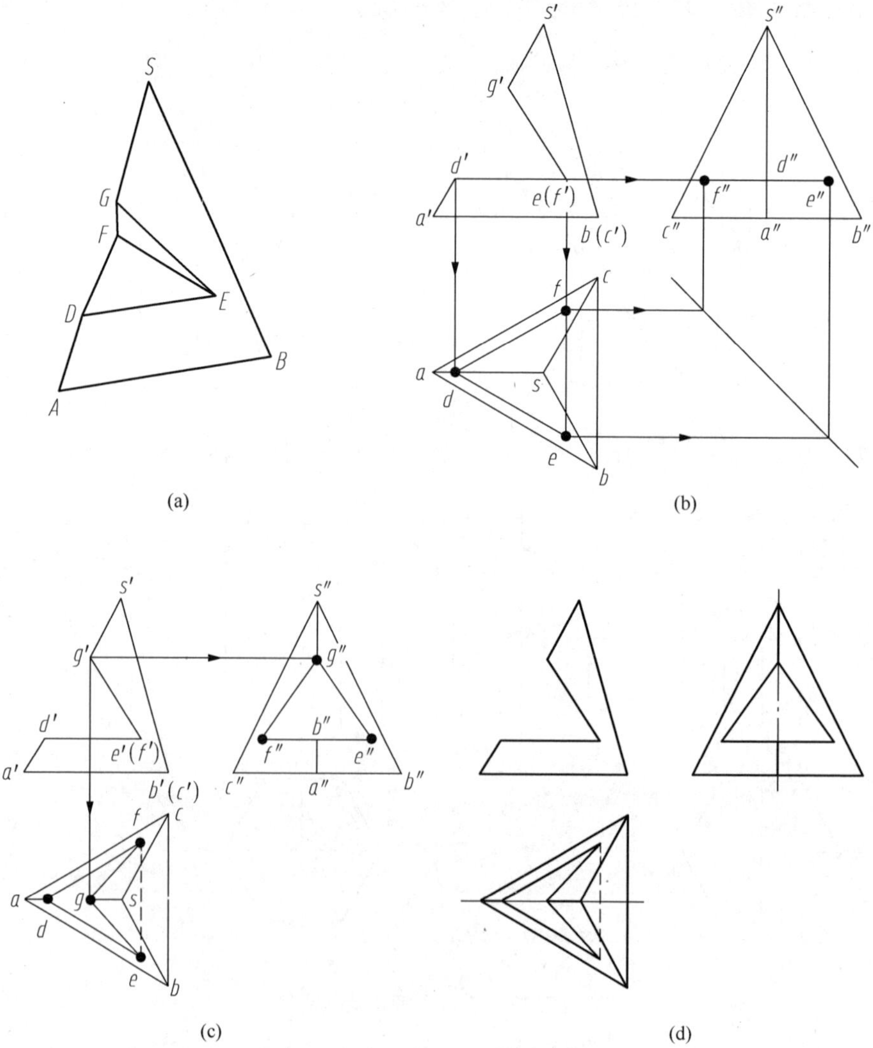

图 3.18　带切口正三棱锥的投影

3. 曲面立体的截交线

曲面立体的截交线就是求截平面与曲面立体表面的共有点的投影，然后把各点的同名投影依次光滑连接起来。

当截平面或曲面立体的表面垂直于某一投影面时，则截交线在该投影面上的投影具有积聚性，可直接利用面上取点的方法作图。

(1) 圆柱的截交线

基本类型：平面截切圆柱时，根据截平面与圆柱轴线相对位置的不同，其截交线有三种不同的形状。对照表 3.1 分析讲解。

表 3.1　平面截切圆柱的截交线

截平面相对圆柱轴线位置	平行于轴线	垂直于轴线	倾斜于轴线
截交线的形状	矩形	圆	椭圆
立体图	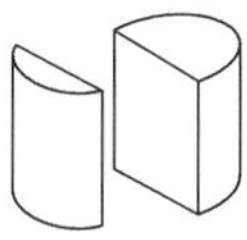	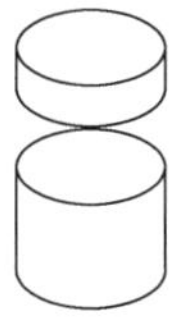	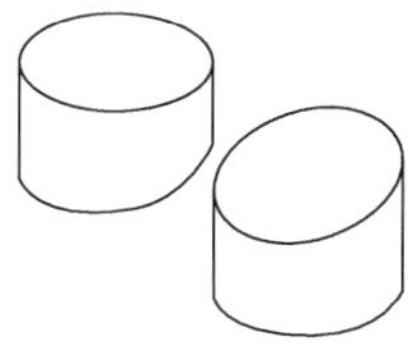
投影图	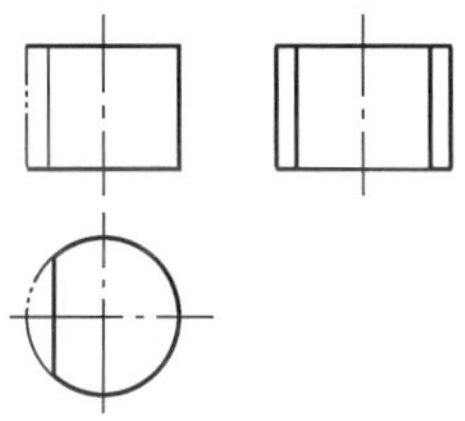	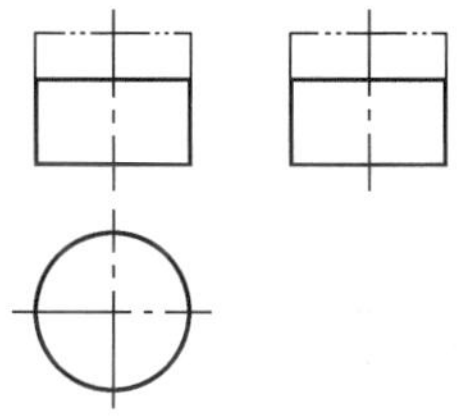	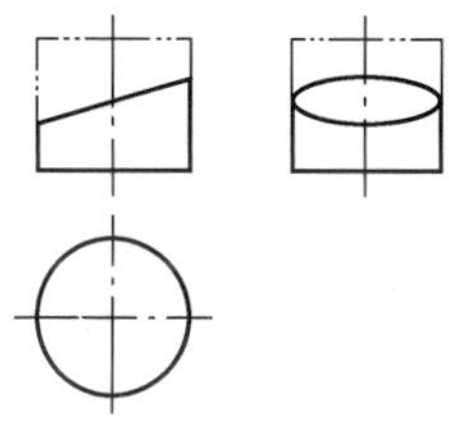

1）两平行直线段(素线)

当截平面平行于圆柱体的回转轴线时，截交线是直线段，这两条直线段属于圆柱面上的素线。由表 3.1 可知，这两条直线段与截平面截切圆柱顶、底面所产生的两条直线段共同围成一个矩形框。表中所示截平面是铅垂面，截交线在正投影面上反映这个矩形框的实形；在水平投影面与侧投影面上分别积聚成一条直线段。

2）圆

当截平面垂直于圆柱体的回转轴线时，截交线是一个圆。表中所示截平面是水平面，截交线在水平投影面上反映这个圆的实形；在正投影面与测投影面上分别积聚成一条直线段。

3）椭圆

当截平面与圆柱体的回转轴线倾斜时，截交线是一个椭圆。表中所示截平面是正垂面，截交线在正投影面上积聚为一条直线段；由于椭圆上的点都属于圆柱面上的点，在水平投影面上的投影为与圆柱面投影重合的一个圆；在侧投影面上的投影为与这个椭圆类似的椭圆。

需要特别指明的是：上述情况中，当截平面与圆柱的轴线成 45°角时，椭圆在侧投影面上的投影也为一个圆，该圆是椭圆的类似形。

例 3.3　如图 3.19(a)所示，圆柱被一个截平面斜切，求作截交线的三面投影。

分析　圆柱被一个与轴线倾斜的平面截切时，表面的截交线为一个椭圆。截平面为一个正垂面，椭圆在正投影面上积聚为一条直线段；在水平投影面上的投影与圆柱面的水平投影重合；在侧投影面上的投影可根据圆柱表面上取点的方法求出。

作图：

① 画出未截切前圆柱的三视图和截平面的特征视图，如图 3.19(b)所示。

② 利用截平面的积聚性，先确定截交线正面投影上的特殊点 1′、5′、3′、7′。它们是圆柱的最左、最右、最前、最后素线上的点，也是椭圆上长轴、短轴的四个端点 。利用圆柱面投影

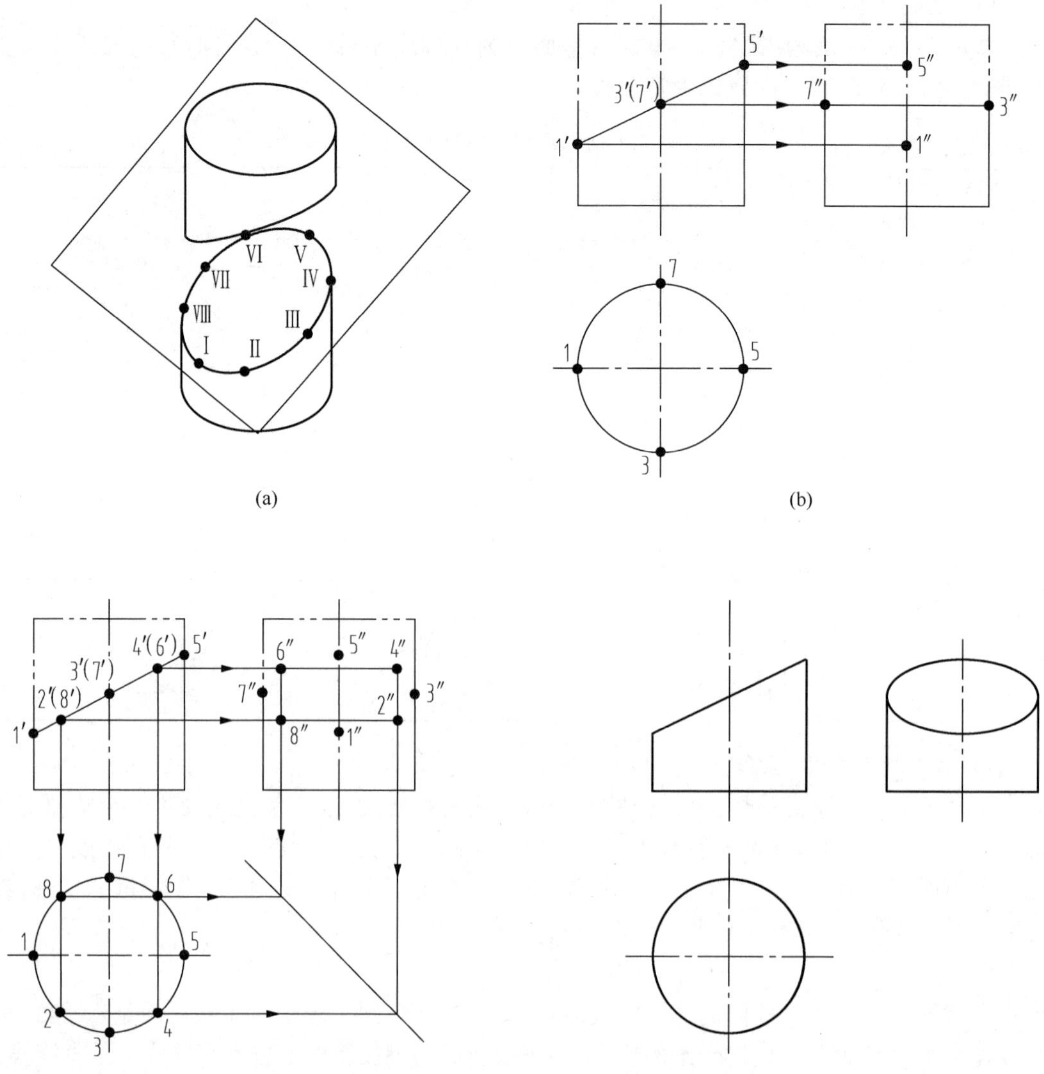

(a) (b) (c) (d)

图 3.19 圆柱的截交线

的积聚性作出其水平投影 1、5、3、7，由这两面投影求作侧面投影 1″、5″、3″、7″，这样椭圆的侧面投影范围与轮廓就确定下来了，如图 3.19(c)所示。

③ 再在截交线上作出适当的一般点。在正面投影上选取 2′、4′、6′、8′，根据圆柱面的积聚性找出其水平投影 2、4、6、8，再根据两面投影求作出侧面投影 2″、4″、6″、8″，如图 3.19(d)所示。

④ 判断这些点的侧面投影可见性，可见的连实线，不可见的连虚线，依次光滑地连接起来，即得截交线的侧面投影。

⑤ 整理轮廓线。由于侧面投影(如图 3.19(d)所示)的转向轮廓线在特殊点 3″、7″以上部分被截切，所以只保留这两点以下的轮廓线。检查描深。

上述针对确定截交线的特殊点一定不能遗漏，对一般点在截交线上相对取得均匀即可。

例 3.4 完成如图 3.20(a)所示圆柱接头的正面投影和水平投影。

分析　该圆柱接头是侧垂圆柱被多个平面截切，圆柱左端的开槽是由两个平行于圆柱轴线的对称的正平面和一个垂直于轴线的侧平面切割而成，圆柱右端的切口是由两个平行于圆柱轴线的水平面和两个侧平面切割而成。

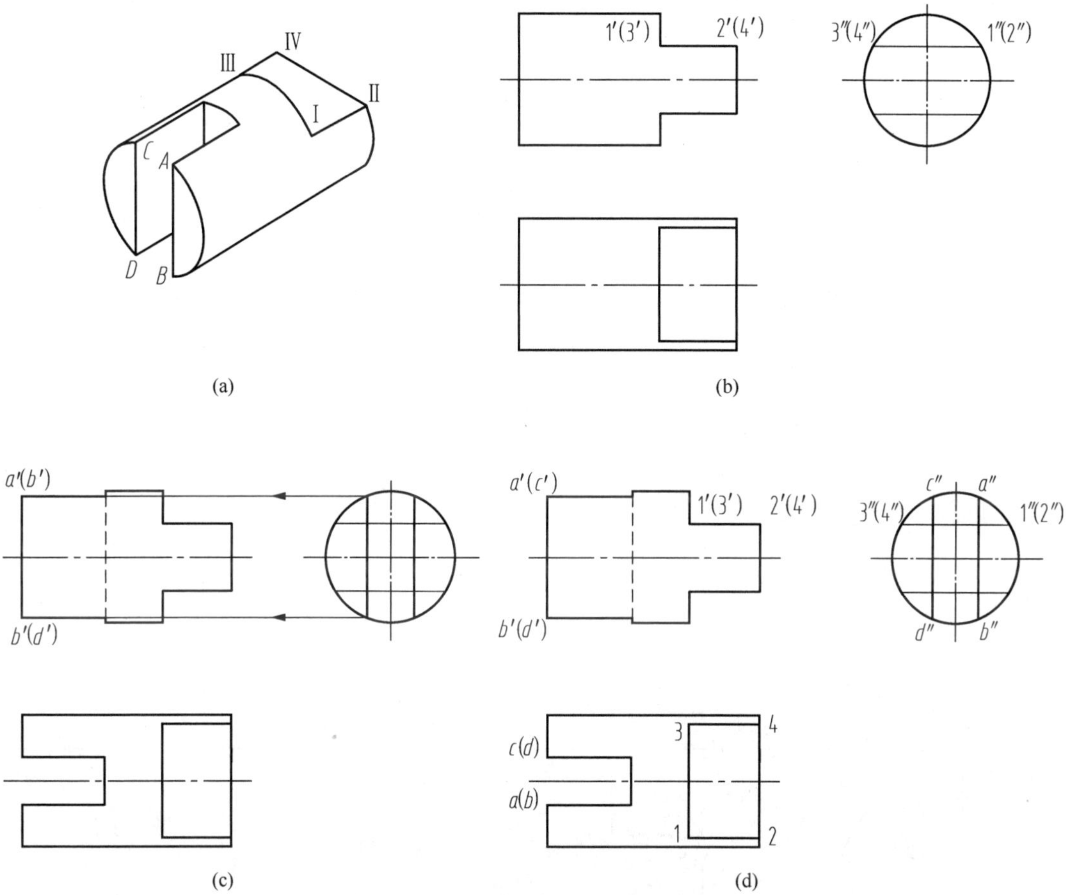

图 3.20　补全带切口圆柱的投影

作图：

① 圆柱左端被轴线的对称的两正平面截切，产生的交线是四条平行的素线(侧垂线)，它们的侧面投影分别积聚成点 a''、b''、c''、d''，且位于圆周上；水平投影分别为前、后关于轴线对称的两段平行线，根据两面投影可作出其正面投影。

② 垂直于轴线的侧平面与圆柱的交线是上、下两段圆弧，它们的侧面投影反映实形，并与圆柱面的侧面投影重合，正面投影积聚成两段直线。

③ 画圆柱右端的削扁部分。由于截平面是水平面和侧平面，因此它们与圆柱的截交线的正面投影都有积聚性。其中，与截平面为水平面的截交线为矩形，其侧面投影积聚为直线；与截平面为侧平面的截交线，侧面投影为弓形(实形)，并重合在圆柱面上。根据这两面投影可作出截交线的水平投影。

小结：

由图 3.20(d)可看出，左端的开槽将圆柱体的最高、最低部分的转向轮廓素线截切，所以圆柱正面投影应擦掉截去部分的外形轮廓线，右端切肩被切去上、下对称的两块，因圆柱体最前、最后部分的转向轮廓素线未被切去，所以圆柱体水平投影的外形轮廓是完整的，其内矩形是右端截交线的水平投影。

(2) 圆锥的截交线

基本类型：用单一平面截切圆锥时，根据截平面与圆锥轴线的相对位置不同，其表面截交线有五种不同的情况。如表 3.2 所示。

表 3.2　平面截切圆锥的截交线

类别	立体图	投影图	截交线的形状、类型	截平面的位置
1		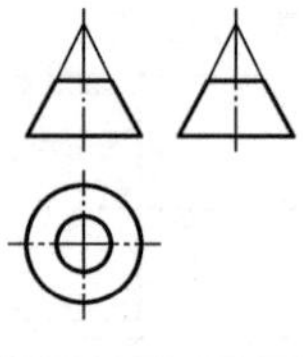	圆	垂直于轴线
2		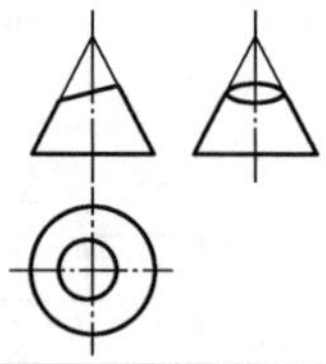	椭圆	倾斜于轴线
3		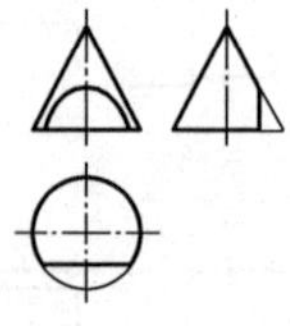	双曲线	平行于轴线
4	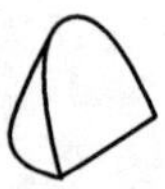	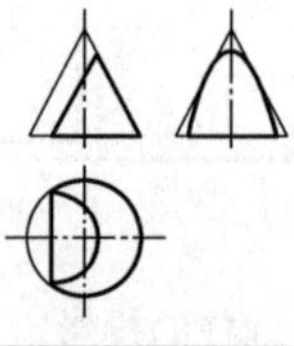	抛物线	倾斜于轴线 （平行于一条素线）
5		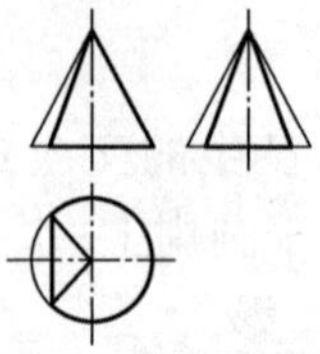	等腰三角形	过锥顶

例 3.5　求作被正平面截切的圆锥的截交线。

分析　如图 3.21 所示，该圆锥轴线是铅垂线，用一与圆锥轴线平行的正平面截切圆锥，故截交线为双曲线。其水平投影和侧面投影都积聚为直线，只需求出正面投影。

作图：

① 画出完整的圆锥的三视图及截平面的特征视图，如图 3.21 所示。

② 利用截平面投影的积聚性，在侧面特征视图上先找特殊点 1″、2″，它们在圆锥面的最前面、最下面，即在圆锥底圆上，故可确定水平投影 1、2，由此两面投影根据投影规律作出正面投影 1′、2′。特殊点 3″在转向轮廓线上，可直接作出正面投影 3′。

③ 在截平面的侧面特征视图上再找出一般点。4″、5″是截交线上的一般位置点的侧面

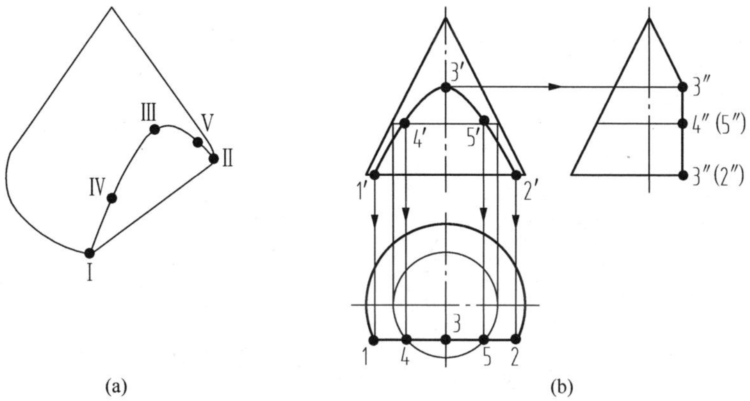

图 3.21　正平面截切圆锥的截交线

投影，根据圆锥表面取点的方法作辅助圆，在水平投影上求出 4、5，然后根据两投影求出正面投影 4′、5′。同理也可在侧面投影上再取一般点。

④ 判断点的可见性，依次连接各点，即得截交线的正面投影。

(3) 圆球的截交线

基本性质：平面在任何位置截切圆球的截交线都是圆。当截平面平行于某一投影面时，截交线在该投影面上的投影为圆的实形，在其他两面上的投影都积聚为直线，如图 3.22(a)所示。但由于截平面对投影面的位置不同，截交线的投影可能会是圆、椭圆或直线等不同情况，如图 3.22(b)所示。

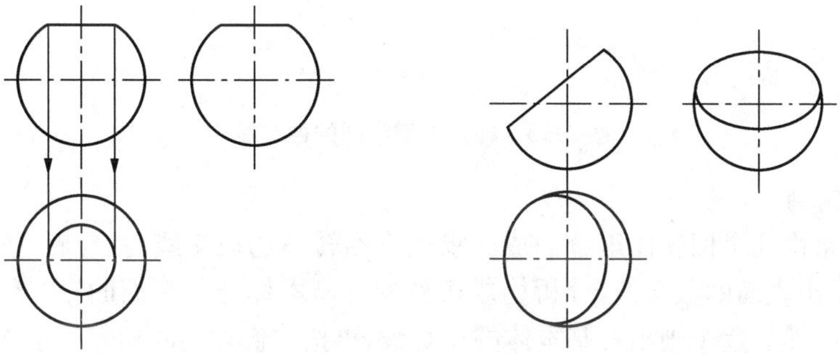

图 3.22　圆球的截交线

例 3.6　如图 3.23(a)所示，求作开槽半圆球的截交线。

分析　球表面的凹槽由两个对称的侧平面和一个水平面切割而成，两个侧平面与球面的交线为两段平行于侧面的圆弧，在侧面上显示实形，水平面与球面的交线为前、后两段水平圆弧，在水平面上显示实形，截平面之间的交线为正垂线。

作图：抓住截平面投影的积聚性，作图从正投影出发。

① 以 $a'b'$为半径，以 O'为圆心，作出截平面 P 的水平投影——水平圆，截平面 P 的侧面投影积聚为一条直线 p''，如图 3.23(b)所示。

② 以 $c'd'$为半径，以 O''为圆心，作出截平面 Q、R 的侧面投影——侧平圆圆弧，与 P 平面的侧面投影交于 1″、(2″)、3″、(4″)，截平面 Q、R 的水平投影积聚为两条直线 12 与 34，如图 3.23(c)所示。

③ 擦去多余的轮廓线、作图线，完成作图。

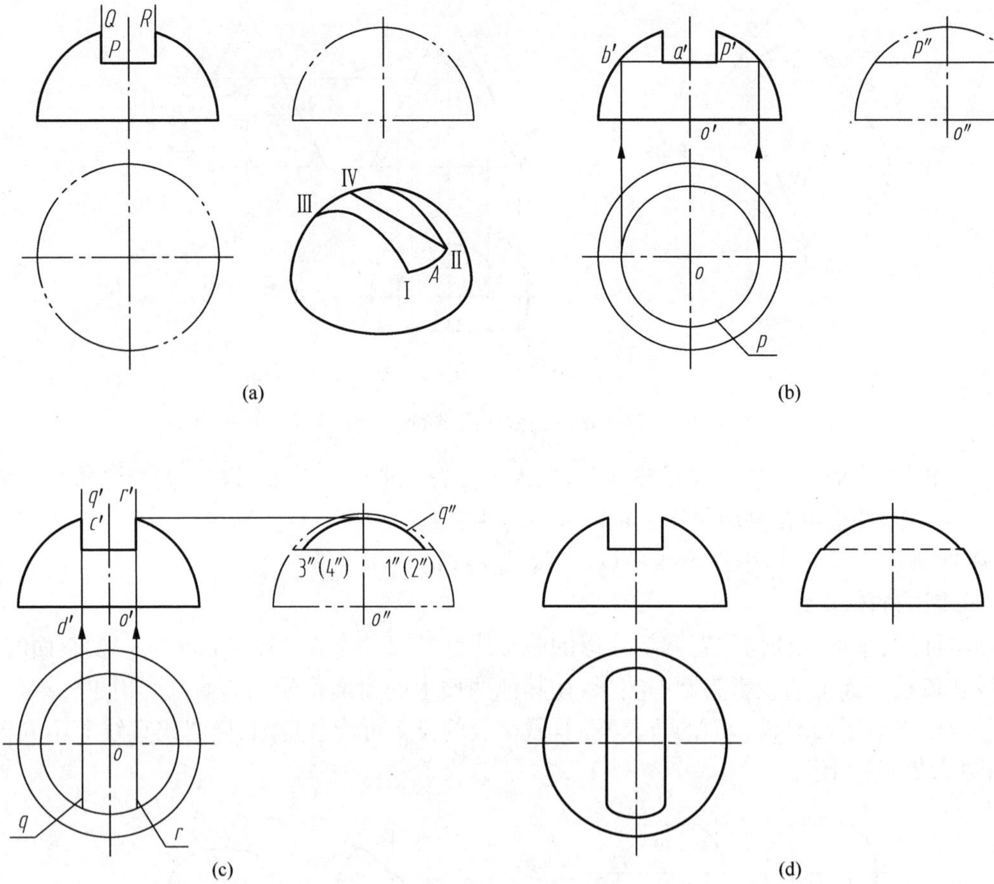

图 3.23　补全开槽半球的截交线

(4) 综合题例

实际机件常由几个回转体组合而成。求组合回转体的截交线时，应将它分成单个的基本形体，分别求出表面的截交线，分析构成机件的各基本体与截平面的相对位置、截交线的形状、投影特性，然后逐个画出各基本体的截交线，再按它们之间的相互关系连接起来。

例 3.7　如图 3.24(a)所示，求作顶尖头的截交线。

分析　顶尖头部是由同轴的圆锥与圆柱组合而成。它的上部被两个相互垂直的截平面 P 和 Q 切去一部分，在它的表面上共出现三组截交线和一条 P 与 Q 的交线。截平面 P 平行于轴线，所以它与圆锥面的交线为双曲线，与圆柱面的交线为两条平行直线。截平面 Q 与圆柱斜交，它截切圆柱的截交线是一段椭圆弧。三组截交线的侧面投影分别积聚在截平面 P 和圆柱面的投影上，正面投影分别积聚在 P、Q 两面的投影(直线)上，因此只需求作三组截交线的水平投影。

作图：步骤如图 3.24 所示。

① 求作特殊点：在正面投影和侧面投影中定出圆锥面上的 3 个特殊点 1′、3′、(5′) 和 1″、3″、5″；定出圆柱面上的 3 个特殊点(6′)、8′、10′和(6″)、8″、(10″)。由这两组正面投影和侧面投影作出水平投影 1、3、5、6、8、10。

② 求作一般点：在正面投影中定出圆锥面上的一般点 2′、4′，用作辅助纬圆法求出侧面投影 2″、4″和水平投影 2、4。在正面投影和侧面投影中定出圆柱面上的一般点(7′)、9′和 7″、

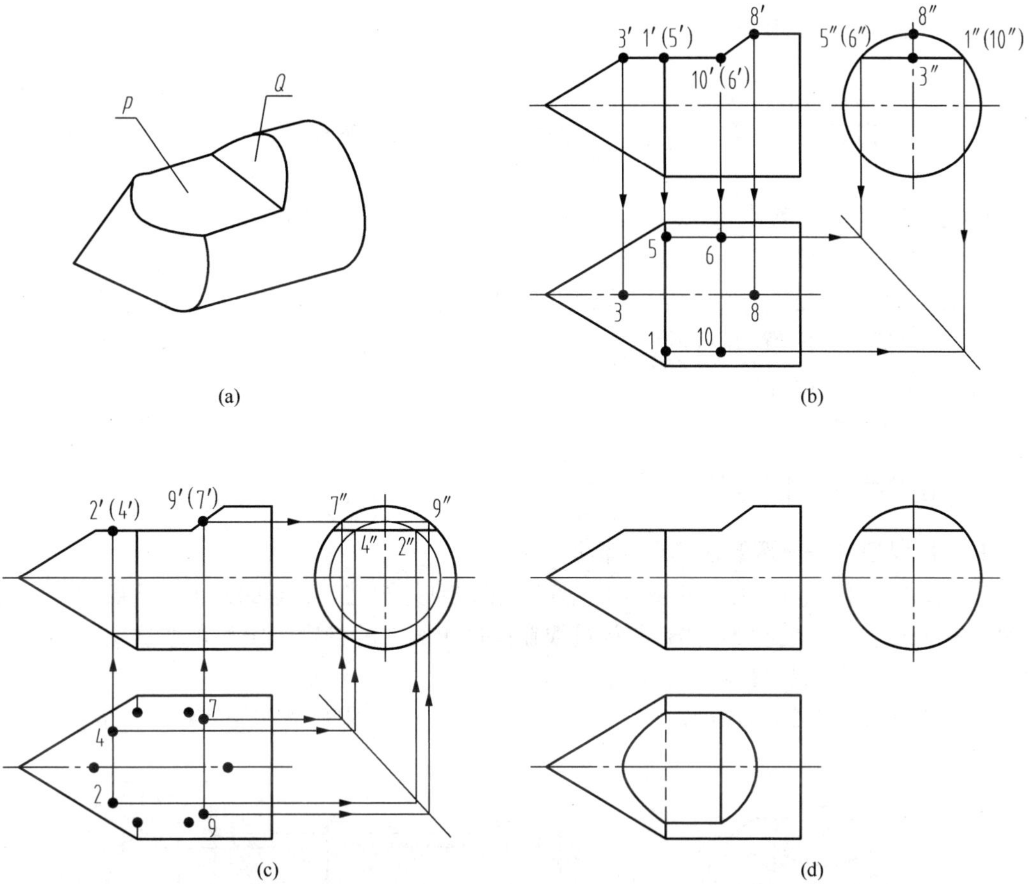

图 3.24　顶尖头的截交线

9″，由正面投影和侧面投影作出水平投影 7、9。

③ 依次连接各点，整理轮廓线，画出两截平面交线的水平投影 10—6。

二、两回转体表面的交线—— 相贯线

两回转体表面的交线称为相贯线。如图 3.25 所示，绘制这类零件的投影图时，必然涉及相贯线的投影问题。工程图上画出相贯线的意义在于用它来完善、清晰地表达出零件各部分的形状和相对位置，为准确地制造该零件提供条件。

1. 相贯线的性质

(1) 共有性

相贯线是两个曲面立体表面的共有线，也是两个曲面立体表面的分界线。相贯线上的点是两立体表面的共有点。

(2) 封闭性

两个曲面立体的相贯线一般为封闭的空间曲线，特殊情况下可能是平面曲线或直线。

(3) 相对性

两个曲面立体的相贯线取决于两者的相对性、两者与投影面的相对位置。

2. 相贯线一般求作方法、步骤

根据相贯线的基本性质,求作相贯线,实质就是求两立体表面上一系列的共有点,然后将这些点依次相连即可。常用方法有积聚性法或面上取点法和辅助平面法。具体的作图步骤如下:

① 求作一系列特殊点(特殊点包括极限位置点、转向点及可见性分界点等)。

② 求作若干一般点。

③ 判别点的可见性。只有当一段相贯线同时位于两立体的可见表面上,这段相贯线的投影才是可见的,否则就为不可见。

④ 依次光滑连接各点。

⑤ 整理轮廓线。

3. 相贯线的作图方法

(1) 积聚性法——两圆柱体正交相贯

两个相交的曲面立体中,如果其中一个(或两个)是圆柱,且其轴线垂直于某投影面,则圆柱面在该投影面上的投影为圆环,相贯线在该投影面上的投影一定积聚在这个圆环上,这样就可以在圆环上取相贯线的点,其余投影也按这样的取点法求出。

例 3.8　如图 3.25(a)所示,两直径不等的圆柱正交,求作表面交线相贯线的投影。

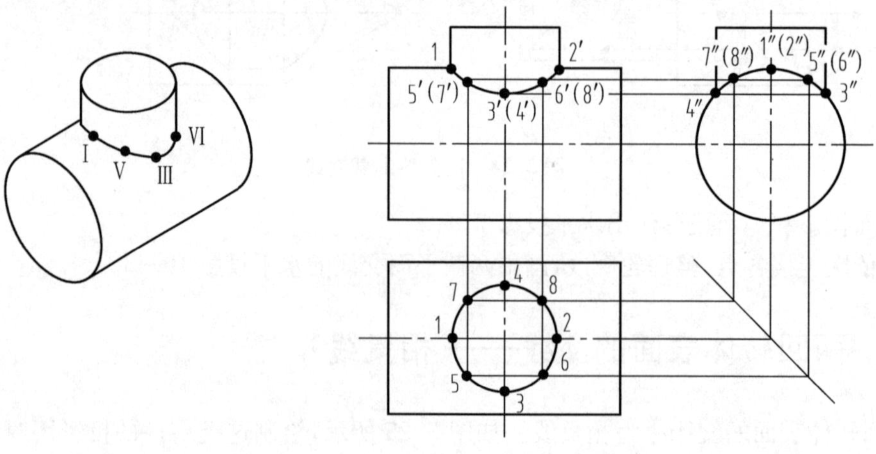

(a) 立体图　　　　　(b) 投影图

图 3.25　正交两圆柱的相贯线

① 分析:

两圆柱正交,大、小圆柱的轴线分别垂直于侧投影面和水平投影面,在水平投影面上,小圆柱积聚为一个圆,这个圆同时也是相贯线的水平投影;在侧立投影面上,大圆柱积聚为一个圆,相贯线的侧面投影重合在该圆的一段圆弧上。因相贯线前后对称,所以相贯线前后部分的正面投影重合。

② 作图:

求特殊点:相贯线上的特殊点是转向轮廓素线上的点,在相贯线的水平投影圆环上定出特殊点 1、2、3、4,它们分别是相贯线上的最左、最右、最前、最后点;再在相贯线的侧面投影上对应确定 1″、2″、3″、4″；由这四点的两面投影，求出 1′、2′、3′、4′，它们分别是相贯线上的最高点和最低点，这样即可得出相贯线正面投影的大致轮廓。

求一般点：为了较精确地画出相贯线的投影，还必须求作若干个一般位置点。在水平投影圆环上取四个一般点 5、6、7、8，它们分别前后、左右对称，求出侧面投影 5″、6″、7″、8″，由这四个一般点的两面投影，求出 5′、6′、7′、8′。

连线：在正面投影中，1′、5′、3′、6′、2′可见，依次光滑连成实线；1′、7′、4′、8′、2′为不可见，应连成虚线，由于相贯线前后对称，重合在前半段相贯线后，不必画出。如图 3.25(b)所示，求出了相贯线的正面投影。

提示：相贯线上的特殊点必须找全，需由它们各点去限定相贯线的范围；相贯线上的一般点要取均匀，以便能光滑连接投影曲线；正交圆柱两曲面在相应投影面上都有积聚性，应充分利用圆柱表面投影的积聚性取点，这种方法是求作两圆柱相交相贯线投影的基本方法。

当两正交圆柱半径相差较大时，有时为了作图方便，允许采用近似的方法作相贯线，即用一段特定的圆弧近似地代替相贯线的投影。具体方法是以大圆柱半径为半径，在小圆柱的轴线上找圆心，向着大圆柱轴线弯曲方向画圆弧（即以圆弧来代替），如图 3.26 所示。

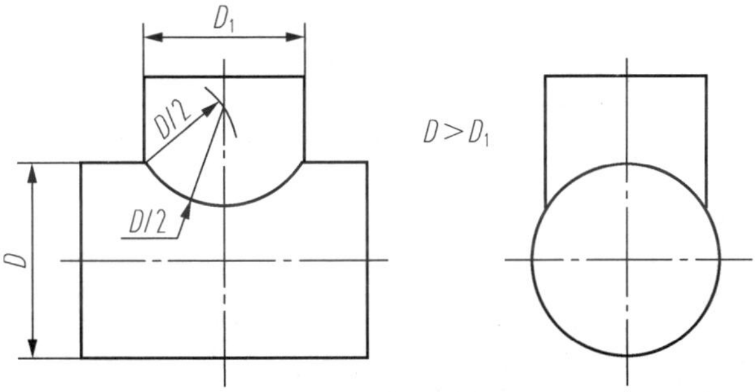

图 3.26　相贯线的近似画法

两圆柱正交有三种情况：① 两外圆柱面相交；② 外圆柱面与内圆柱面相交；③ 两内圆柱面相交。这三种情况的相交形式虽然不同，但相贯线的性质和形状一样，求法也是一样的。如图 3.27 所示。

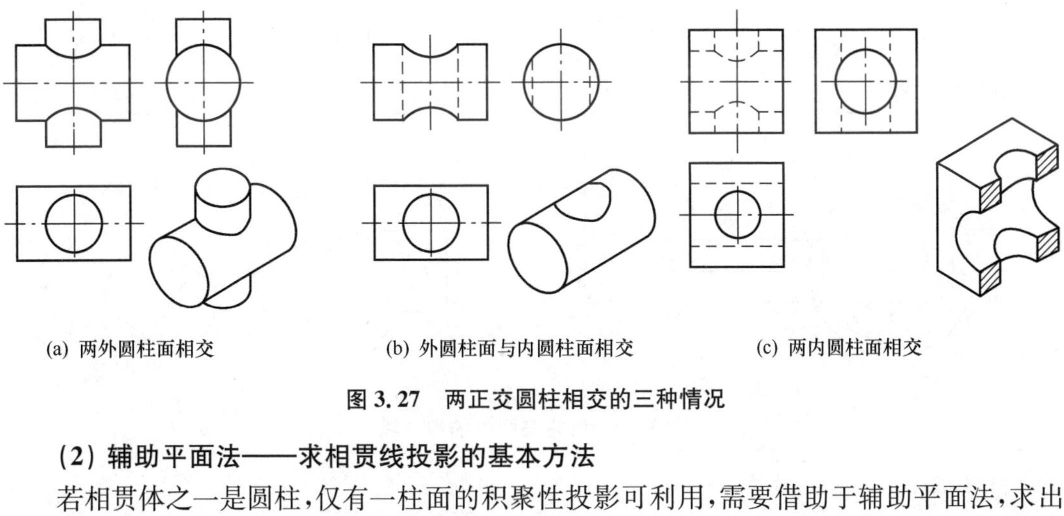

(a) 两外圆柱面相交　(b) 外圆柱面与内圆柱面相交　(c) 两内圆柱面相交

图 3.27　两正交圆柱相交的三种情况

(2) 辅助平面法——求相贯线投影的基本方法

若相贯体之一是圆柱，仅有一柱面的积聚性投影可利用，需要借助于辅助平面法，求出另两面投影。具体方法是：在两回转面相交的范围内，作一系列的投影面平行面，同时截切两回转体，以获得两组截交线，两截交线一般为最简单的几何图形(圆或矩形)，各组截交线实形投影的交点即为相贯线上的点，依次连接各点，即可得相贯线的投影。

例 3.9　如图 3.28(a)所示，圆柱与圆锥正交，求作其相贯线的投影。

① 分析：

如图 3.28 所示，圆柱和圆锥的轴线垂直相交，前后对称，因此相贯线为前后对称的、封闭的空间曲线。由于圆柱的轴线垂直于侧面，其侧面投影有一积聚性的圆环，该圆环也是相贯线的侧面投影，需要求的是相贯线的正面投影和水平投影。由于圆锥的轴线垂直于水平面，可选择一系列的水平面同时切割圆锥面和圆柱面，与圆锥面的截交线是水平圆，与圆柱的截交线是一系列的矩形，圆与对应矩形的交点即为相贯线上的点。

先画出回转体在三个视图上的轮廓线；注意利用圆柱体投影的积聚性，用辅助平面法先求相贯线上的特殊点的投影，再求一般点的投影；判断相贯线的可见性，光滑连接相贯线上的点；整理轮廓线。

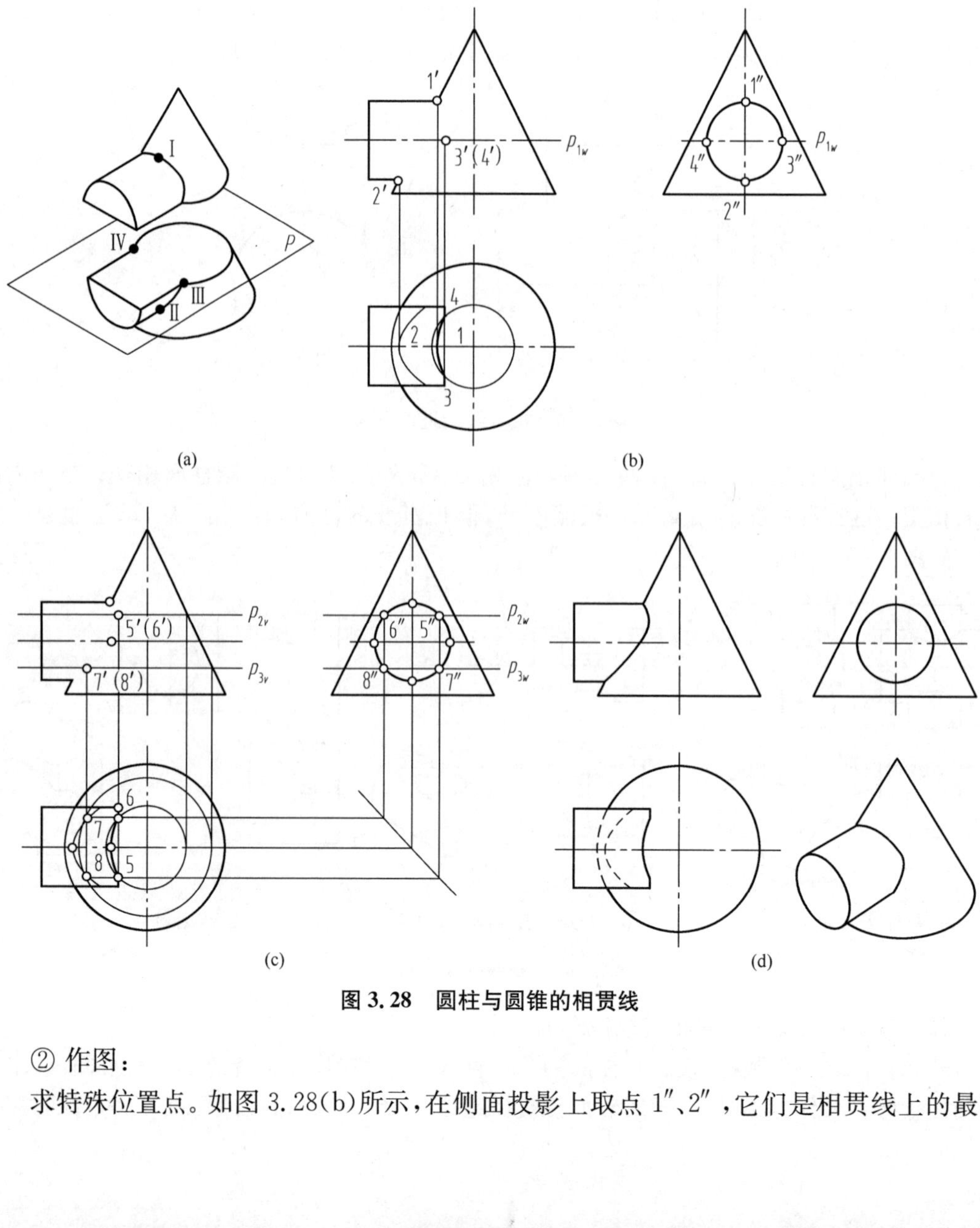

图 3.28　圆柱与圆锥的相贯线

② 作图：

求特殊位置点。如图 3.28(b)所示，在侧面投影上取点 1″、2″，它们是相贯线上的最高点、最低点的侧面投影，可直接求出 1′、2′，再根据投影规律求出 1、2。取特殊位置点 3″、4″，过圆柱轴线作水平面 P_1，它与圆柱相交于最前、最后两条素线(圆柱的上、下转向轮廓素线，水平投影为矩形)，与圆锥截交于一纬圆，它们水平投影的交点 3、4 为相贯线上的点，由 3″、4″和 3、4 即可求得 3′、(4′)。

求一般位置点。在侧面投影圆环上取上下、前后均匀对称的四个点 5″、6″、7″、8″。过 5″、6″作辅助水平面 P_2，在水平面上得相应矩形和纬圆的交点 5、6，即为相贯线上的点，进而求出 5′、6′。同理，过 7″、8″作辅助水平面 P_3，由水平面上纬圆和相应矩形求得 7、8，进而求得 7′、8′。

判断所求各点的可见性，相贯线在水平投影中，圆柱下表面上的点 3′、7′、2′、8′、4′不可见，连成虚线，3′、5′、1′、6′、4′在圆柱上表面上，可见，连成实线；圆锥底面一段圆弧不可见；同理，在正面投影中，圆柱后表面的点 1、6、4、8、2 不可见，应连虚线，前表面的点 1、5、3、7、2 可见，连成实线，而相贯线在前后对称，故虚线与相贯线实线弧线重合。

整理轮廓线，完成作图。

例 3.10　如图 3.29 所示，求作圆台与圆球的相贯线的投影。

① 分析：

由图 3.29(a)可以看出，相贯体前后对称，圆台的轴线为不通过球心的铅垂线，相贯线为一条前后对称的空间曲线，在正投影面上，相贯线前后对称的两部分的投影重合，表现为一段曲线；在水平及侧投影面上，相贯线表现为封闭的曲线。由于两个回转面三面投影都无积聚性，故采用辅助平面法求共有点。

② 作图：

求特殊点。如图 3.29(b)所示，选择通过圆台、圆球的轴线所在平面作一正平面 R，切圆台为最左、最右两条素线，切圆球为最大正平圆，两截交线的正面投影的交点即为相贯线点Ⅰ、Ⅱ的正面投影 1′、2′，由 1′、2′可直接作出 1、2 和 1″、2″。选择通过圆台轴线的侧平面 Q，切圆台为最前、最后两条素线，切圆球为一侧平圆，两截交线的侧面投影的交点即为相贯线点Ⅲ、Ⅳ的侧面投影 3″、4″，由 3″、4″可求出 3、4 和 3′、4′。

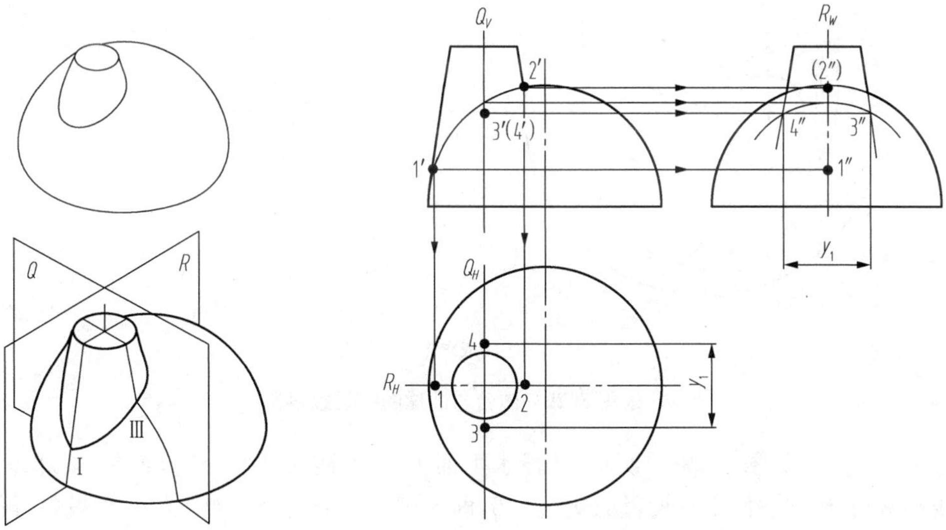

(a)　　(b) 求特殊点

图 3.29　圆台与圆球的相贯线投影

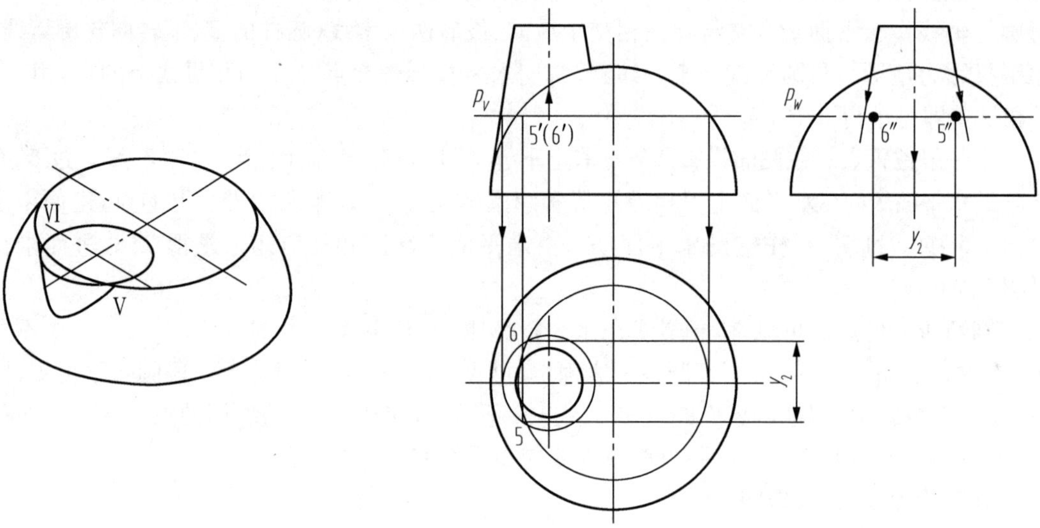

(c) 求一般点

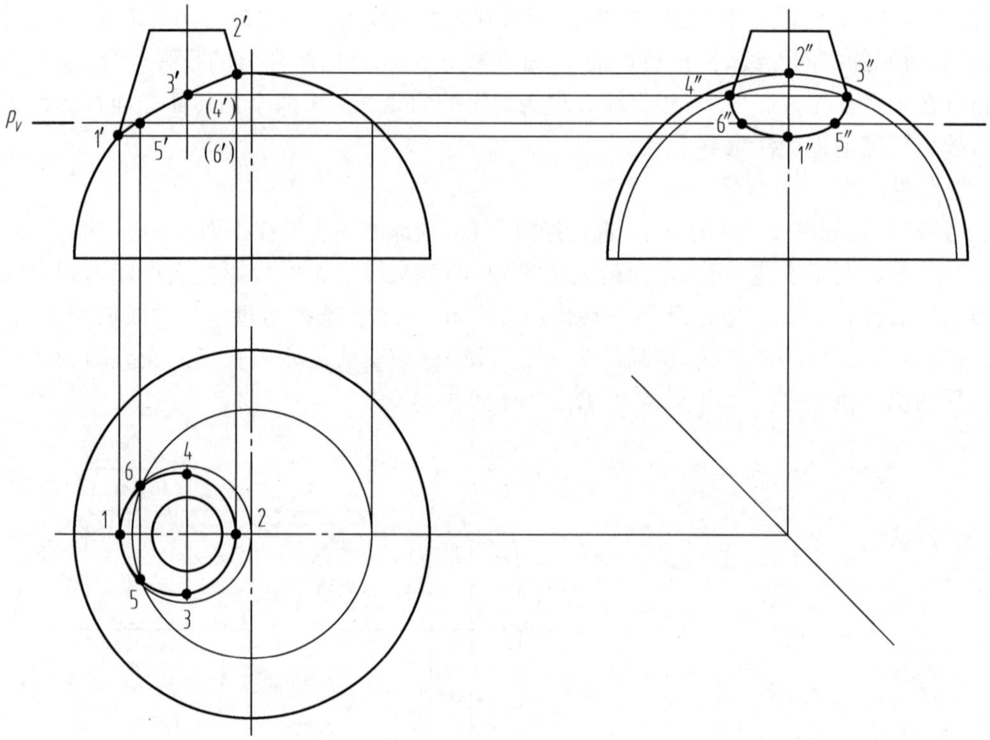

(d) 完成求作

续图 3.29　圆台与圆球的相贯线投影

求一般点。如图 3.29(c)所示，选择水平面 P 作为辅助平面，它与圆台、圆球表面的截交线都是圆，作出它们水平投影的交点 5、6，即为相贯线上两个一般点的水平投影，再由 5、6 作出 5′、(6′)和 5″、6″。

依次连接各点的同面投影，即得相贯线的各面投影。由可见性原则，Ⅰ至Ⅵ的六个点的水平投影都可见，画粗实线；相贯线的正面投影前半段 1′、5′、3′、2′可见，后半段 1′、4′、6′、2′不可见，但两者重合，画粗实线；侧面投影 3″、2″、4″在右半个圆台面上，不可见，画细虚线；其余可见，画粗实线。

三、相贯线的特殊情况

两曲面立体相交，其相贯线一般为空间曲线，但在特殊情况下也可能是平面曲线或直线。具体有以下一些情况：

(1) 两个曲面立体具有公共轴线时，相贯线为与轴线垂直的圆，如图 3.30 所示。

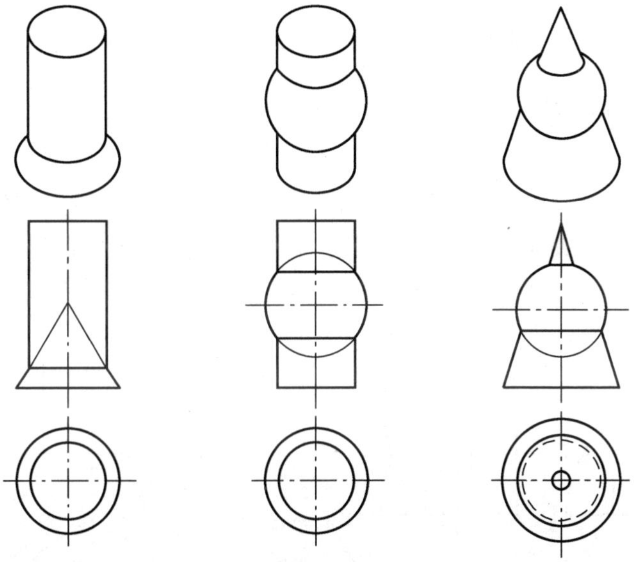

(a) 圆柱与圆锥　　(b) 圆柱与圆球　　(c) 圆锥与圆球

图 3.30　两个同轴回转体的相贯线

(2) 当正交的两圆柱直径相等时，相贯线为大小相等的两个椭圆(投影为通过两轴线交点的直线)，如图 3.31 所示。

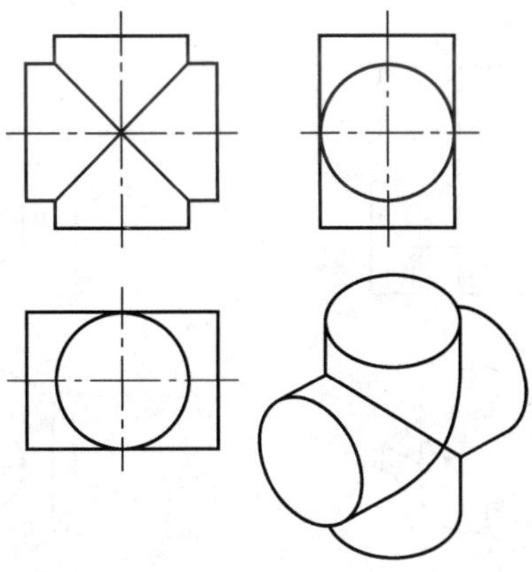

图 3.31　正交两圆柱直径相等时的相贯线

(3) 当相交的两圆柱轴线平行时，相贯线为两条平行于轴线的直线，如图 3.32 所示。

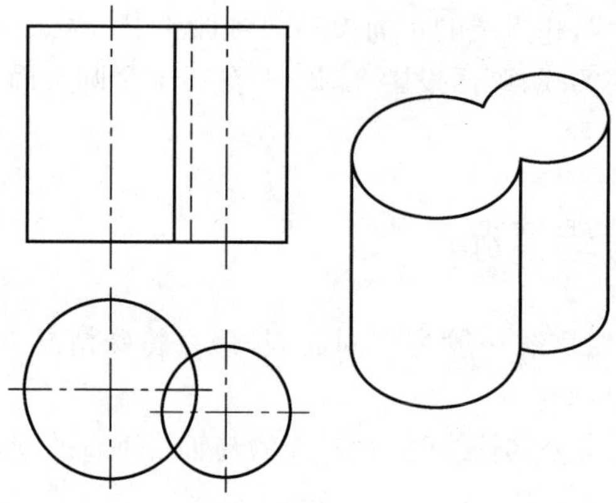

图 3.32 相交两圆柱轴线平行时的相贯线

四、组合相贯线

组合相贯就是有两个以上基本体同时相贯的情况。这时，相贯线比较复杂，必须认真分析各基本体的形状及其表面相交关系，搞清楚哪些基本体表面之间相交产生相贯线，各组相贯线分别具有什么样的空间特征，如何采用正确的作图方法，逐一求出各组相贯线并正确画出各段相贯线的连接点。如图 3.33 所示。

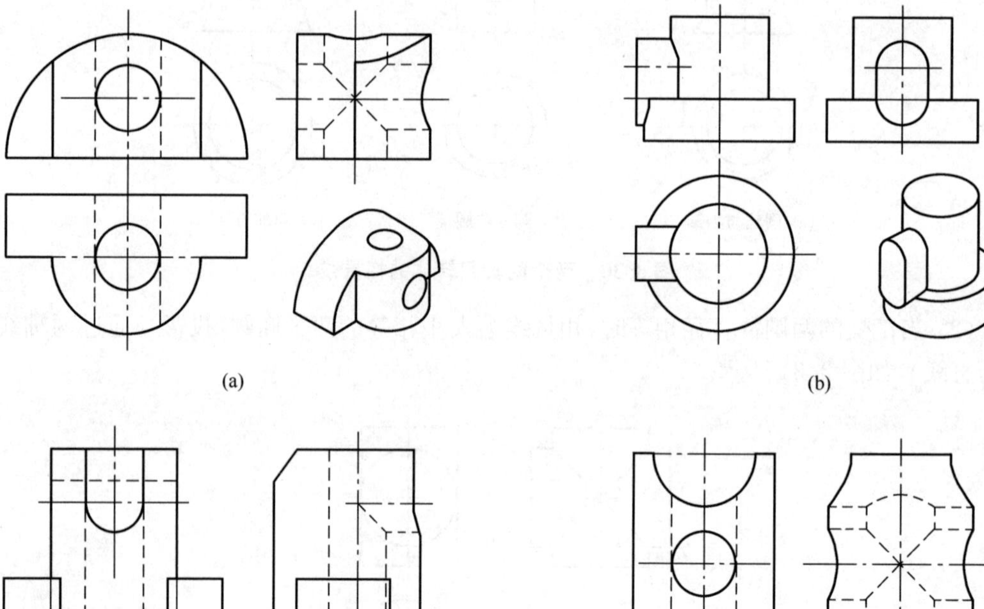

(a) (b)

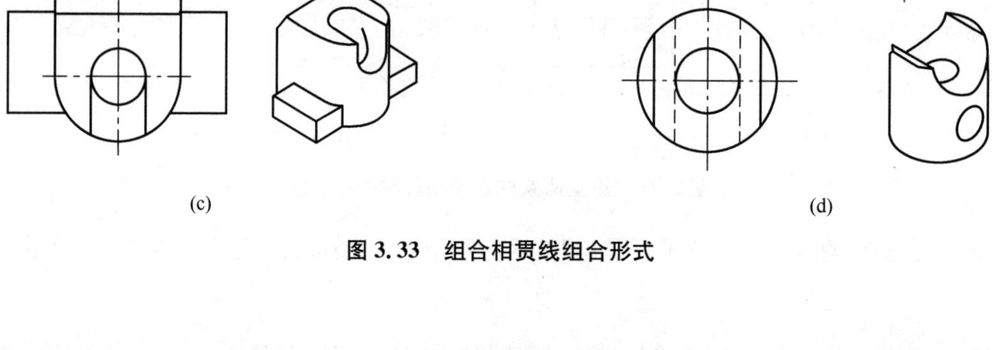

(c) (d)

图 3.33 组合相贯线组合形式

知 识 梳 理

单一的几何体称为基本体，基本体有平面基本体与曲面基本体之分，常见的曲面基本体为回转体。掌握基本体三视图及基本体表面取点的问题是研究截切、相贯问题及复杂形体投影的基础。

(1) 基本几何体被平面截切，表面就会产生截交线；两基本体相交，表面就会产生相贯线。分析截交线和相贯线的投影时，注意抓住两交线的"表面性"和"积聚性"。

(2) 求截交线和相贯线的作图步骤如下：

① 分析形体的表面性质，根据基本形体的投影，求出表面交线的特殊点。

② 选择适当的辅助平面，在特殊点之间的适当位置求一定数目的一般点。

③ 根据表面交线在基本形体上的位置判断点的可见性。

④ 依次光滑连接各点的同面投影，可见部分用粗实线连接，不可见部分用虚线连接，即得表面交线的投影。

思考与练习

1. 平面立体的投影图有什么特点？
2. 试说明圆柱、圆锥、圆球等回转体上取点的作图法有什么相同和不同之处。
3. 试述影响两回转体相贯线形状的可能因素。

模块四 轴 测 图

轴测图是用平行投影的原理绘制的一种图形，这种图接近于人的视觉习惯，富有立体感。而三视图的缺点是缺乏立体感。轴测图在生产中作为辅助图样，用于需要表达机件直观形象的场合，帮助我们想象和构思。

任务一 轴测投影的基本知识

一、轴测投影的形成

将物体连同其参考直角坐标系一起，沿不平行于任一坐标平面的方向，用平行投影法将其投影在单一投影面上所得到的图形，称为轴测投影图。如图 4.1 所示。

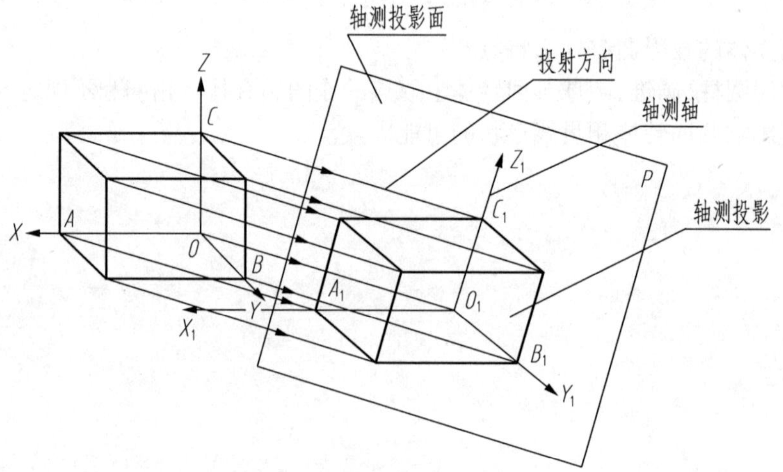

图 4.1 轴测投影图的形成

在轴测投影图中，投影面 P 称为轴测投影面，投射方向 S 称为轴测投影方向。

当投射方向 S 垂直于轴测投影面时，所得图形称为正轴测图。

当投射方向 S 倾斜于轴测投影面时，所得图形称为斜轴测图。

二、轴测投影的参数

轴测轴：直角坐标轴 OX、OY、OZ 在轴测投影面上的投影 OX_1、OY_1、OZ_1 称为轴测投影轴，简称轴测轴。

轴间角：轴测轴之间的夹角 $\angle X_1O_1Y_1$、$\angle Y_1O_1Z_1$、$\angle X_1O_1Z_1$ 称为轴间角。

轴向伸缩系数：在空间三坐标轴上，分别取长度 OA、OB、OC，它们的轴测投影长度为 O_1A_1、O_1B_1、O_1C_1，令

$$p_1 = \frac{O_1A_1}{OA},\quad q_1 = \frac{O_1B_1}{OB},\quad r_1 = \frac{O_1C_1}{OC}$$

则 p_1、q_1、r_1 分别称为 OX、OY、OZ 轴的轴向伸缩系数。

三、轴测图的种类

正（或斜）等轴测图：$p_1=q_1=r_1$。

正（或斜）二轴测图：$p_1=r_1\neq q_1$。

正（或斜）三轴测图：$p_1\neq r_1\neq q_1$。

四、轴测投影的基本性质

1. 平行性

空间平行的直线，轴测投影后仍平行；空间平行于坐标轴的直线，轴测投影后仍平行于相应的轴测轴。

2. 沿轴向度量

沿轴测轴的方向上，尺寸是按轴向伸缩系数变化；不在轴测轴的方向上，尺寸就不按轴向伸缩系数变化。因此，只有在轴测轴方向上才能度量，不在轴测轴方向上不能度量。

画轴测图要切记两点，一是利用平行性质作图，这是提高作图速度和准确度的关键；二是沿轴向度量，这是作图正确的关键。

任务二　正等轴测图

一、正等测投影的形成及参数

正等测的三个轴间角相等：

$$\angle X_1O_1Y_1 = \angle Y_1O_1Z_1 = \angle X_1O_1Z_1 = 120^\circ$$

正等测的轴向伸缩系数也相等：

$$p_1 = q_1 = r_1 = 0.82$$

为了作图方便，一般采用简化轴向伸缩系数，$p=q=r$，即凡平行于各坐标轴的尺寸都按原尺寸作图。这样画出的轴测图，其轴向尺寸比按理论伸缩系数作图的长度放大了 1/0.82 ≈1.22 倍，但这对表达形体的直观形象没有影响。

如图 4.2 所示。

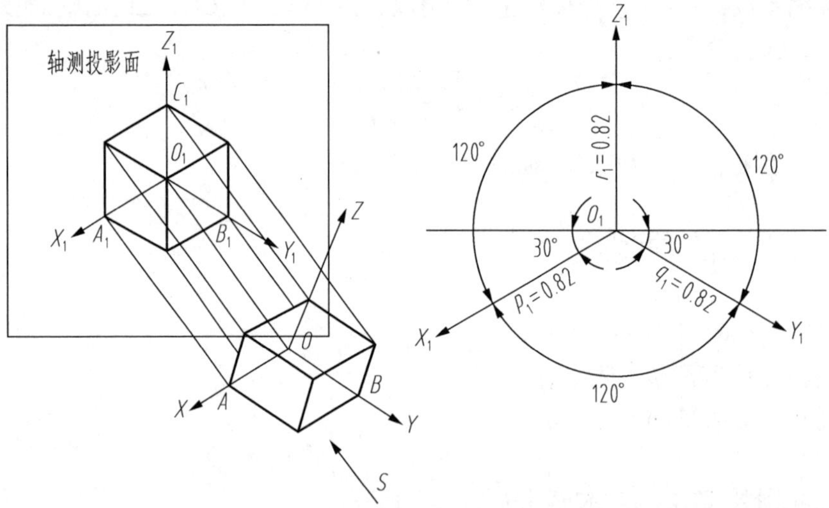

图 4.2 正轴测图的形成及参数

二、正等测的基本画法

通常可按下述步骤作图：

(1) 根据形体结构特点，选定坐标原点的位置，一般在物体的对称轴线上，且放在顶面或底面处，这样对作图较为有利。

(2) 画轴测轴。按点的坐标作点、直线的轴测图，一般自上而下，根据轴测投影的基本性质，逐步作图，不可见棱线通常不画出。

1. 平面立体正轴测图的画法

(1) 长方体的正等测图

根据长方体的特点，选择其中一个角顶点作为空间直角坐标系原点，并以过该角顶点的三条棱线为坐标轴。先画出轴测轴，然后用各顶点的坐标分别定出长方体的八个顶点的轴测投影，依次连接各顶点即可。如图 4.3 所示。

(2) 正六棱柱体的正等测图

由于正六棱柱前后、左右对称，为了减少不必要的作图线，从顶面开始作图比较方便。故选择顶面的中点作为空间直角坐标系原点，棱柱的轴线作为 OZ 轴，顶面的两条对称线作为 OX、OY 轴。然后用各顶点的坐标分别定出正六棱柱的各个顶点的轴测投影，依次连接各顶点即可。如图 4.4 所示。

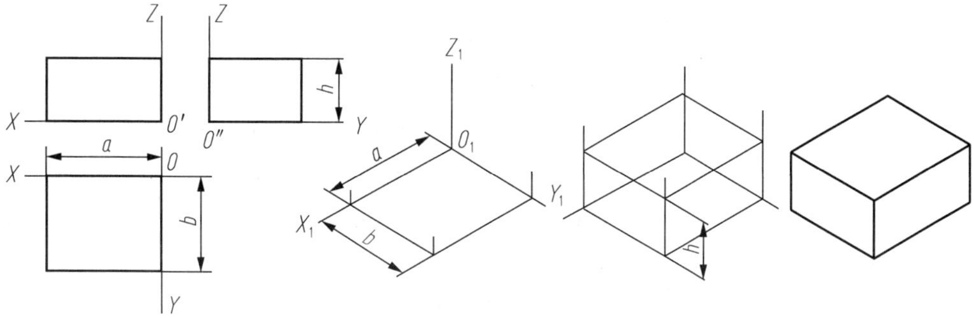

图 4.3　长方体的正等测图

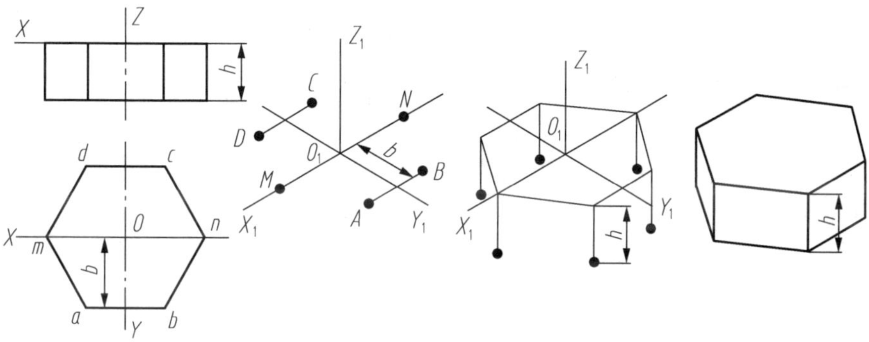

图 4.4　正六棱柱体的正等测图

(3) 三棱锥的正等测图

三棱锥由各种位置的平面组成,作图时可以先作锥顶和底面的轴测投影,然后连接各棱线即可。如图 4.5 所示。

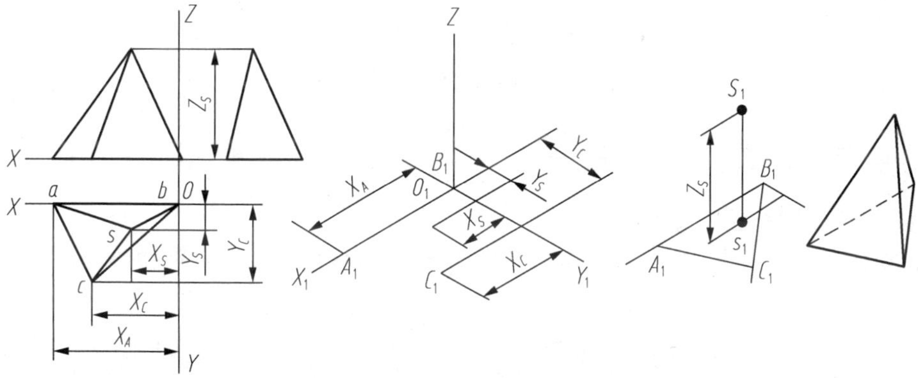

图 4.5　三棱锥的正等测图

2. 圆的正轴测图的画法

(1) 平行于不同坐标面的圆的正等测图

平行于坐标面的圆的正等测图都是椭圆,除了长短轴的方向不同外,画法都是一样的。如图 4.6 所示为三种不同位置的圆的正等测图。

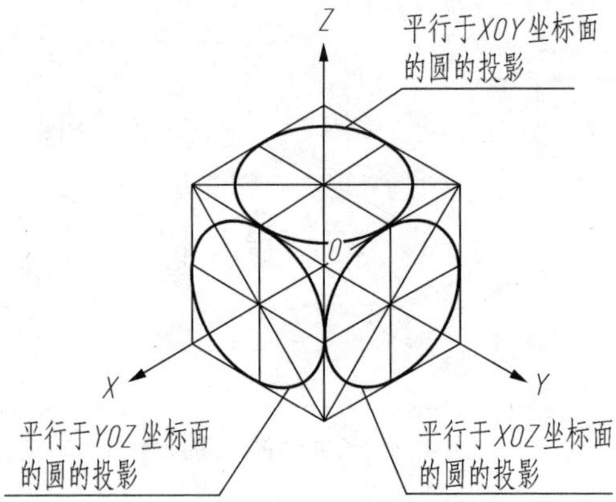

图 4.6 平行坐标面圆的正等测图

(2) 用"四心法"作圆的正等测图

"四心法"画椭圆就是用四段圆弧近似代替椭圆。

其作图方法与步骤如图 4.7 所示,具体如下:

① 作出轴测轴,按圆的外切正方形画出菱形(图 4.7(a))。

② 以 A、B 为圆心,AC 为半径画两大弧(图 4.7(b))。

③ 连 AC 和 AD 分别交长轴于 M、N 两点(图 4.7(c))。

④ 以 M、N 为圆心,MD 为半径画两小弧;在 C、D、E、F 处与大弧连接(图 4.7(d))。

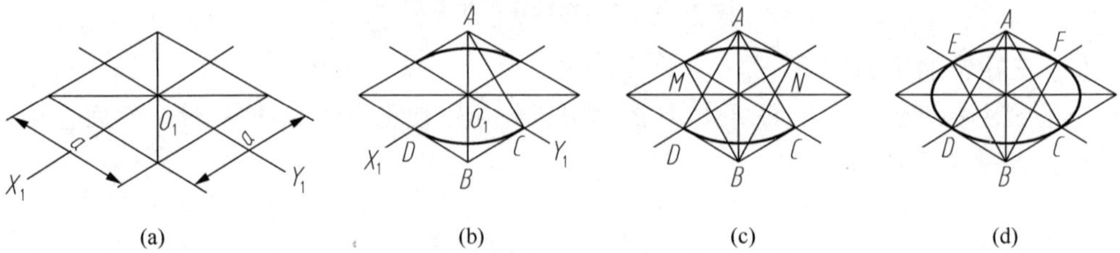

图 4.7 用四心法作圆的正等测图

3. 曲面立体正轴测图的画法

(1) 圆柱和圆台的正等测图

如图 4.8 所示,作图时,先分别作出其顶面和底面的椭圆,再作其公切线即可。

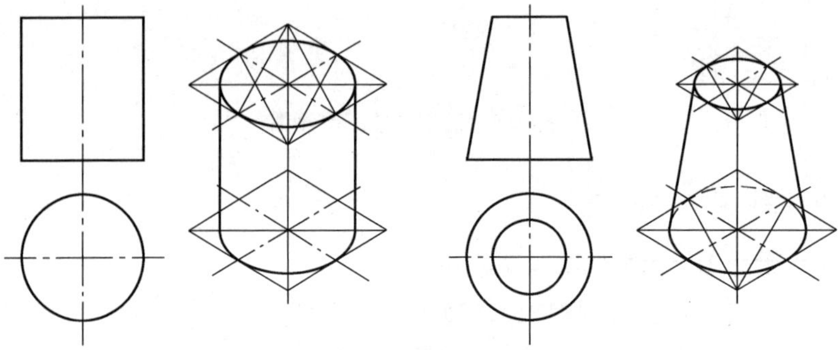

(a) 圆柱　　(b) 圆台

图 4.8 圆柱和圆台的正等测图

(2) 圆角的正等测图

圆角相当于四分之一的圆周,因此,圆角的正等测图,正好是近似椭圆的四段圆弧中的一段。作图时,可简化成如图 4.9 所示的画法。

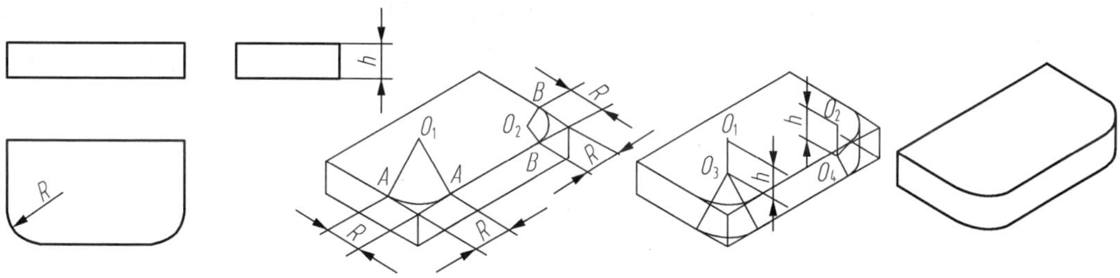

图 4.9 圆角的正等测图

任务三 斜二等轴测图

在斜轴测投影中,投射方向倾斜于轴测投影面。若将物体的一个坐标面 XOZ 放置成与轴测投影面平行,按一定的投射方向进行投影,则所得的图形称为斜二等轴测图,简称斜二测。

一、斜二测的轴间角和轴向伸缩系数

斜二测的轴间角:

$$\angle X_1O_1Y_1 = \angle Y_1O_1Z_1 = 135^\circ, \quad \angle X_1O_1Z_1 = 90^\circ$$

斜二测的轴向伸缩系数:

$$p_1 = r_1 = 1, \quad q_1 = 0.5$$

如图 4.10 所示。

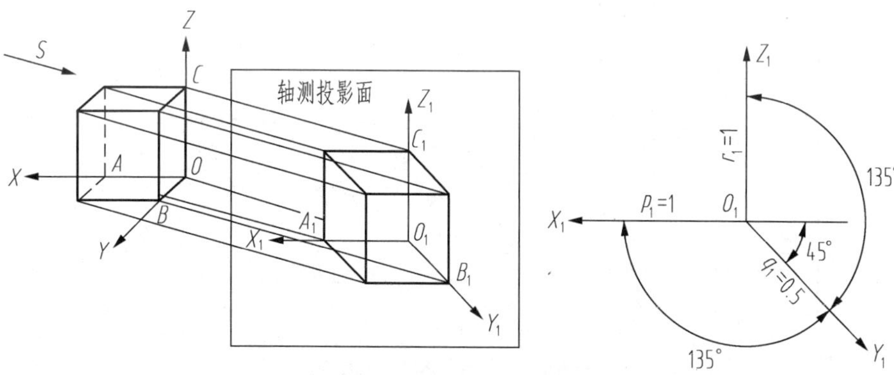

图 4.10 斜二等轴测图的形成及参数

二、斜二测的作图方法

斜二等轴测图的画法与正等轴测图的画法相似，只是它们的轴间角和轴向伸缩系数不同。由于斜二测 Y_1 轴的轴向伸缩系数 $q_1=0.5$，所以，沿 O_1Y_1 轴方向的长度应该取相应长度的一半。在斜二测图中，物体上平行于 XOZ 坐标面的直线和平面图形均反映实长和实形，所以，当物体上有较多的圆或曲线平行于 XOZ 坐标面时，采用斜二测图比较方便。作图时注意：在 Y_1 轴上定层，在 $X_1O_1Z_1$ 面上定形。

1. 立方体的斜二等轴测图

如图 4.11 所示。

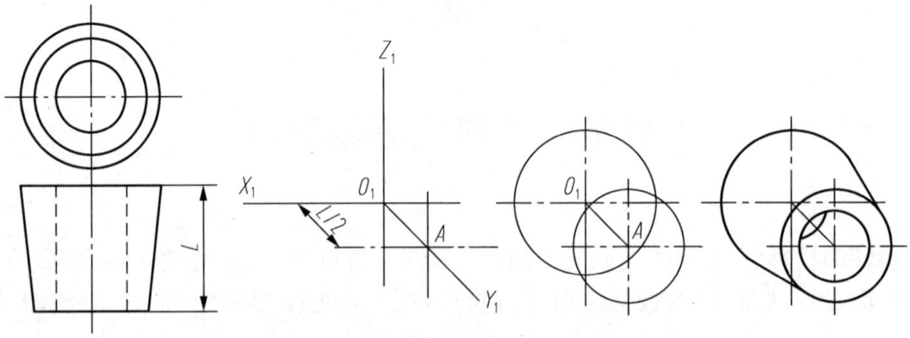

图 4.11　立方体的斜二等轴测图

2. 圆台的斜二等轴测图

如图 4.12 所示。

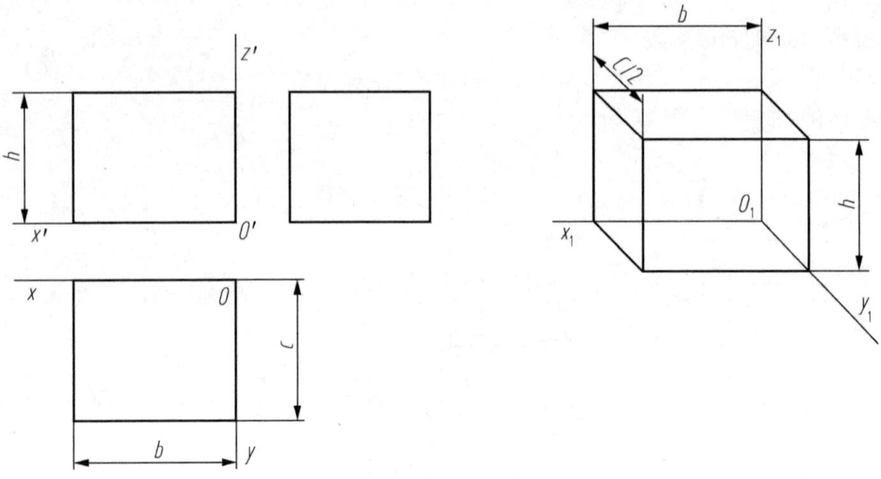

图 4.12　圆台的斜二等轴测图

3. 支架的斜二等轴测图

如图 4.13 所示。

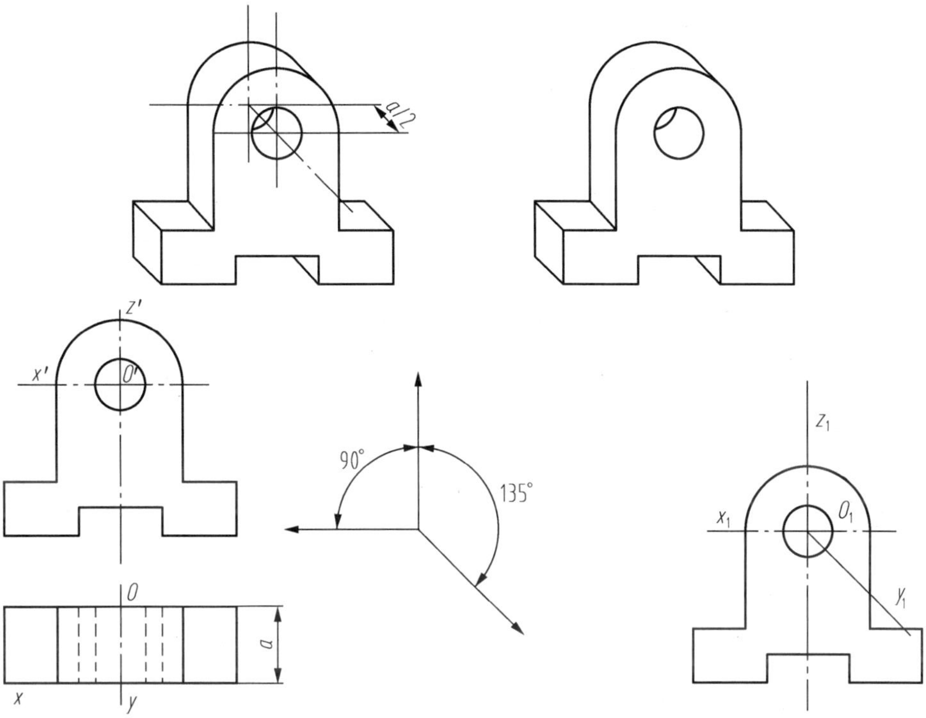

图 4.13 支架斜二等轴测图的画法

知 识 梳 理

轴测图是单面投影图，相对三视图而言，轴测图更能直观地反映形体的空间结构特征。工程上常采用富有立体感的轴测图作为辅助图样来帮助说明零、部件形状。绘制轴测图采用的投影法为平行投影法，有两种基本思路：保持正投影不变，使被投影形体相对投影面倾斜，所得到的轴测图为正轴测图；保持形体摆放位置为"正放"，使投影光线相对投影面倾斜，所得到的轴测图为倾斜测图。每一类轴测图根据轴向伸缩系数的不同，又可分为三种不同的轴测图。本章介绍的是常用的正等轴测图与斜二轴测图。

思考与练习

1. 轴测图是如何形成的？
2. 轴测投影有哪些基本特性？

3. 圆柱可以分别用正等轴测图和斜二测图表达吗？在什么情况下采用斜二测图比较方便？

4. 与三视图相比较，轴测图的表达用途是什么？

5. 画轴测图时，斜线、斜面上的尺寸可否直接在轴测图上度量？为什么？

模块五　组　合　体

任务一　组合体的组成方式及其表面间的过渡关系

通过模块二、模块三的学习，有了点、线、面和基本体的投影知识，这为讨论比较复杂形体视图的画图、读图和尺寸标注做了必要的准备。

一、组合体的概念

任何复杂的形体都可以看成是由一些基本的形体按照一定的连接方式组合而成的。这些基本体包括棱柱、棱锥、圆柱、圆锥、球和圆环。由基本体组成的复杂形体称为组合体。

二、组合体的组成方式

从工程制造成型过程和读图与画图分析思考方便角度出发，常将组合体视为由叠加和切割两种形式形成。常见的组合体是这两种方式的组合。如图 5.1 所示。

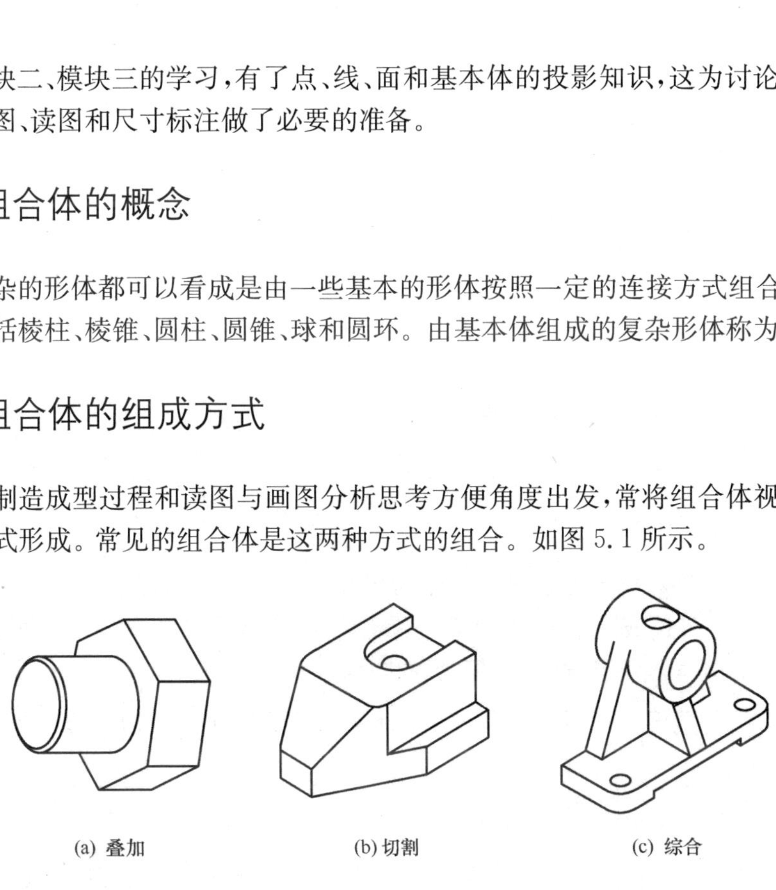

(a) 叠加　　(b) 切割　　(c) 综合

图 5.1　组合体的组成方式

在分析组合体构成时要注意以下两点：

(1) 实际的机器零件形状往往较复杂，单一的叠加式或切割式组合体较为少见，更多的是综合叠加和切割而形成的组合体。例如，图 5.2 所示组合体主要由叠加构成，但一个大孔、两个小孔为切割形成。

(2) 同一组合体的形成方法不是唯一的。例如，图 5.3(a)所示组合体的上部可以看成由一梯形板和一较窄的矩形板叠加而成(图 5.3(b))，也可看成由一三角形板和一较宽的矩形板叠加而成(图 5.3(c))。

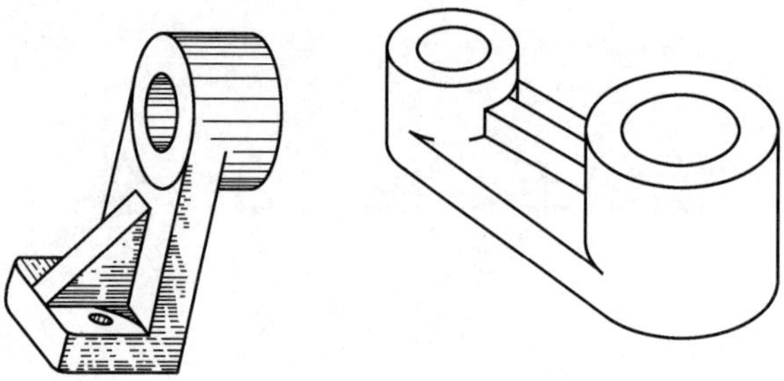

图 5.2　综合式组合体

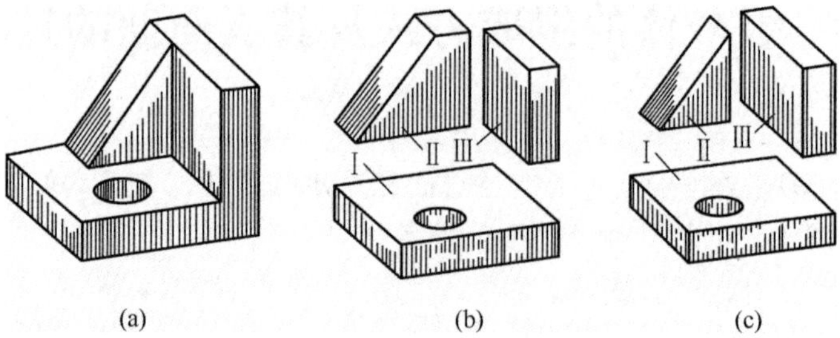

图 5.3　组合体不同的形成方式

三、基本体间表面的连接关系

无论以何种方式构成组合体，其基本体叠加按照相邻表面的连接方式不同一般可以分为三种：平行、相切、相交。

1. 表面平行(相接)

所谓平行是指两基本体表面间同方向的相互关系。它又可以分为两种情况：相邻两基本体表面相互平齐连成一个平面，结合处没有界限，在视图上不画出两表面的界限，如图 5.4(a)所示；两形体表面不共面，而是相错，如图 5.4(b)所示。

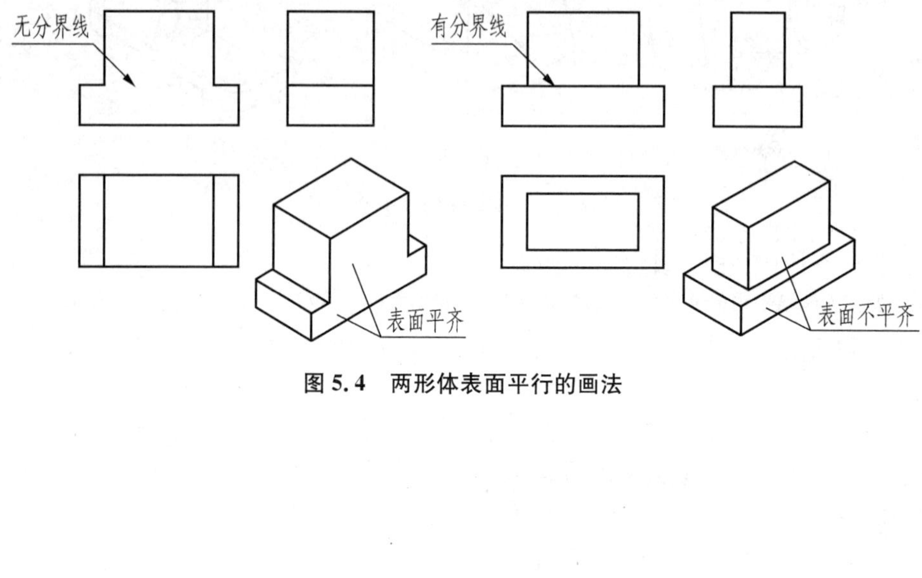

图 5.4　两形体表面平行的画法

2. 表面相切

两基本体表面相切时，其相切处光滑过渡，无分界线，故不应画线，如图 5.5 所示。

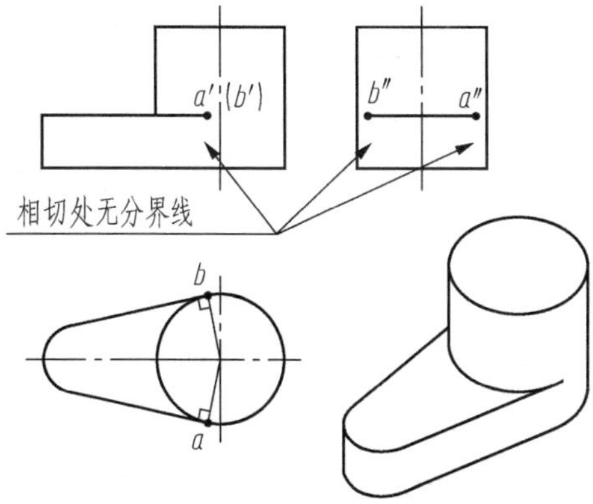

(a) 正确画法

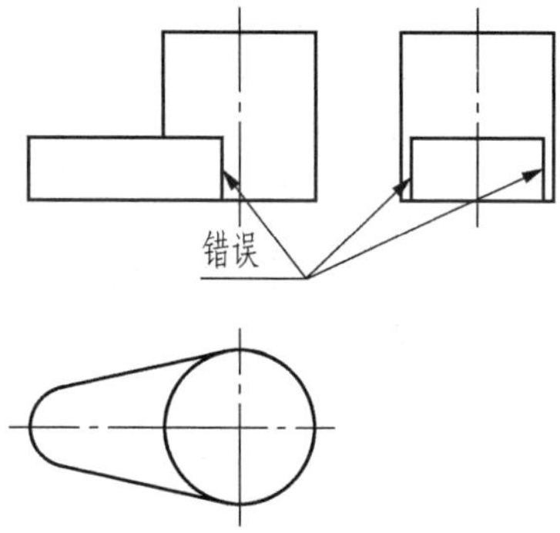

(b) 错误画法

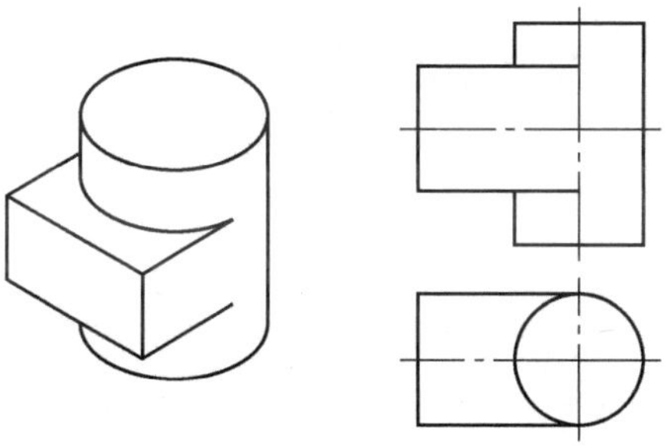

(c)

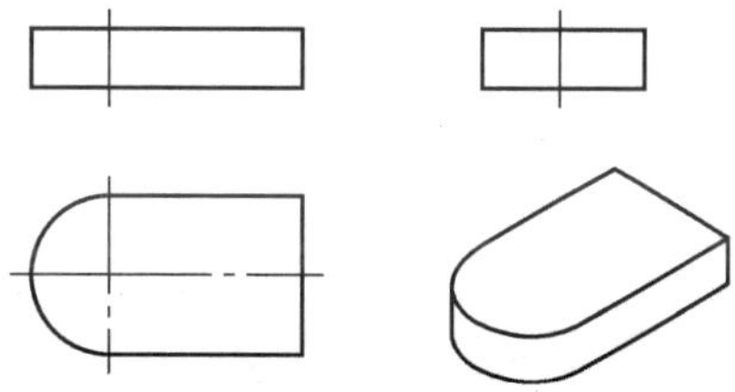

(d)

图 5.5　两形体表面相切的画法

3. 表面相交

表面相交分为两种：相贯与截交。

(1) 截交

截交处应画出截交线，如图 5.6 所示。

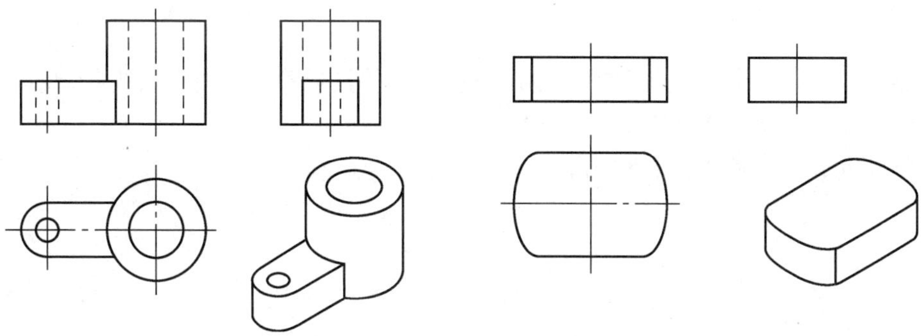

图 5.6　两形体表面截交的画法

(2) 相贯

相贯处应画出相贯线,如图 5.6 所示。

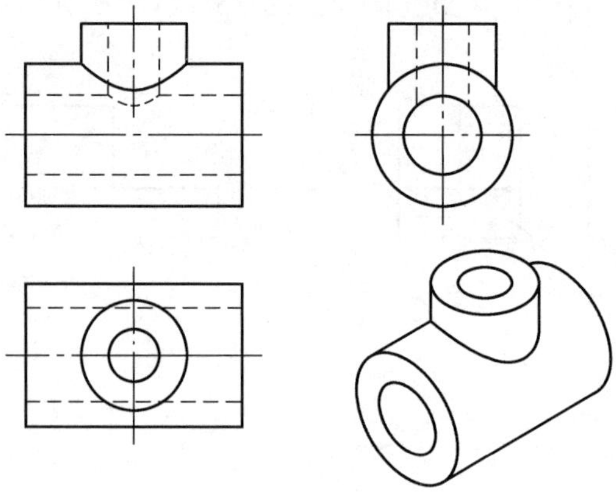

图 5.7　两形体表面相贯的画法

任务二　组合体三视图的画法

一、组合体的分析方法

1. 形体分析法

所谓形体分析法,就是假想组合体分成若干个基本形体,分析它们的形状、组合方式、表面过渡关系以及形体的相对位置,以便进行画图、看图和标注尺寸,这种分析组合体的方法称为形体分析法。

这种方法是分析组合体的最行之有效的方法之一。一般组合体通过这样"化整为零",逐个画出各基本体的三视图或想象出其形状,相对就变得简单了。这是"由大化分小"、"由小画到大"的合理过程。

2. 线面分析法

线面分析法就是运用线面的投影规律,分析组合体投影面或视图中的线条、线框的含义和空间位置,从而画出视图把视图看懂的方法。

线面分析法和形体分析法通常需要一起使用。

二、画组合体三视图的方法和步骤

1. 以叠加为主的组合体三视图的画法

下面以图 5.8 所示轴承座为例，说明画组合体三视图的方法和步骤。

(1) 形体分析

画此类组合体的视图时通常采用形体分析法。就是分析组合体的组成形体、组合方式、表面过渡关系以及形体的相对位置，以便对组合体的整体形状有个总的概念，为画它的视图做好准备。

如图 5.8 所示的轴承座由底板 1、支撑板 2、肋板 3、圆筒轴承 4 组成。底板 1 前面有两个圆角并挖去了两个圆柱体。支撑板 2 是等腰梯形平板，上边的圆柱面与圆筒轴承相切，叠放在底板上，它与底板的后面平齐。肋板 3 是上边有圆柱面的多边形平板，叠放在底板上，肋板的左、右侧面与轴承的外圆柱面相交。圆筒轴承较支撑板向后突出了一些。这四个形体的对称面与轴承座的对称面重合。

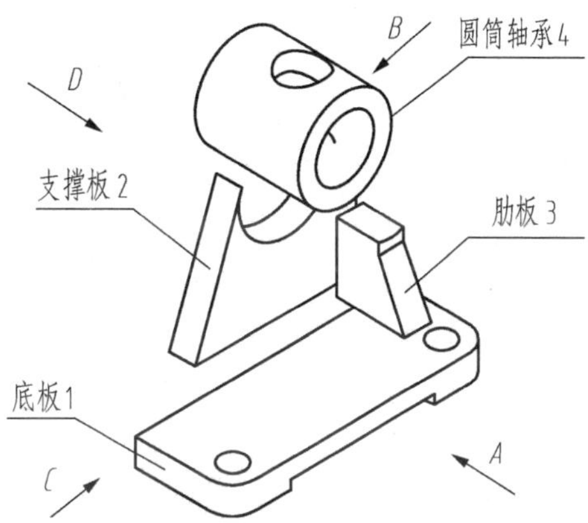

图 5.8　轴承座形体分析

(2) 选择视图

选择视图首先要确定主视图，一般是将组合体的主要表面或主要轴线放置在与投影面平行或垂直位置，以便投影表达实体形状。并以最能反映形体各部分形状特征和相对位置的投影作为形体主视图，同时兼顾考虑其他两个视图，如使细虚线尽量减少，画出的视图长大于宽。主视图确定了，其他视图随之而定。

从图 5.8 和图 5.9 可以看出，对该组合体(轴承座)，方向 A 和方向 C 都可作为主视图的投影方向，由它们产生的另两个视图虚线较少，而 A 向又能兼顾主视图长大于宽，故选 A 向作为画主视图的投影方向。将轴承座按自然位置安放好，最后确定的三视图如图 5.10 所示。

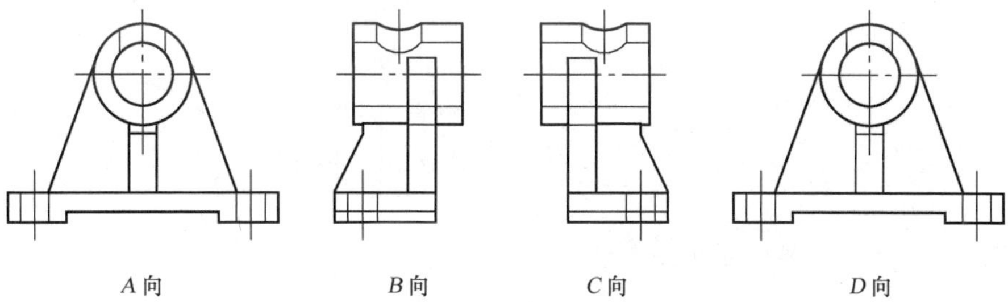

图 5.9　主视图投影方向的比较

(3) 选择比例，布置视图

视图选择好后，根据组合体的大小和其形体的复杂程度，按制图标准选择图纸幅面的大小,确定绘图比例。尽量选择能够反映形体真实大小的 1∶1 比例绘制视图。

然后布置视图,力求各视图布局均匀,间距恰当(根据各视图每个方向上的最大尺寸),以便标注尺寸、画标题栏。

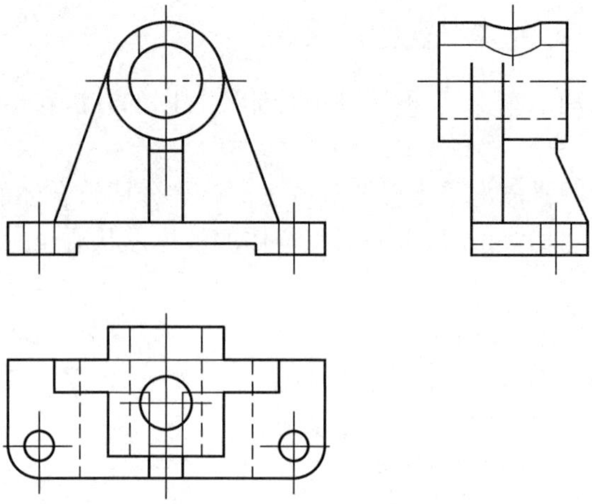

图 5.10 轴承座的三视图

(4) 画底图,画作图基准线

组合体按形体分析法分解后,逐一画出每一基本体的三视图。

画底稿时应注意:

① 先画主要形体,后画次要形体。

② 先画看得见的部分,后画不可见的部分。

③ 先画主要的圆和圆弧,后画直线。

④ 画每一个基本形体时,三视图对应着一起画,先画反映实形或有特征的视图,再画其他视图。

(5) 检查、描深

检查底稿,改正错误,再描深。

如图 5.11 所示。

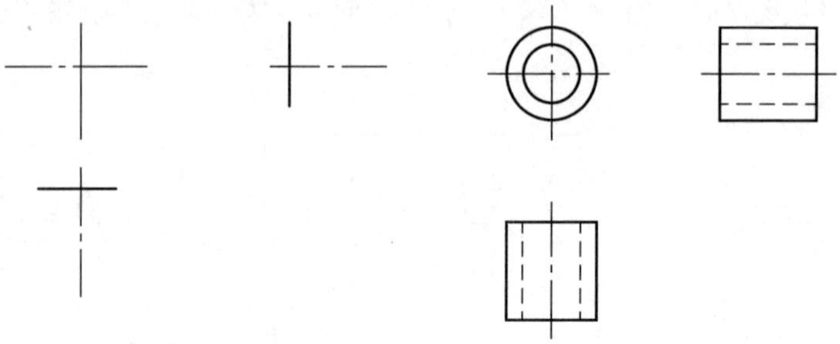

(a) 布置视图并画出作图基准线　　(b) 画轴承的三视图

图 5.11 轴承座三视图的作图步骤

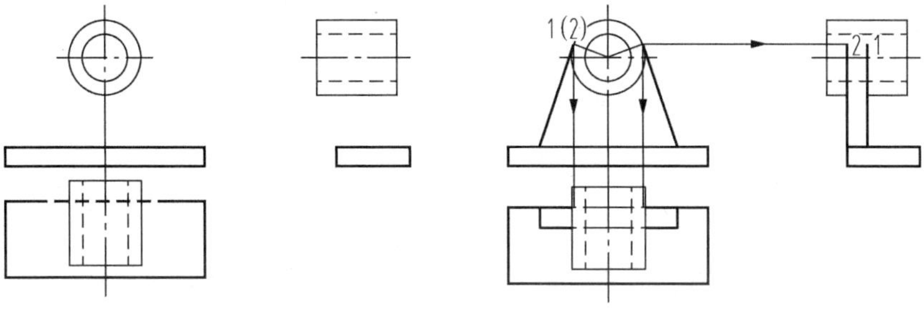

(c) 画出底板的三视图　　(d) 画出支撑板的三视图

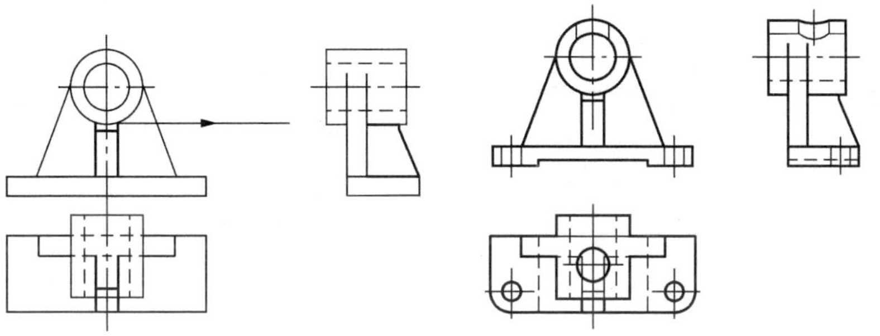

(e) 画肋板的三视图　　(f) 画出顶部、底板圆孔，检查并加深图线

续图 5.11 轴承座三视图的作图步骤

2. 切割型组合体三视图的画法

画切割型组合体的三视图，可先找出形状最接近的基本体或简单体，然后再逐块切割，利用面形分析法去解决难点。如图 5.12(a)所示的形体，可视为是由长方柱切割掉两个部分而形成的组合体。画其三视图的步骤如下：

① 选择视图。选择以箭头所示方向作为形体主视图的投影方向。

② 画出切割前完整基本体的三视图，如图 5.12(b)所示。

③ 逐块切割掉每一形体，如图 5.12(c)、(d)所示。从切面有积聚性的投影的视图画起，再根据切面与立体表面相交情况画出其他两面视图。

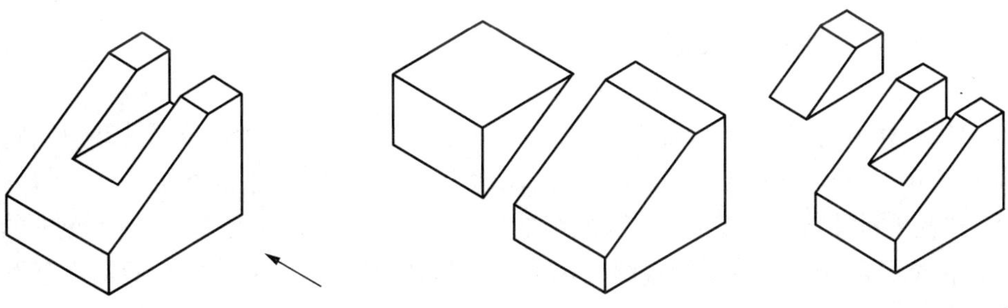

(a) 形体分析

图 5.12 画切割型组合体的步骤

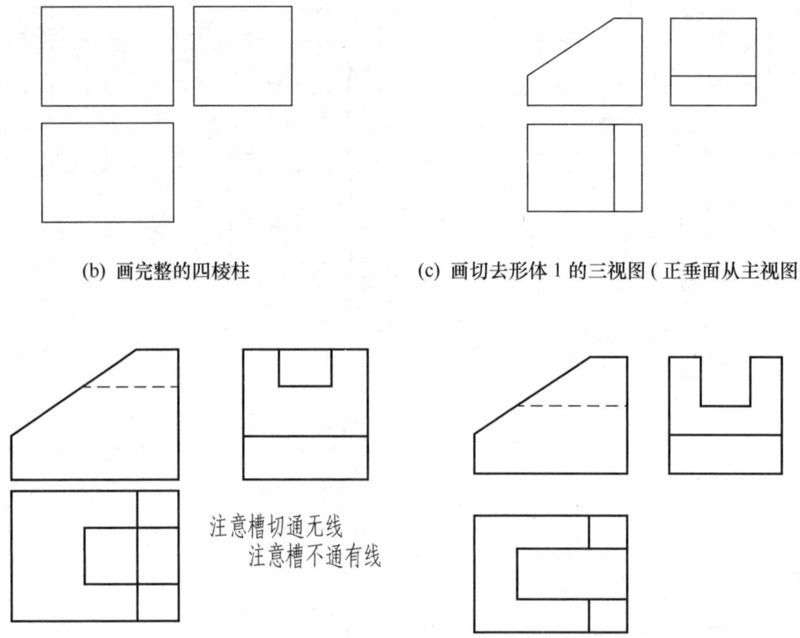

(b) 画完整的四棱柱 (c) 画切去形体 1 的三视图（正垂面从主视图画起）

(d) 从左视图画起 (e) 整理轮廓线

续图 5.12 画切割型组合体的步骤

任务三 组合体的尺寸标注

组合体的视图仅表示了其形状轮廓，而它的大小是由尺寸数值来确定的。在生产实际中加工、检验的直接依据是尺寸，因而标注尺寸是组合体图样绘制的一项重要内容。标注组合体尺寸的基本要求是：

(1) 正确：尺寸标注必须符合国家标准的规定。

(2) 完整：所注各类尺寸应齐全。

(3) 清晰：尺寸布置要整齐清晰，相对集中，便于看图。

一、基本体的尺寸标注

常见基本立体的尺寸标注，如图 5.13(a)～(d) 所示，平面立体一般要标注长、宽、高三个方向的尺寸；回转体一般要标注径向和轴向两个方向的尺寸，并尽量使用尺寸符号，如直径符号“S”及表示球直径的符号“$S\phi$”，视图的数目便可减少，如图 5.13(e)～(h)中的圆柱、圆锥等回转体只需在不反映圆的视图上标注直径和轴向尺寸，就能确定它们的形状和大小，其余视图均可省略不画。

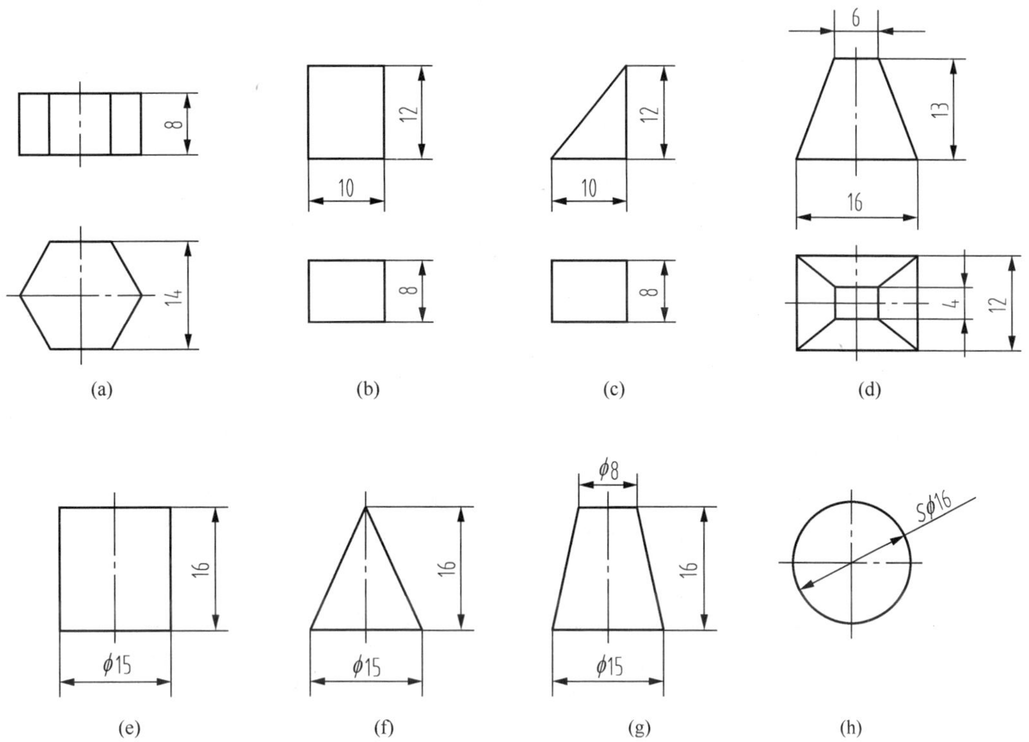

图 5.13　基本立体的尺寸标注

二、切割体和相贯体的尺寸标注

被切割的基本立体的尺寸标注，除标注基本体尺寸大小外，还应标注截平面的定位尺寸；相互贯穿后的两基本体，除标注参与相贯的各基本体的定形尺寸外，还应标注表示相对位置的定位尺寸。因为截平面与基本体、基本体与基本体之间相对位置确定后交线的大小形状就确定了，若再注其尺寸即属错误尺寸，见图 5.14(a)、(b)、(c)中打“×”处。

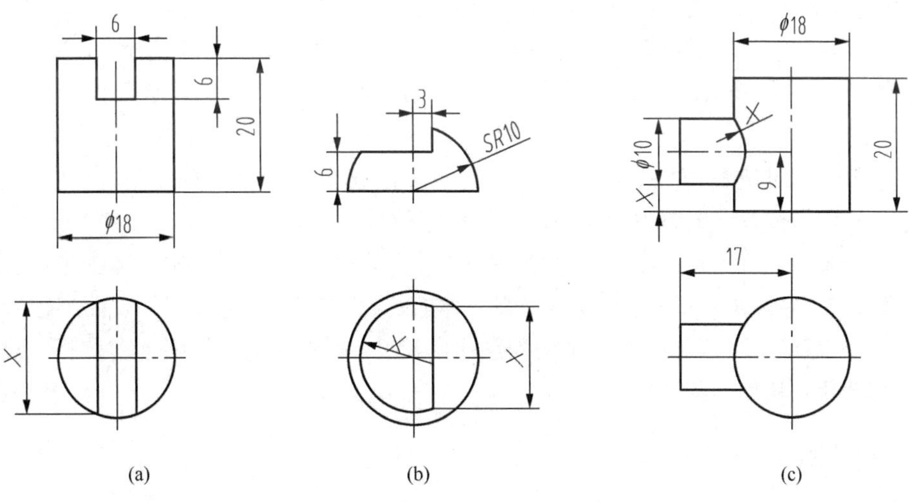

图 5.14　切割体、相贯体的尺寸标注

三、常见结构的尺寸注法

如图 5.15 所示。

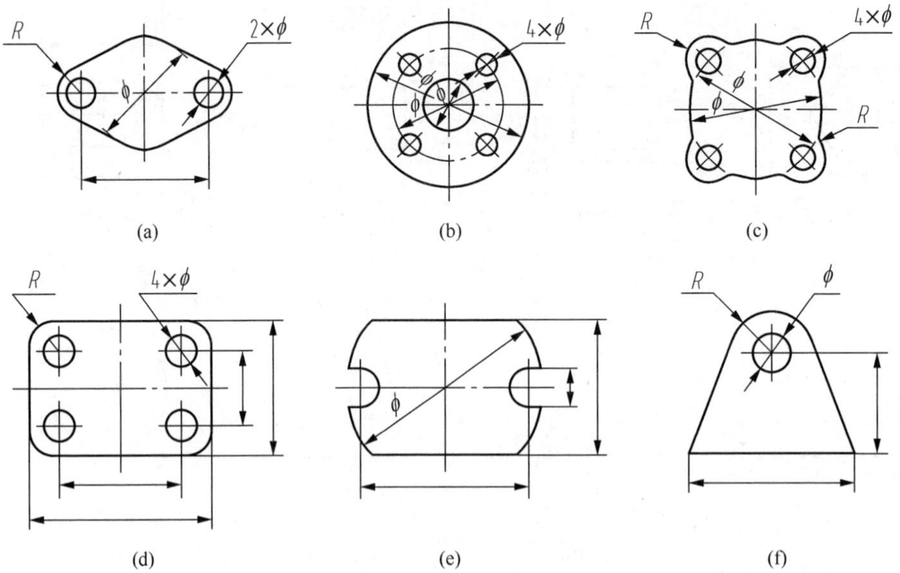

图 5.15　常见结构的尺寸注法

四、组合体的尺寸标注

1. 组合体的尺寸种类

标注组合体的尺寸常用形体分析法，将组合体分解成若干个基本形体，标注出其定形尺寸；在确定各形体的相对位置后，再标注出定位尺寸，还要注出组合体的总体尺寸。

(1) 定形尺寸——表示各基本形体大小的尺寸。图 5.16 中，支撑板的长度 42、厚度 6，底板的长度 60、宽度 22、厚度 6，开槽的宽度 34、深度 2，两个小圆孔的直径 ϕ6、半径 $R6$，圆柱轴承的外径 ϕ22、内径 ϕ14，顶孔的直径 ϕ10，肋板的厚度 6、高度 13，都属于定形尺寸。

(2) 定位尺寸——表示各基本形体相对位置的尺寸。图 5.16 主视图中尺寸 32 确定圆筒高度方向的相对位置，左视图中尺寸 14 确定顶孔宽度方向的相对位置、尺寸 2 确定肋板宽度方向的相对位置，俯视图中的 16、48，均属定位尺寸。

(3) 总体尺寸——表示组合体总长、总宽、总高的尺寸。在组合体三视图中应标注总体尺寸。图 5.16 主视图中的尺寸 60 表示组合体的总长，尺寸 32 与圆筒外表面半径 $R11$ 之和表示组合体的总高，组合体的总宽由俯视图中的尺寸 22 和左视图中确定支撑板宽度方向相对位置的尺寸 6 相加而得。

2. 组合体的尺寸基准

标注或度量尺寸的起点，称为尺寸基准。组合体作为一个空间形体，在长、宽、高三个方向(回转体的定位一般需要径向和轴向两个方向)应分别有一个主要尺寸基准,同方向除了一个主要基准外通常还有若干个辅助基准。组合体上的点、线、面都可以选作尺寸基准,通常采用对称面、安装端面、底面、回转轴线等作为尺寸基准。如图 5.17 中轴承座的底板为高度方向的主要基准,左右对称面为长度方向的主要基准,轴承圆筒后端面为宽度方向的主要基准。

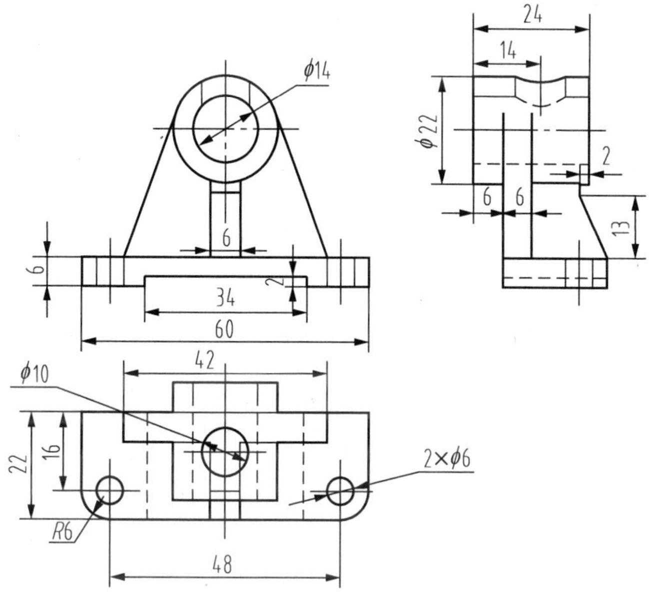

图 5.16　轴承座的尺寸标注和尺寸分析

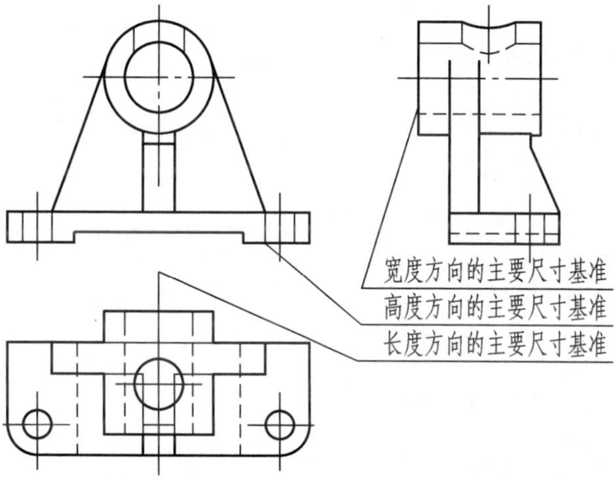

图 5.17　轴承座的主要基准选择

五、组合体尺寸标注的方法和步骤

1. 形体分析

分析组合体由哪些基本形体组成。

2. 选择尺寸基准

选择组合体长、宽、高三个方向的基准。见图 5.17。

3. 标注定位尺寸

依次标注各基本形体相对于组合体主要基准的定位尺寸，切割型组合体注意标注各截切面的定位尺寸。见图 5.18。

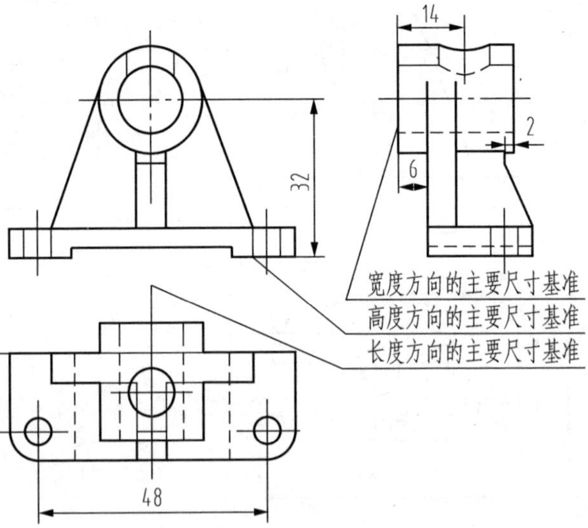

图 5.18　标注各形体的定位尺寸

4. 标注各基本形体的定形尺寸

如图 5.19(a)～(d)及图 5.20(a)、(b)所示，按形体分析结果依次标注出各基本形体的定形尺寸。

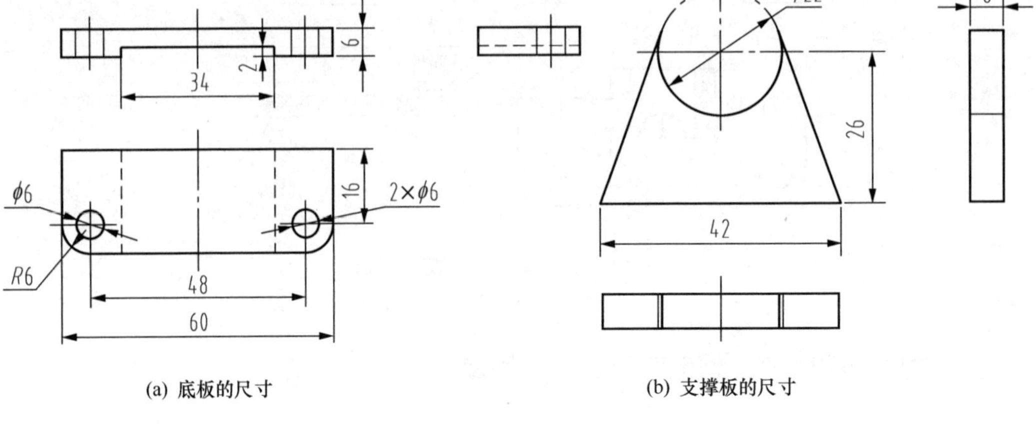

(a) 底板的尺寸　　　(b) 支撑板的尺寸

图 5.19　各基本形体的定形尺寸

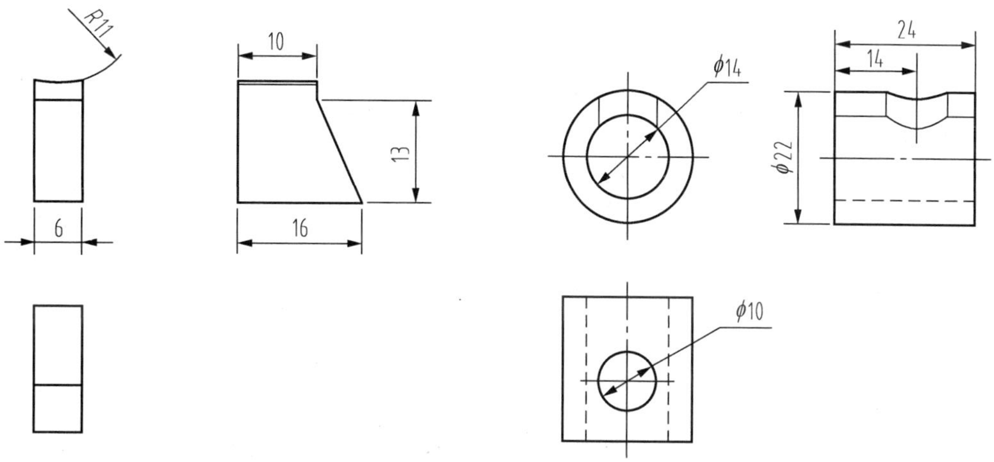

(c) 加强肋板的尺寸　　　　(d) 圆柱筒的尺寸

续图 5.19 各基本形体的定形尺寸

5. 标注总体尺寸

高度方向因上端面是具有同心圆孔的回转体，只注 ϕ14 孔的定位尺寸和圆筒的外直径，不注总高。总长与底板的长度一致。总宽尺寸是底板宽 22 与圆筒的定位尺寸 6 之和，这两个尺寸都很重要，总宽便不注出。

6. 检查、调整

对上述标注的尺寸进行检查、整理、调整，把多余的尺寸和不合适的尺寸去掉。

此外，标注组合体的尺寸，还应强调以下几点：

(1) 各基本形体的定形尺寸和有关的定位尺寸，要尽量标注在一个或两个视图上，便于集中标注看图。

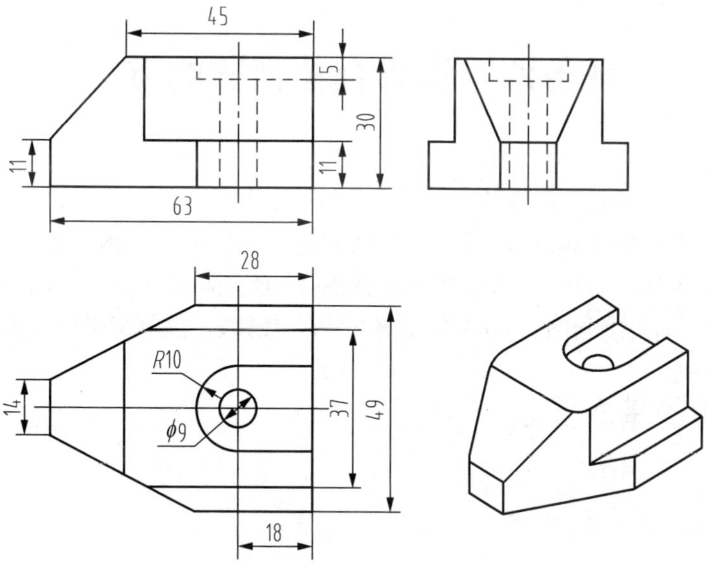

(a)

图 5.20 切割型组合体的尺寸标注

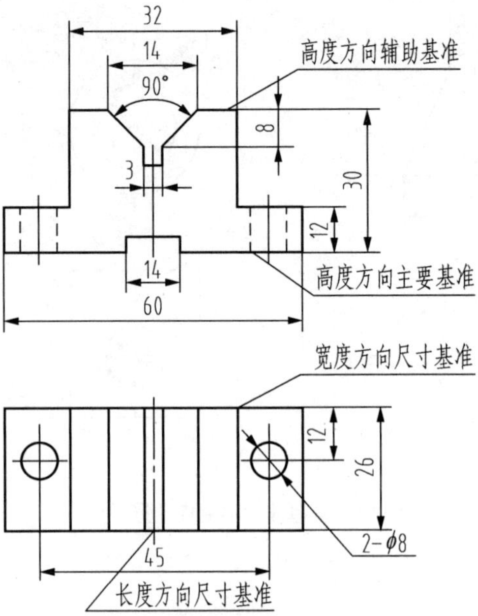

(b)

续图 5.20　切割型组合体的尺寸标注

(2) 尺寸应注在表达形体特征最明显的视图上并尽量避免标注在虚线上。

(3) 对称结构的尺寸,一般应按照对称要求进行标注。

(4) 尺寸应尽量标注在视图的外边,布置在两个视图之间。

(5) 圆的直径一般注在投影为非圆的视图上,圆弧的半径应注在投影为圆弧的视图上。

(6) 平行并列的尺寸,应使较小的尺寸靠近视图,较大的尺寸依次向外分布,以免尺寸线与尺寸界线交错。

任务四　读组合体视图的方法

画图是将形体用正投影的方法表达在平面上,即实现空间到平面的转换。而读图则是根据视图想象出形体的空间形状,即实现平面到空间的转换。读图也是机械专业技术人员经常要做的一项工作。要准确、迅速地看懂视图,培养空间想象能力,必须掌握看图的基本要领和基本方法,通过多画图、不断总结看图的基本规律,才能逐步提高看图能力。

一、读图的基本要领

1. 几个视图联系起来看

一般情况下,一个视图不能完全确定物体的形状。

如图 5.21 所示的几组视图,形体不同,而俯视图相同。

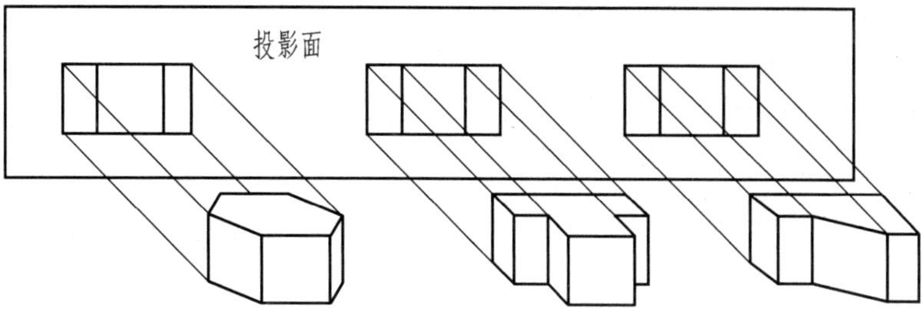

(a)　　(b)　　(c)

图 5.21　俯视图相同的不同形体

如图 5.22 所示的三组视图，它们的主、俯两个视图都相同，而形体不同。

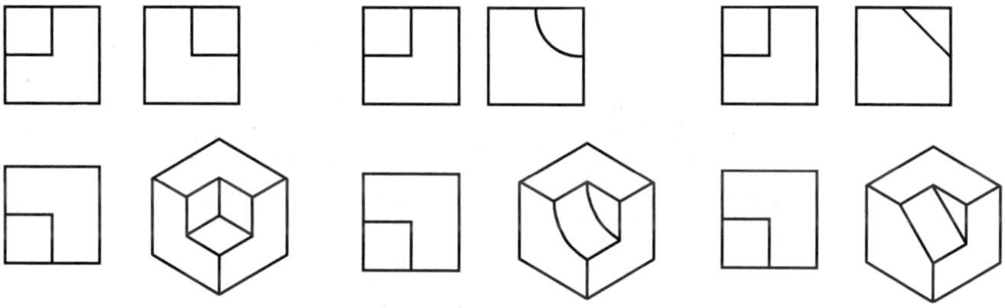

图 5.22　两个视图都相同的不同形体

2. 应善于抓住视图中的特征视图

看图时，必须要抓住视图中形状与位置的特征视图。如图 5.23(a)所示，左视图是反映形体上Ⅰ与Ⅱ部分关系最明显的视图，只要把主、左视图联系起来看，就可以想象出Ⅰ是凸出来Ⅱ是凹进去的。如果只看主、俯视图，则要判别部分的前后关系就无法确定，可能是图 5.22(b)，也可能是图 5.22(c)。

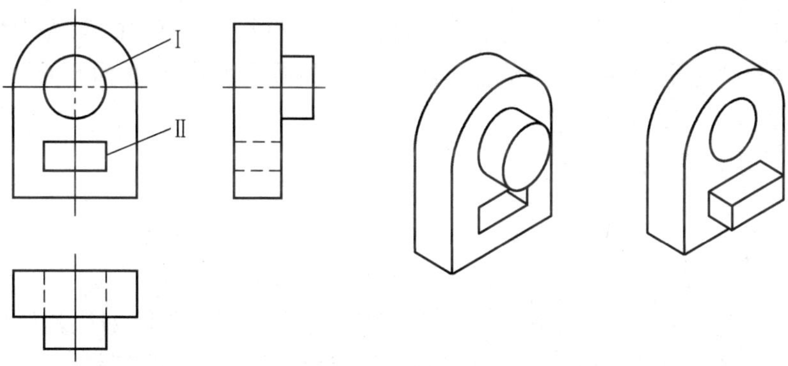

(a)　　(b)　　(c)

图 5.22　特征视图

3. 理解图线和线框的意义

任何形体的视图都是由若干个封闭线框构成的，每个线框又由若干条图线围成，因此，看图时按照投影对应关系，搞清楚图形中线框和图线的含义是很有必要的。

(1) 图线的投影含义

回转体上转向轮廓素线的投影，如图 5.23 主视图中 a'所示。

两表面的交线的投影，如图 5.23 主视图中 b'所示。

一平面的积聚性投影，如图 5.23 左视图中 c''所示。

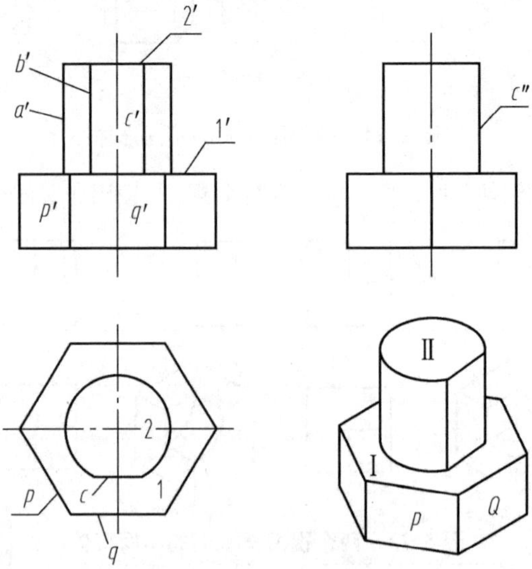

图 5.23 图线和线框的意义

(2) 每个封闭线框的投影含义

视图上每个封闭的线框，通常表示物体上一个表面（平面或曲面）的投影，如图 5.23 主视图中 p'所示。

两个相邻的封闭线框，表示物体不同位置平面的投影，可能是两表面相交，如图 5.23 中 p'与 q'分别是六棱柱相邻两棱面的投影。

大封闭线框内套小封闭线框，表示物体是在同向错位（如上下、前后、左右），如图 5.23 俯视图中大线框六边形中的小封闭线框 ，就是六棱柱顶面Ⅰ与圆柱顶面Ⅱ的投影。

二、读图的基本方法

1. 形体分析法

这个是看的基本方法。从反映物体形状特征最明显的视图着手，对照其他视图，初步分析有哪些基本体和通过什么形式形成；然后按投影规律逐个找出各基本体在其他视图中的投影，并确定各基本体之间的相对位置；最后综合想象物体的形状。这种方法称为看图的形体分析法。

下面以图 5.24 所示的组合体为例，来看组合体的三视图。步骤如下：

(1) 从特征视图入手分离线框。这里从主视图入手，将主视图划分为几个封闭线框，依据“三等”规律再在其他视图中找出相对应的封闭线框，将组合体大致分为三部分，如图 5.24 所示。

(2) 想象单个形体的形状。从每一部分的特征视图出发,把几个视图联系起来,想象每一部分形体的形状。如图 5.24(b)、(c)、(d)所示。

(3) 综合起来想象整体。根据视图中各部分的位置和组合形式,想象出三视图所表示整个组合体的形状。如图 5.24(f)所示。

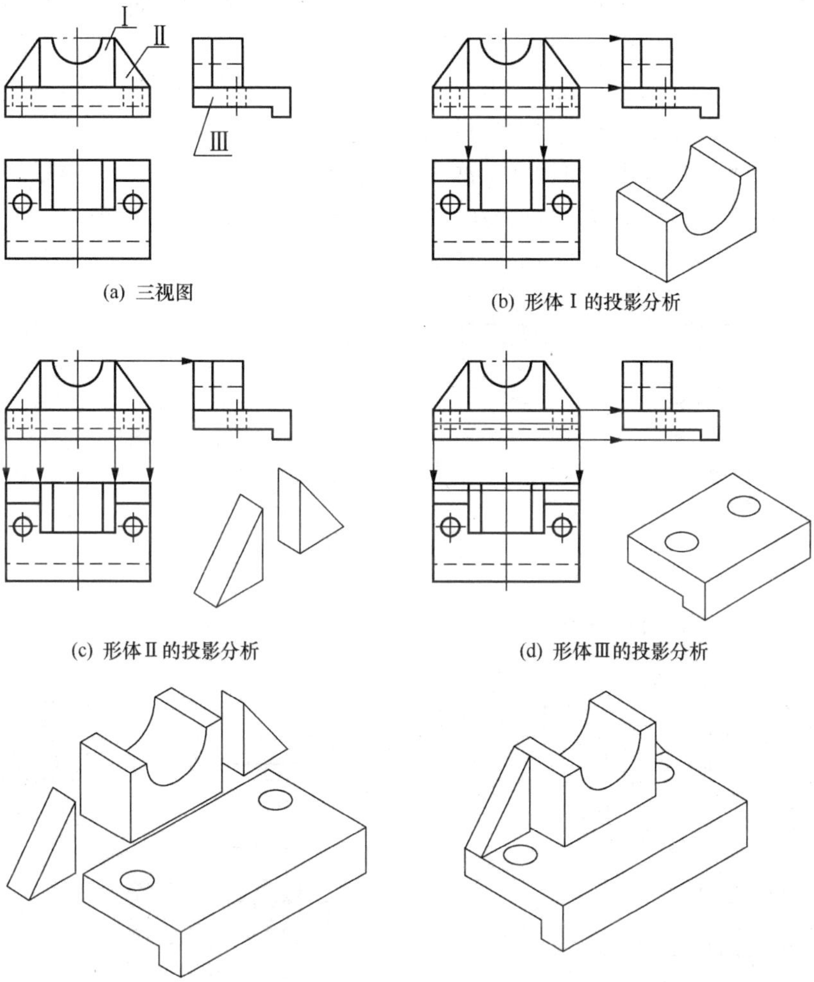

(a) 三视图　(b) 形体Ⅰ的投影分析

(c) 形体Ⅱ的投影分析　(d) 形体Ⅲ的投影分析

(e) 轴承座的立体分解图　(f) 轴承座的立体图

图 5.24　组合体的读图方法

2. 线面分析法

对切割型的组合体,尤其当形体被多个平面切割时,形体形状不规则,采用线面分析法比较有效。即运用线、面的投影规律来分析视图中线条、线框的含义,去想象物体的表面形状和空间位置,从而看懂视图。

下面以图 5.25 所示压块为例,说明线面分析的读图方法。

(1) 确定物体的整体形状。

根据图 5.25(a)压块三视图的外形均是有缺口或缺角的矩形,可初步认定物体是由长方体切割而成,中间有一个阶梯形的圆柱通孔。

(2) 确定切割面的位置和形状。

由图 5.25(a)可知，主视图左上方的缺角是用正垂面切通的；俯视图左端的前、后缺角是用两个铅垂面切通的；左视图下方前、后的缺块，则是用正平面和水平面切通的。可见，压块是一个长方体被几个特殊位置平面切割后而成的。

在搞清切割面的空间位置后，再来分析各切面的形状。

① 主、俯、左三个视图中有斜线时，这往往标志的是投影面垂直面的积聚性投影。由图 5.25(b)、(c)可看出，从主视图中的斜线(正垂面)a'出发，按投影规律，可在俯视图中找出一个与之对应的梯形线框 a，在左视图中也一定有一个梯形线框 a''；从俯视图中的斜线(铅垂面)b 出发，在主、左视图上找出与之对应的投影，一对七边形 b'、b''。

② 视图中的平直线，往往对应切平面为“平行面”的积聚性投影。从左视图中正平面的积聚性投影出发，找出其正面投影(矩形线框)和水平投影(一直线)；从左视图中水平面的积聚性投影出发，找出其水平投影(四边形)和正面投影(一直线)，如图 5.25(d)所示。

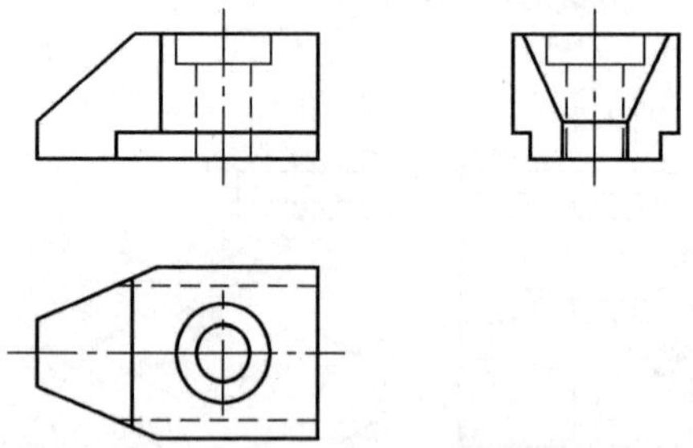

(a) 压块三视图

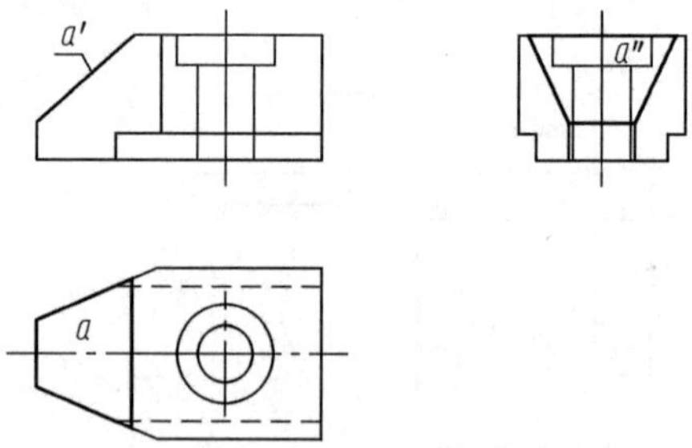

(b) 看 *A* 线框

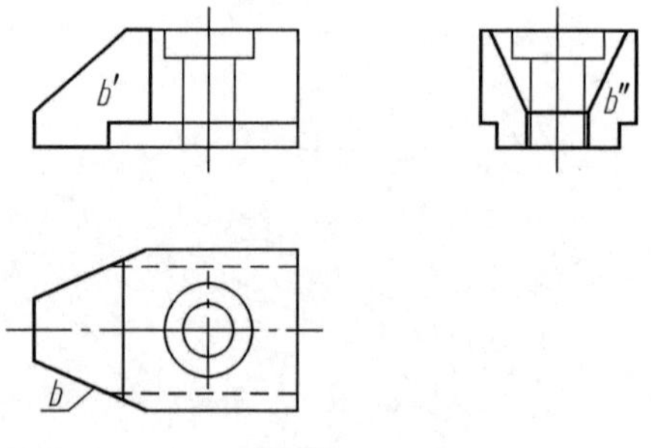

(c) 看 *B* 线框

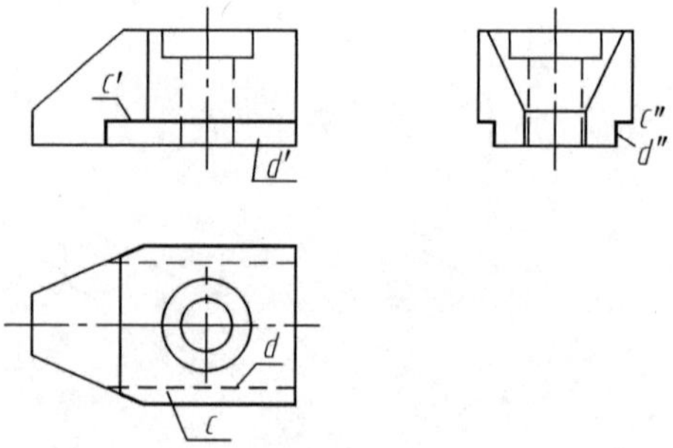

(d) 看 *C*、*D* 线框

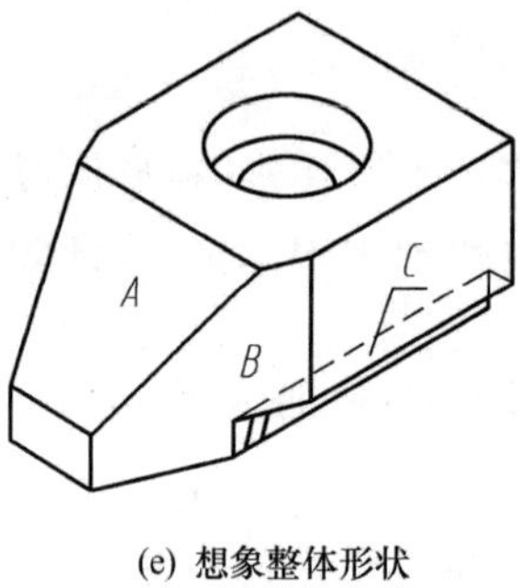

(e) 想象整体形状

图 5.25　压块的读图过程

(3) 综合起来想整体。

在看懂压块各表面的空间位置与形状后，还必须根据视图搞清面与面之间的相对位置，综合起来想象出压块的整体形状，如图 5.25(e)所示。

知 识 梳 理

(1) 组合体的画图、看图和尺寸标注的学习内容承前启后，是学习本课程的学习重点。前面将基本体及其表面交线的知识点综合在一起，后面为识读和绘制零件图、装配图做了准备。

(2) 在进行组合体的画图、看图和尺寸标注时，形体分析法是一种行之有效的方法。形体分析法的实质是“化整为零”，即化复杂的组合体为若干个简单的基本体，分解后画图、看图、标尺寸随之就变得简单些了。

(3) 组合体的画图和看图主要是运用形体分析方法。基本形体在组成组合体时往往变得不完整，产生了表面交线，因此除用形体分析法外，还要从表面交线入手，运用线面分析方法进行分析。

思考与练习

1. 何谓形体分析法？

2. 组合体有几种基本组合方式？

3. 组合体的尺寸标注有哪些基本要求？组合体的尺寸包括哪几种？

4. 已知组合体的两个视图，能否补画第三个视图？为什么？

5. 组合体有哪几个方向上的尺寸基准？哪些元素可作为尺寸基准？

6. 哪种类型的视图适合于采用形体分析法？哪种类型的视图适合于采用线面分析法？其看图要点是什么？

模块六　图样表达方法

前面章节讲述了机械制图中表达机体的基本方法——三视图，但在实际工程中，机件的形状和结构多种多样，对于那些特别简单的形体，可能无需将三个视图全部画出；而对于有些复杂的形体，可能仅仅用三个视图并不能完整、清晰地将其表达出来。为此，国家标准《机械制图》规定了其他一些表达方法，常用的包括视图、剖视图、断面图、局部放大图、简化画法等。对于一名工程技术人员，在表达机件时，要结合机件的复杂程度，认真分析其结构特征，综合考虑这些表达方法，恰当地选择一种能够简洁、清晰地表达机件的方案。本章将对这些表达方法进行介绍。

任务一　视　　图

视图主要用来表达机件的外部结构形状。视图通常分为基本视图、向视图、局部视图和斜视图。

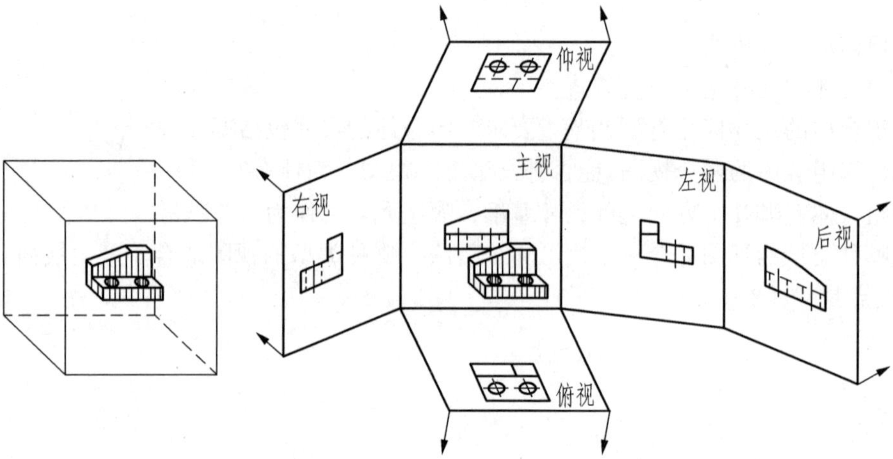

(a)　　(b)

图 6.1　六个基本视图的形成及其展开

一、基本视图

在前述主视图、俯视图、左视图三个视图的基础上，再增加对应的后视图、仰视图、右视图，就得到基本视图。将正六面体的六个内表面作为基本投影面，将形体分别向投影面进行正投影,所得到的六个视图称为基本视图。与三视图的展开方法类似,使正投影面保持不动,将另外五个基本投影面按照如图 6.1 所示的方式展开,即可得到如图 6.2 所示的基本视图配置关系。(六个视图的位置按规定位置配置时,一律不标注视图的名称。)

六个基本视图的投影规律及对应关系为:

1. 投影规律依然遵循三视图中的"三等关系"

主视图、后视图、俯视图、仰视图"长对正";俯视图、仰视图、左视图、右视图"宽相等";主视图、后视图、左视图、右视图"高平齐"。

2. 方位对应关系

在六个基本视图中,除后视图外的其他五个基本视图,靠近主视图的一侧表示"后",远离主视图的一侧表示"前"。

二、向视图

机件特定方向的视图称为向视图。它可以根据需要自由配置,应标注向视图的投射方向和名称。应在向视图的上方用大写拉丁字母 A、B、C、D…标注出视图的名称,并在相应的视图附近用箭头指明获得向视图的投射方向,标注上相同的字母。如图 6.3 所示。

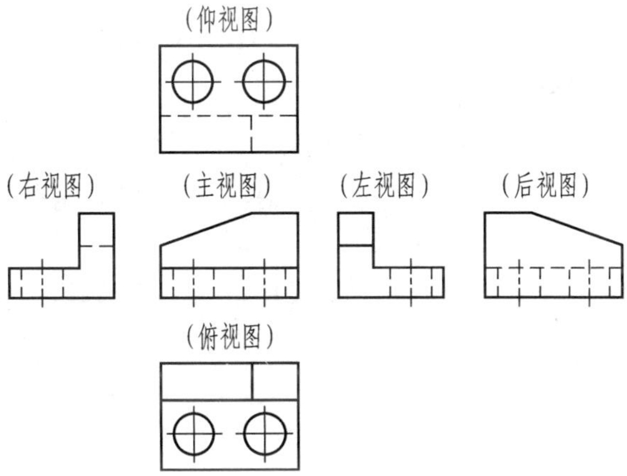

图 6.2　六个基本视图

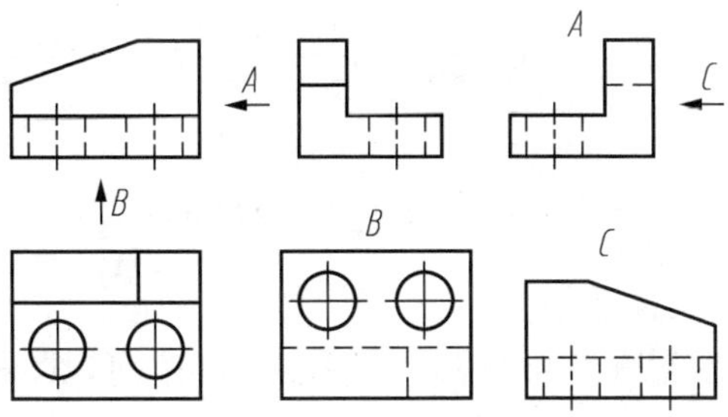

图 6.3　六个向视图

三、局部视图

将机件的某一部分向基本投影面投射所得的视图称为局部视图。当机件只有局部形状没有表达清楚时，则没有必要画出完整的基本视图或向视图，而借助局部视图表达。画局部视图时，须用带箭头的字母指明投影方向，并在所绘的局部视图上方注明。如图 6.4 所示。

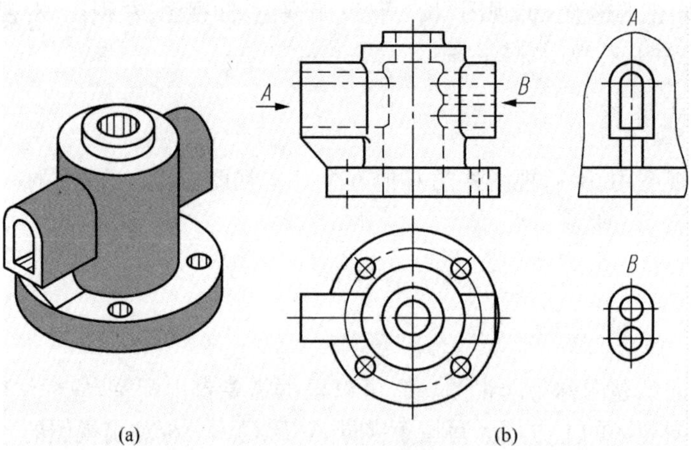

图 6.4　局部视图

如图 6.5 所示的工件，前、后两面形状不同，(a)图用普通视图表示，(b)图用局部视图表示，可以看出(b)图表达得较清晰。

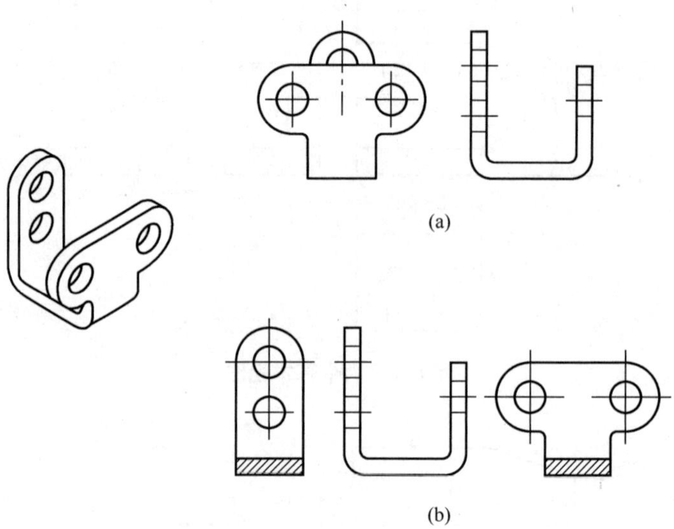

图 6.5　工件视图与局部视图

局部视图的配置、画法及标注如下：

(1) 局部视图可按基本视图的配置形式配置，也可按向视图的配置形式配置并标注。当局部视图按照投影关系配置，中间又没有其他视图隔开时，可省略标注。

(2) 局部视图的断裂边界应以波浪线表示。当它们所表示的局部结构是完整的，且外轮廓线又封闭时，波浪线可省略不画。

四、斜视图

将机件不平行于任何基本投影面进行平面投影所得到的视图称为斜视图。

零件具有倾斜部分，在基本视图中不能反映该部分的实形，这时可选用一个新的投影面，使它与零件上倾斜部分的表面平行，然后将倾斜部分向该投影面投影，就可得到反映该部分实形的视图。如图 6.6 所示的支架，其倾斜部分在俯视图和左视图上均不反映实形，为了反映实形可重新设立一个与倾斜部分平行的投影面，在该投影面上画出倾斜部分的实形投影，即为斜视图，图 6.6 中所示的方向“A”，就是斜视图的投射方向。

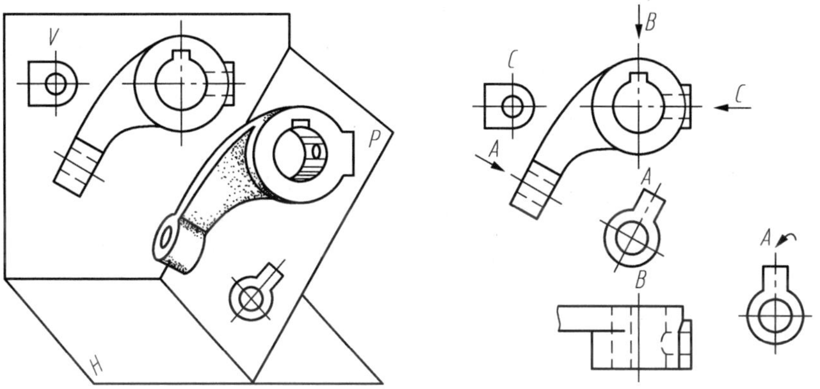

图 6.6　斜视图

斜视图的配置、画法及标注如下：

(1) 斜视图主要用来表达物体上倾斜部分的实形，所以其余部分不必全部画出而用波浪线或双折线断开，如图 6.7 所示。

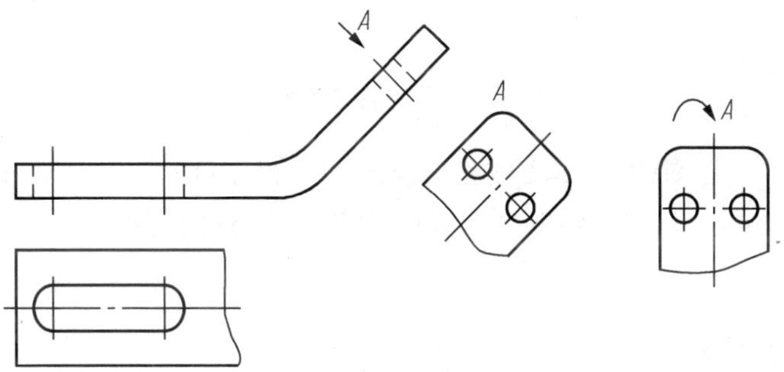

图 6.7　斜视图

(2) 斜视图通常按向视图的配置形式配置并标注。必要时，允许将斜视图旋转配置；标注时，表示该视图名称的大写拉丁字母应靠近旋转符号的箭头端，也允许将旋转角度标注在字母之后。表达投射方向的箭头要垂直于表达部位，字母一律水平书写。

任务二 剖 视 图

用视图表达机件时,机件不可见部分的投影用虚线表示。若其内部形状比较复杂,视图上就会出现较多的虚线,与外形轮廓线(实线)重叠交错,影响图形的清晰,增加读图难度,而且给尺寸标注带来不便。此时,国家标准规定可采用剖视图来表达机件的内部形状。

一、剖视图的基本概念

1. 剖视图的形成

假想地用剖切面剖开物体,将处在观察者和剖切平面之间的部分移去,而将其余部分向投影面投射所得到的图形称为剖视图,简称剖视。如图 6.8 所示。

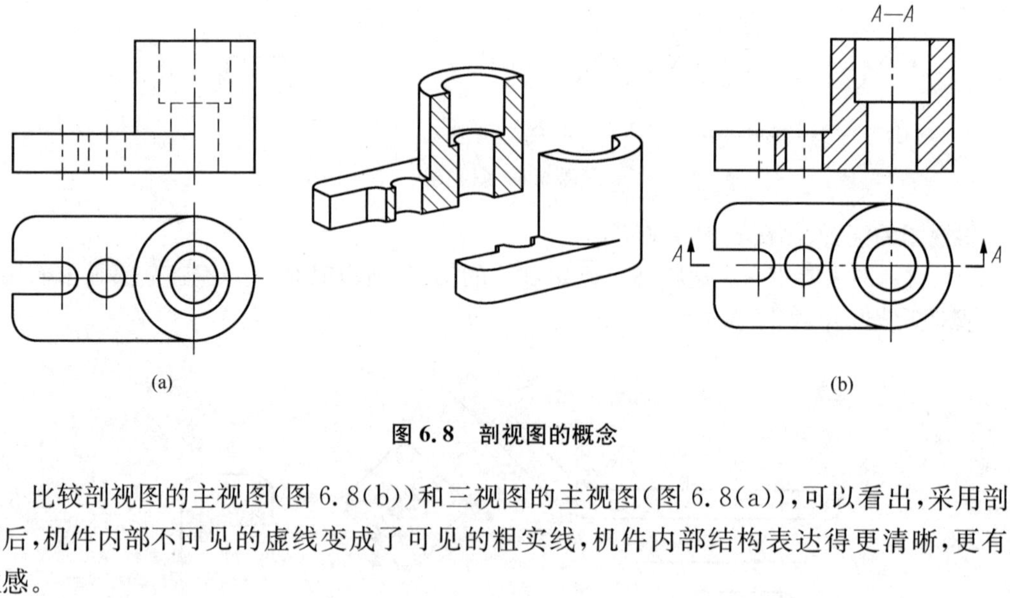

(a) (b)

图 6.8 剖视图的概念

比较剖视图的主视图(图 6.8(b))和三视图的主视图(图 6.8(a)),可以看出,采用剖视图后,机件内部不可见的虚线变成了可见的粗实线,机件内部结构表达得更清晰,更有层次感。

2. 剖视图的画法

画剖视图的一般步骤为:

(1) 确定剖切面的位置。为了表达机件内部的真实形状,剖切面应选择在与投影面平行的位置且通过机件内部结构的对称中心线或轴线。

(2) 改变两种图线。将视图改画成剖视图,一般不会增加新的图线,而是去掉有些粗实线——剖切面前的轮廓线的投影;有些虚线改成粗实线——剖切面前的形体移走后,内部腔体的轮廓呈现为“可见”。

(3) 在内部腔体和外部形体形成的壁厚处加画剖面线,即将与剖切面直接接触的部分画上剖面符号(也可称为剖面线),按照规定的方法进行标注。国家标准规定的不同材料的剖面符号见表 6.1。

表 6.1　各种材料的剖面符号

金属材料 （已有规定剖面符号者除外）	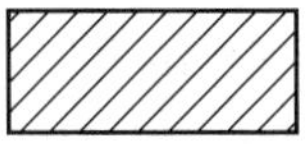	胶合板 （不分层数）	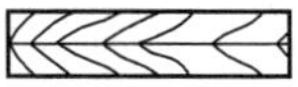
线圈绕组元件	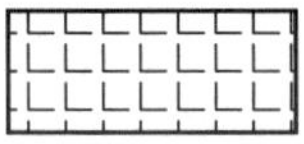	基础周围的混土	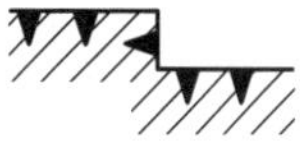
转子、电枢、变压器 和电抗器等的迭钢片	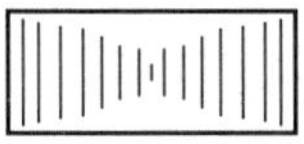	混凝土	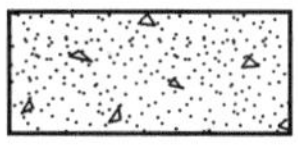
非金属材料 （已有规定剖面符号者除外）	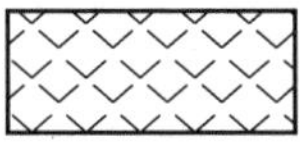	钢筋混凝土	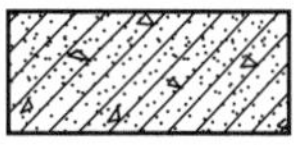
型砂、填砂、粉末冶金、 砂轮、陶瓷刀片、 硬质合金刀片等	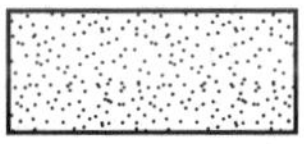	砖	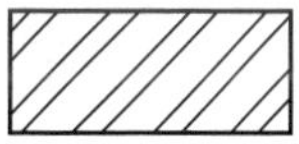
玻璃及供观察 的其他透明材料	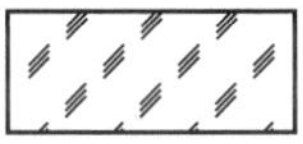	格网 （筛网、过滤网等）	
木材　纵剖面		液体	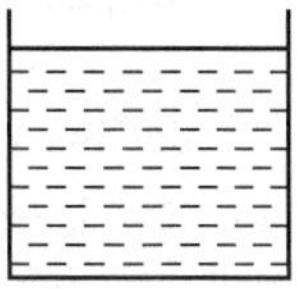
木材　横剖面			

说明：在机械制造行业中，金属材料使用最多，为此，国标规定：金属材料的剖面符号称为剖面线，它应画成与水平线成 45°角的等距细实线，剖面线向左或向右倾斜均可，但同一机件在各个剖视图中的剖面线倾斜方向应相同、间距应相等。当图形中的主要轮廓线与水平线成 45°角时，则该图的剖面线应画成与水平线成 30°或 60°角的细实线。如图 6.9 所示。

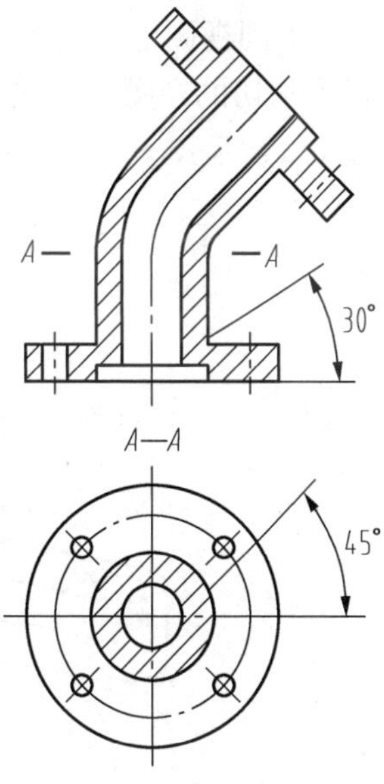

图 6.9　剖面线示例

3. 剖视图的标注

(1) 名称

如图 6.8(b)所示，剖视图的上方应注出“×－×”（“×”为大写的拉丁字母），表示剖视图的名称。

(2) 剖切符号

在相应的视图上用剖切符号标注剖切位置，用粗实线（线宽为轮廓粗实线的 1～1.5 倍，长约 5～10 mm）表示剖切面的起讫及转折位置，不得与图形的轮廓线相交。

(3) 箭头

表示剖切面起讫线的外端，应用细实线的箭头表示投射方向，并注上相应的字母。若同一图纸上有几个剖视图时，应用不同的字母标注，以示区分。如图 6.10 所示。

当剖视图按照投影关系配置，且中间无其他图形隔开时，可省略表示方向的箭头：在此情况下，若用单一剖切面剖切，且剖切面与机件的重要对称面重合时，可省略全部标注。

注：以上是剖视图标注的基本规定和要求。

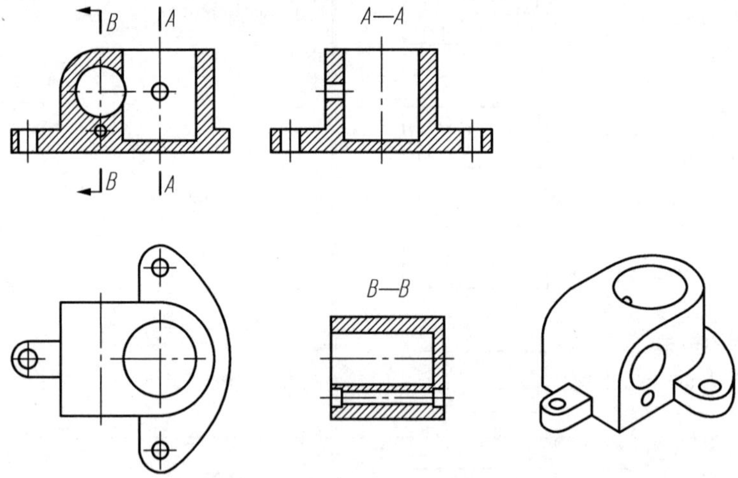

图 6.10　剖视图的标注

4. 画剖视图的注意事项

画剖视图时应注意以下几点：

(1) 剖切是一个假想的过程，当机件的一个视图画成剖视图后，其他视图的完整性应不受影响，仍按完整机件画出。见图 6.8(b)中的俯视图。

(2) 剖视图上一般不画虚线，但没有将机件内部结构表达清楚时，其虚线则不能省略，在没有剖切的视图上虚线的问题也按照同样的原则处理。在剖视图中有时仍需画出虚线，如图 6.11 所示。

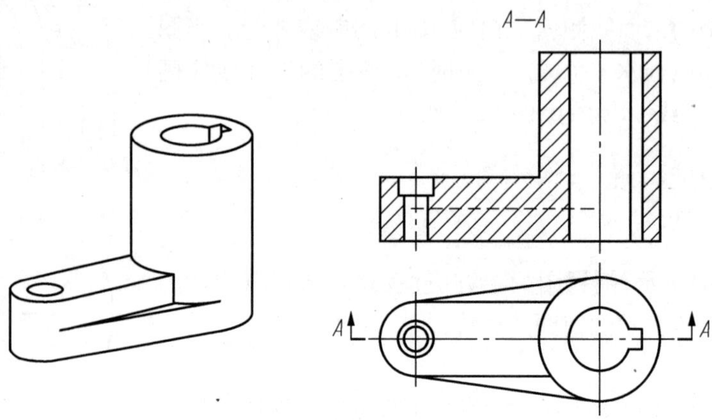

图 6.11　剖切面后的可见轮廓线及剖视图中的虚线应画出

（3）画剖视图时，在剖切面后方的可见部分应全部画出，避免漏画、多画轮廓线，常见的情况如图 6.12 所示。

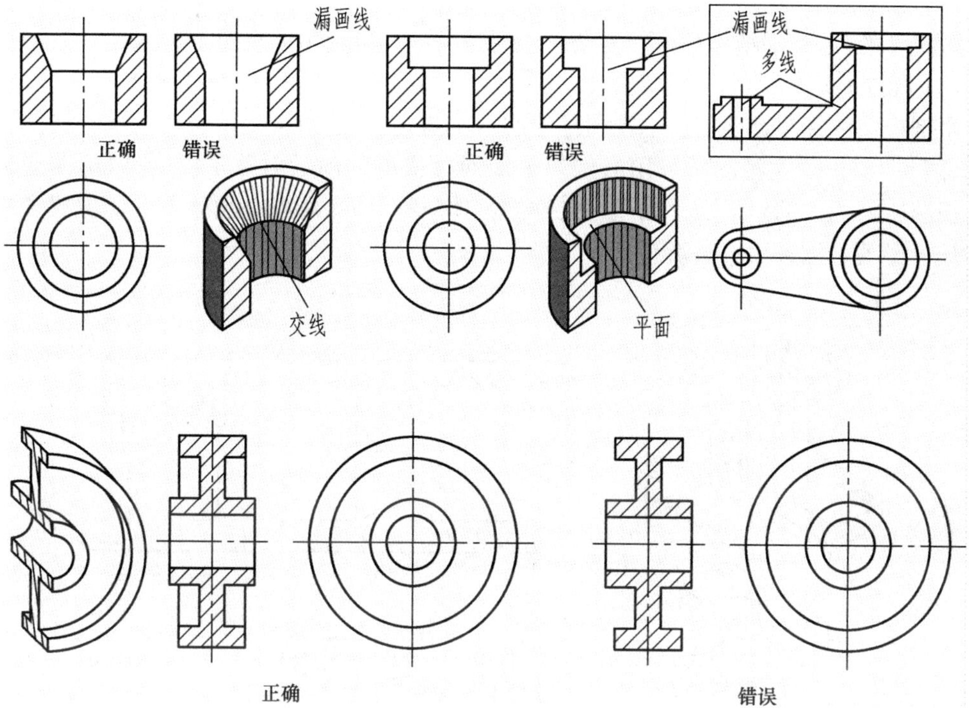

图 6.12　画剖视图的注意点

二、剖视图的种类

按剖切面剖开机件的范围，剖视图分为全剖视图、半剖视图和局部剖视图三种。

1. 全剖视图

(1) 概念

用剖切平面将机件全部剖开后进行投影所得到的剖视图，称为全剖视图(简称全剖视)。例如图 6.8、图 6.10 中的主视图和左视图均为全剖视图。

(2) 适用范围

全剖视图一般用于表达外部形状比较简单、内部结构比较复杂而且又不对称的机件。

(3) 标注

全剖视图的标注遵照前述剖视图标注的基本规定。如图 6.10 中主视图的剖切平面通过对称平面，所以省略了标注；而左视图的剖切平面不是通过对称平面，则必须标注，但它是按投影关系配置的，所以箭头可以省略。而图 6.10 中 B—B 要完全标注。

2. 半剖视图

(1) 概念

若机件具有对称平面，以对称中心线为界，在垂直于对称平面的投影面上投影得到的，由半个剖视图和半个视图合并组成的图形称为半剖视图。其特点是在一个图形中兼顾地表达了内、外形体特征。图 6.13(b)中的主视图、俯视图均为半剖视图。

(2) 适用范围

若机件的内、外部结构都比较复杂,且形状对称时,可用半剖视图表达。

(3) 标注

半剖视图的标注遵照前述剖视图标注的基本规定。例如图 6.13(a)所示的机件为前后对称,图 6.13(b)中主视图所采用的剖切平面通过机件的前后对称平面,所以不需要标注;而俯视图所采用的剖切平面并非通过机件的整体对称平面,所以必须标出剖切位置和名称,又因按投影关系配置而省去箭头。

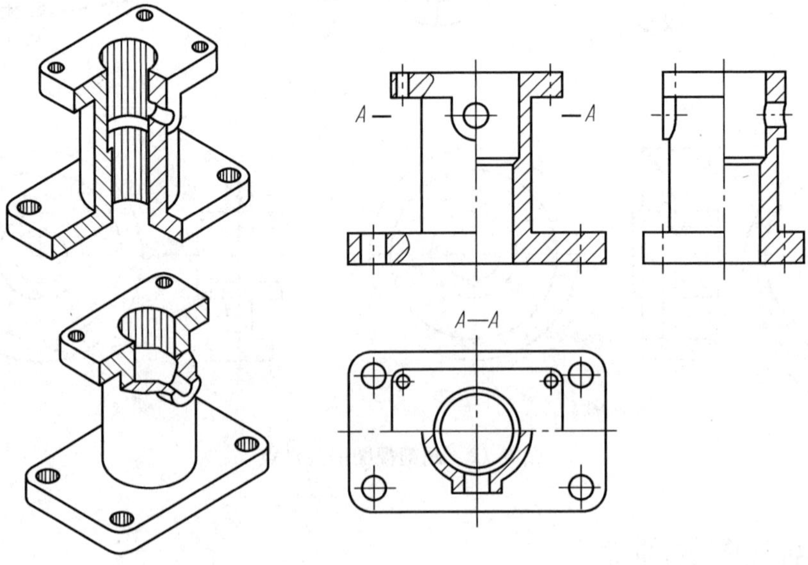

(a)　　(b)

图 6.13　半剖视图及其标注

(4) 注意点

① 具有对称平面的机件,在垂直于对称平面的投影面上,才宜采用半剖视。如机件的形状接近于对称,而不对称部分已另有视图表达时,也可以采用半剖视。

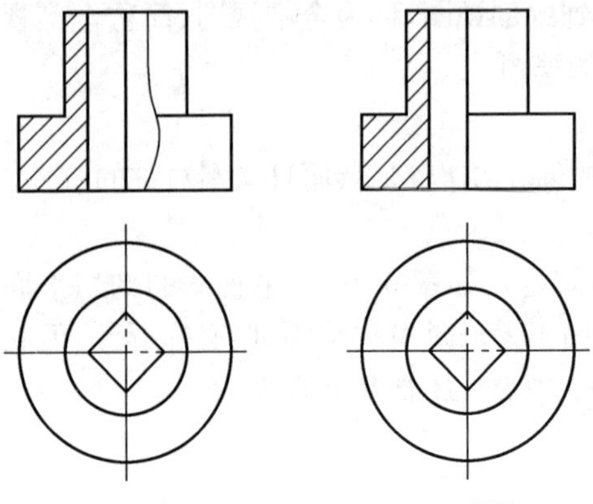

(a) 正确　　(b) 错误

图 6.14　对称机件的局部剖视

② 在表示机件外部结构的半个视图上,一般不需要再画虚线。但对于孔或槽等,应画出中心线的位置。

③ 半剖视图多画在主、俯视图的右半边,俯、左视图的前半边,主、左视图的上半边。

④ 半个剖视和半个视图必须以细点画线为界。如果作为分界线的细点画线刚好和轮廓线重合,则应避免使用。如图 6.14 所示主视图,尽管图的内外形状都对称,似乎可以采用半剖视,但采用半剖视图后,其分界线恰好和内轮廓线相重合,不满足分界线是细点画线的要求,所以不应用半剖视表达,而宜采取局部剖视表

达，并且用波浪线将内、外形状分开。

3. 局部剖视图

(1) 概念

用剖切平面局部地剖开机件所得的剖视图，称为局部剖视图。

局部剖视图也是在同一视图上同时表达内、外形状的方法，并且用波浪线作为剖视图与视图的界线。如图 6.15(a)中的主视图和俯视图均采用了局部剖视图。

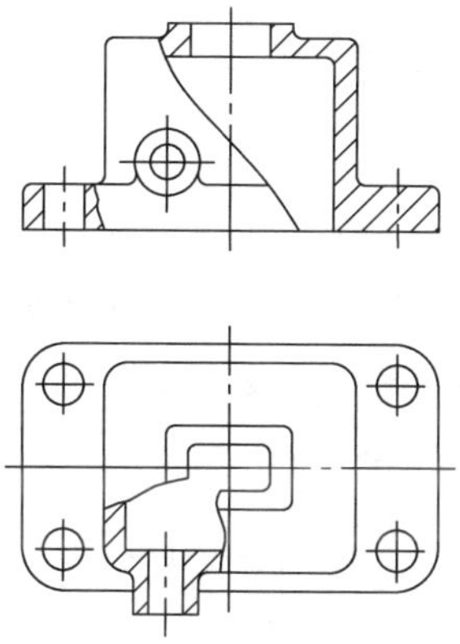

(a)

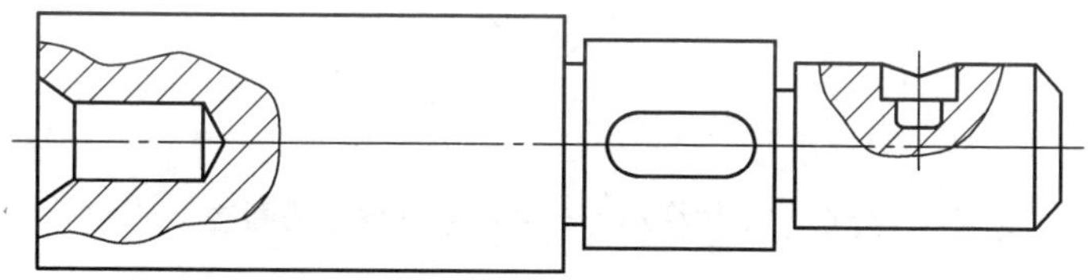

(b)

图 6.15　局部剖视图

(2) 应用

从以上几例可知，局部剖视是一种比较灵活的表达方法，但在同一个视图中，剖切不要过于零碎，兼顾看图方便和实际需要作决定。它常用于下列情况：

① 不对称机件需要同时表达其内、外形状的，或机件只有局部内形要表达而又不必或不宜采用全剖视图时。如图 6.15(a)所示。

② 对称机件的轮廓线与对称线重合，不能采用半剖视图时。如图 6.15(a)所示。

③ 实心杆上的孔、槽等局部结构需要剖开表达时。如图 6.15(b)所示。

(3) 波浪线的画法

局部剖视图中的波浪线可以视为机件上断裂痕迹的投影，波浪线的画法应注意以下几点：

① 波浪线必须在机件的实体上，不能超出图形轮廓线。如图 6.16(a)所示。

② 波浪线不能超出被切部分的实体轮廓或穿过空的区域，遇到孔、槽等结构时，波浪线必须断开。如图 6.16(a)所示。

③ 波浪线不能与图形中任何图线重合，也不能用其他线代替或画在其他线的延长线上。如图 6.16(b)、(c)所示。

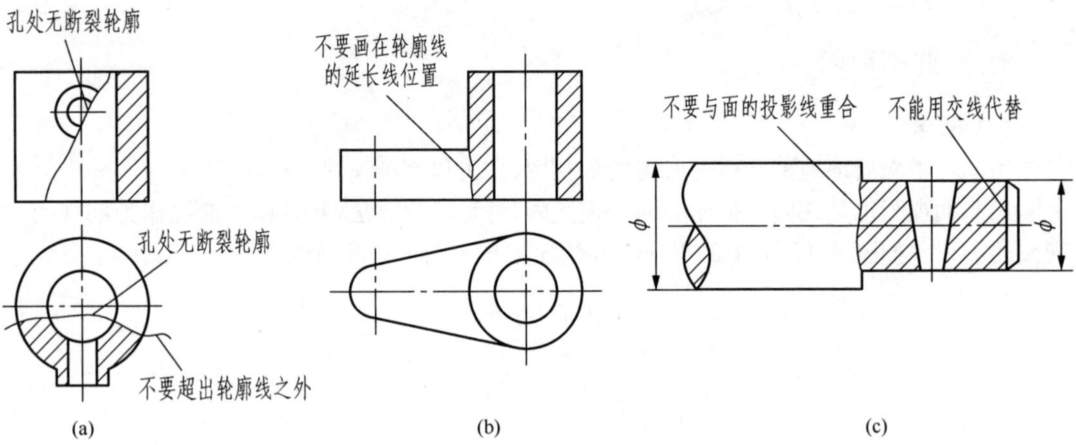

图 6.16　局部剖视图波浪线的画法

④ 当被剖切部位的局部结构为回转体时，允许将该结构的中心线作为局部剖视图与视图的分界线。如图 6.17 所示的拉杆的局部剖视图。

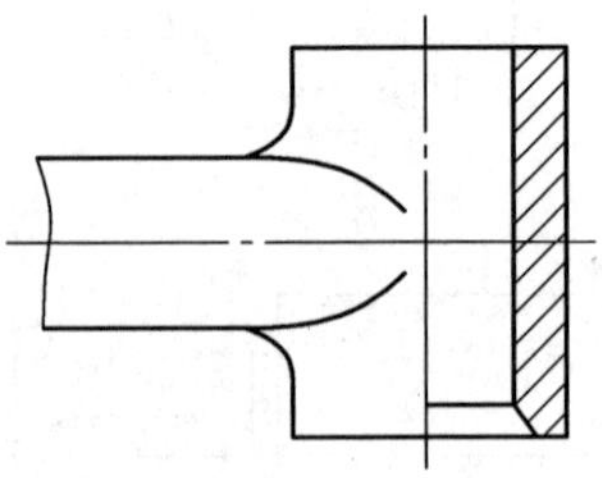

图 6.17　拉杆局部剖视图中分界线的画法

(4) 标注

局部剖视图的标注遵照前述剖视图标注的基本规定。但如局部剖视图的剖切位置非常明显，则可以不标注。如图 6.18 所示。

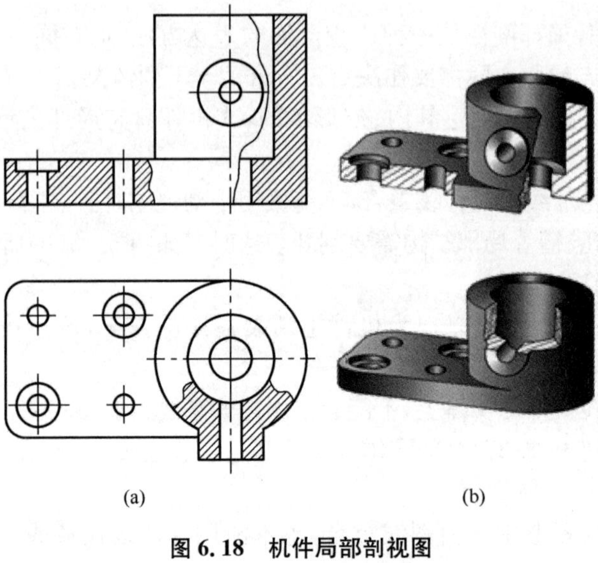

图 6.18　机件局部剖视图

三、剖切面的选择

由于机件内部结构形状多种多样，为了使形体的内外结构得到充分的表达，常常需要选用不同方式（如位置、形状）的剖切面来剖开机件。国家标准《机械制图》规定可以选择以下剖切面剖开物体：单一剖切平面、几个互相平行的剖切平面、两个相交的剖切平面。

1. 单一剖切平面

用一个剖切平面剖开机件的方法称为单一剖，所画出的剖视图，称为单一剖视图。所用剖切面包括剖切平面和柱面，应用最多的是单一剖切平面。

单一剖切平面一般位于投影面的平行面。前面介绍的全剖视图、半剖视图、局部剖视图均为用单一剖切平面剖切而得到的。另一种为投影面的垂直面，当机件需要表达具有倾斜结构的内部形状时，可以用一个斜剖切平面剖开机件再投射到与剖切平面平行的投影面上，即可得到该内部结构的实形，如图 6.19 所示 。用这种方法获得的剖视图一般按投影关系配置，必要时也可配置在其他位置，但要保持原来的倾斜度，在不致引起误解时，也可以将图形旋转，但必须加旋转符号，其箭头方向为旋转方向，字母应靠近旋转符号的箭头端。这种剖视图必须标注，不可省略。如图 6.19 所示。

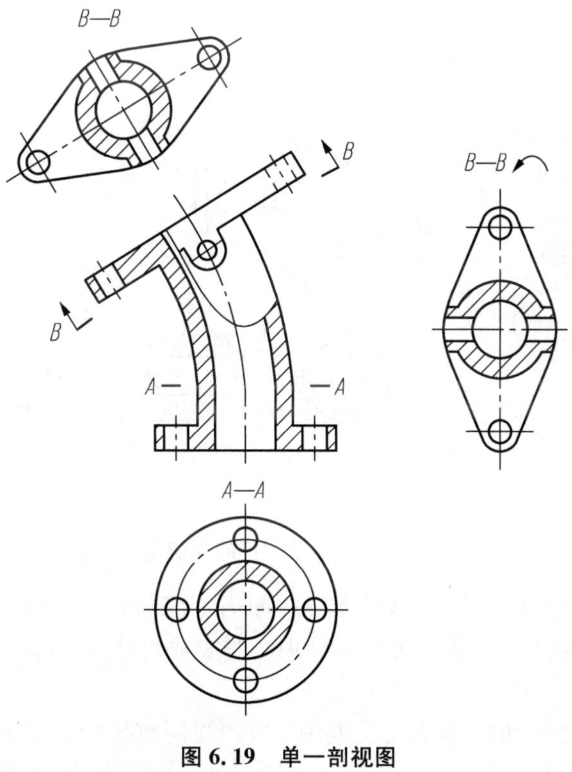

图 6.19　单一剖视图

2. 几个互相平行的剖切平面

当机件具有几种不同的内部结构要素，而且它们的中心线排列在两个或多个互相平行的平面上时，宜采用几个平行的剖切平面剖切。

如图 6.20(a)所示的机件中，内部结构的两孔中心线位于两平行的平面内，不能用单一剖切平面将两者同时剖开，可采用两个互相平行的剖切平面沿不同位置孔的轴线剖切，这样就可以在一个剖视图上把几个孔的形状表达清楚了，主视图即为采用这种方法得到的全剖视图，如图 6.20(c)所示。

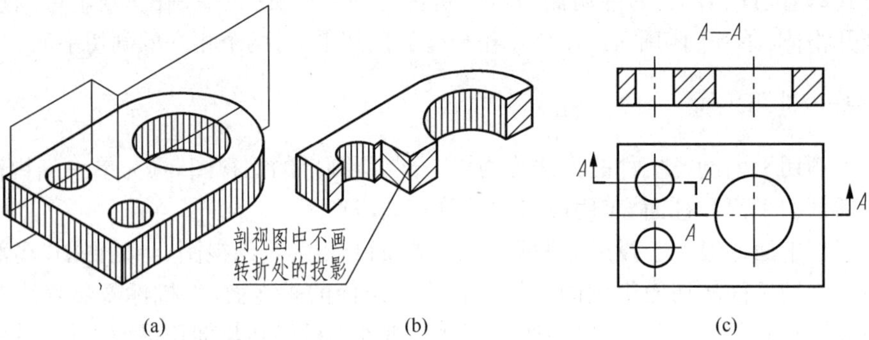

图 6.20　阶梯剖视图

选用这种剖视图还应注意下列几点：

① 为了表达孔、槽等内部结构的实形，几个剖切平面应同时平行于同一个基本投影面。

② 两个剖切平面的转折处必须是直角，不能画分界线，也不应与图形的轮廓线重合，如图 6.21(a)所示。

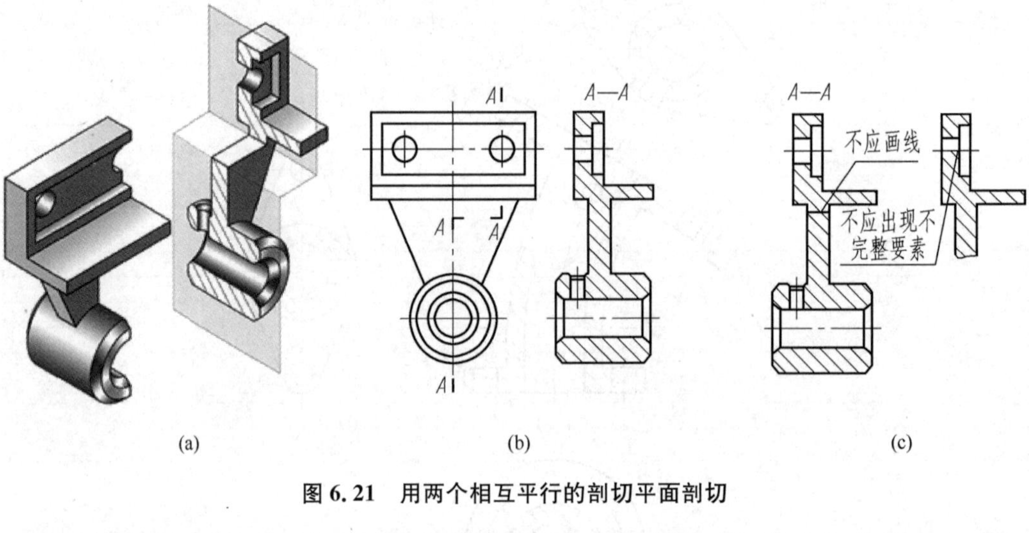

图 6.21　用两个相互平行的剖切平面剖切

③ 要恰当地选择剖切平面的位置，在剖视图内不应出现不完整要素，如图 6.21(b)所示。只有当两个要素在图形上具有公共对称中心线或轴线时，可以以中心线或轴线为界，各画一半，如图 6.22(b)所示。

④ 采用这种方法画出的剖视图必须标注，当剖视图按投影关系配置，中间又无其他图形隔开时，可以省略箭头，如图 6.21 所示。当转折处位置有限，又不致引起误解时，允许只画转折符号，省略标注字母。

3. 几个相交的剖切平面

当机件有倾斜结构的内部形状，且其倾斜结构与主体之间有明显的回转轴线时，可采用几个相交于回转轴线的剖切面剖开物体。采用这种方法画剖视图时，先假想将剖切平面剖开的结构及有关部分旋转到与选定的基本投影面平行后再进行投射，此时旋转部分的某些结构与原图形不再保持投影关系，如图 6.23 所示。剖切面后的其他结构一般仍按原来的位置投射，如俯视图中的小孔。图 6.23(a)所示的摇臂采用这种剖视后，右边倾斜悬臂的真实长度以及孔的结构，在剖视图中均能反映实形；图 6.23(b)所示的轮盘倾斜槽截断面旋转到与侧平面平行，然后再投射，在左视图上斜槽的断面实形得到了表达。

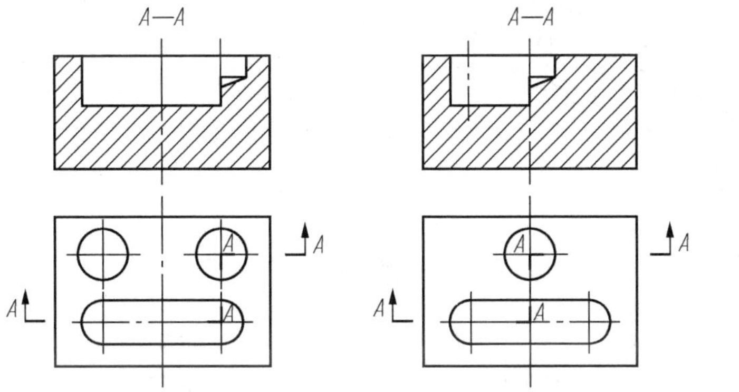

(a) 出现不完整要素，错误　　(b) 具有公共对称中心线时的剖视表示，正确

图 6.22　用两个相互平行的剖切平面剖切

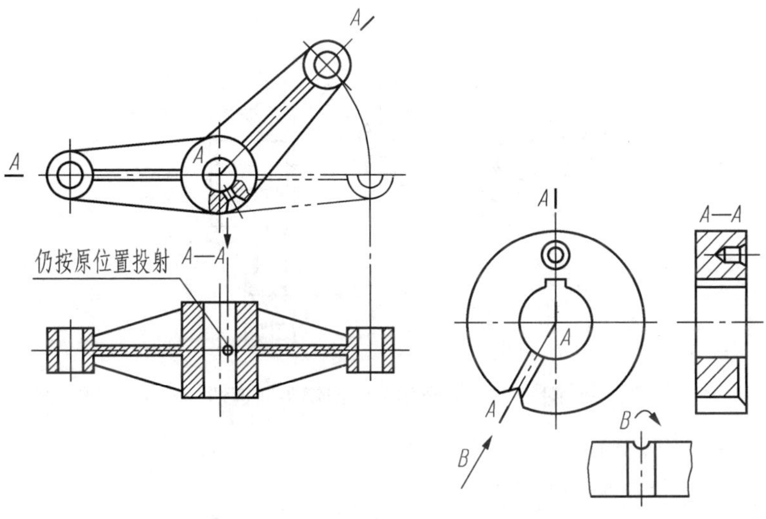

(a)　　(b)

图 6.23　两个相交的剖切平面剖切获得的剖视图

采用此种方式获得的剖视图也必须标注，标注方法与阶梯剖相同，如图 6.23 所示。

4. 组合的剖切平面

当机件的内部结构比较复杂，几个相互平行平面或几个相交平面仍不能完全表达清楚时，可以采用以上几种剖切平面的组合来剖开机件，这种剖切方法称为复合剖，所画出的剖视图称为复合剖视图。

如图 6.24(a)所示的机件，为了在一个图上表达各孔、槽的结构，便采用了复合剖，如图

6.24(b)所示。应特别注意复合剖视图中的标注方法。又如图 6.25 所示，用四个相交的剖切平面画出了挂轮架的“A—A”剖视图，这种剖视图通常采用展开画法，图名应标注“×—×展开”，如图 6.25 中标注的“A—A 展开”。

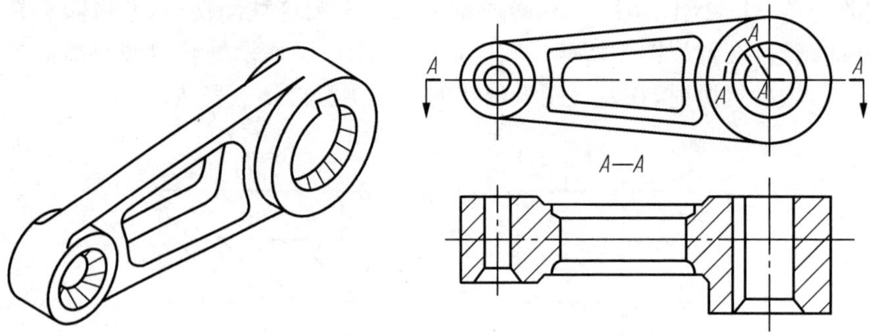

(a) (b)

图 6.24 机件的复合剖视图

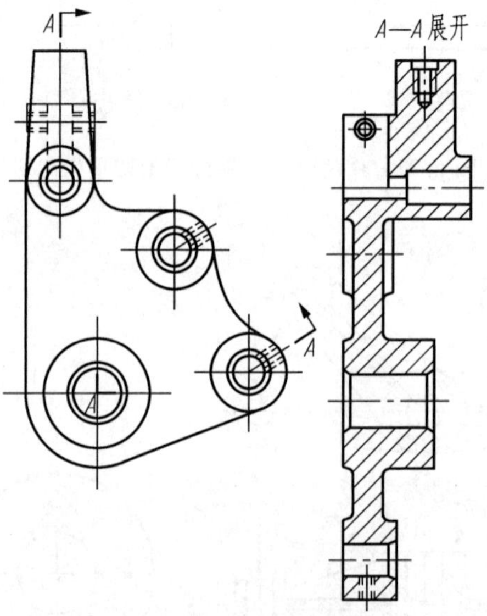

图 6.25 几个相交的剖切平面剖切

任务三 断 面 图

断面图通常用来表示物体上某一局部的断面形状。如机件上的肋板、轮辐、键槽、小孔、杆件和型材的断面形状。

一、断面图的概念

假想用剖切面将物体的某处切断，仅画出该剖面与物体接触部分的图形，称为断面图，简称断面。如图 6.26(a)所示。

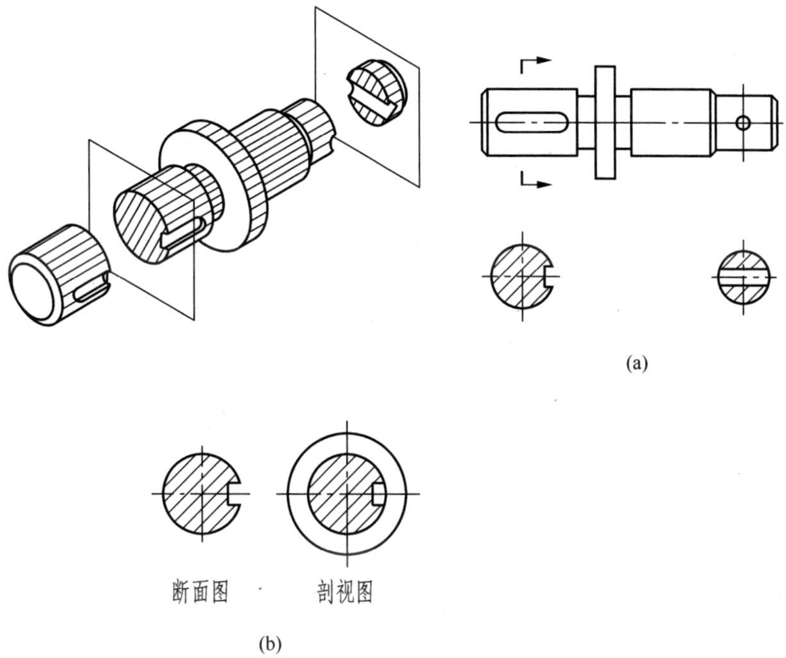

图 6.26　断面图的画法

在此要特别注意断面图与剖视图的区别:断面图仅画出机件与剖切面接触部分的断面图形,而剖视图是要将假想剖切后的可见部分全部向投影面进行投影。如图 6.26(b)所示。

二、断面图的分类及其画法

根据所画位置的不同,断面图可分为移除断面与重合断面两种类型。

1. 移出断面图

画在视图之外的断面图,称为移除断面图,如图 6.26(a)所示。

移除断面图的轮廓线用粗实线绘制。

移除断面图一般应配置在剖切线的延长线上,如图 6.26(a)所示;可以按投影关系配置,如图 6.27(a)、(b)所示;必要时,也可配置在其他适当位置,如图 6.27(d)、(e),图 6.28(a)、(d)所示;当断面形状对称时,移出断面图可配置在视图中断处,如图 6.27(c)中的断面图。

在不致引起误解时,允许将图形旋转,但必须标注旋转符号。

当剖切面通过回转面形成的孔或凹坑的轴线时,这些结构应按剖视绘制,如图 6.27(a)、(b),图 6.28(d)所示;剖切面通过水平圆孔或竖直圆孔的轴线,均应按剖视绘制,如图 6.28(a)、(c)所示。

当剖切面通过非圆孔会导致出现完全分离的两个断面时,这些结构亦应按剖视绘制,如图 6.27(d)所示;由两个或多个相交的剖切面剖切得到的移出断面,中间一般应断开。剖切面分别垂直于轮廓线,断面图中间用波浪线断开,如图 6.27(e)所示。

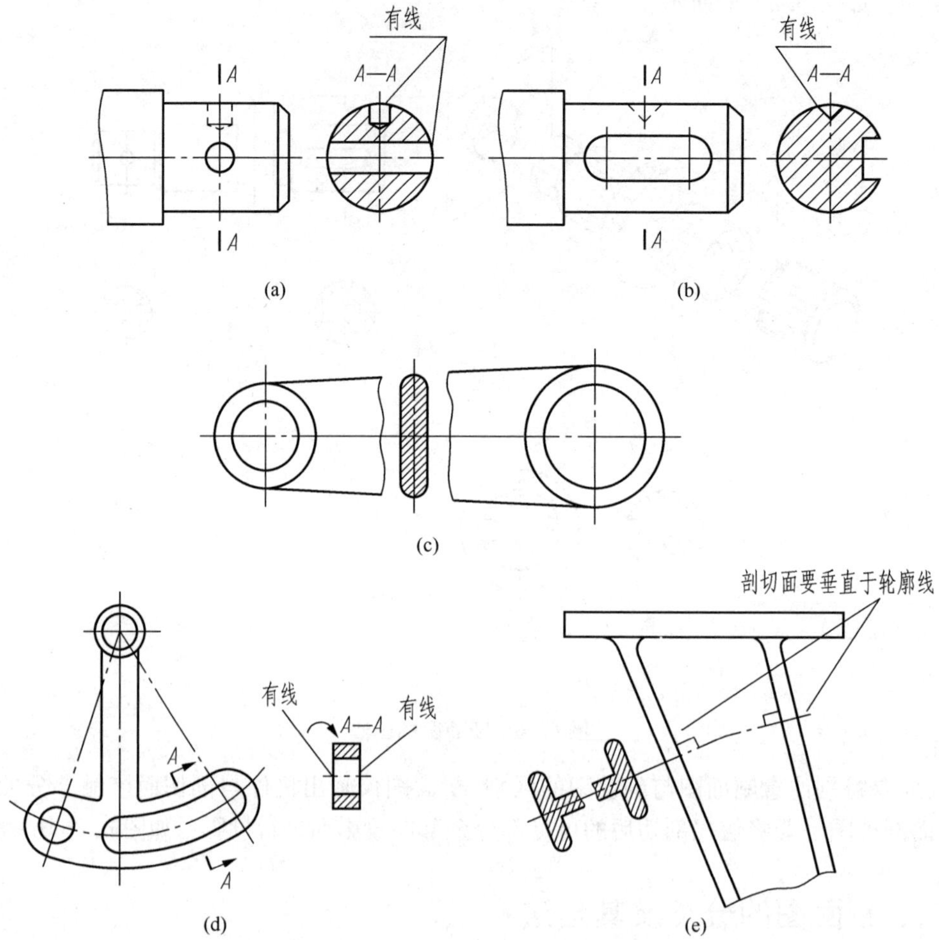

图 6.27　断面图的配置及规定画法

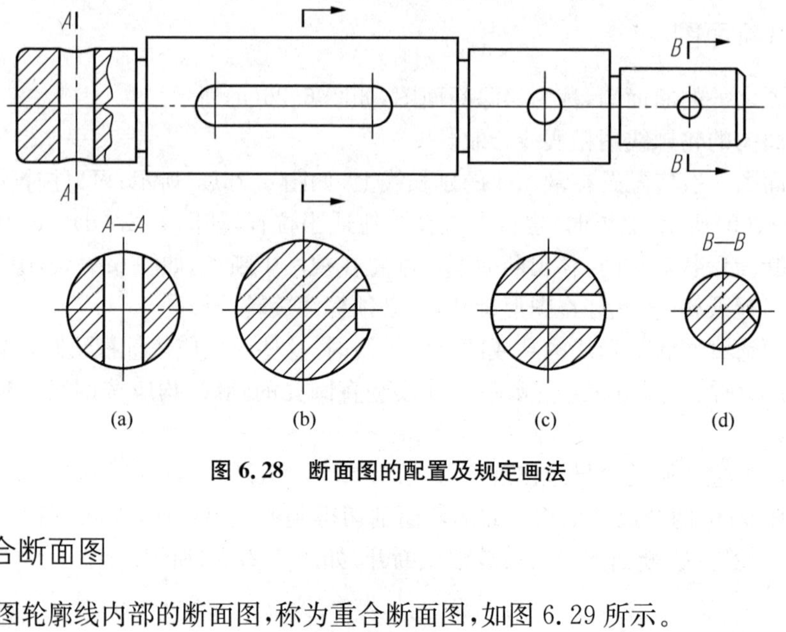

图 6.28　断面图的配置及规定画法

2. 重合断面图

画在视图轮廓线内部的断面图,称为重合断面图,如图 6.29 所示。

断面轮廓线用细实线绘出。当视图中的轮廓线与重合断面图的图形重叠时，视图中的轮廓线仍应连续画出，不可间断。

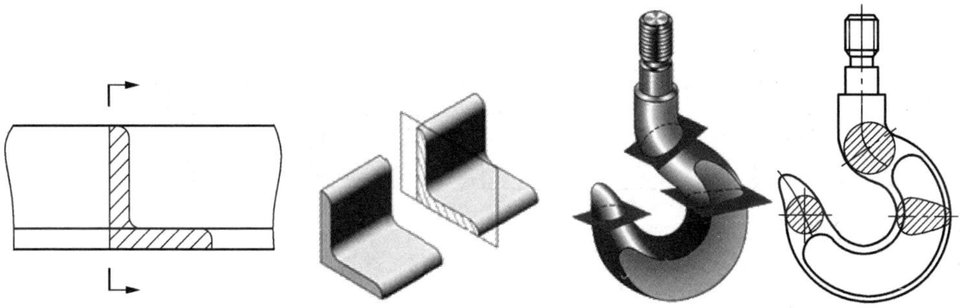

(a)　　(b)

图 6.29　重合断面图

三、断面图的标注

1. 移出断面图的标注

移出断面的标注与剖视图相同，包括剖切位置、投射方向和断面的名称。

(1) 当断面图配置在剖切迹线的延长线上时，如果断面图是对称图形，不必标注，如图6.26(a)、图 6.28(c)所示；若断面图形不对称，须标注剖切符号和箭头，省略字母，如图 6.28(b)所示。

(2) 当断面按照投影关系配置时，无论断面图对称与否，均省略箭头，如图 6.27(a)、(b)所示。

(3) 当断面图配置在其他位置时，若断面图对称，省略箭头，如图 6.28(a)所示；若断面图不对称，完全标注，如图 6.28(d)所示。

配置在视图中断处的对称断面图，不必标注，如图 6.27(c) 所示。

2. 重合断面图的标注

不对称重合断面应注出剖切符号和投影方向。对称的重合断面可省略标注。

任务四　局部放大图

机件上某些结构太细小在视图中表达不清楚，也不便于标注尺寸，对这些细小结构用大于原图形所采用的比例画出，这种图称为局部放大图，如图 6.30 所示。

局部放大图可画成视图、剖视图、断面图，它与被放大部位的表达方法无关。局部放大图应尽量配置在被放大部位的附近。

局部放大图必须标注，方法是：在视图上面画一细实线圆环圈出被放大部位，在局部放大图的上方注明所用的比例，如果需要放大部位不止一处，还要用罗马数字编号以示区别。如图 6.30 所示。

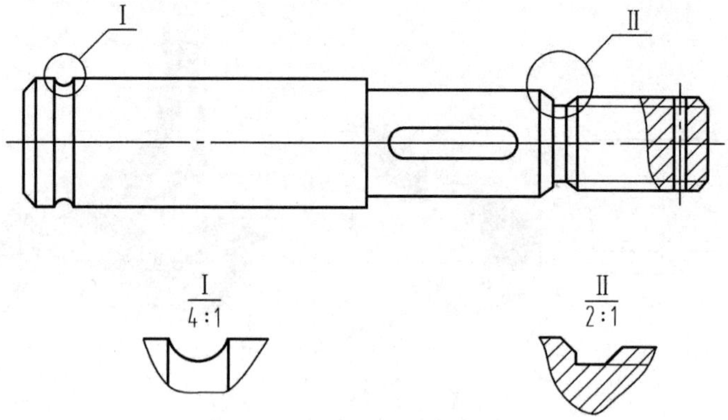

图 6.30　局部放大图

任务五　简 化 画 法

1. 简化画法

(1) 机件上的肋板、轮辐及薄壁等结构，如纵向剖切都不要画剖面符号，而且用粗实线将它们与其邻接结构分开，如图 6.31 所示。

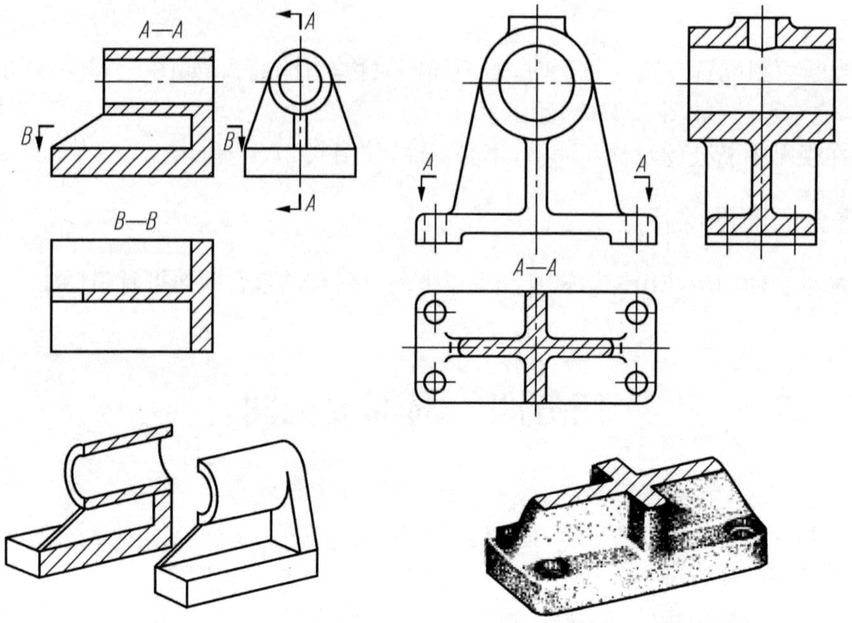

(a) T 形肋　　　　(b) 十字肋

图 6.31　肋板的剖视画法

(2) 回转体上均匀分布的肋板、轮辐、孔等结构不处于剖切平面上时,可将这些结构假想旋转到剖切平面上画出,如图 6.32 所示。

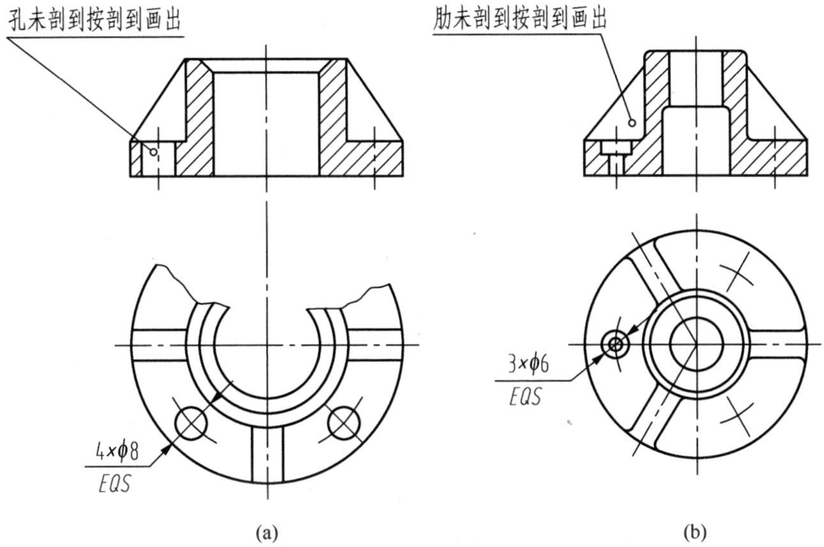

图 6.32　均匀分布的肋板、孔的剖切画法

(3) 当机件上具有多个相同结构(齿、槽、孔等),并按一定规律分布时,只需画出几个完整结构,其余用细实线相连或标明中心位置,并注明总数,如图 6.33(a)、(b)所示。均匀分布同直径孔的简化画法如图 6.33(c)所示。

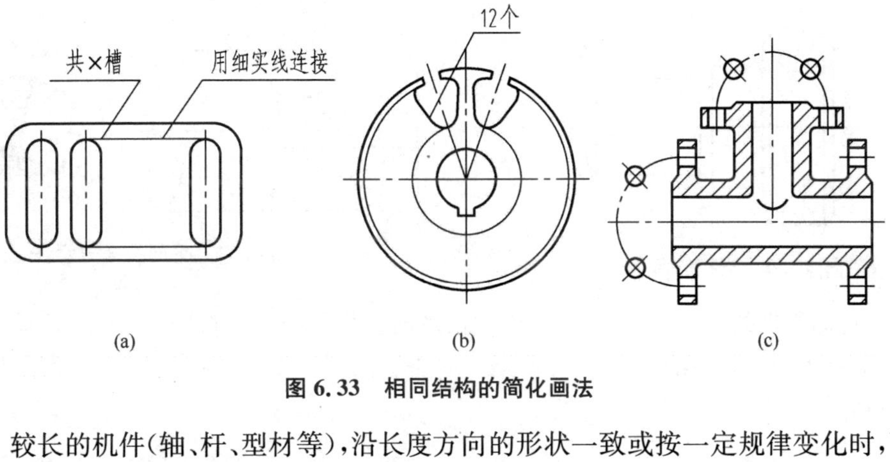

图 6.33　相同结构的简化画法

(4) 较长的机件(轴、杆、型材等),沿长度方向的形状一致或按一定规律变化时,可断开缩短绘制,但必须按原来实长标注尺寸,如图 6.34 所示。

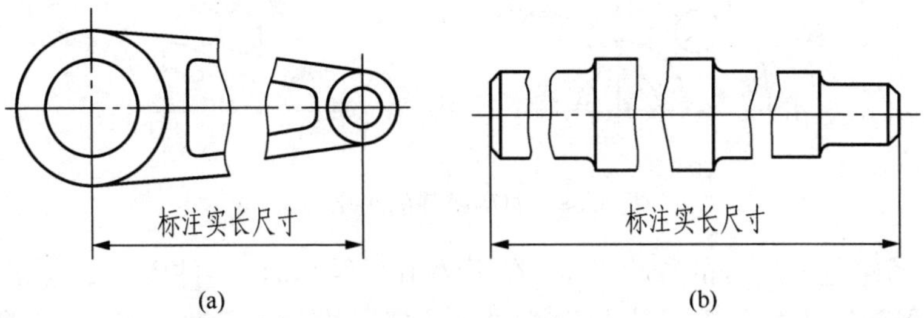

图 6.34　较长形体的折断画法

(5) 在不致引起误解时,图形中的相贯线允许简化,例如用圆弧或直线代替非圆曲线,如图 6.35 所示。

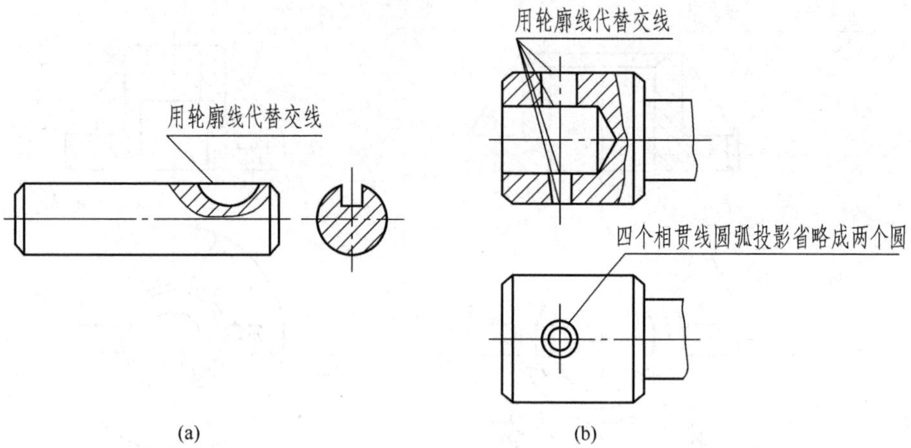

图 6.35　相贯线的简化画法

(6) 某些结构的示意画法:网状物、编织物或机件上的滚花部分,可在轮廓线附近用细实线示意画出,并标明其具体要求。如图 6.36 所示即为滚花的示意画法。

(7) 平面画法:当图形不能充分表达平面时,可以用平面符号(相交的两细实线)表示,如图 6.37 所示。如已表达清楚,则可不画平面符号。

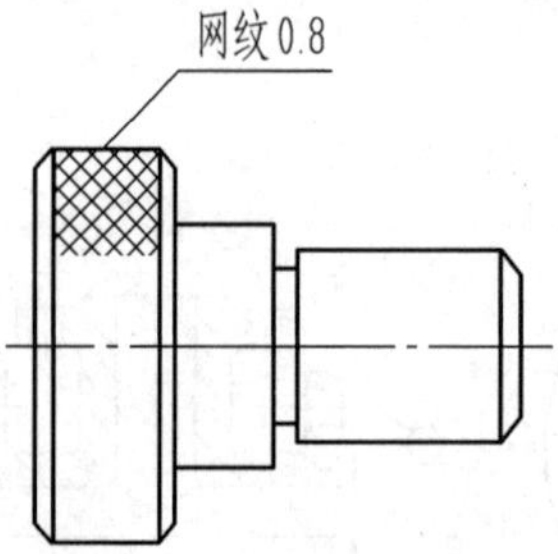

图 6.36　滚花的示意画法

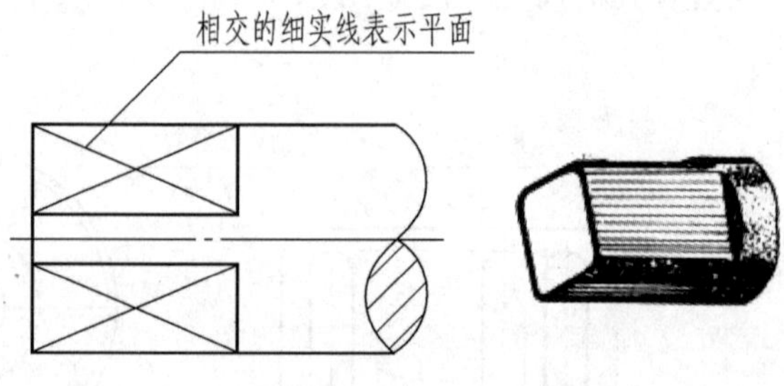

图 6.37　平面符号表示法

(8) 对称机件的简化画法:在不致引起误解时,对于对称机件的视图可以只画一半或四分之一,并在对称中心线的两端画出两条与其垂直的平行细实线(长 6～10,间距 2～3),如图 6.38 所示。

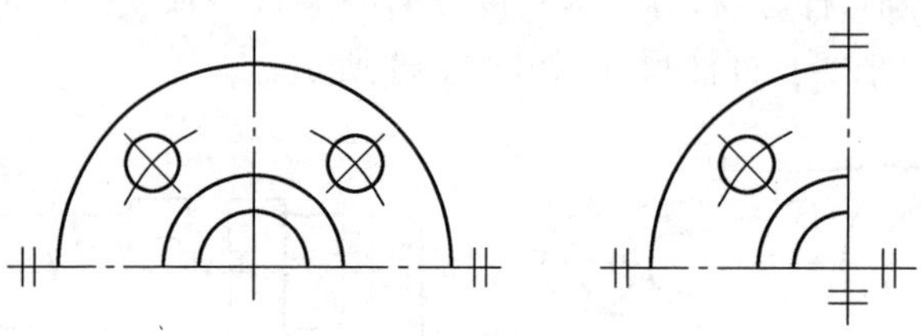

图 6.38　对称机件的简化画法

(9) 允许省略剖面符号的移出断面:在不致引起误解时,零件图中的移出断面,允许省略剖面符号,但剖切位置和断面图的标注,必须按规定的方法标出,如图 6.39 所示。

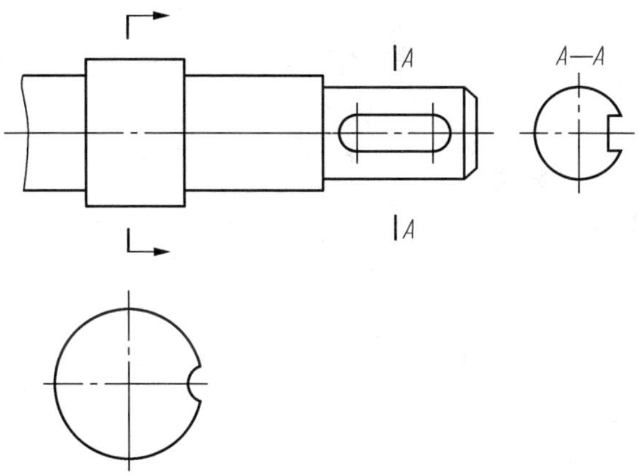

图 6.39　移出剖面的简化画法

(10) 与投影面倾斜角度小于或等于 30 度的圆或圆弧,其投影可用圆或圆弧代替,而不必画成椭圆,如图 6.40(b) 所示。

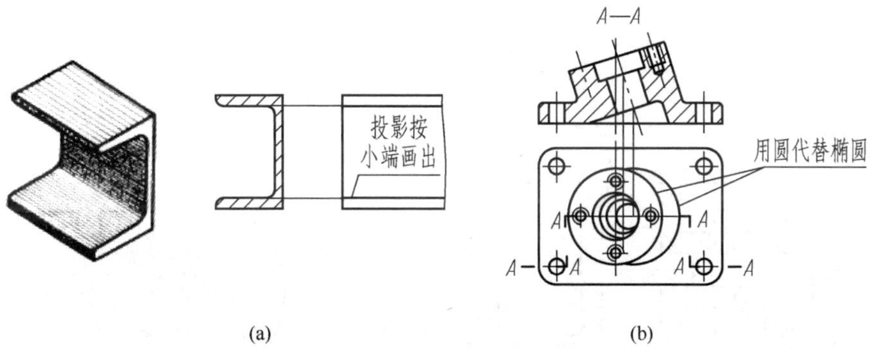

图 6.40　倾斜度不大结构的简化画法

2. 机件表达方法综合应用举例

前面学习了各种视图、剖视、断面及其简化画法,掌握这些表达方法只是一个手段,目的是根据不同机件的结构特点,正确地、灵活地、综合地运用这些方法,把机件的内、外结构完整、清晰地表达出来。

在选择表达机件的图样时,首先应考虑看图方便,在构思上可提出多种表达方案进行比较,应在完整、清晰地表达机件内、外结构的前提下,力求作图简单、尺寸标注方便,所选用的每个图形,既要有各图形自身明确的表达重点,又要注意它们之间的相互联系。现以阀体机件为例做简要叙述。

如图 6.41 所示,阀体的主体形状由直立圆筒和左、右两个水平圆筒贯通组成。为了便于安装和连接,阀体上还设有上、下底板和左、右圆筒连接板等几个部分。

阀体的表达方案采用了五个图形:两个基本视图(全剖主视图"*B*—*B*",全剖俯视图"*A*—*A*")、一个局部视图("*D*"向)、一个局部剖视图("*C*—*C*")和一个单一斜剖的全剖视图("*E*—*E* ↷")。

选择表达方案时,要设法将这些形体的内、外结构表达清楚。因此,对于阀体机件,选

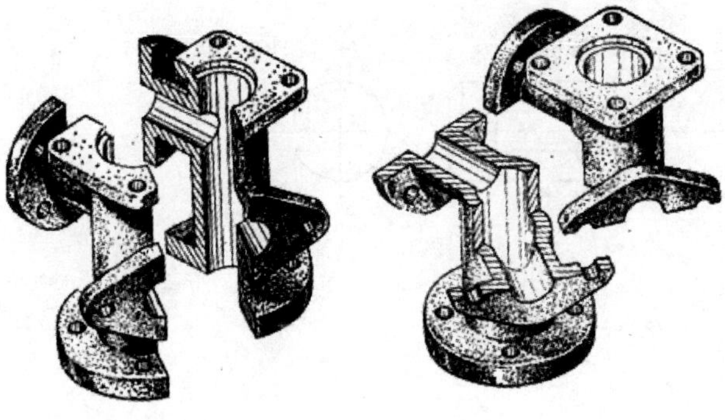

(a)　　　　(b)

图 6.41　阀体的轴测图

择主视图时，采用 B—B 两个相交的剖切平面剖切画出的全剖视图，来表达三圆筒的内部形状和贯通情况；俯视图“A—A”采用两个相互平行的水平面剖切画出的全剖视图，进一步表达左、右圆筒与直立圆筒的贯通情况，还表达了下连接板的外形及 4×ϕ5 小孔的位置；采用“C—C”局部剖视图来表达水平左面圆筒的断面形状、左连接板的外形及其上 4×ϕ4 孔的大小和相对位置；“D”向局部视图，相当于俯视图的补充，表达了上连接板的外形及其上 4×ϕ6 孔的大小和位置；因右端管与正投影面倾斜 45°，所以采用“E—E”单一斜剖切的剖视图来表达右圆筒的断面形状及右连接板的形状。表达方案如图 6.42 所示，这样既可做到正确、完整和清晰的表达，又方便尺寸标注。

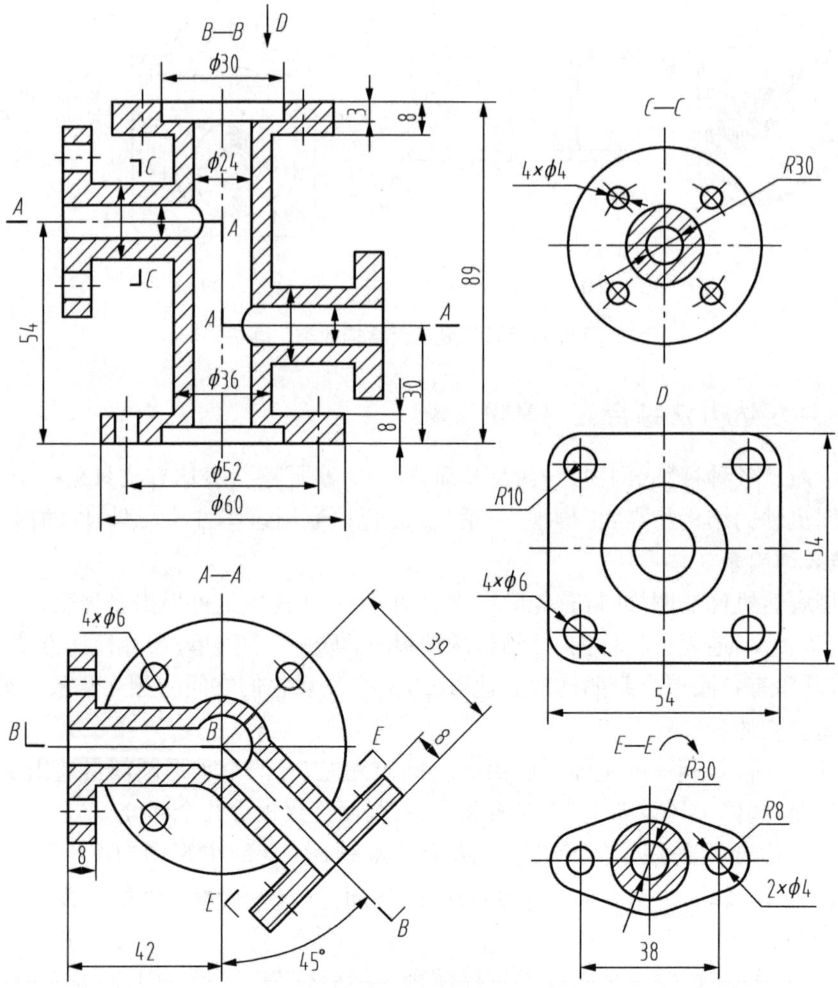

图 6.42　机件表达方案

任务六　第三角画法简介

我国的工程图样是按正投影法并采用第一角画法绘制的，而有些国家（如英、美等国）的图样是按正投影法并采用第三角画法绘制的。

一、第三角投影法的概念

如图 6.43 所示，由三个互相垂直相交的投影面组成的投影体系，把空间分成了八个部分，每一部分为一个分角，依次为Ⅰ、Ⅱ、Ⅲ、Ⅳ、Ⅴ、Ⅵ、Ⅶ、Ⅷ分角。将机件放在第一分角进行投影，称为第一角画法。而将机件放在第三分角进行投影，称为第三角画法。

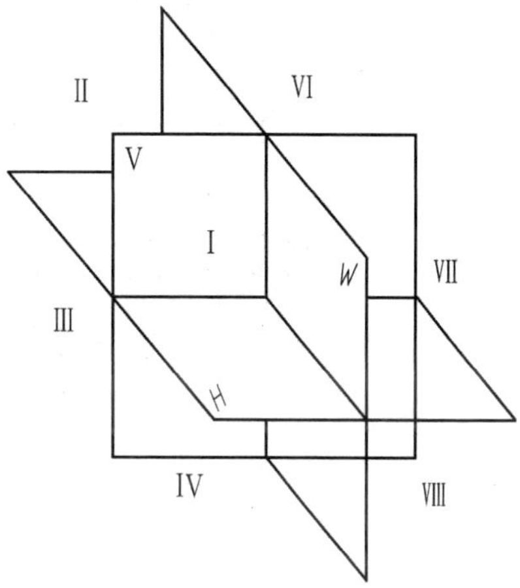

图 6.43　空间的八个分角

二、第三角画法与第一角画法的区别

在于观察者（人）、物体（物）、投影面（屏 ）的位置关系不同。采用第一角画法时，物体（物）置于观察者（人）和投影面（屏）之间，保持“人—物—屏”的相对位置关系，如图 6.44 所示。

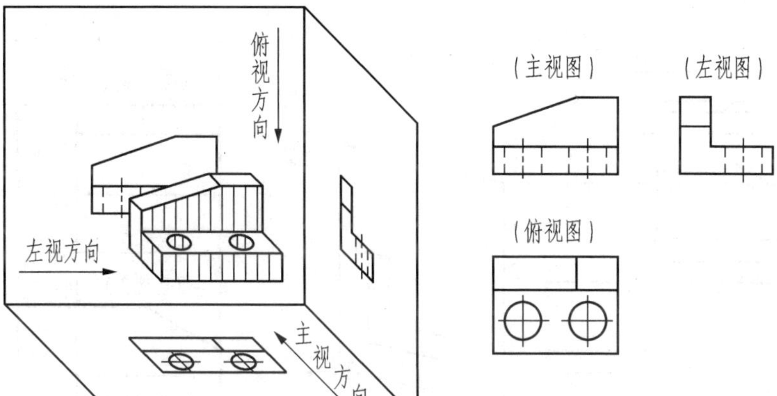

图 6.44　第一角画法原理

而采用第三角画法时，假想投影面是透明的，即投影面置于观察者与物体之间进行投影，保持“人—屏—物”的相对位置关系，如图 6.45 所示。投影时就好像隔着“玻璃”看物体，将物体的轮廓形状印在“玻璃”（投影面）上。

三、第三角投影图的形成

采用第三角画法时，从前面观察物体在 V 面上得到的视图称为前视图；从上面观察物体

在 H 面上得到的视图称为顶视图；从右面观察物体在 W 面上得到的视图称为右视图。使三投影面处于同一平面内，展开后三个视图的配置同样符合“长对正、高平齐、宽相等”。如图 6.46 所示。

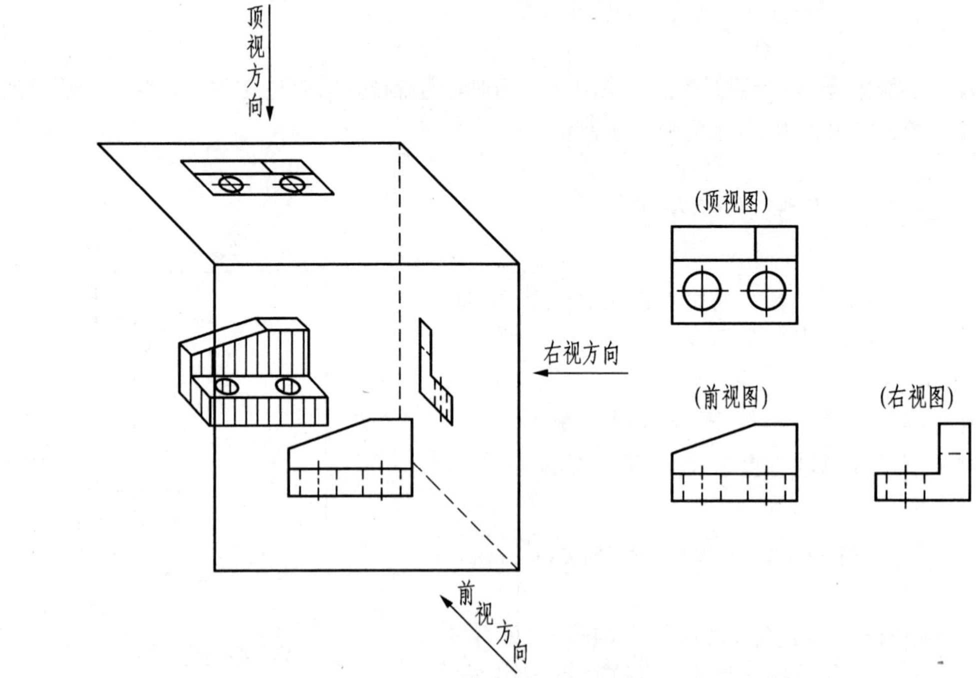

图 6.45　第三角画法原理

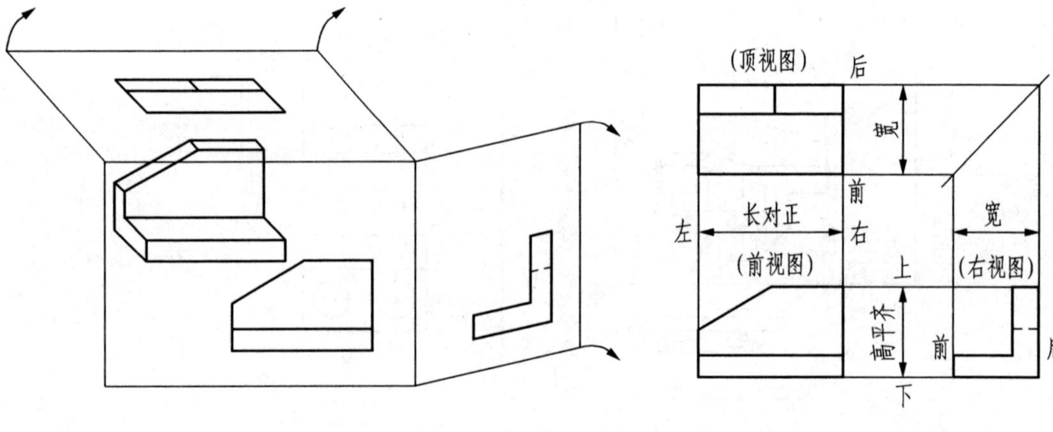

(a) 形成　　(b) 三视图及其投影规律

图 6.46　第三角三视图的展开与投影规律

四、正六面体中物体的第三角画法

采用第三角画法时也可以将物体放在正六面体中，分别从物体的六个方向向各投影面进行投影，得到六个基本视图，即在三视图的基础上增加了后视图(从后往前看)、左视图(从左往右看)、底视图(从下往上看)。展开后六视图的配置关系如图 6.47(b)所示。

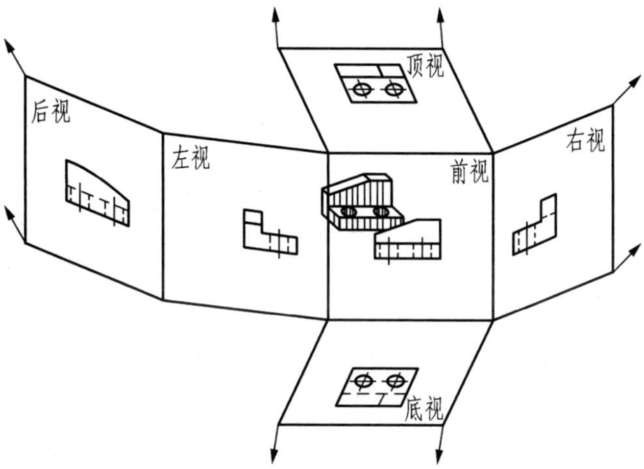

(a)

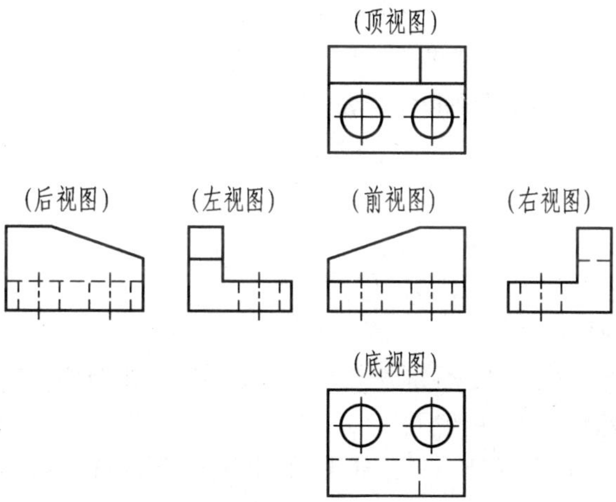

(b)

图 6.47　第三角画法投影面展开及视图的配置

五、第一角和第三角画法的识别符号

在国际标准中规定，可以采用第一角画法，也可以采用第三角画法。为了区别这两种画法，规定在标题栏中专设的格内用规定的识别符号表示。GB/T 14692—1993 中规定的识别符号如图 6.48 所示。

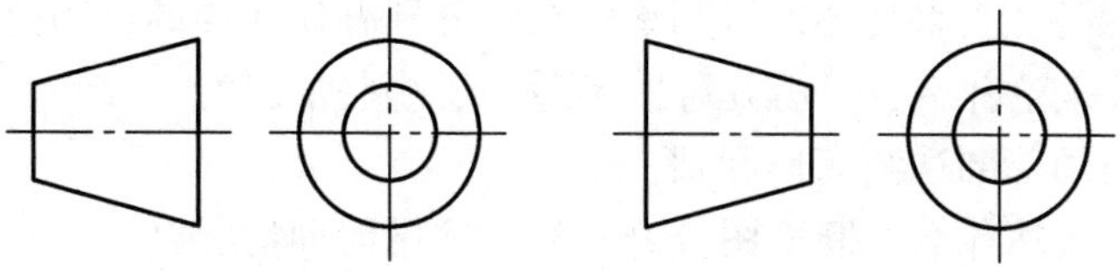

(a) 第一角画法用　　(b) 第三角画法用

图 6.48　两种画法的识别符号

知识梳理

(1) 刚刚学习了视图、剖视与断面图的画法和标注规定。对于这些图样画法，一方面要弄清它们是怎样剖切、怎么投射的，怎样正确画出图形来；另一方面要分清各种表达方法的应用范围，并使作图简便。

(2) 要将一个机件表达清楚，应根据机件的内、外结构形状和特点，综合分析，恰当地选择前面所学的各种表达方法，将机件正确清晰地表达出来；同一个机件，可以有几种表达方案，相互比较善于取舍。

(3) 视图、剖视图、断面图和简化画法是图样基本画法的核心内容，也是绘制正式工程图的主要工具。视图、剖视图、断面图及简化画法又都分成若干画法小类，例如基本视图、斜视图、半剖视图、移出断面、局部放大图和对称画法等，这看起来有些多且乱，但抓纲才能张目，学习每一种小类"画法"时，主要抓住四个学习要点：① 定义；② 画法；③ 注法（位置、方向、名称）；④ 注意事项。其中画法和注法是重点。

(4) 机件的视图、剖视图、断面图有的要标注，有的不要标注，还有的省略标注，这看起来有些散乱。但实际上也只有这三种不同情况，如基本视图按规定位置、重合断面图不标注；当单一剖切面通过机件的对称平面，按投影关系配置且中间又无其他图形隔开时，可省略标注；其余都要标注。移出断面图另讨论。

(5) 移出断面图的标注。

首先弄清楚完全标注的三要素：剖切符号、箭头、字母（即剖切位置、投射方向、名称）。

对移出断面图的标注分三种情况：

① 配置在剖切线或剖切符号的延长线上时，断面对称，不标注；断面不对称，省略字母，其余标注。

② 按投影关系配置时，断面无论对称与否均省略箭头，其余标注。

③ 配置在其他位置时，断面对称，省略箭头，其余标注；断面图不对称，完全标注。

思考与练习

1. 视图主要是为了表达什么？视图分哪几种？
2. 向视图、局部视图、斜视图的区别是什么？分别有什么样的适用范围？
3. 剖视图主要表达什么？分哪几种？各适用于哪些情况？
4. 局部视图与局部剖视图有何区别？
5. 断面图主要表达什么？断面图分哪几种？适用何种情况？
6. 什么是局部放大图？怎样绘制和标注？局部放大图的比例指的是什么？
7. 零件上肋板、轮辐在剖视图上有哪些规定画法？

模块七　标准件和常用件

在各种机械或部件中，经常会用到螺栓、螺钉、螺柱、螺母、垫圈、键、销、滚动轴承以及齿轮、弹簧等零件或组件，它们具有通用性强、需求量大等特点。为了适应现代设计、生产和使用的要求，这些零(组)件的结构和尺寸都已经标准化了。结构和尺寸都标准化的零(组)件，称为标准件，如螺栓、螺钉、螺柱、螺母、垫圈、键、销、滚动轴承等。而有的只是部分标准化了，如齿轮、弹簧等，习惯上称这类零件为常用件。

任务一　螺纹及螺纹联接

一、螺纹的形成

螺纹是零件上一种最为常见的结构，是在圆柱或圆锥表面上，沿着螺旋线形成的具有相同剖面形状的连续凸起和沟槽。在圆柱或圆锥外表面所形成的螺纹称为外螺纹，在圆柱或圆锥内表面所形成的螺纹称为内螺纹。

各种螺纹都是根据螺旋线形成的原理加工而成的，其加工方法很多。一般在圆柱面上形成的螺纹最为常见，这种螺纹是利用车床切削圆柱体工件，使工件作等速回转运动，车刀作等速直线移动而在工件上加工出螺纹，也可以先在工件上钻孔，再用丝锥攻制，碾压螺纹和丝锥攻螺纹等。如图 7.1 所示。

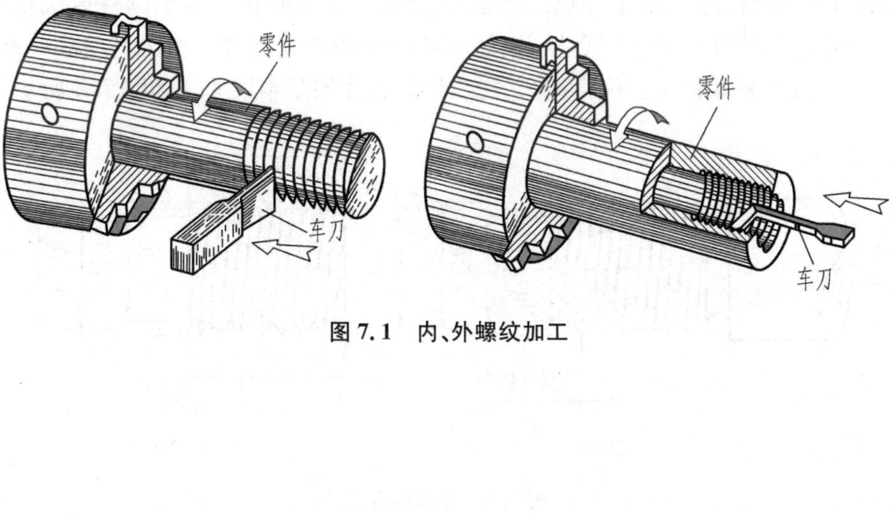

图 7.1　内、外螺纹加工

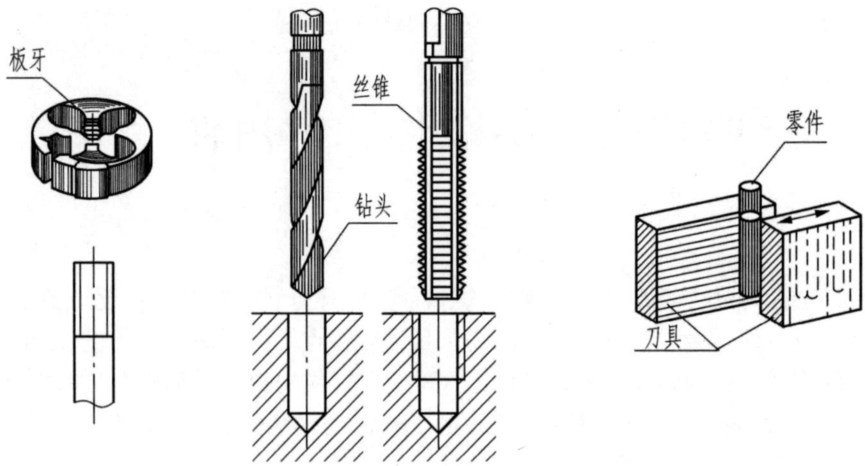

续图 7.1　内、外螺纹加工

二、螺纹的基本要素及分类

1. 螺纹的基本要素

螺纹包括牙型、公称直径、线数、螺距和导程、旋向五个基本要素。

(1) 牙型

在通过螺纹轴线的剖面上，螺纹的轮廓形状称为牙型。常见的螺纹牙型有三角形、梯形、锯齿形、矩形等，不同的螺纹牙型有不同的用途。相邻两牙侧面间的夹角称为牙型角 α。常用普通螺纹的牙型为三角形，牙型角 $\alpha=60°$。常用的标准螺纹的牙型角及特征代号见表 7.1。

(2) 公称直径

螺纹的直径包括大径、中径和小径。大经是指外螺纹牙顶或内螺纹牙底所在的假想圆柱面或圆锥面的直径；小径是指外螺纹牙底或内螺纹牙顶所在的假想圆柱或圆锥的直径；中径是一个假想的圆柱或圆锥的直径，该圆柱或圆锥的母线通过牙型上沟槽和凸起宽度相等的地方。螺纹大径又称作公称直径，它代表螺纹直径的基本尺寸。如图 7.2 所示。

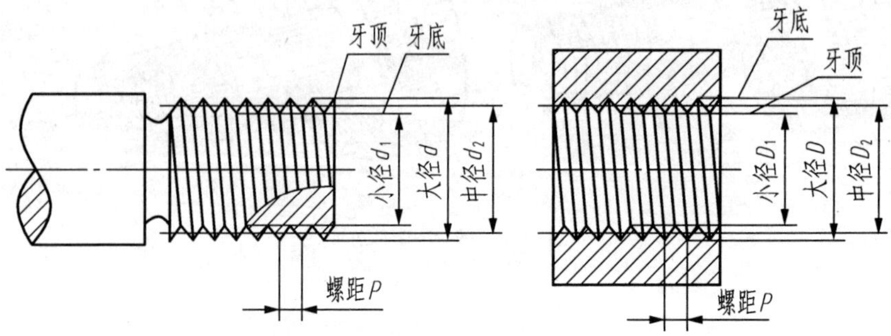

(a) 外螺纹　　(b) 内螺纹

图 7.2　螺纹的直径

表 7.1　螺纹的牙型和代号

<table>
<tr><th colspan="4">螺纹种类</th><th>特征代号</th><th>牙型放大图</th><th>应　用</th><th>用　途</th></tr>
<tr><td rowspan="6">联接螺纹</td><td>粗牙螺纹</td><td colspan="2" rowspan="2">普通螺纹</td><td rowspan="2">M</td><td rowspan="2">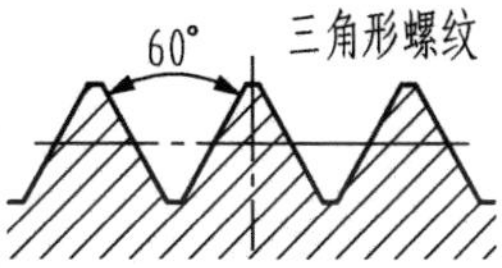
</td><td rowspan="2"></td><td>是最常用的联接螺纹</td></tr>
<tr><td>细牙螺纹</td><td>用于细小的精密或薄壁零件</td></tr>
<tr><td rowspan="4">管螺纹</td><td rowspan="3">用螺纹密封的管螺纹</td><td>圆锥内螺纹</td><td>R_C</td><td rowspan="2">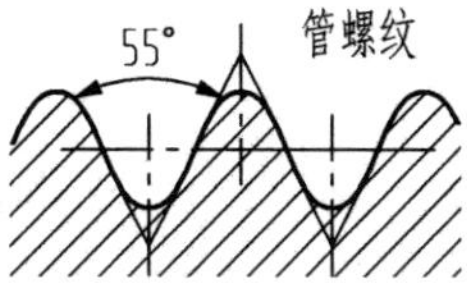
</td><td rowspan="4"></td><td rowspan="2">必要时，允许在螺纹副内添加密封物，以保证连接的密封性，用于管路的联接</td></tr>
<tr><td>圆柱内螺纹</td><td>R_P</td></tr>
<tr><td>圆锥外螺纹</td><td>R</td><td></td><td>包括与圆柱内螺纹旋合、与圆锥内螺纹旋合两种联接形式(R1、R2)</td></tr>
<tr><td colspan="2">非螺纹密封的管螺纹</td><td>G</td><td>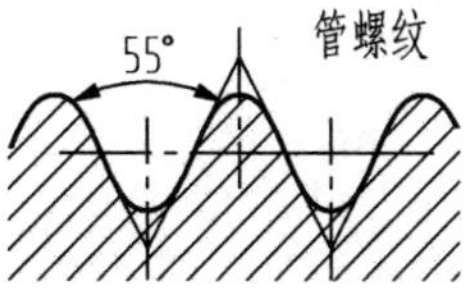
</td><td>螺纹本身不具有密封性，需压紧螺纹副外的密封面，或在密封面间添加密封物，用于管路的联接</td></tr>
<tr><td rowspan="2">传动螺纹</td><td colspan="3">梯形螺纹</td><td>Tr</td><td>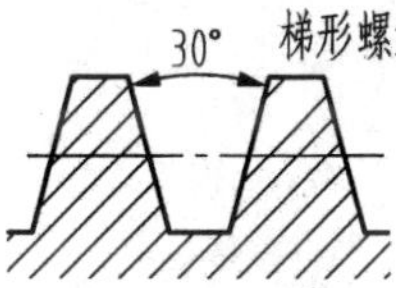
</td><td>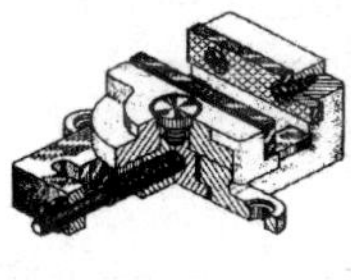</td><td>用于各种机床的丝杠，作传动用</td></tr>
<tr><td colspan="3">锯齿形螺纹</td><td>B</td><td>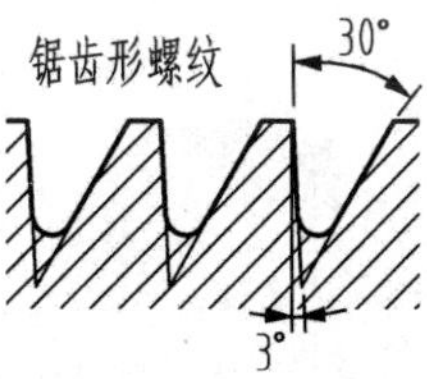
</td><td></td><td>只能传递单方向的动力</td></tr>
</table>

(3) 线数

形成螺纹的螺旋线条数称为线数，用字母 n 表示。沿一条螺旋线形成的螺纹称为单线螺纹，沿两条以上螺旋线形成的螺纹称为多线螺纹。如图 7.3 所示。

(4) 螺距和导程

相邻两牙在中径线上对应两点间的轴向距离称为螺距，用字母 P 表示；同一螺旋线上的相邻两牙在中径线上对应两点间的轴向距离称为导程，用字母 P_h 表示。如图 7.3 所示。线数 n、螺距 P 和导程 P_h 之间的关系为：$P_h = nP$。

(5) 旋向

螺纹有右旋和左旋之分。沿轴向方向看，顺时针方向旋进的螺纹称为右旋螺纹，逆时针方向旋进的螺纹称为左旋螺纹。判断螺纹旋向较简单的方法是：将外螺纹竖直放置，右旋螺纹的连续可见的螺旋线右高左低，相反左旋螺纹左高右低，如图 7.4 所示。由于工程上常用右旋螺纹，故图纸上不必注明；而左旋螺纹必须在图纸上注明。

上述五项是螺纹的基本要素，改变其中任何一项，就会使螺纹规格不同。为了便于设计、制造与选用，国家标准对螺纹的牙型、大径、螺距都做了规定，凡这三项符合标准的，称为标准螺纹；牙型符合标准规定，大径或螺距不符合标准的称为特殊螺纹；牙型不符合标准的称非标准螺纹。要使内外螺纹旋合，五项要素应分别相同才能正常联接。

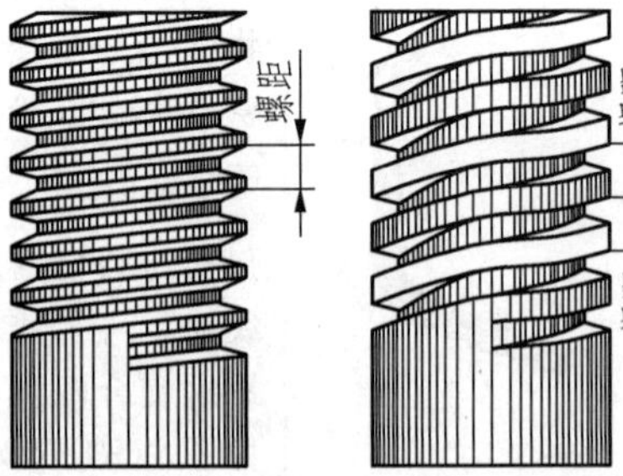

(a) 单线　　(b) 双线

图 7.3　单线螺纹和双线螺纹

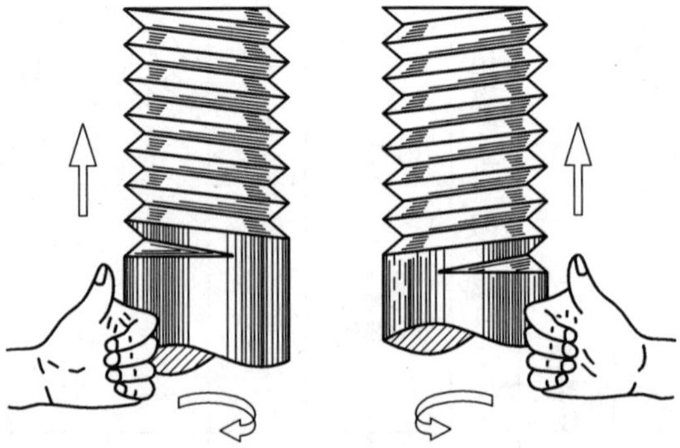

图 7.4　螺纹的旋向

2. 螺纹的分类

按不同的方法分类，螺纹的种类有许多：

(1) 按标准化程度不同，分为标准螺纹、特殊螺纹和非标准螺纹。

(2) 按螺纹的用途不同，分为联接螺纹、传动螺纹和专门用途螺纹。

具体的分类情况如下：

- 螺纹
  - 按标准化程度分
    - 标准螺纹
    - 特殊螺纹
    - 非标准螺纹
  - 按用途分
    - 联接螺纹
      - 普通螺纹
        - 粗牙普通螺纹
        - 细牙普通螺纹
      - 管螺纹
        - 非螺纹密封管螺纹
        - 螺纹密封管螺纹
    - 传动螺纹
      - 梯形螺纹
      - 锯齿形螺纹
      - 矩形螺纹
    - 专门用途螺纹——氧气瓶螺纹、自攻螺纹等

三、螺纹的规定画法

如果将螺纹完全按照实物的投影画，不仅复杂，而且加工者也难以识读，所以其图样一般使用简化画法。国家标准 GB/T 4459.1—1995《机械制图　螺纹及螺纹松紧固件表示法》规定了在机械图样中螺纹和螺纹松紧固件的画法。

1. 外螺纹的规定画法

国标规定，外螺纹的牙顶（大径）用粗实线表示，牙底（小径）用细实线表示，在螺杆轴线平行于投影面的视图中，牙底的细实线应延长到倒角处，螺纹终止线用粗实线表示。在比例画法中，螺纹小径可按大径的 0.85 倍绘制。螺纹的收尾线一般不画出，必要时可用与轴线成 30°角的细实线画出。在投影成圆的视图中，小径用大约 3/4 圈的细实线圆弧表示，倒角圆省略不画。剖视图中的螺纹终止线画到小径线外。如图 7.5 所示。

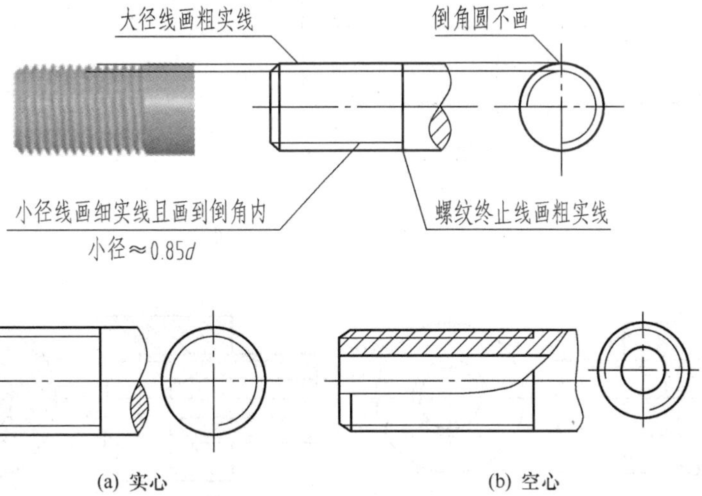

(a) 实心　　(b) 空心

图 7.5　外螺纹画法

2. 内螺纹的画法

内螺纹通常采用剖视图画法，牙底（大径）为细实线，牙顶（小径）为粗实线。螺纹终止线用粗实线绘制，小径仍取大径的 0.85 倍，注意剖面线应画到粗实线；若是不穿通的螺孔，终止线到孔的末端的距离可按 0.5 倍大径绘制；在垂直于螺纹轴线的视图中，大径用约 3/4 圈的细实线圆弧绘制，孔口倒角圆不画，如图 7.6(a)、(b)所示。当螺孔相交时，其相贯线的画法如图 7.6(c)所示。当螺纹的投影不可见时，所有图线均画成细虚线，如图 7.6(d)所示。

3. 内、外螺纹旋合的画法

内、外螺纹旋合时，通常采用剖视图的表达方法。国标规定，在剖视图中表示螺纹旋合时，其旋合部分应按外螺纹的画法表示，非旋合部分扔按各自的画法表示。画图时，表示内、外螺纹的粗、细实线必须对齐。在剖切平面通过螺纹轴线的剖视图中，实心螺杆按不剖绘制。如图 7.7 所示为装配在一起的内、外螺纹联接的画法。

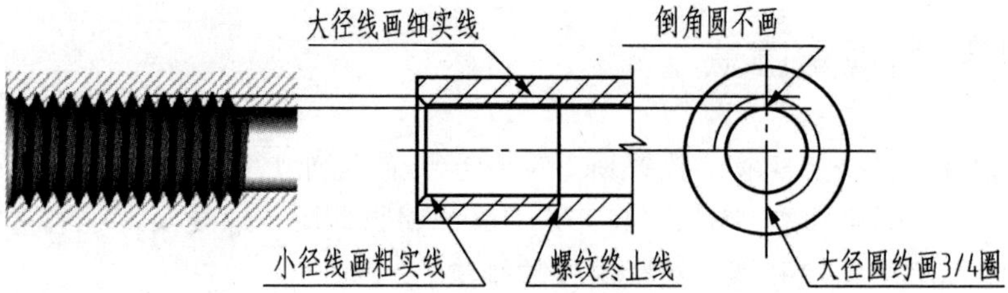

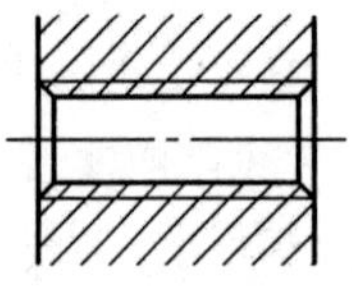

(a) 通孔

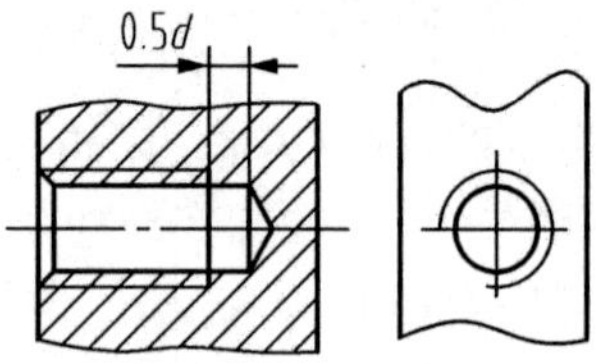

(b) 盲孔

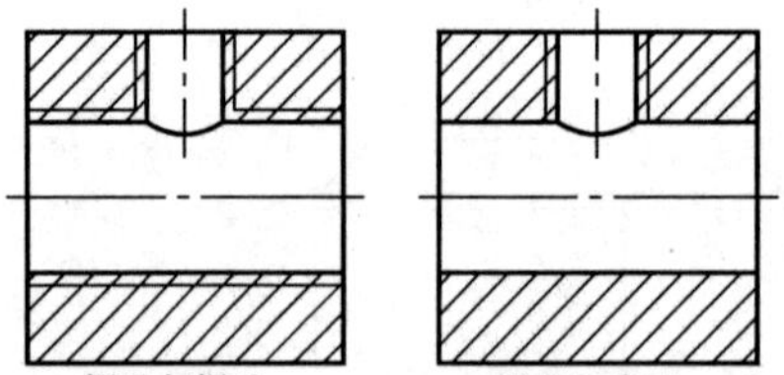

螺孔与螺孔　　螺孔与光孔

(c)

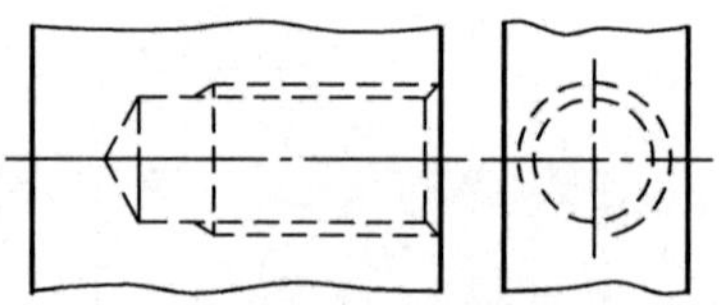

(d)

图 7.6　内螺纹的画法

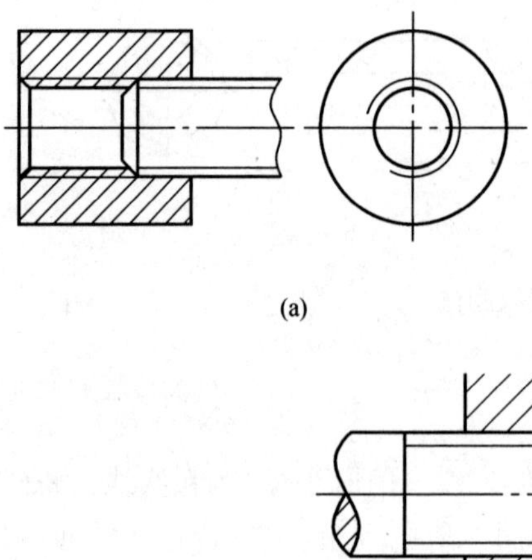

(a)

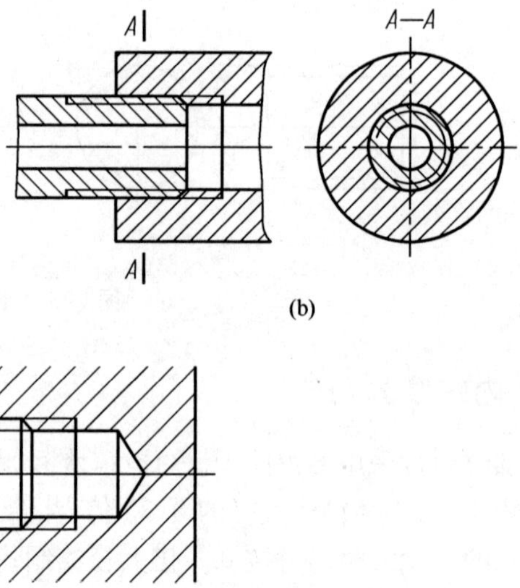

(b)

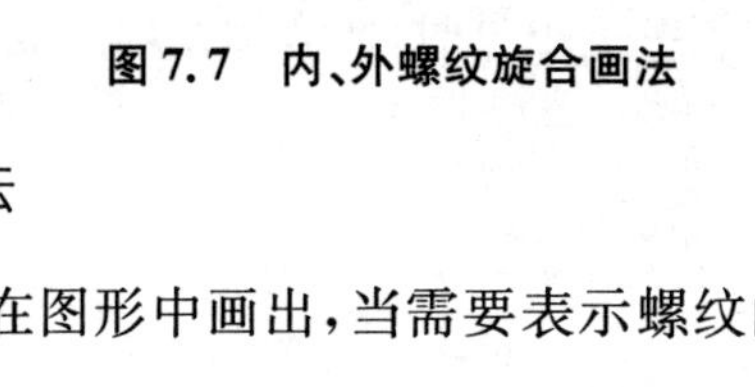

(c)

图 7.7　内、外螺纹旋合画法

4. 螺纹牙型的表示法

螺纹的牙型一般不需要在图形中画出，当需要表示螺纹的牙型时，可按图 7.8 的形式绘制。

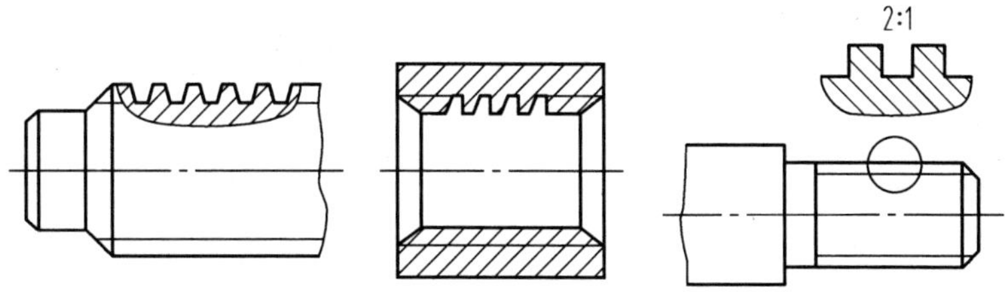

(a) 外螺纹局部剖　　(b) 内螺纹全剖　　(c) 局部放大图

图 7.8　螺纹牙型的表示法

5. 圆锥螺纹画法

具有圆锥螺纹的零件，其螺纹部分在投影为圆的视图中，只需画出一端螺纹视图，如图 7.9 所示。

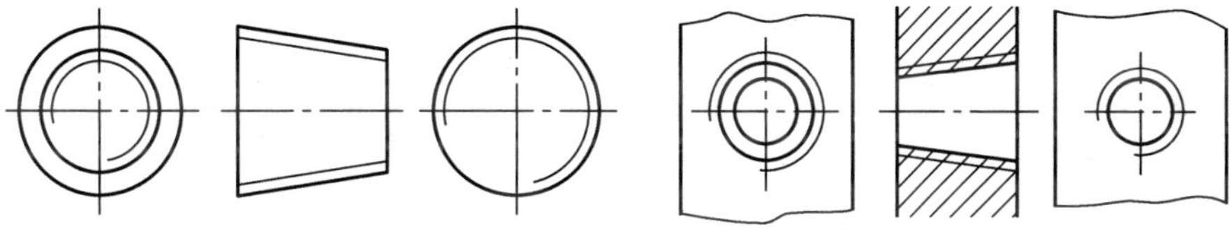

(a) 外螺纹　　(b) 内螺纹

图 7.9　圆锥螺纹的画法

小提示：

(1) 螺纹的牙顶——粗实线表示(用手摸得着的直径)，牙底——细实线表示 (用手摸不着的直径)，螺纹终止线——粗实线表示。

(2) 外螺纹的顶径指大径，底径指小径；内螺纹的顶径指小径，底径指大径。

(3) 单个螺纹的画法：抓住三条基本线——大径线、小径线、螺纹终止线。

(4) 内、外螺纹联接的画法：牢记旋合部分按照外螺纹画法表示。

四、螺纹的标注方法

由于螺纹的规定画法不能表达出螺纹的种类和螺纹的要素，因此在图样中表示螺纹时，要按照国家标准规定的标记进行标注。

1. 普通螺纹的标注

普通螺纹的完整标记，由螺纹特征代号、螺纹公差带代号和螺纹旋合长度代号三部分组成。其标注的具体项目和格式如下(普通螺纹用尺寸标注形式注在内、外螺纹的大径上)：

[螺纹特征代号] [公称直径]×[螺距] [旋向]－[中径公差带代号] [顶径公差带代号]－[旋合长度代号]

(1) 螺纹代号

普通粗牙的牙型符号用“M”表示，螺纹不必标注螺距，例如 M10；普通细牙螺纹必须标注螺距，例如 M10×1.5，公称直径、导程和螺距数值的单位为 mm。

右旋螺纹不必标注，左旋螺纹应标注字母“LH”。

(2) 螺纹公差带代号

中径公差带代号和顶径公差带代号由表示公差等级的数字和表示其基本偏差的字母组成。内螺纹用相应大写字母表示，外螺纹用相应小写字母表示，例如 6H6g。若两组公差带相同，则只写一组。表示内、外螺纹旋合时，内螺纹公差带在前，外螺纹公差带在后，中间用“/”分开。

(3) 旋合长度代号

普通螺纹的旋合长度分为短、中、长三组，其代号分别是 S、N、L。若是中等旋合长度，其旋合代号“N”可省略。

注意普通螺纹与传动螺纹的标注。普通螺纹按一般尺寸标注的方式，把螺纹标记直接标注在尺寸线或其引出线上。

不论是内螺纹还是外螺纹，尺寸界线均应从螺纹的大径引出，如图 7.10 所示。

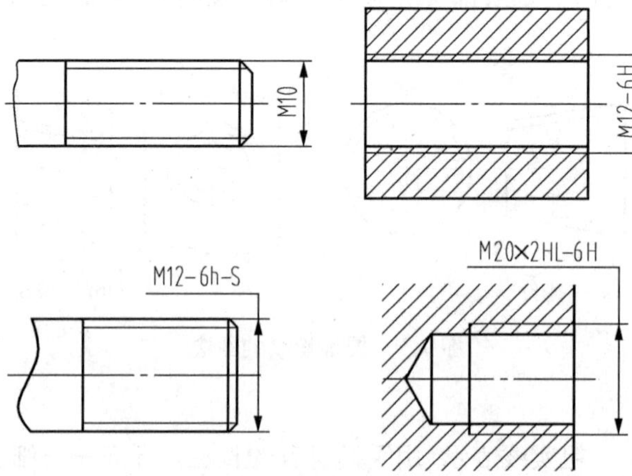

图 7.10　普通螺纹标注示例

举例说明：

普通螺纹的标记如 M30×2LH—5g6g—S。

内外螺纹旋合时，标记如 M10—6H/6g。

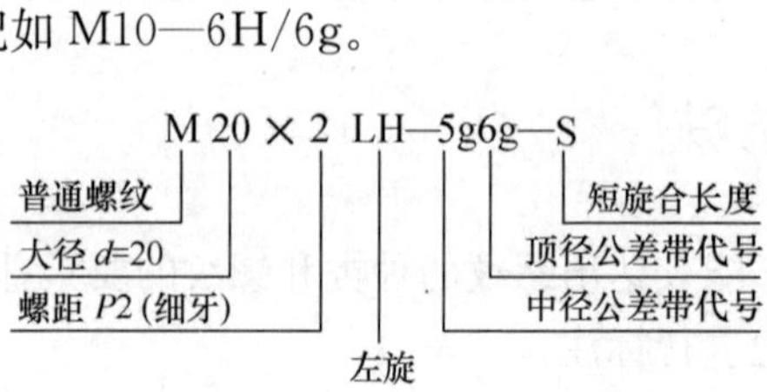

2. 梯形螺纹

梯形螺纹的完整标记，由螺纹代号、公差带代号及旋合长度代号三部分组成。具体的标记格式，分下列两种情况。

单线梯形螺纹代号：

[螺纹特征代号] [公称直径]×[螺距 P] [旋向代号]-[中径公差带代号]-[旋合长度代号]

多线梯形螺纹代号：

[螺纹特征代号] [公称直径]×[导程(P 螺距)] [旋向代号]-[中径公差带代号]-[旋合长度代号]

梯形螺纹的螺纹代号用字母“Tr”表示，锯齿形螺纹的特征代号用字母“B”表示。

右旋螺纹不标注代号，左旋螺纹标注字母“LH”。

传动螺纹只注中径公差带代号。

旋合长度只注“S”(短)、“L”(长)，中等旋合长度代号“N”省略标注。

如图 7.11 所示为传动螺纹的标注示例。

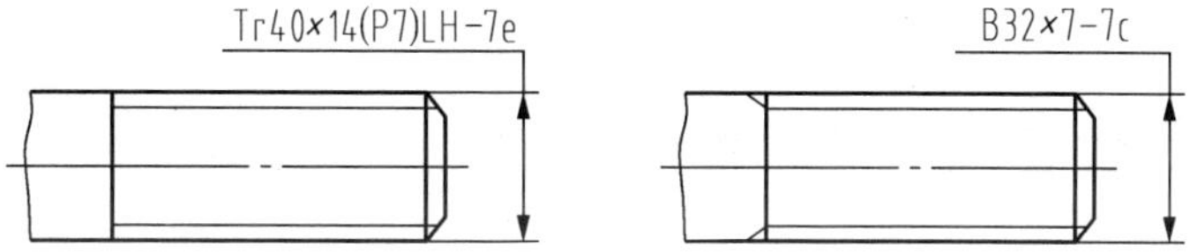

图 7.11　传动螺纹标注示例

梯形螺纹的标记：Tr22 ×10(P3)—7e—L。锯齿形螺纹的标记：B40×14(P7)—8c—L。内外螺纹旋合时，标记如 Tr40×7—7H/7e，B40×7—7A/7c。

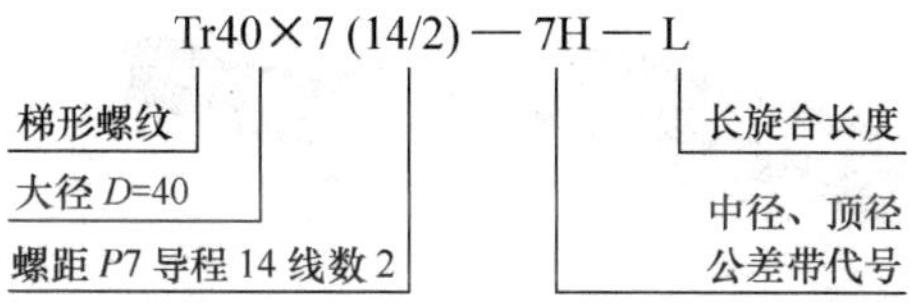

3. 管螺纹

常用的管螺纹分为螺纹密封的管螺纹和非螺纹密封的管螺纹。

管螺纹标注的具体项目及格式如下：

(1) 螺纹密封管螺纹代号：

[螺纹特征代号] [尺寸代号] − [旋向代号]

(2) 非螺纹密封管螺纹代号：

[螺纹特征代号] [尺寸代号] [公差等级代号] − [旋向代号]

螺纹密封螺纹又分为：与圆柱内螺纹相配合的圆锥外螺纹，其特征代号是 R_1；与圆锥内螺纹相配合的圆锥外螺纹，其特征代号为 R_2；圆锥内螺纹，特征代号是 R_c；圆柱内螺纹，特征代号是 R_p。

旋向代号只注左旋“LH”。

非螺纹密封管螺纹的特征代号是 G。它的公差等级代号分 A、B 两个精度等级。外螺纹需注明，内螺纹不注此项代号。右旋螺纹不注旋向代号，左旋螺纹标“LH”。

管螺纹的标注应标在大径线的引出线上，且标记文字应字头向上，如图 7.12 所示。

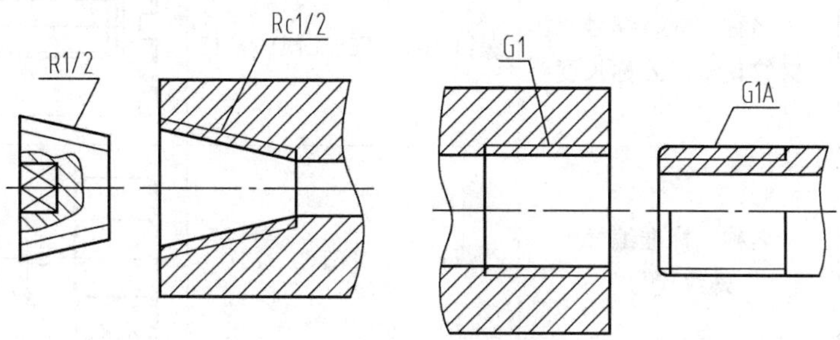

图 7.12　管螺纹的标注

任务二　螺纹紧固件

一、常用螺纹紧固件的种类和标记

利用螺纹的旋合作用，将两个或两个以上的零件联接在一起的有关零件称为螺纹紧固件。常用螺纹紧固件有螺栓、双头螺柱、螺钉、螺母和垫圈。如图 7.13 所示。这些零件的结构、尺寸都已分别标准化，称为标准件，使用或绘图时，可以从相应标准中查阅所需的结构尺寸和相关标准。

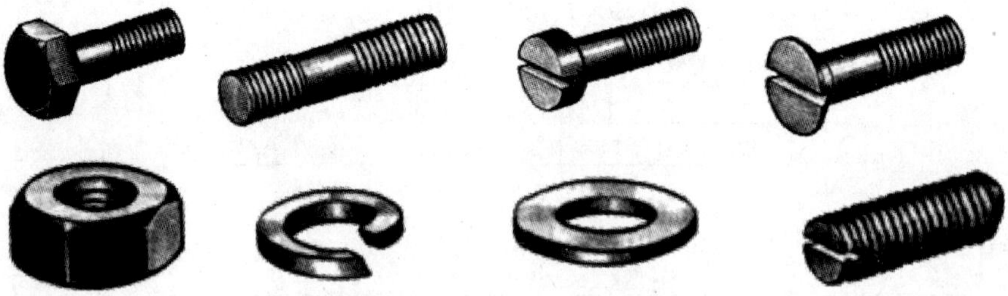

图 7.13　常见螺纹紧固件

表 7.2 中列出了常用螺纹紧固件的种类与标记。

表 7.2　常见螺纹紧固件的标记示例

名　称	标记形式	标记示例	图例
六角头螺栓	名称　标准编号 螺纹代号×公称长度	螺栓 GB//T5782 M12×50	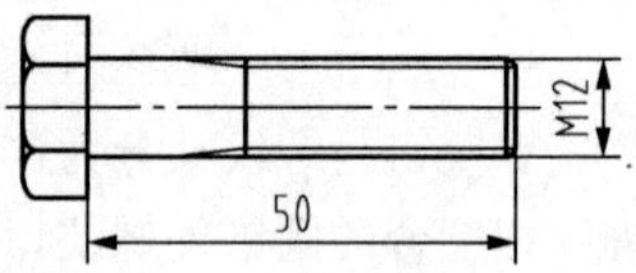
双头螺柱 $b_m=1.25d$	名称　标准编号 螺纹代号×公称长度	螺柱 GB//T899　M12×50	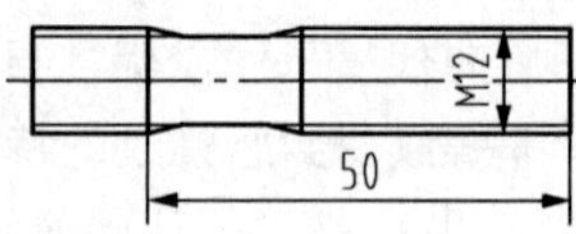
开槽沉头螺钉	名称　标准编号 螺纹代号×公称长度	螺钉 GB//T68　M10×45	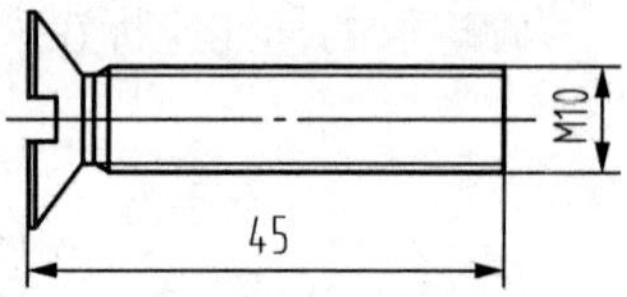
Ⅰ型六角螺母	名称　标准编号 螺纹代号	螺母 GB//T6170　M16	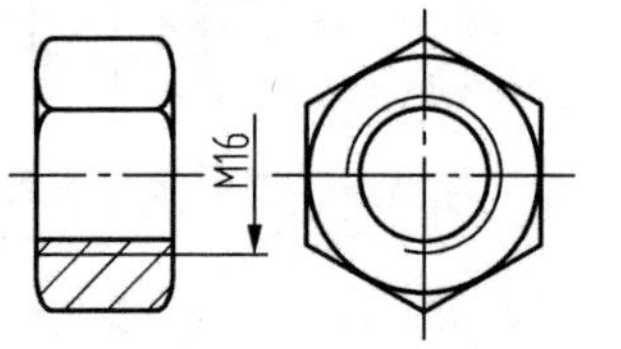

续表

名　称	标记形式	标记示例	图例
平垫圈 A 级	名称　标准编号 规格尺寸—性能等级	垫圈 GB//T97.1 16—140HV	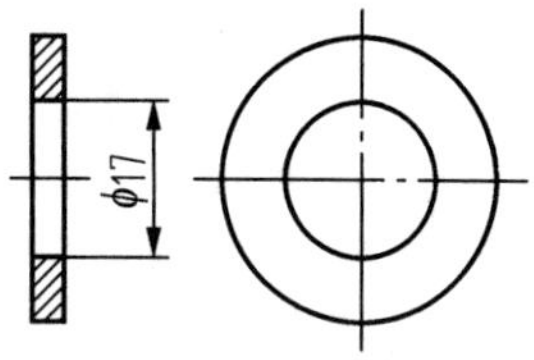
标准型弹簧垫圈	名称　标准编号 规格尺寸	垫圈 GB//T93　20	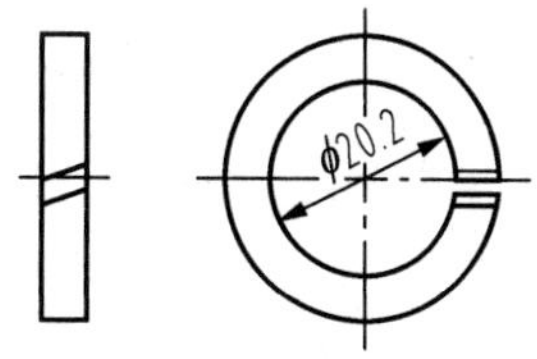
开槽锥端紧定螺钉	名称　标准编号 螺纹代号×公称长度	螺钉 GB//T71 M12×40	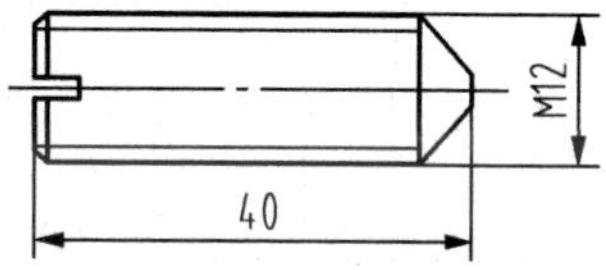

二、螺纹紧固件及螺纹紧固件装配的画法

1. 常见螺纹紧固件的画法

螺纹紧固件是标准件，在设计时不需要画出零件图，只需在装配图中画出。紧固件一般采用比例画法绘制，所谓比例画法就是以螺纹紧固件上螺纹的公称直径(d、D)为主要参数，其余各部分结构尺寸均按与公称直径成一定比例关系画出。如图 7.14 所示，分别给出了螺母、螺栓、垫圈和螺钉的规定画法。螺纹紧固件的作用是将两个(或两个以上)零件紧固在一起，构成可拆联接。常见的联接形式有螺栓联接、螺柱联接和螺钉联接 3 种，如图 7.15 所示，可根据零件被紧固件的厚度和具体的使用要求来选择。

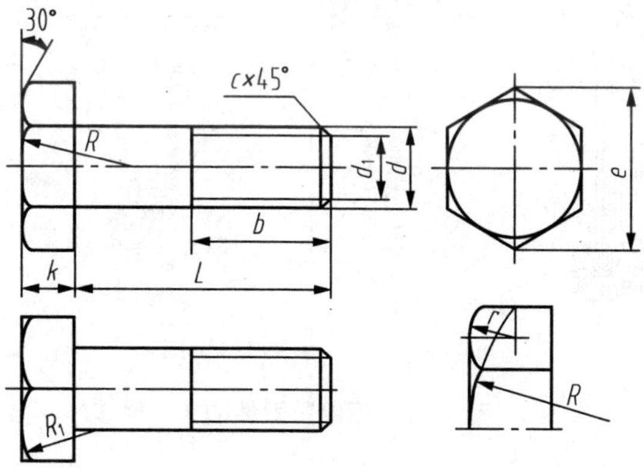

图 7.14　螺栓、螺母、垫圈的比例画法

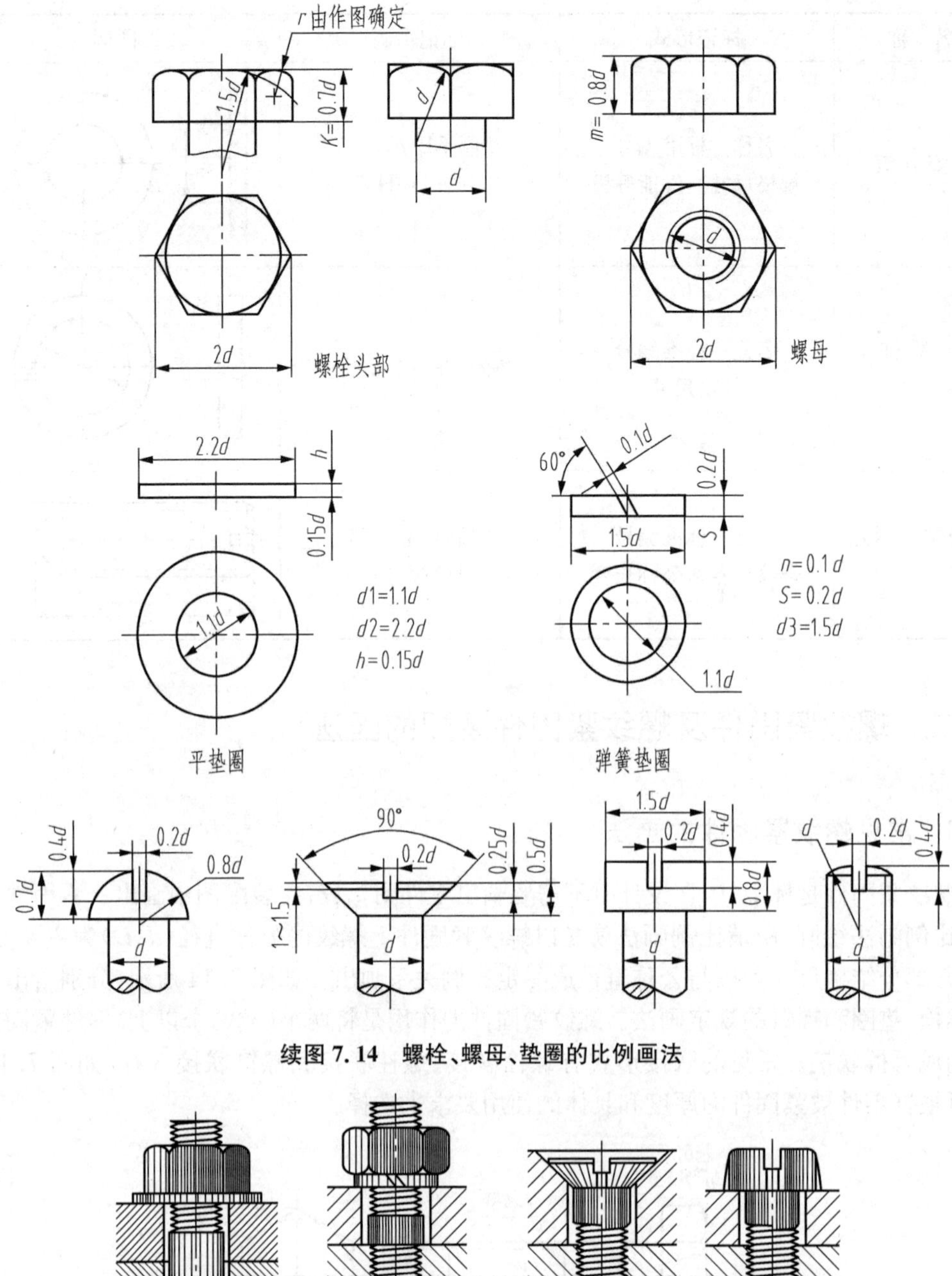

续图 7.14　螺栓、螺母、垫圈的比例画法

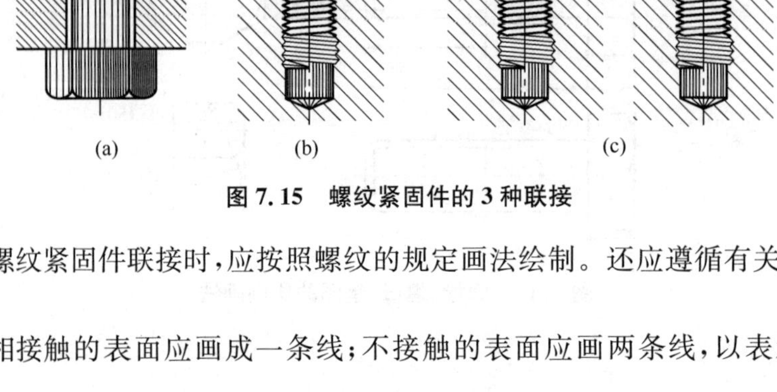

图 7.15　螺纹紧固件的 3 种联接

在绘制螺纹紧固件联接时，应按照螺纹的规定画法绘制。还应遵循有关装配图画法的下列规定：

两零件相接触的表面应画成一条线；不接触的表面应画两条线，以表示它们之间有空隙。

同一零件的剖面线应方向相同、间隔相等，而相互邻接的两金属零件的剖面线，其倾斜方向应相反或方向相同而间隔不等。

当剖切平面通过螺纹紧固件的轴线剖切时，它们均按不剖切绘制。

2. 螺栓装配图的画法

常用的螺纹紧固件联接方式有螺栓联接、螺柱联接和螺钉联接三种，如图 7.15 所示。当被联接的两个零件厚度不大，可钻出通孔时通常使用螺栓联接。螺栓联接一般是由螺栓、螺母和垫圈组成的。如图 7.16(a)所示为螺栓装配图的画法。

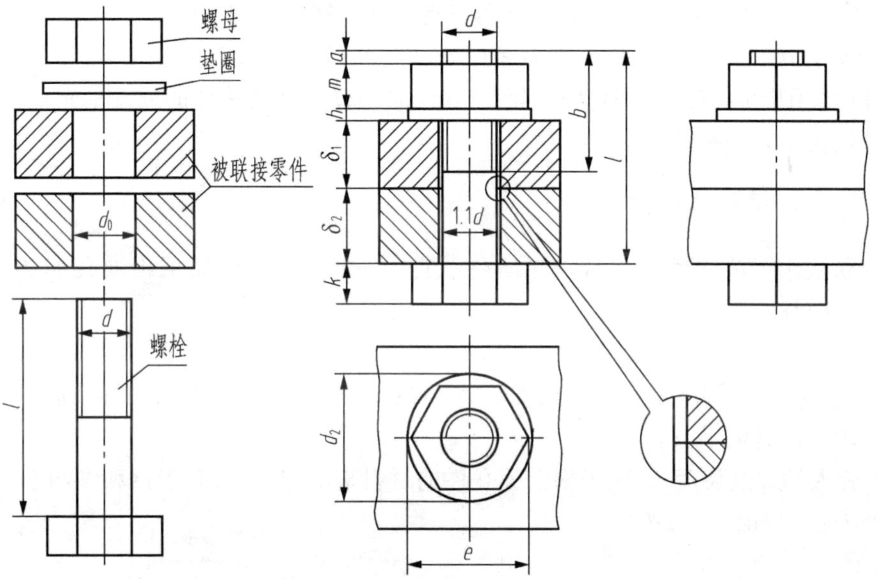

(a) 简化画法

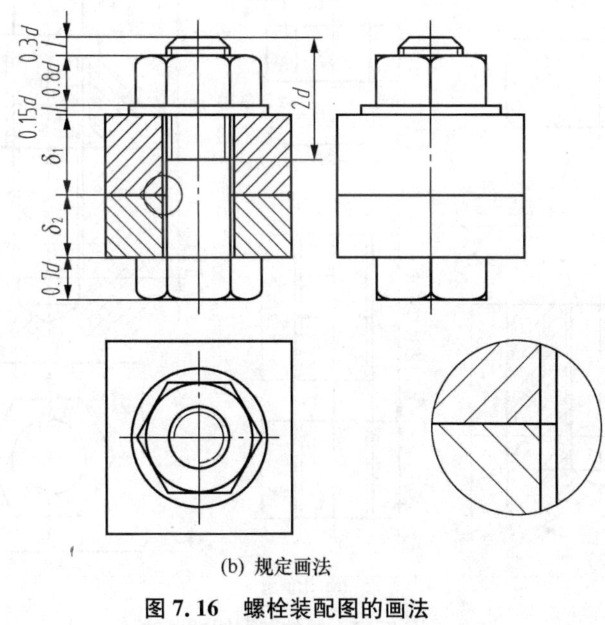

(b) 规定画法

图 7.16　螺栓装配图的画法

规定画法以螺栓上螺纹的公称直径为主要参数，其余各部分结构尺寸均按与公称直径成一定比例关系绘制。尺寸比例关系如下(图 7.16)：

(1) 螺栓：d、L 根据要求确定。螺栓有多种长度规格，确定其长度时应先按下式估算：

$$L \geqslant \delta_1 + \delta_2 + h + m + \alpha$$

式中，δ_1、δ_2 为联接的厚度(mm)；h 为垫圈厚度(mm)；m 为螺母厚度(mm)；α 为螺栓顶端露出螺母的长度(mm)。

然后根据计算出的数值，从相应的螺栓长度系列中选取与该值相近的标准值。

$$\alpha = (0.2 \sim 0.3)d,\quad b = 2d,\quad e = 2d,\quad d_2 = 2.2d,\quad d_0 = 1.1d,\quad h = 0.15d,$$

$$c = 0.1d \times 45,\quad d_1 \approx 0.85d,\quad R_1 = d,\quad R = 1.5d,\quad k = 0.7d$$

(2) 螺母：D 根据要求确定，$m=0.8d$，其他尺寸与螺栓头部相同。

(3) 垫圈：$d_2=2.2d$，$d_1=1.1d$，$d_3=1.5d$，$h=0.15d$，$s=0.2d$，$n=0.12d$。

画螺栓装配图时应注意：螺栓的螺纹终止线必须低于被联接件的通孔的顶面，以保证有足够的螺纹长度来拧紧螺母。

3. 螺柱装配图的画法

螺柱联接用于被联接件中有一个零件较厚，不便或不允许加工出通孔的场合。如图 7.17所示为螺柱装配图的画法。

画螺柱装配图时应注意以下几点：

(1) 螺孔的螺纹深度要大于螺柱的旋入端螺纹的长度，而且画图时螺柱旋入端的螺纹终止线必须与结合面平齐。

(2) 旋入端螺纹长度 b_m 应当根据螺孔件的材料来确定。如：对于钢和青铜 $b_m=d$；铸铁 $b_m=1.25d \sim 1.5$；铝 $b_m=2d$。

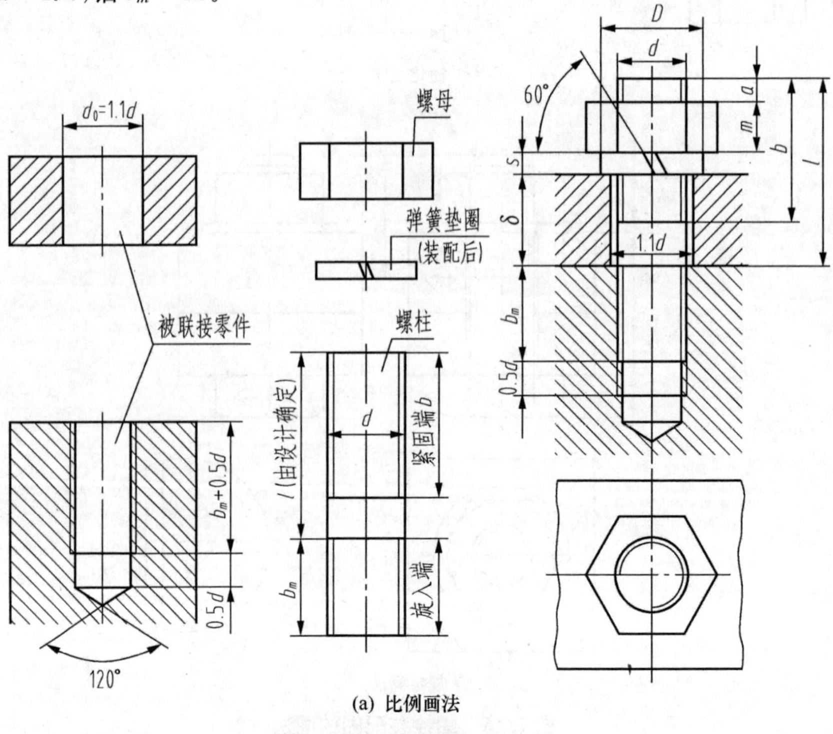

(a) 比例画法

图 7.17　螺柱装配图的画法

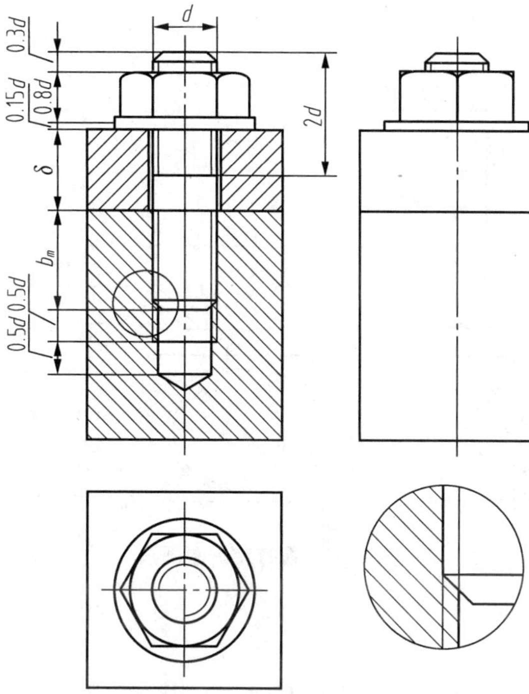

(b) 规定画法

续图 7.17　螺柱装配图的画法

(3) 画图时，螺孔底部应画出钻头留下的 120°圆锥孔。

(4) 螺柱的有效长度 l(不包括旋入端螺纹长度 d_m)应先按下式估算，然后查附录中附表 7 取标准长度。

$$L \geqslant \delta + h + m + \alpha$$

式中，δ 为联接件的厚度(mm)；h 为垫圈厚度(mm)；m 为螺母厚度(mm)；α 为螺柱伸入的长度(mm)。

根据计算出的数值，从相应的螺柱长度系列中选取与该值相近的标准值。

4. 螺钉装配图的画法

螺钉联接多用于受力不大的情况，不用螺母而直接将螺钉拧入机件的螺孔里。如图 7.18所示为几种常见的螺钉装配图的画法。

画螺钉装配图时应注意以下几点：

(1) 螺纹终止线要高出螺纹孔断面，以保证螺钉能够拧紧。

(2) 螺钉的改键槽在主视图和俯视图上都涂黑，并且俯视图上画成与中心线成 45°倾角。

(3) 螺钉的有效长度先按下式估算，然后根据估算值查附录中的附表 8～附表 10 选取标准长度。

$$L \geqslant \delta + b_m$$

式中，b_m 根据螺孔零件的材料而定。

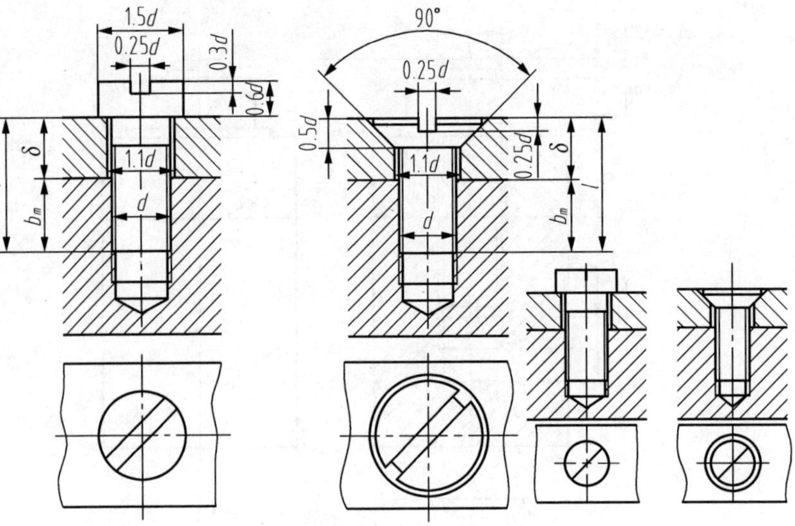

图 7.18　螺钉装配图画法

5. 紧定螺钉联接

紧定螺钉主要用于防止两个零件的相对运动。用锥端紧定螺钉限制轮和轴的相对位置,使它们不能产生相对运动。其画法如图 7.19 所示。

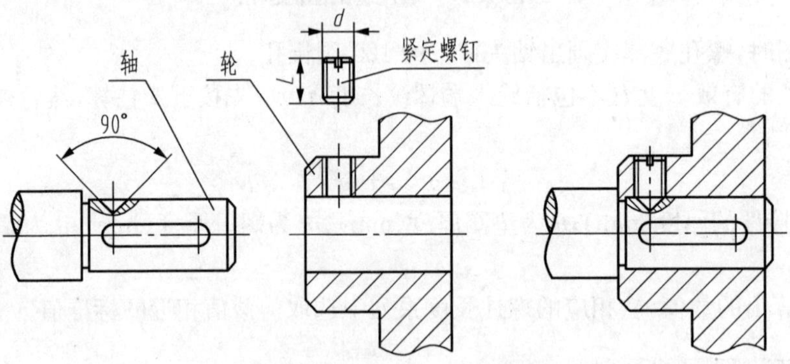

图 7.19　紧定螺钉装配图画法

任务三　键　和　销

一、键联接

键主要用于轴和轴上的零件(如带轮、齿轮等)之间的联接,起着传递扭矩的作用。如图 7.20 所示,将键嵌入轴上的键槽中,再将带有键槽的齿轮装在轴上,当轴转动时,通过键联接,齿轮也将和轴同步转动,达到传递动力的目的。

图 7.20　键联接

1. 常用键及其标记

键是标准件，其形式有许多种，常用的有普通平键、半圆键和钩头楔键，如表 7.3 所示。应用最广的是普通平键，按形状普通平键可分为 A 型（两端为圆头）、B 型（两端为平头）与 C 型（一端为圆头、一端为平头）3 种。

表 7.3　键及其标记示例

名称（标准号）	标　记	示　例
普通平键 GB/T 1096—2003 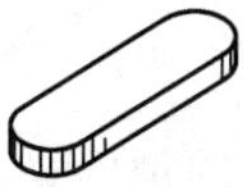	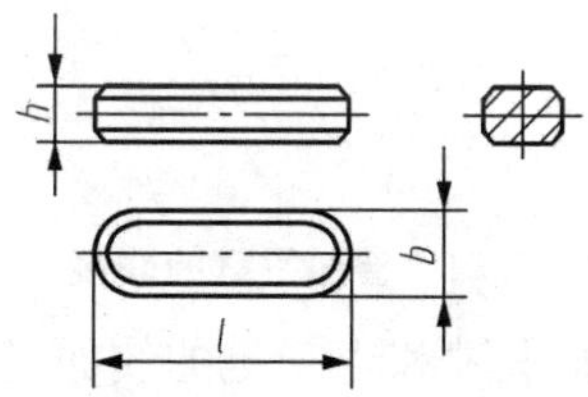	圆头普通平键 A 型，键宽 $b=8$、键高 $h=7$、键长 $l=25$，标记为：GB/T 1096 键 8×7×25
半圆键 GB/T1099.1—2003 	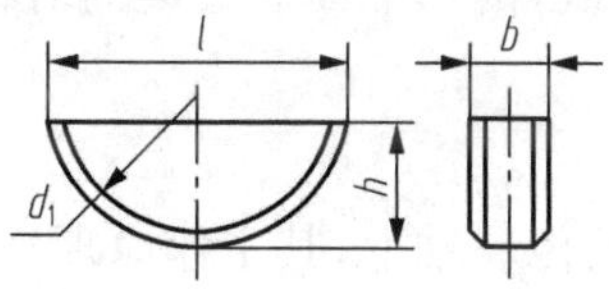	半圆键 $b=6$、$h=10$、$D=25$，标记为：GB/T 1096.1 键 6×10×25
钩头楔键 GB/T 1565—2003 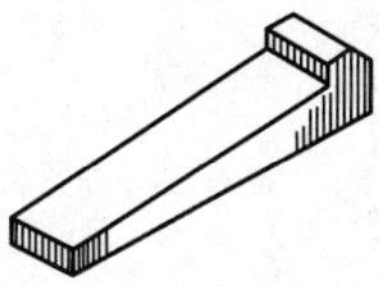	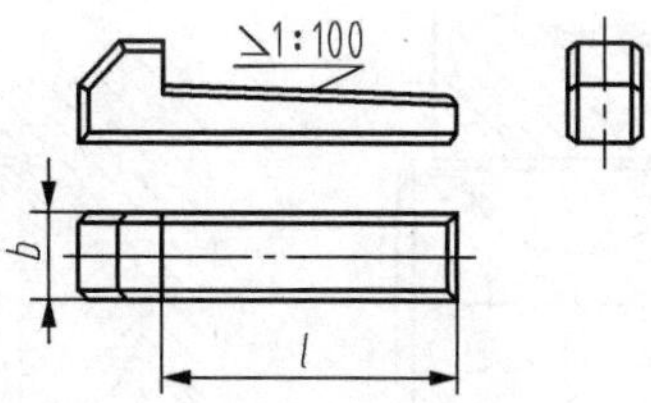	钩头楔键 $b=6$、$l=25$，标记为：GB/T 1565 键 6×25

2. 键联接的画法及尺寸标注

(1) 普通平键的联接画法

当采用普通平键时,键的长度 L 和宽度 b 要根据轴的直径 d 和传递的扭矩大小从标准中选取适当值。轴和轮毂上键槽的表达方法及尺寸标注如图 7.21(a)、(b)所示。在装配图上,普通平键的联接画法如图 7.21(c)所示。

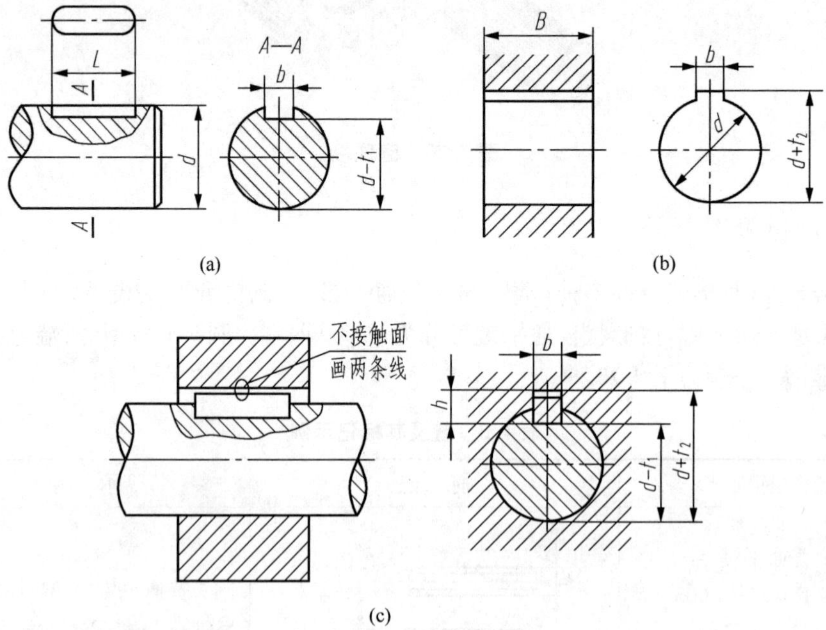

图 7.21　普通平键的联接

由键联接的工作情况可知,普通平键和半圆键的侧面是工作面,键的顶面是非工作面,因而键的顶面与轮毂上键槽的底面有间隙,要画成两条线;键的两侧面、底面与键槽两侧面及轴的键槽底面均接触,只画一条线;剖切平面通过键的对称平面作纵向剖切时,键按不剖绘制。

(2) 半圆键的联接画法

半圆键联接常用于载荷不大的传动轴上,其工作原理和画法与普通平键类似。键槽的表示方法和装配画法如图 7.22 所示。

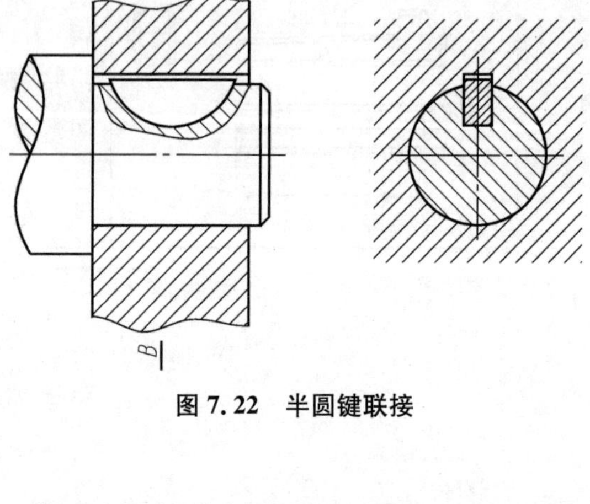

图 7.22　半圆键联接

(3) 钩头楔键的联接画法

钩头楔键的上顶面有 1∶100 的斜度，装配时将键沿轴向嵌入键槽内，靠键的上、下面将轴和轮联接在一起，键的侧面为非工作面，其装配图的画法如图 7.23 所示。

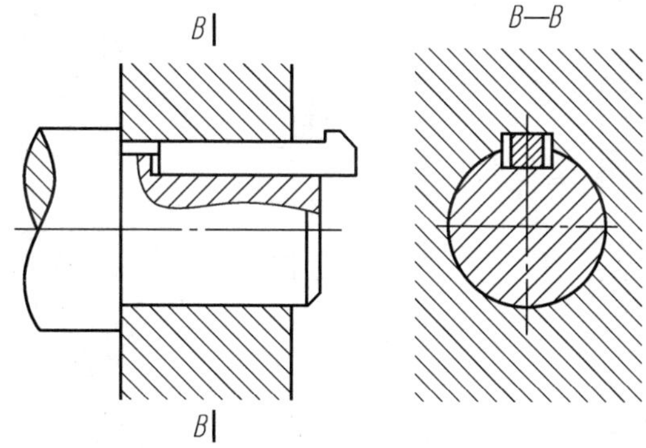

图 7.23　钩头楔键的联接

二、销联接

1. 销及其标记

在机械装备中，销常用于零件之间的联接和定位，常用的有圆柱销、圆锥销和开口销。常用销的形式、标记和联接画法示例见表 7.4。销是标准件，其规格尺寸可从标准中查得。

表 7.4　销的图例及标记示例

名　称	图　例	标　记	说　明
圆柱销 	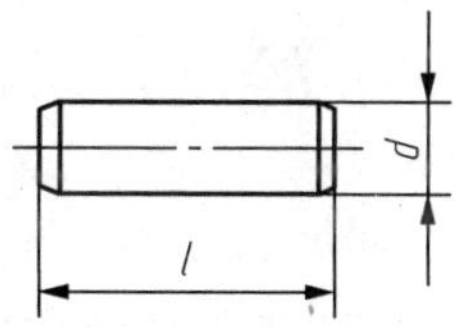	公称直径 d=8 mm，公称长度 l=30 mm，材料为 35 号钢，热处理硬度为 28～38HRC，表面氧化处理的 B 型圆柱销，GB/T 119.1—2000　B8×30	圆柱销按配合性质不同，分为 A、B、C、D 四种形式
圆锥销 	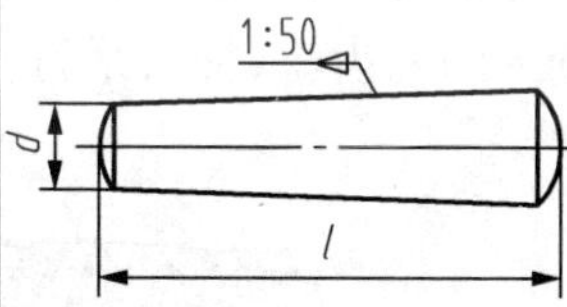	公称直径 d=5 mm，公称长度 l=60 mm，材料为 35 号钢，热处理硬度为 28～38HRC，表面氧化处理的 A 型圆锥销，GB/T 117—2000　A5×60	圆锥销按表面加工要求不同，分为 A、B 两种形式。公称直径指小端直径
开口销 	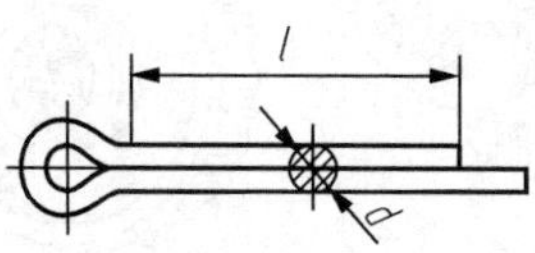	公称直径 d=5 mm，公称长度 l=50 mm，材料为 Q215，不经表面处理的开口销，GB/T 91—2000　5×50	公称直径指与之相配的销孔直径，故开口销直径都大于其实际直径

2. 销联接画法

圆柱销、圆锥销、开口销的联接画法如图 7.24 所示。

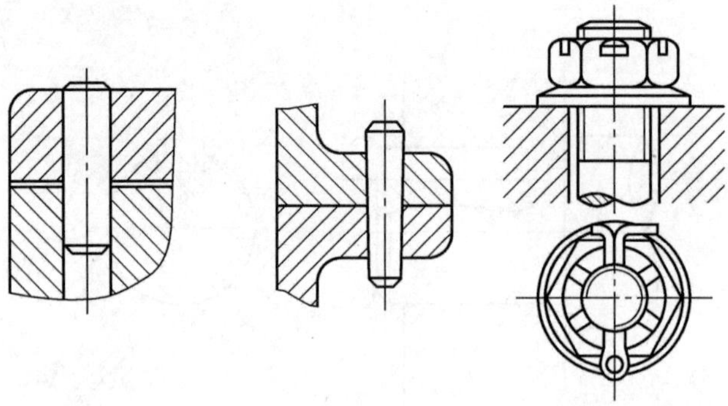

(a) 圆柱销的联接 (b) 圆锥销的联接 (c) 开口销的联接

图 7.24 销的联接

圆柱销或圆锥销的装配要求较高，销孔一般要在被联接零件装配后同时加工。这一要求需在相应的零件图上注明。锥销孔的公称直径指小端直径，标注时应采用旁注法，如图 7.25所示。

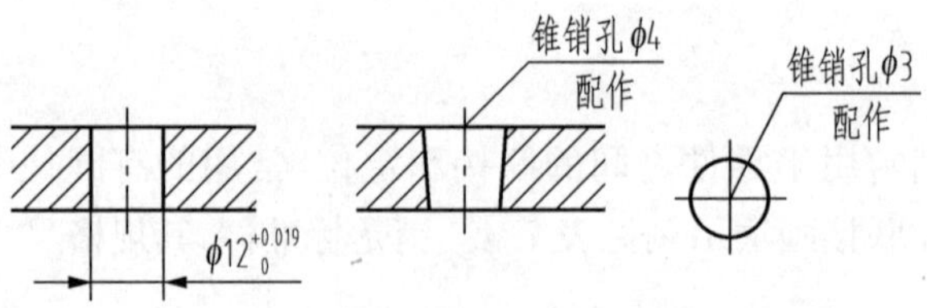

图 7.25 销孔的尺寸标注

任务四 齿 轮

齿轮是机械设备中应用十分广泛的一种传动零件，它不仅能够传递动力，还可以起到改变传动速度和方向的作用。齿轮的轮齿部分已经标准化，属于常用件，它传递运动和动力稳定可靠、效率高。根据传动形式的不同，齿轮可分为圆柱齿轮（轴线平行）、圆锥齿轮（轴线相交）和蜗轮蜗杆（轴线交叉）三类，如图 7.26 所示。

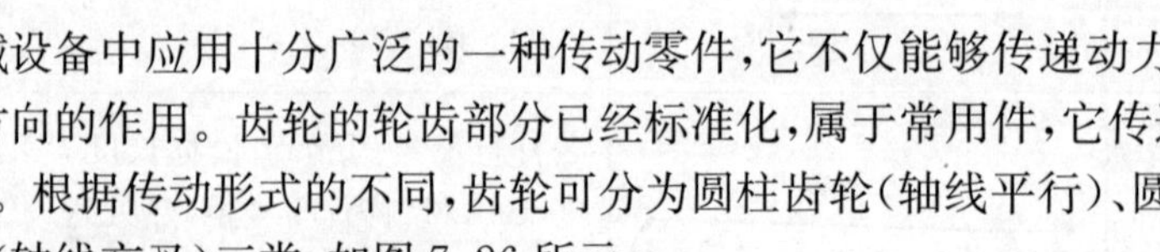

(a) 圆柱齿轮 (b) 圆锥齿轮 (c) 蜗轮蜗杆

图 7.26 齿轮传动形式

圆柱齿轮的轮齿的排列分为直齿、斜齿和人字齿 3 种，轮齿的齿廓曲线有渐开线、摆线和圆弧 3 种，渐开线的齿形最为常见，下面仅介绍渐开线齿形的直齿圆柱齿轮的有关知识和画法规定。

一、直齿圆柱齿轮

1. 直齿圆柱齿轮各部分的名称、代号及尺寸关系

如图 7.27 所示。

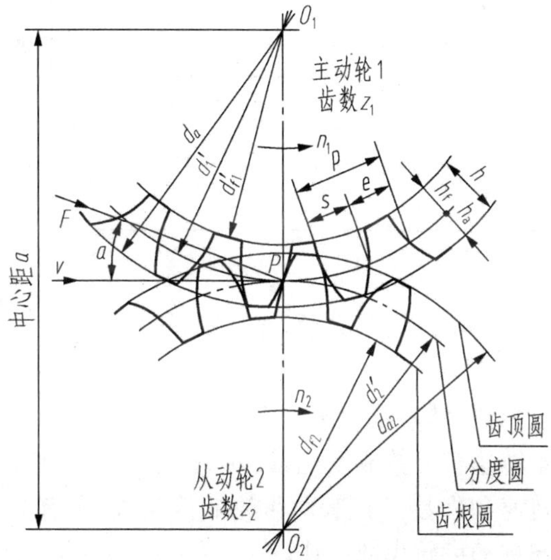

图 7.27　直齿圆柱齿轮各部分的名称和代号

(1) 齿数

齿轮上轮齿的总数称为齿数，是齿轮计算的主要参数之一，通常用 z 表示。

(2) 齿顶圆

通过齿顶的圆柱面直径，通常用 d_a 表示。

(3) 齿根圆

通过齿根的圆柱面直径。齿根圆直径通常用 d_f 表示。

(4) 分度圆

分度圆直径是齿轮设计和加工时的重要参数。分度圆是一个假想的圆，在该圆上齿厚 s 与槽宽 e 相等，它的直径称为分度圆直径。通常用 d 表示。

(5) 齿高

齿根圆与齿顶圆之间的径向距离，即轮齿的高度，简称齿高，通常用 h 表示。齿高又包括齿顶高 h_a(分度圆到齿顶圆的径向距离)和齿根高 h_f(分度圆到齿根圆的径向距离)两部分。

(6) 齿距、齿厚、齿槽宽

在分度圆上，相邻两齿对应齿廓之间的弧长称为齿距，通常用 p 表示；在分度圆上，一个齿的两侧对应齿廓之间的弧长称为齿厚，通常用 s 表示；在分度圆上，一个齿槽的两侧相应

齿廓之间的弧长,称为齿槽宽,通常用 e 表示。齿距 p 等于齿厚 s 与齿槽宽 e 之和。对于标准齿轮,分度圆上齿厚 s 与齿槽宽 e 近似相等。

$$s=e=\frac{p}{2}$$

(7) 模数

由于分度圆的周长 $\pi d=p\cdot z$,所以 $d=\frac{p}{\pi}\cdot z$,$\frac{p}{\pi}$就称为齿轮的模数(p、π 两个无理数相除得一有理数 m),通常用 m 表示。模数以 mm 为单位,它是齿轮设计和制造的重要参数。模数越大,齿距越大,齿轮的承载能力越大。为便于齿轮的设计和制造,减少齿轮成型刀具的规格及数量,国家标准对模数规定了标准值。渐开线齿轮的模数见表 7.5。

表 7.5 渐开线型圆柱齿轮模数(GB/T 1357—2008)

第一系列	1 1.25 1.5 2 2.5 3 4 5 6 8 10 12 16 20 25 32 40 50
第二系列	1.75 2.25 2.75(3.25)3.5 (3.75)4.5 5.5 (6.5)7 9(11) 14 18 22 28 36 45

(9) 中心距

两啮合齿轮轴线之间的距离称为中心距,通常用 a 表示。

(10) 传动比

主动齿轮转速(转/分)与从动齿轮转速之比称为传动比,常简称为速比,以字母 i 表示。一对相互啮合的齿轮由于转速与齿数成反比,设 n_1、z_1 分别代表主动齿轮的转速和齿数,n_2、z_2 分别代表从动齿轮的转速和齿数,i 代表两齿轮的传动比,则有 $i=n_1/n_2=z_2/z_1$,即速比亦等于从动齿轮齿数与主动齿轮齿数之比。

2. 直齿圆柱齿轮的尺寸计算

一对相互啮合的标准直齿圆柱齿轮,模数和齿形角必须相等。在已知它们的模数 m 和齿数 z 时,齿轮轮齿的其他参数均可根据表 7.6 里的公式计算出来。

表 7.6 标准直齿圆柱齿轮各基本尺寸计算公式

基本参数:模数 m 和齿数 z			
序 号	名 称	代 号	计算公式
1	齿距	p	$p=\pi m$
2	齿顶高	h_a	$h_a=m$
3	齿根高	h_f	$h_f=1.25m$
4	齿高	h	$h=2.25m$
5	分度圆直径	d	$d=mz$
6	齿顶圆直径	d_a	$d_a=m(z+2)$
7	齿根圆直径	d_f	$d_f=m(z-2.5)$
8	中心距	a	$a=m(z_1+z_2)/2$
9	传动比	i	$i=n_1/n_2=z_2/z_1$

3. 直齿圆柱齿轮的规定画法

(1) 单个齿轮的画法

单个齿轮一般用两个视图表示。齿轮的轮齿部分，按国标规定绘制：齿顶圆和齿顶线用粗实线绘制，分度圆和分度线用细点画线表示，齿根圆和齿根线用细实线绘制（也可省略不画）。在剖视图中，齿根线用粗实线绘制，不能省略。当剖切平面通过齿轮轴线时，轮齿一律按不剖绘制。除轮齿外，齿轮的其他部分均按投影法绘制。如图 7.28 所示。

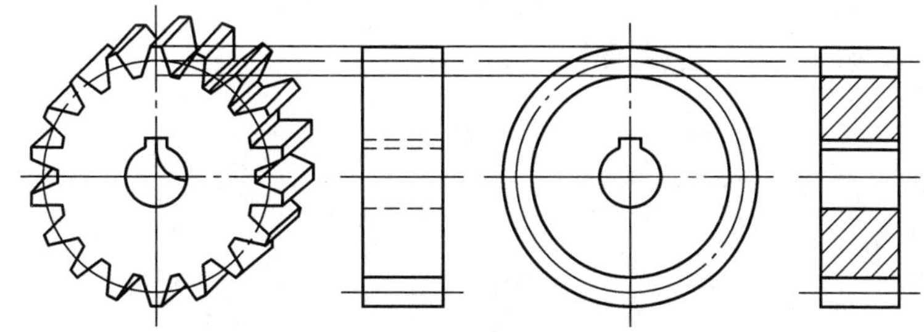

图 7.28　单个直齿圆柱齿轮的画法

在直齿圆柱齿轮的零件图中，轮齿部分的径向尺寸仅标注出分度圆直径和齿顶圆直径即可。轮齿部分的轴向尺寸仅标注齿宽和倒角。其他参数，如模数、齿数等，可在位于图纸右上角的参数表中给出，如图 7.29 所示。

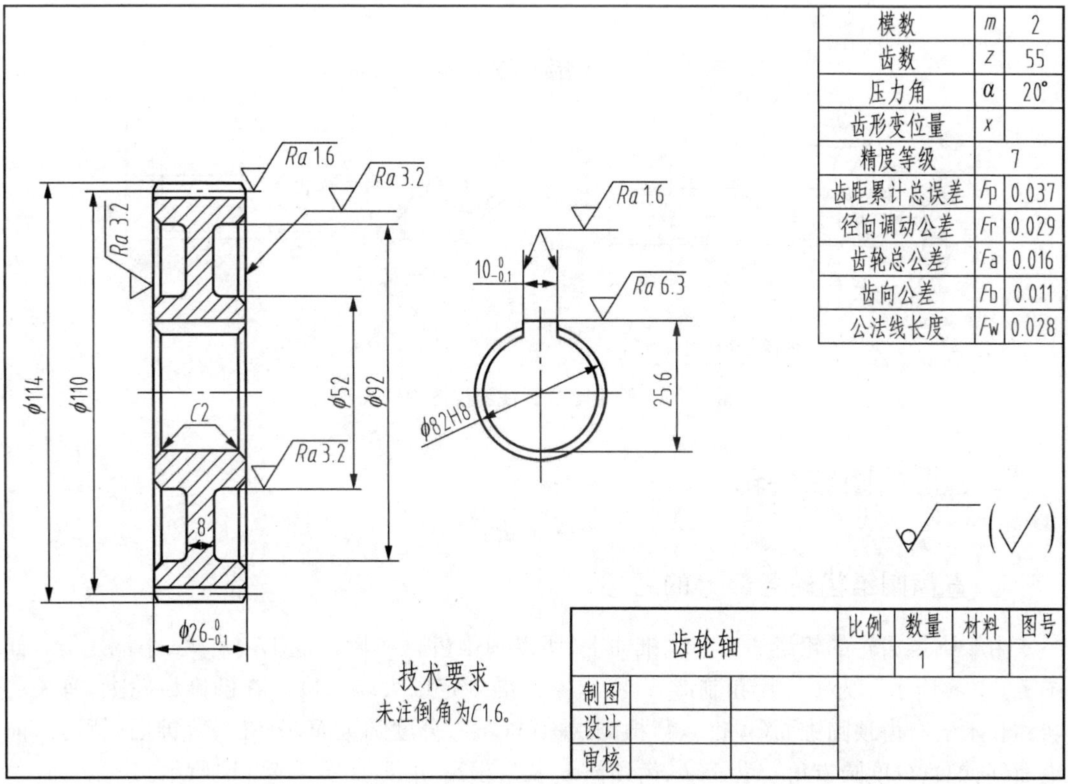

图 7.29　直齿圆柱齿轮的零件图

(2) 圆柱齿轮啮合的画法

两齿轮啮合时，除啮合区外，其余部分均按单个齿轮绘制，啮合区按如下规定绘制，如图 7.30 所示。

(1) 在垂直于齿轮轴线的投影面的视图中(反映为圆的视图)，分度圆相切，齿顶圆均用粗实线绘制，如图 7.30(b)中的左视图。啮合区的齿顶圆也可省略不画，如图 7.30(b)所示。在不反映圆的视图上，啮合区的齿顶线不需画出，分度线用粗实线绘制，如图 7.30(b)中主视图所示。齿根圆全部不画。

(2) 采用剖视图表达时，在啮合区内将一个齿轮的齿顶线用粗实线绘制，另一个齿轮的轮齿被遮挡，其齿顶线用虚线绘制，如图 7.31 所示。

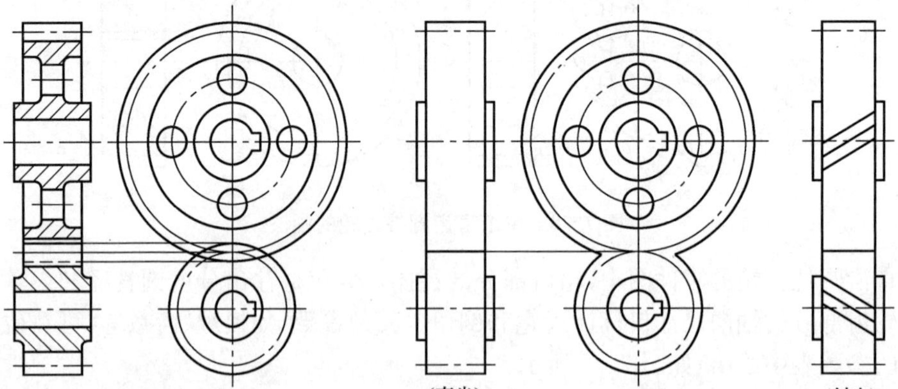

(直齿) (斜齿)

(a) 规定画法 (b) 省略画法

图 7.30 两直齿圆柱齿轮的啮合画法

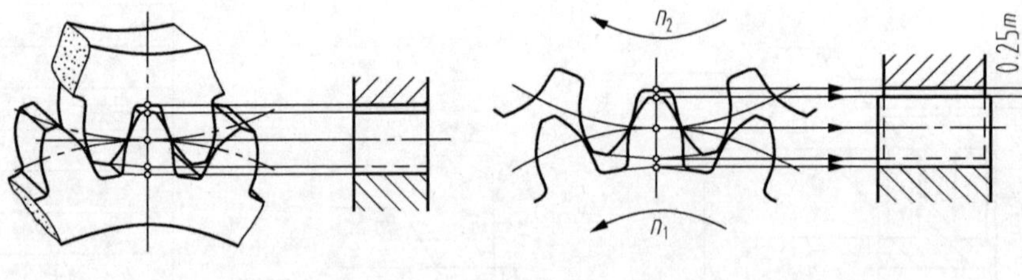

(a) 齿宽相同 (b) 齿宽不同

图 7.31 轮齿啮合区在剖视图中的画法

二、直齿圆锥齿轮

1. 直齿圆锥齿轮各部分的名称

由于圆锥齿轮的轮齿加工在圆锥面上，所以圆锥齿轮在齿宽范围内有大、小端之分，如图 7.32(a)所示。为了计算和制造方便，国家标准规定以大端为准。在圆锥齿轮上，有关的名称和术语有齿顶圆锥面(顶锥)、齿根圆锥面(根锥)、分度圆锥面(分锥)、背锥面(背锥)、前锥面(前锥)、分度圆锥角 δ、齿高 h、齿顶高 h_a 及齿根高 h_f 等，如图 7.32(b)所示。

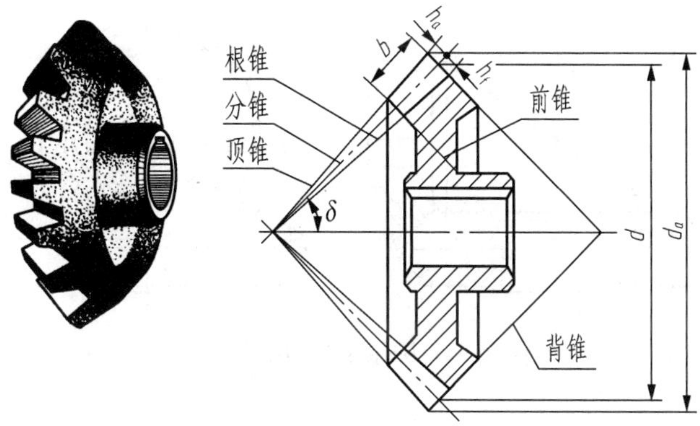

(a)　　(b)

图 7.32　圆锥齿轮各部分名称

2. 直齿圆锥齿轮的画法简介

单个圆锥齿轮画法,如图 7.33 所示。

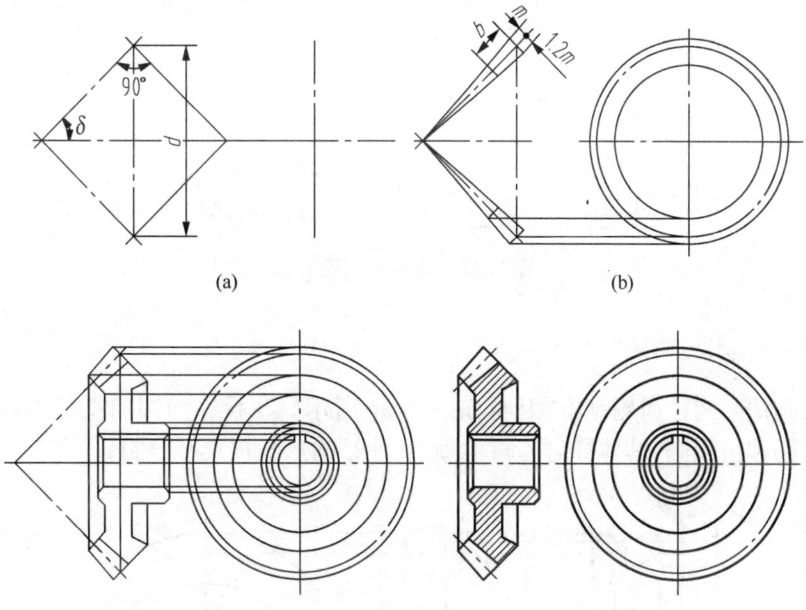

(a)　　(b)

(c)　　(d)

图 7.33　单个圆锥齿轮的画图步骤

3. 圆锥齿轮的啮合画法

如图 7.34 所示。

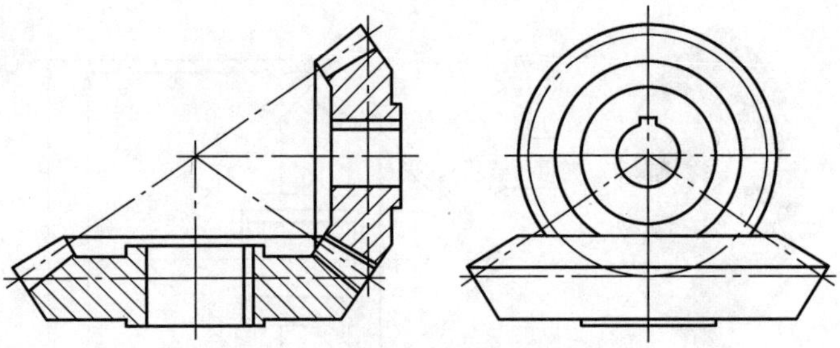

图 7.34　圆锥齿轮的啮合画法

三、蜗杆、蜗轮简介

1. 蜗杆的规定画法

蜗杆的形状如梯形螺杆，轴向剖面齿形为梯形，顶角为 40°，一般用一个视图表达。它的齿顶线、分度线、齿根线画法与圆柱齿轮相同，牙型可用局部剖视或局部放大图画出。具体画法如图 7.35 所示。

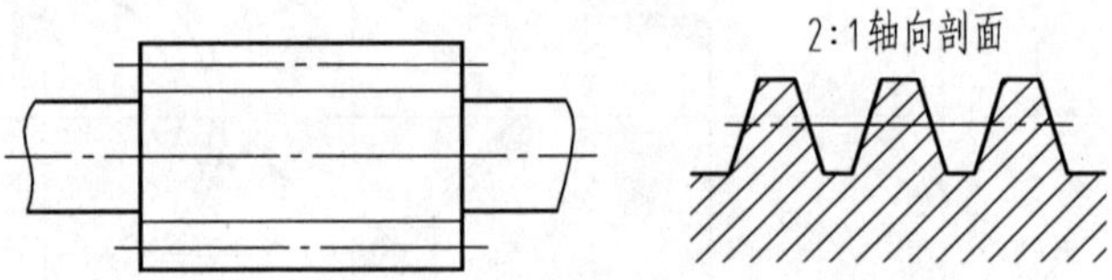

图 7.35　蜗杆的规定画法

2. 蜗轮的规定画法

蜗轮的画法与圆柱齿轮基本相同，如图 7.36 所示。在投影为圆的视图中，轮齿部分只需画出分度圆和齿顶圆，其他圆可省略不画，其他结构形状按投影绘制。

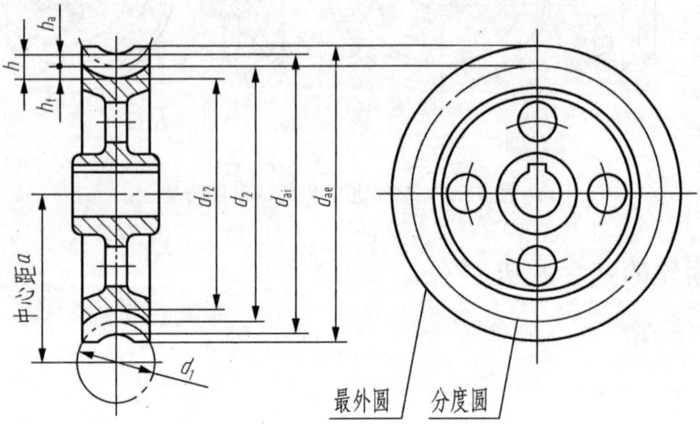

图 7.36　蜗轮的几何要素代号和画法

3. 蜗杆、蜗轮的啮合画法

蜗杆、蜗轮的啮合画法如图 7.37 所示。在主视图中，蜗轮被蜗杆遮住的部分不必画出。在左视图中，蜗轮的分度圆与蜗杆的分度线应相切。

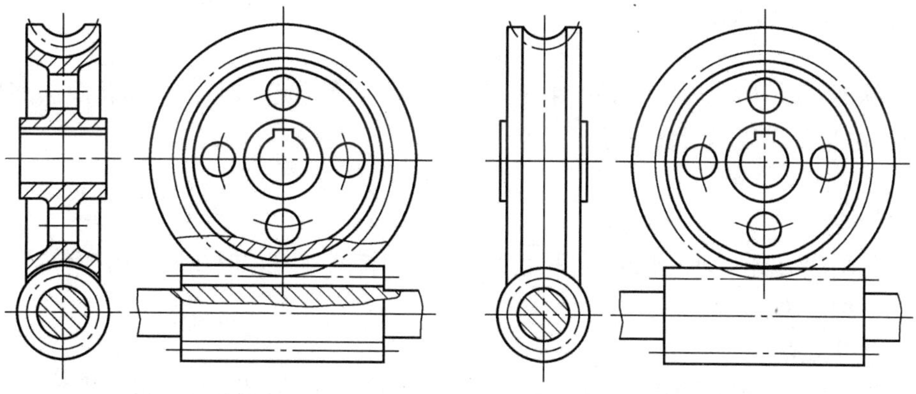

(a) 剖视图　　(b) 外形图

图 7.37　蜗杆、蜗轮的啮合画法

任务五　滚 动 轴 承

滚动轴承是用来支承旋转轴的部件，结构紧凑，摩擦阻力小，能在较大的载荷、较高的转速下工作，转动精度较高，在工业中应用十分广泛。滚动轴承的结构及尺寸已经标准化，由专业厂家生产，选用时可查阅有关标准。

一、滚动轴承的结构和类型

1. 滚动轴承的结构

滚动轴承的结构一般由四部分组成，如图 7.38 所示。

外圈——装在机体或轴承座内，一般固定不动或偶做少许转动。

内圈——装在轴上，与轴紧密配合且随轴转动。

滚动体——装在内、外圈之间的滚道中，有滚珠、滚柱、滚锥等类型。

保持架——用来均匀分隔滚动体，防止滚动体之间相互摩擦与碰撞。

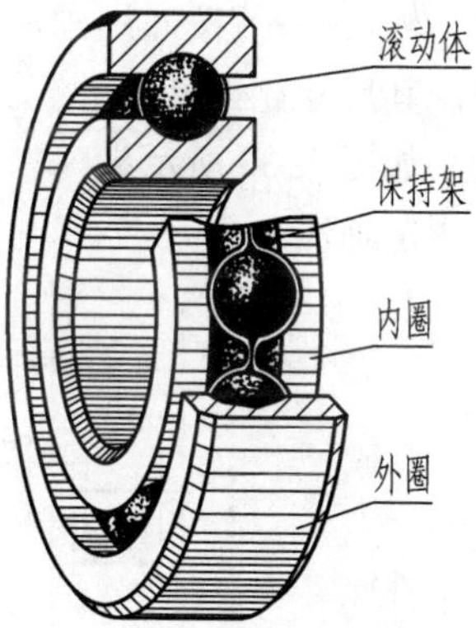

图 7.38　滚动轴承的结构

2. 滚动轴承的类型

滚动轴承按承受载荷的方向可分为以下三种类型：

向心轴承——主要承受径向载荷，常用的向心轴承如深沟球轴承。

推力轴承——只承受轴向载荷，常用的推力轴承如推力球轴承。

向心推力轴承——同时承受轴向和径向载荷，常用的如圆锥滚子轴承。

二、滚动轴承的画法

国家标准 GB/T 4459.7—1998 对滚动轴承的画法做了统一规定，有简化画法和规定画法，简化画法又分为通用画法和特征画法两种。

1. 简化画法

用简化画法绘制滚动轴承时，应采用通用画法和特征画法。但在同一图样中，一般只采用其中的一种画法。

(1) 通用画法

在剖视图中，当不需要确切地表示滚动轴承的外形轮廓、载荷特性、结构特征时，可用矩形线框以及位于线框中央正立的十字形符号来表示滚动轴承。矩形线框和十字形符号均用粗实线绘制，十字形符号不应与矩形线框接触，通用画法的尺寸比例见表 7.7。

(2) 特征画法

在剖视图中，如果需要比较形象地表示滚动轴承的结构特征时，可采用在矩形线框内画出其结构要素符号的方法表示。特征画法的矩形线框、结构要素符号均用粗实线绘制。常用滚动轴承的特征画法的尺寸比例示例见表 7.7。

2. 规定画法

必要时，滚动轴承可采用规定画法绘制。采用规定画法绘制滚动轴承的剖视图时，轴承的滚动体不画剖面线，其内、外圈可画成方向和间隔相同的剖面线。规定画法一般绘制在轴的一侧，另一侧按通用画法绘制。规定画法中各种符号、矩形线框和轮廓线均用粗实线绘制。其尺寸比例见表 7.7。

如图 7.39 所示为深沟球轴承的画法，其中(a)图为通用画法，(b)图为特征画法，(c)图为规定画法。

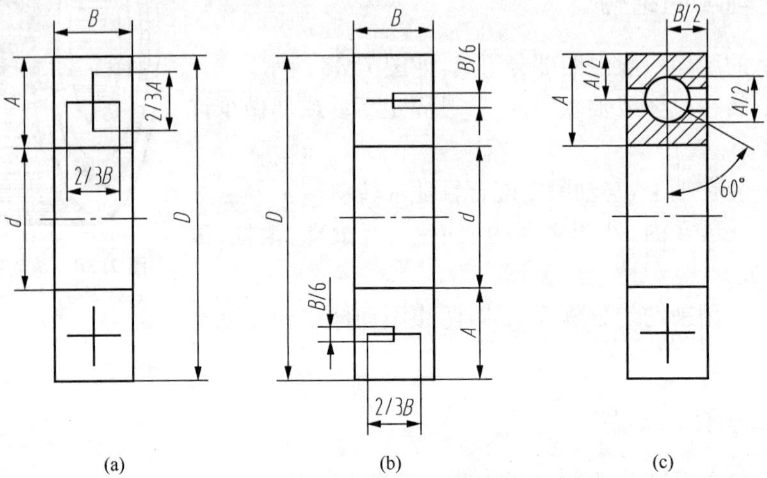

图 7.39　深沟球轴承的画法

表 7.7　滚动轴承的简化画法和规定画法

类型名称和标准号	结　构	简化画法		规定画法
		通用画法	特征画法	
深沟球轴承 GB/T 276—1996	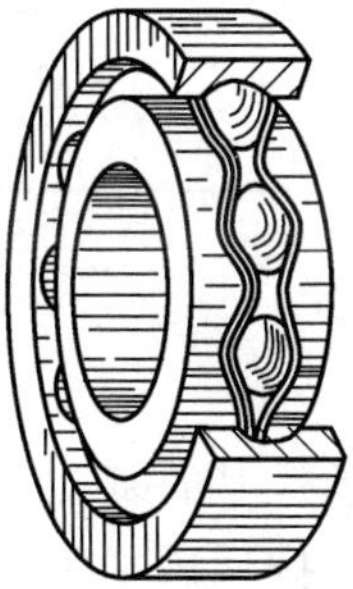		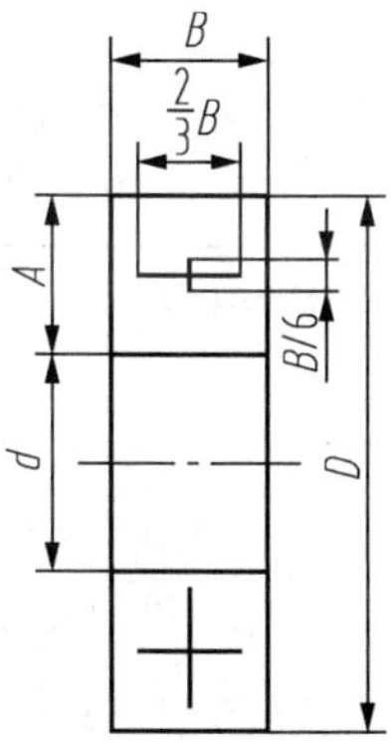	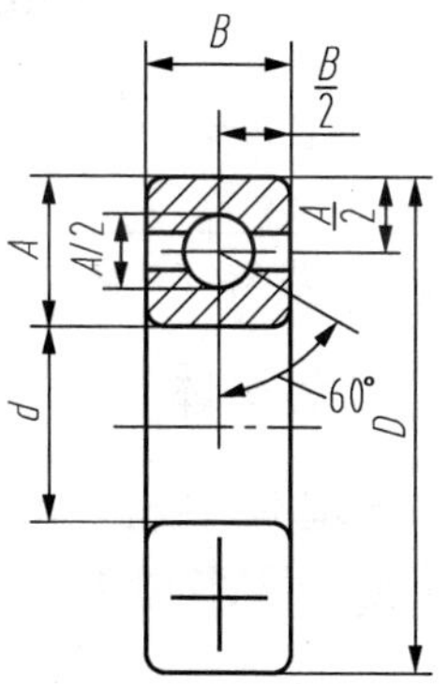
圆锥滚子轴承 GB/T 273.1—2003	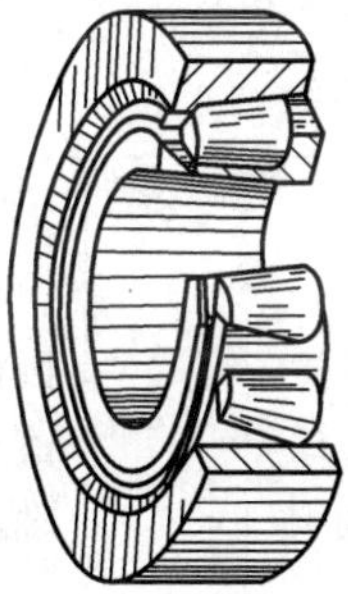	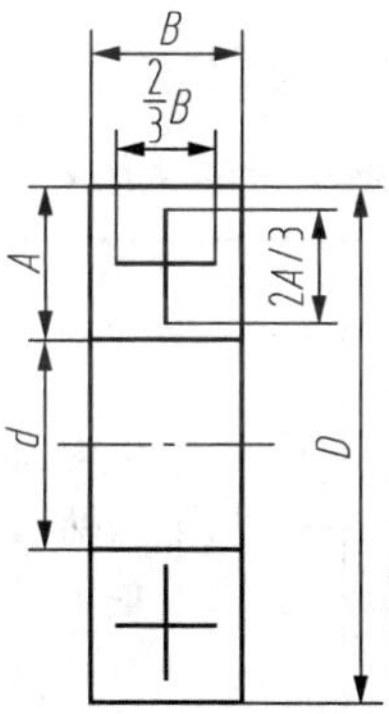	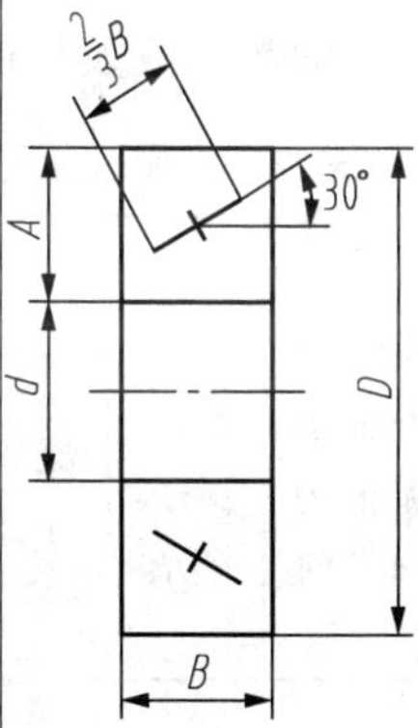	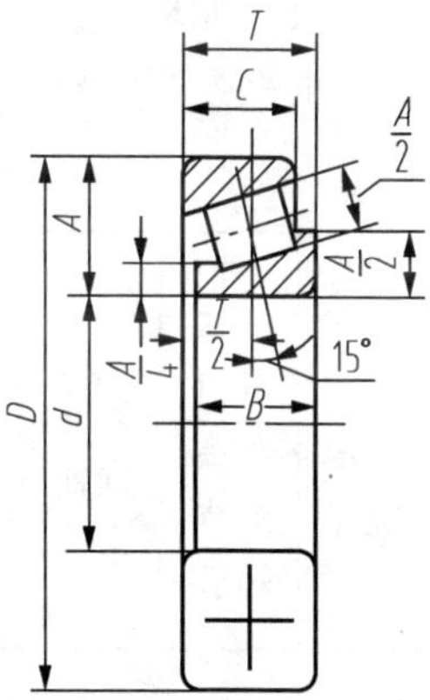
推力球轴承 GB/T 301—1995	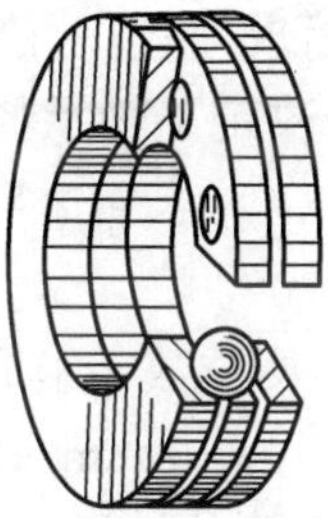		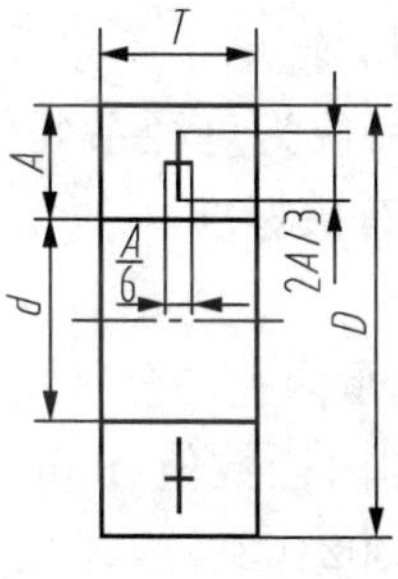	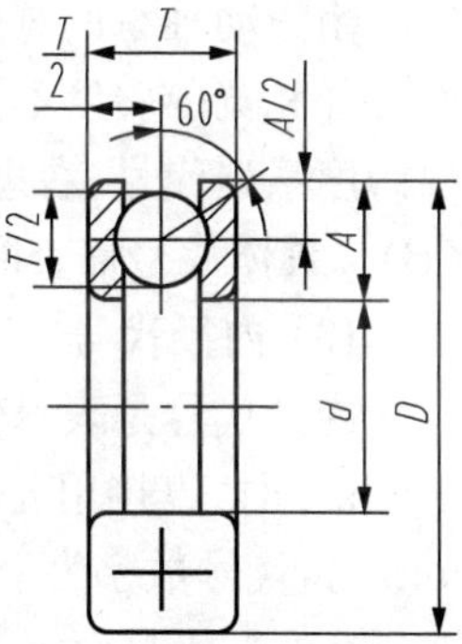

三、滚动轴承的代号

滚动轴承的代号一般打印在轴承的端面上，由基本代号、前置代号和后置代号三部分组成，排列顺序如下：

前置代号　基本代号　后置代号

具体如表 7.8 所示。

表 7.8 轴承代号

<table>
<tr><td rowspan="3">前置代号</td><td colspan="4">基本代号</td><td rowspan="3">后置代号</td></tr>
<tr><td rowspan="2">类型代号</td><td colspan="2">尺寸系列代号</td><td rowspan="2">内径代号</td></tr>
<tr><td>宽(高)度
系列代号</td><td>直 径
系列代号</td></tr>
</table>

注:表中基本代号的排列形式不包括滚针轴承。

1. 基本代号

基本代号表示滚动轴承的基本类型、结构及尺寸,是轴承代号的基础。基本代号由轴承类型代号、尺寸系列代号和内径代号构成(滚针轴承除外),其排列顺序如下:

轴承类型代号　尺寸系列代号　内径代号

(1) 轴承类型代号

轴承类型代号用阿拉伯数字或大写拉丁字母表示,其含义如表 7.9 所示。

表 7.9 轴承类型代号(摘自 GB/T 272—1993)

代号	0	1	2	3	4	5	6	7	8	N	U	QJ
轴承类型	双列角接触球轴承	调心球轴承	调心滚子轴承和推力调心滚子轴承	圆锥滚子轴承	双列深沟球轴承	推力球轴承	深沟球轴承	角接触球轴承	推力圆柱滚子轴承	圆柱滚子轴承	外球面球轴承	四点接触球轴承

(2) 尺寸系列代号

由滚动轴承的宽(高)度系列代号和直径系列代号组合而成,它主要用来区别内径相同而外径和宽(高)度不同的轴承。尺寸系列代号由两位数字组成,左边一位为滚动轴承的宽(高)度系列代号,右边一位为直径系列代号。尺寸系列代号决定了轴承的外径(D)和宽度(B)。具体代号需查阅有关标准。

(3) 内径代号

内径代号是表示轴承内孔的公称尺寸,用符号 d 表示,由两位数字组成。轴承内径为 1～9 mm 时,直接用公称内径数值(mm)表示。轴承内径分别为 10 mm、12 mm、15 mm、17 mm 时,代号数字为 01、02、03。内径在 20 mm 至 480 mm 之间的轴承(22 mm、28 mm、32 mm 除外),代号数字为内径除以 5 的商,商数为个位数时,需在商数左边加 0。例如,内径为 40 mm,则内径代号为 08。对应的轴承内径值可用代号数乘以 5 计算得到。内径为 22 mm、28 mm、32 mm 以及大于或等于 500 mm 时,也用公称内径直接表示,但要用“/”与尺寸系列代号隔开。内径代号具体内容可查如表 7.10 所示的有关国家标准。

表 7.10　轴承内径代号(摘自 GB/T 272—1993)

<table>
<tr><th colspan="2">轴承公称内径(mm)</th><th>内径代号</th><th>示　例</th></tr>
<tr><td colspan="2">0.6～10
(非整数)</td><td>用公称内径毫米数直接表示,对深沟球及角接触球轴承7、8、9 直径系列,内径与尺寸系列代号之间用“/”分开</td><td>深沟球轴承 618/2.5,
$D=2.5$ mm</td></tr>
<tr><td colspan="2">1～9
(整数)</td><td>用公称内径毫米数直接表示,其与尺寸系列代号之间用“/”分开</td><td>深沟球轴承 628/5,
$d=5$mm</td></tr>
<tr><td rowspan="4">10～17</td><td>10</td><td>00</td><td rowspan="4">深沟球轴承 6200,
$d=10$ mm</td></tr>
<tr><td>12</td><td>01</td></tr>
<tr><td>15</td><td>02</td></tr>
<tr><td>17</td><td>13</td></tr>
<tr><td colspan="2">20～480
(22、28、32　除外)</td><td>公称内径除以 5 的商数,商数为个位数,需在商数左边加 0,如“08”</td><td>调心滚子轴承 23208,
$d=40$ mm</td></tr>
<tr><td colspan="2">≥500 以及 22、28、32</td><td>用公称内径毫米数直接表示,其与尺寸系列代号之间用“/”分开</td><td>调心滚子轴承 230/500,$d=500$ mm;深沟球轴承 62/22,$d=22$ mm</td></tr>
</table>

2. 前置代号和后置代号

前置代号和后置代号是轴承在结构形状、尺寸、公差、技术要求等有改变时,在其基本代号左、右添加的补充代号。前置代号用字母表示,后置代号用字母或加数字表示。

轴承代号标记示例:

6208——第一位数 6 表示类型代号,为深沟球轴承。第二位数 2 表示尺寸系列代号,宽度系列代号 0 省略,直径系列代号为 2。后两位数 08 表示内径代号,$d=8\times5=40$ mm。

N2110——第一个字母 N 表示类型代号,为圆柱滚子轴承。第二、三两位数 21 表示尺寸系列代号,宽度系列代号为 2,直径系列代号为 1。后两位数 10 表示内径代号,内径 $d=10\times5=50$ mm。

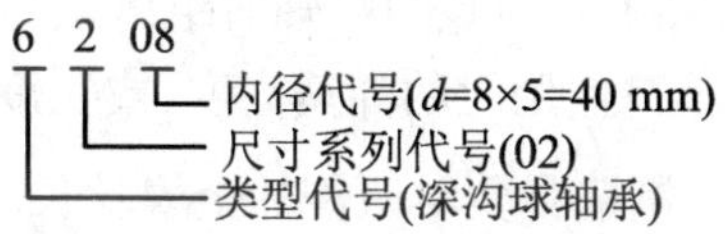

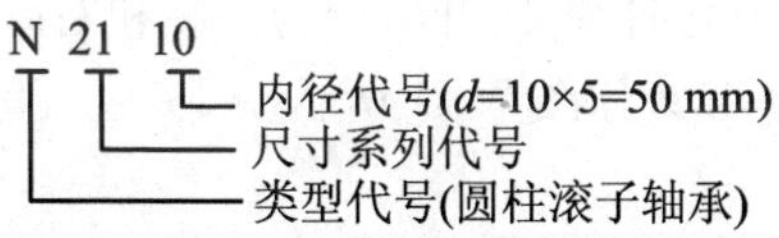

任务六　弹　　簧

弹簧是机械、电器设备中一种常用的零件,主要用在缓冲和减振、控制运动、储存和输出能量以及测量力和力矩等场合。

弹簧的特点是去掉外力后能立即恢复原状。弹簧的种类很多,使用较多的是圆柱螺旋弹簧,如图 7.40 所示。本节主要介绍圆柱螺旋压缩弹簧的尺寸计算和规定画法。

(a) 压缩弹簧　(b) 拉伸弹簧　(c) 扭力弹簧

图 7.40　圆柱螺旋弹簧

一、圆柱螺旋压缩弹簧各部分的名称及尺寸关系

(1) 簧丝直径 d——制造弹簧所用金属丝的直径。

(2) 弹簧外径 D_2——弹簧的最大直径。

(3) 弹簧内径 D_1——弹簧的内孔直径,即弹簧的最小直径。$D_1=D_2-2d$。

(4) 弹簧中径 D——弹簧轴剖面内簧丝中心所在柱面的直径,即弹簧的平均直径,$D=(D_1+D_2)/2=D_1+d=D_2-d$。

(5) 有效圈数 n——保持相等节距且参与工作的圈数。

(6) 支承圈数 n_2——为了使弹簧工作平衡,端面受力均匀,使中心轴线垂直于支承面,制造时将弹簧两端的$\frac{3}{4}\sim1\frac{1}{4}$圈压紧靠实,并磨出支承平面。这些圈仅起支承作用,所以称为支承圈。支承圈数 n_2 表示两端支承圈数的总和,一般有 1.5 圈、2 圈、2.5 圈三种。常取 2.5圈。

(7) 总圈数 n_1——有效圈数和支承圈数的总和,$n_1=n+n_2$。

(8) 节距 t——相邻两有效圈上对应点间的轴向距离。

(9) 自由高度 H_0——未受载荷作用时的弹簧高度(或长度),$H_0=nt+(n_2-0.5)d$。

(10) 弹簧的展开长度 L——制造弹簧时所需的金属丝长度,$L=n_1\sqrt{(\pi D^2)+t^2}$。

(11) 旋向——与螺旋线的旋向意义相同,分为左旋和右旋两种。

圆柱螺旋压缩弹簧的主要参数如图 7.41 所示。

二、圆柱螺旋压缩弹簧的规定画法

1. 弹簧的画法

GB/T 4459.4—2003 规定了弹簧的画法。

(1) 在平行于螺旋弹簧轴线的投影面的视图中,其各圈的轮廓应画成直线。

(2) 有效圈数在四圈以上时,可以每端只画出 1~2 圈(支承圈除外),其余省略不画。

(3) 螺旋弹簧均可画成右旋,但左旋弹簧不论画成左旋或右旋均需注写旋向“左”字。

(4) 螺旋压缩弹簧如要求两端并紧且磨平时，不论支承圈多少均按支承圈 2.5 圈绘制，必要时也可按支承圈的实际结构绘制。

弹簧的表示方法有剖视、视图和示意画法，如图 7.41 所示。

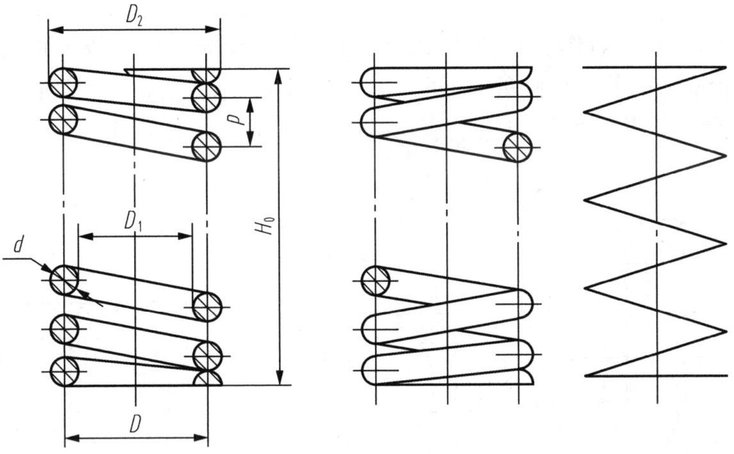

(a) 剖视　(b) 视图　(c) 示意图

图 7.41　圆柱螺旋压缩弹簧的表示法

例 7.1　已知一普通圆柱螺旋压缩弹簧，中径 $D=38$，材料直径 $d=6$，节距 $t=11.8$，有效圈数 $n=7.5$，支承圈数 $n_0=2.5$，右旋，试绘制该弹簧。

解　弹簧外径

$$D_2 = D + d = 38 + 6 = 44$$

自由高度

$$H_0 = nt + (n_0 - 0.5)d = 7.5 \times 11.8 + (2.5 - 0.5) \times 6 = 100.5$$

作图步骤如图 7.42 所示。

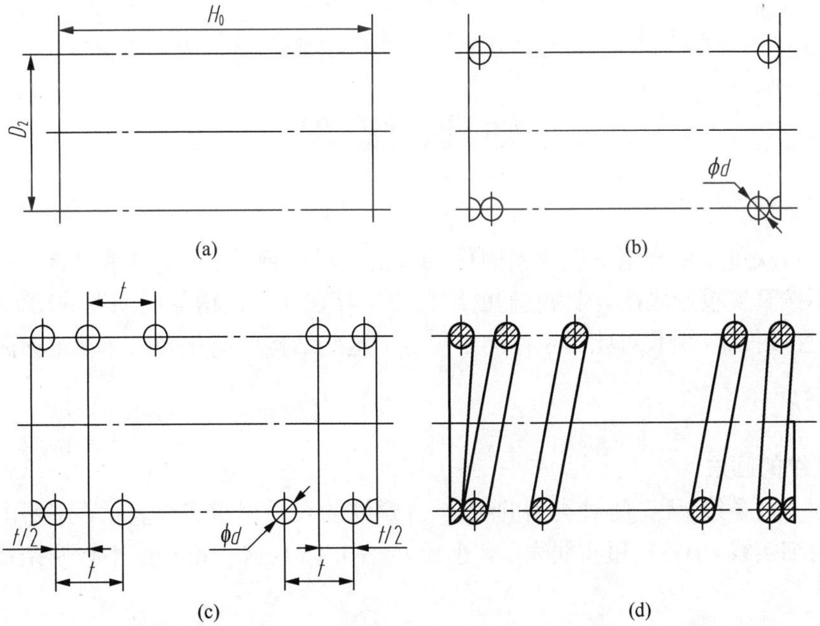

(a)　(b)　(c)　(d)

图 7.42　圆柱螺旋压缩弹簧的画图步骤

此例中支承圈为 2.5 圈。标准规定不论支承圈数多少，均可按此绘制。因为制造弹簧时是按图上所注圈数加工的。

2. 装配图中弹簧的简化画法

在装配图中，弹簧被看作实心物体，因此，被弹簧挡住的结构一般不画出。可见部分应画至弹簧的外轮廓或弹簧的中径处，如图 7.43(a)、(b)所示。当簧丝直径在图形上小于或等于 2 mm 并被剖切时，其剖面可以涂黑表示，如图 7.43(b)所示。也可采用示意画法，如图 7.43(c)所示。

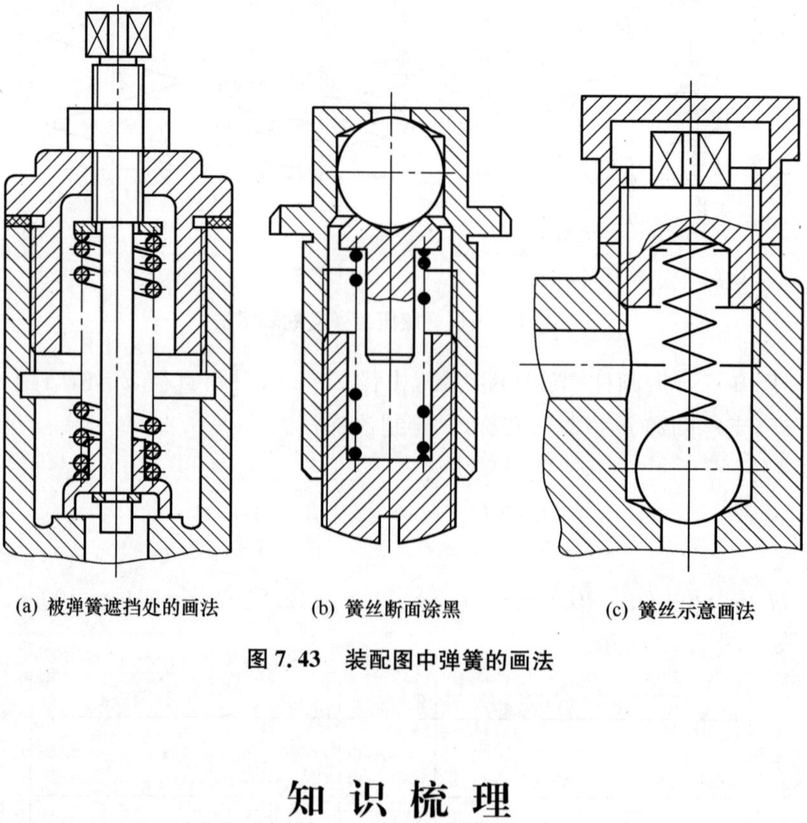

(a) 被弹簧遮挡处的画法　　(b) 簧丝断面涂黑　　(c) 簧丝示意画法

图 7.43　装配图中弹簧的画法

知 识 梳 理

在这一模块里主要介绍了螺纹紧固件、键、销、齿轮、弹簧、滚动轴承等常用件。这些常用件一般不按真实投影画图，因为它们的结构中都存在牙、齿、槽等周期性的动力结构，且已标准化，不宜按投影绘制，对此国家标准中规定了这些结构的简化画法和规定标注。

1. 画法

(1) 螺纹的画法

注意画好两条线，无论哪种类型的螺纹，外螺纹的大径用粗实线表示，小径用细实线，内螺纹大经用细实线，小径用粗实线表示，小径 $d_1=0.85d$，这一粗一细平行两条线是螺纹的标志性投影。

(2) 齿轮的画法

单个齿轮注意画好三条线：齿顶线、齿根线、分度线，齿顶圆、齿根圆、分度圆；两齿轮啮合注意五条线的画法。

(3) 螺旋弹簧的画法

用直线代替螺旋线；有效圈数在四圈以上的螺旋弹簧，中间部分可省略不画。

(4) 滚动轴承的画法

滚动轴承是标准件，其画法有简化画法和规定画法两种，简化画法又可分为通用画法和特征画法。

2. 标注

(1) 标准螺纹的标注

在螺纹的大径上注明特征代号、公称直径、螺距、旋向、公差带代号和旋合长度代号。

(2) 齿轮的标注

齿顶圆直径、分度圆直径及有关齿轮的基本尺寸要直接注出。其他各主要参数如模数m、齿数z和精度等级等要在图纸右上角参数表中说明。

螺纹紧固件、键、销和滚动轴承是标准件，一般不画其零件图。在装配图的明细栏中，只要标注出它们的标记就可以在有关标准中查出其结构型式、规格、尺寸等。

思考与练习

1. 什么是标准件？常用标准件有哪些？对它们实行标准化有何好处？
2. 螺纹的基本要素是什么？
3. 内、外螺纹互相旋合的基本条件是什么？画图说明内、外螺纹各自的画法。
4. 在装配图中，画螺纹紧固件应注意哪些事项？
5. 已知直齿轮的模数$m=3$，$z=25$，试计算齿轮的各部分尺寸。
6. 滚动轴承代号 6210 的含义是什么？
7. 观察、拆装一级圆柱齿轮减速器，看看怎样使用两对深沟球轴承、一对齿轮啮合六处螺栓的联接、三处普通平键联接、销的联接。

模块八　零　件　图

任务一　零件图的内容和作用

一、零件图的作用

零件图是与生产实际结合最紧密并用于指导生产的一种图样。任何机器(或部件)都是由若干个零件组成的，要生产出合格的机器（或部件），首先必须制造出合格的零件，而零件又是根据零件图来进行制造和检验的。这种用来表达零件结构形状、尺寸大小及技术要求的图样称为零件工作图，简称零件图。零件图是加工制造零件的依据，反映了设计者的意图，表达了机器或部件对零件的要求，是生产中最重要的技术文件之一。

二、零件图的内容

由图 8.1 所示的踏脚座零件图可看出，一张完整的零件图应包括下列基本内容：

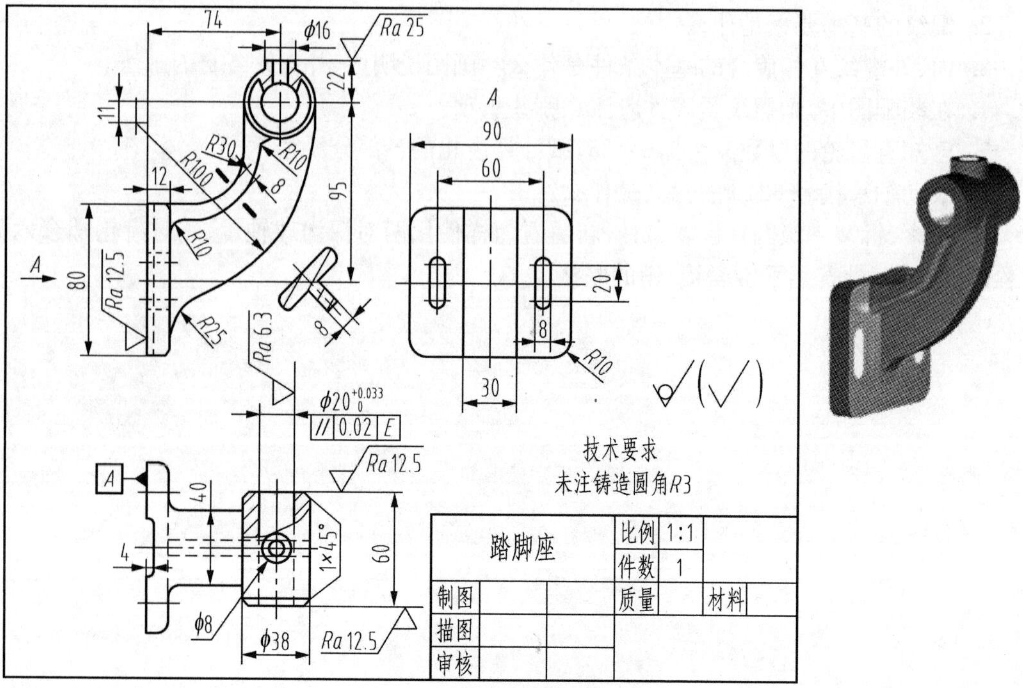

图 8.1　踏脚座零件图

1. 一组图形

用一组恰当的图形(采用视图、剖视、断面、局部放大等表达方法),正确、清晰地表达零件的内、外结构和形状。

2. 完整的尺寸

图形中应正确、完整、清晰、合理地标注出制造零件和检验零件所需的全部尺寸。

3. 技术要求

用规定的符号、数字、字母和文字注解,简明、准确地给出零件加工制造过程中及制造后应达到的质量要求(包括表面粗糙度、尺寸公差、形状和位置公差、热处理及表面处理等)。

4. 标题栏

标题栏用于填写零件的名称、数量、材料、比例、图号及设计、绘图、审核等责任人的签名和时间等内容。

任务二　零件图的视图表达方案

零件图必须正确、完整、清晰地表达出零件每一部分的结构形状、大小和相互位置,并力求绘图简便。为此,就要对零件进行结构形状分析,依据零件的结构特点、用途及主要加工方法,灵活地运用视图、剖视图、断面图以及其他各种表达方法,恰当地选择主视图和其他视图,以便确定较合理的表达方案。

一、零件图的视图表达方法

1. 主视图的选择

主视图是表达零件结构形状的一组图形中最主要的视图,在画图与看图中起主导作用。选择主视图时,首先要考虑零件如何摆放和主视图投影方向的问题,因此,选择主视图,应遵循下列原则:

(1) 形状特征最明显。主视图要能够将零件的主要结构形状和各部分之间的相对位置关系表达得最清楚。

(2) 以加工位置为主视图。主视图所表示的零件位置,应尽可能与零件的主要加工位置相一致,这是为了加工制造者看图方便。

(3) 以工作位置为主视图。工作位置是指零件在机器或部件中工作时的位置。主视图与零件的工作位置相一致,有利于把零件图和装配图对照起来看图,也便于想象零件在部件中的安装位置。

(4) 以自然摆放位置为主视图。

一个零件的主视图不一定要完全符合上述三条原则，而应根据零件的结构特征各有侧重。

2. 其他视图的选择

其他视图是主视图的必要补充，对主视图未能表达或不能表达的零件形体进行表达。

注意的问题：

(1) 在充分表达零件结构形状的前提下，尽可能使零件的视图数目为最少。

(2) 每个视图都有明确的表达的侧重点，具有独立存在的意义，而不应该为表达而表达，使绘图复杂化。

(3) 根据零件的内部结构选择恰当的剖视图和断面图。

(4) 对尚未表达清楚的局部形状和细小结构补充必要的局部视图和局部放大图。能采用省略、简化画法表达的要尽量采用。

二、典型零件的表达方法

零件结构千变万化，零件种类繁多，但可根据它们的结构、用途、加工制造等方面的特点，总体上将其大致分为轴套类、轮盘类、叉架类、箱体类四类典型零件。由于每一类零件的结构及其制造工艺大致相同，所以在零件图的视图选择上也有共同之处。下面逐一进行分析。

1. 轴套类零件的表达方法

轴套类零件通常指轴、套筒等，其主要结构一般由大小不同的同轴回转面（圆柱、圆锥）组成，具有轴向尺寸大于径向尺寸的特点。零件上常有键槽、退刀槽、挡圈槽、螺纹、销孔、倒圆、倒角、中心孔等结构。如图 8.2 所示。

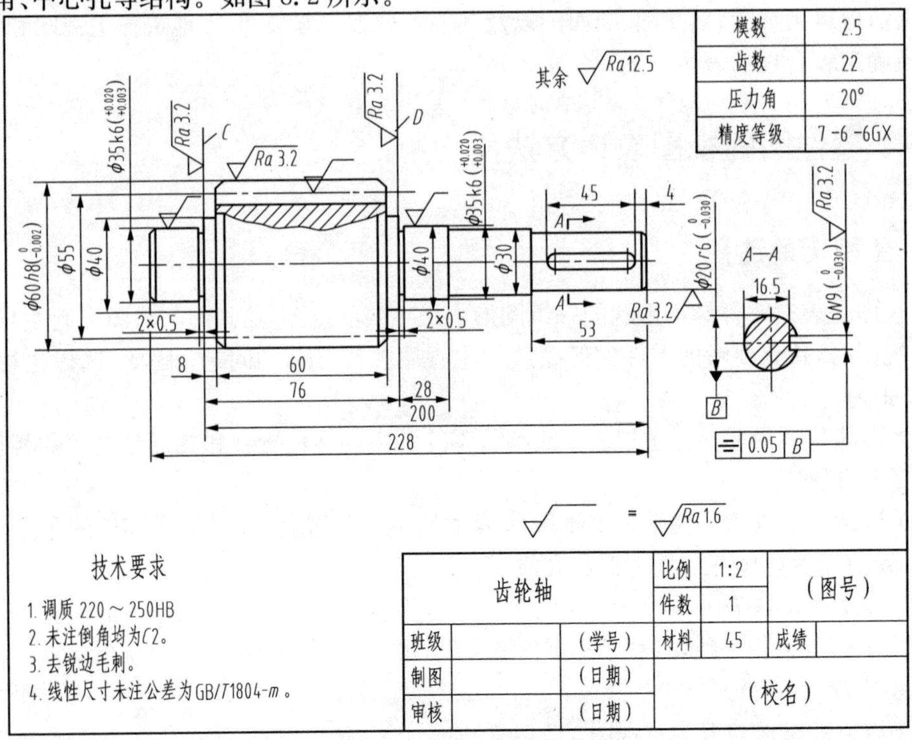

图 8.2　齿轮轴零件图

考虑这类零件的切削加工主要在车床和磨床上进行，一般按加工位置将轴线水平放置来画主视图，这样既反映了零件的轴向结构形状，也便于加工时图物对照；较长轴可采用折断画法；空心轴中的内部结构，可采用局部剖视、全剖、半剖等表达方法；对于主视图尚未表达清楚的局部结构（键槽、螺孔等），可采用剖面、局部视图、局部放大图补充。

2. 轮盘类零件的表达方法

轮盘类零件包括齿轮、手轮、端盖等，主要加工工序是车削和磨削，轴线亦应水平放置。零件的主体多数由同轴回转体构成，结构形状特点是轴向尺寸小、径向尺寸较大，并在径向分布有螺孔、光孔、销孔、键槽、轮辐、肋板等结构。如图 8.3 所示。

这类零件一般选择两个基本视图，主视图按加工位置放置，采用轴向剖视图表达轴向剖面结构，另一个采用左或右视图表达投影为圆的外形特征。基本视图未能表达清楚的结构形状，可用剖面图或局部视图作为补充，较小结构可用局部放大图表达。

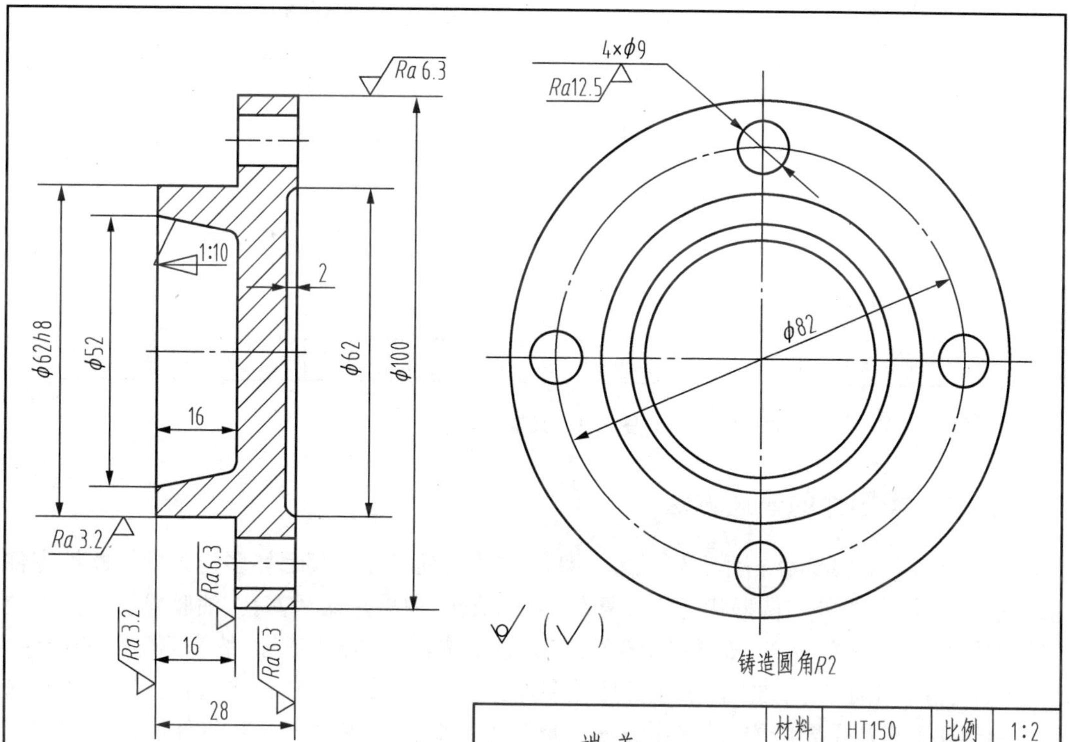

端盖		材料	HT150	比例	1:2
		数量	1	图号	
制图		（厂名）			
校核					

图 8.3 端盖零件图

3. 叉架类零件的表达方法

叉架类零件结构形状一般比较复杂，加工工序比较多，所以一般按工作位置和形状特征原则选择主视图，当工作位置是倾斜的或不固定时，可将其摆正画主视图。主视图常采用局部剖视表达主体外形和局部内形。其他视图，对其倾斜结构常用斜视图、旋转视图、斜剖和剖面等表达方法。如图 8.4 所示。

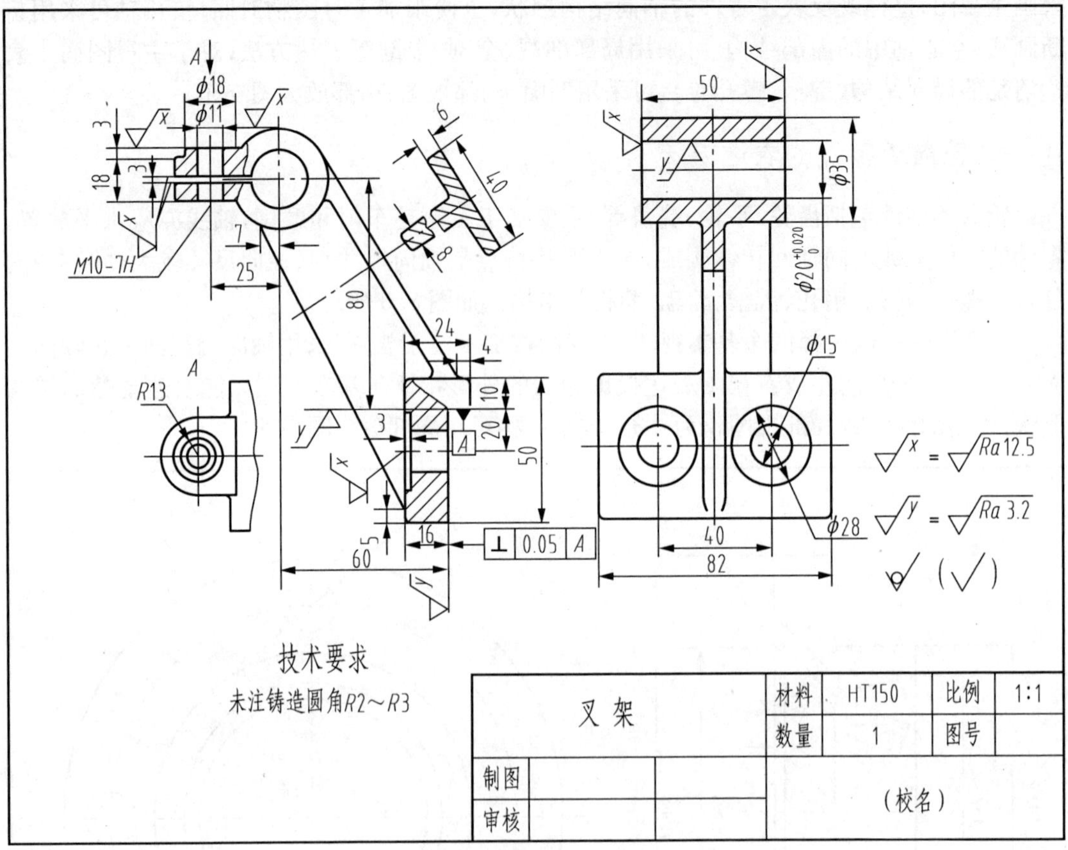

图 8.4　叉架类零件

4. 箱体类零件的表达方法

这类零件包括减速器箱体、液压缸体、泵体、阀体、机座等。其毛坯多为铸件。此类零件多为中空壳体，其内外结构形状都比较复杂，常有轴孔、轴承孔或活塞孔、油腔等结构。这类零件常具有安装底板、法兰、安装孔、螺孔、销孔等结构，还有安装油标、油塞等零件的凸缘、凸台、凹坑等。由于箱体类零件加工部位较多，因此主视图多按工作位置选择。主视图常采用各种剖视来表达主要结构，其投影方向应反映形体特征。由于箱体类零件的外形和内腔都较复杂，所以常需三个或三个以上的基本视图并作适当剖视来进一步表达主体结构。基本视图没有表达清楚的部分可用局部剖视、剖面等补充表达。

图 8.5 缸体零件图由三个基本视图组成。主视图按工作位置放置，采用全剖视图，反映缸体的内部结构形状及顶部螺孔的贯通情况，由于剖切位置为前后对称平面，剖视图省略标注。左视图为了既表达外形，又反映内形，采用了过销孔轴线的半剖视图。俯视图用来重点表达安装底板的形状及其安装孔、销孔的分布和缸体顶部凸台的形状。在左视图的外形部分又采用局部剖视补充表达安装孔的结构情况。

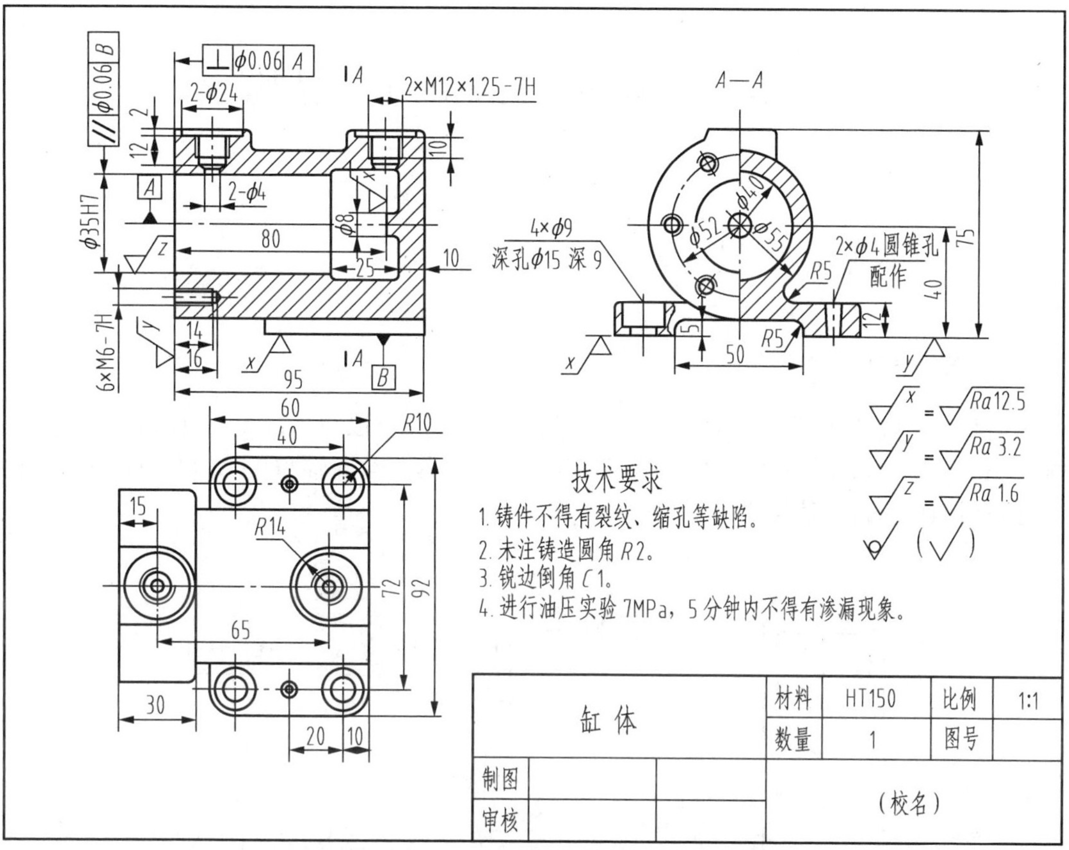

图 8.5　缸体零件图

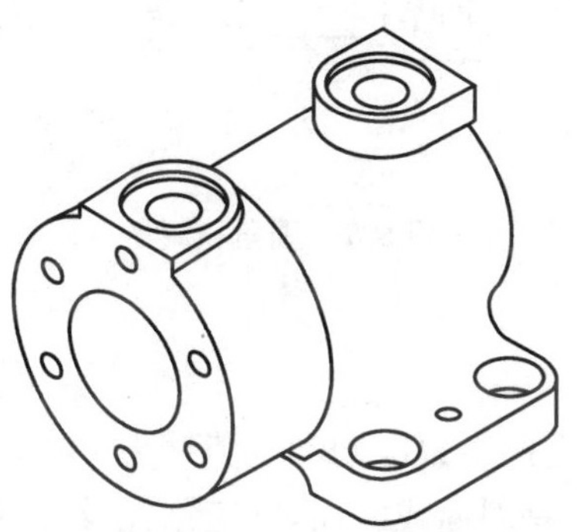

图 8.6　缸体轴测图

任务三　零件上常见的工艺结构

一、机械加工工艺结构

1. 圆角和倒角

阶梯上的轴和孔，为了在轴肩、孔肩处避免应力集中，常以圆角过渡，在轴和孔的端面上加工出 45°或其他度数的角，目的是为了便于安装和操作安全。轴和孔的标准倒角和圆角的尺寸可由国标查得。其尺寸标注方法如图 8.7 所示。

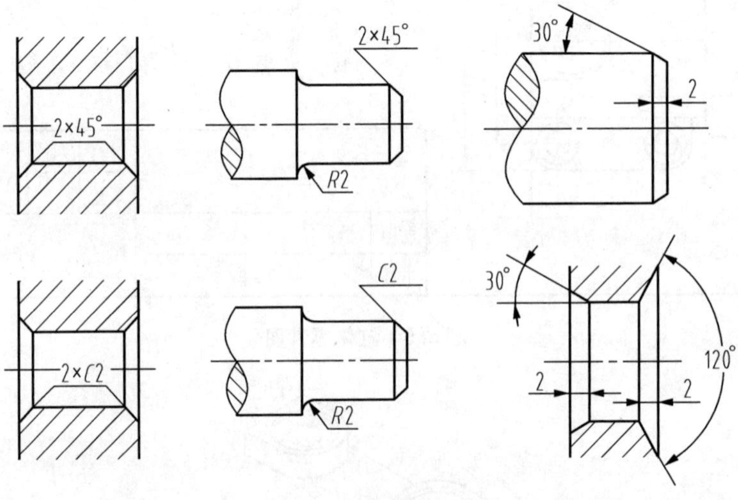

图 8.7　圆角和倒角

2. 钻孔工艺结构

用钻头钻孔时，为保证钻孔的位置准确和避免钻头折断，应使钻头的轴线垂直于被钻孔端面。如果需钻孔处零件表面是斜面或曲面，则应预先设置与钻孔方向垂直的平面、凸台或凹坑。如图 8.8 所示，(a)图为正确结构，(b)图为不正确结构。

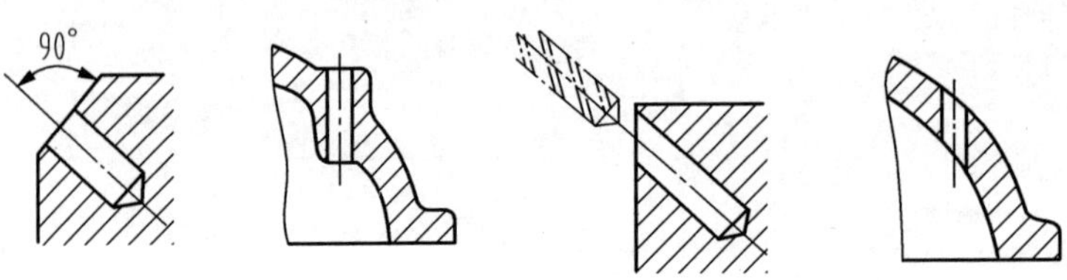

(a) 正确　　(b) 不正确

图 8.8　钻孔工艺结构比较

用钻头钻盲孔时，由于钻头顶部有 120°的圆锥面，所以盲孔总有一个 120°的圆锥面，扩孔时也有一个锥角为 120°的圆台面，如图 8.9 所示。此外钻孔时，应尽量使钻头垂直于孔的端面，否则易将孔钻偏或将钻头折断。

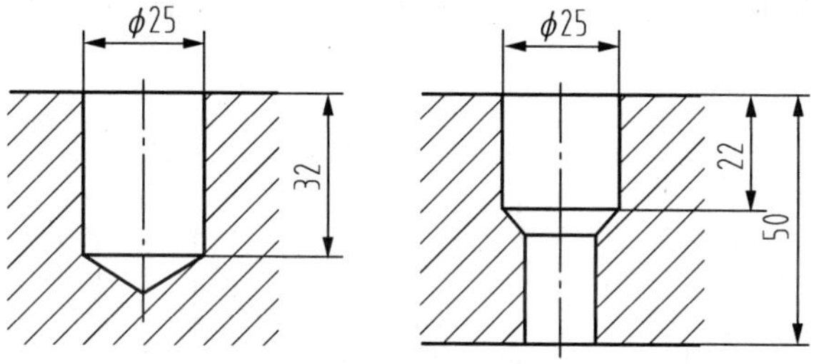

图 8.9 钻孔工艺结构

3. 退刀槽和越程槽

在切削过程中，为使刀具易于退刀，并在装配时容易与有关零件靠紧，常在加工表面的台肩处加工出退刀槽或越程槽。常见退刀槽和越程槽的结构及尺寸标注如图 8.10 所示。图中的数据可从有关的标准中查取。

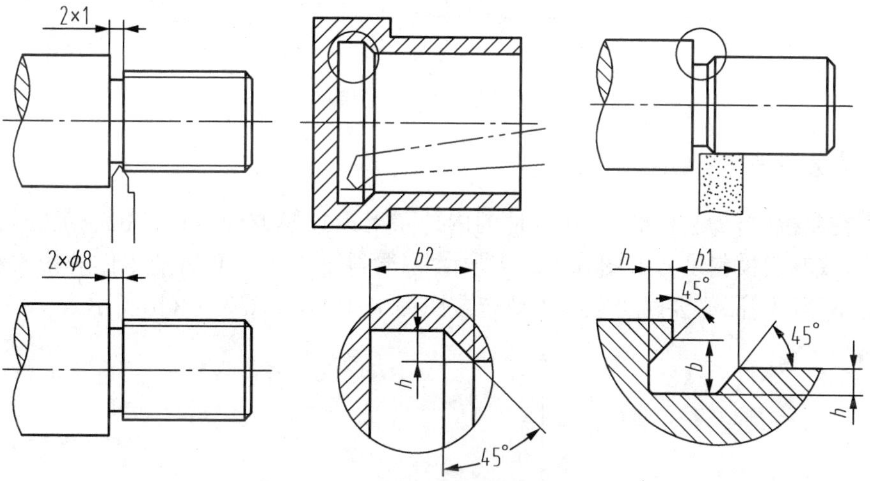

图 8.10 退刀槽和越程槽

二、铸件工艺结构

1. 铸件壁厚

铸件各部分的壁厚应尽量均匀，在不同壁厚处应使厚壁和薄壁逐渐过渡，以免铸造时在冷却过程中形成热节，产生缩孔。为保证铸件的铸造质量，防止因铸件壁厚不均铁水冷却速度不同而产生缩孔、裂纹等铸造缺陷，应使铸件壁厚均匀或逐渐变化，不宜相差过大，在两壁相交处应有过渡斜度，如图 8.11 所示。

2. 铸造圆角

为了避免砂型尖角处落砂，防止铸件尖角处产生裂纹、缩孔等铸造缺陷，铸件各表面相交处均应做出过渡圆角，如图 8.11(b)、(c)、(d)所示。画图时应注意毛坯面的转角处都有圆角，若是加工面，则圆角被加工掉了，要画成尖角或倒角，如图 8.11(c)、(d)所示。

铸件上两表面相交处应做成圆角，铸造圆角的大小一般为 $R3 \sim R5$，可集中标注在技术要求中。

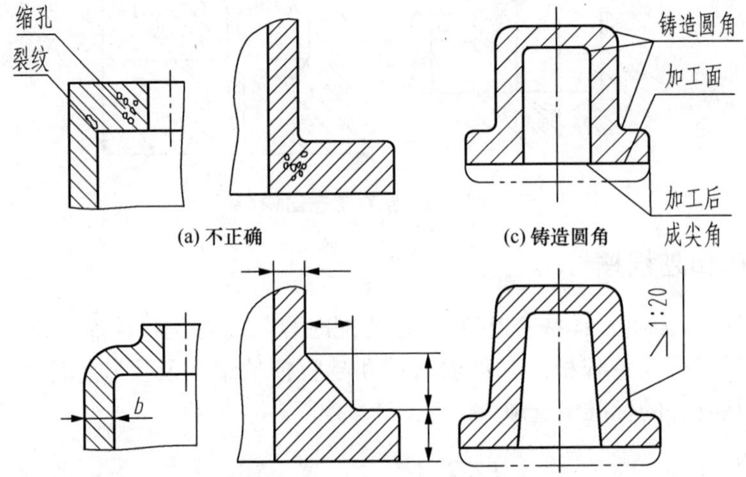

(a) 不正确　(b) 正确　(c) 铸造圆角　(d) 起模斜度

图 8.11　铸件工艺结构

3. 起模斜度

铸件在起模时，为起模顺利，在铸件的内外壁上沿拔模方向常设计出一定的斜度，称为拔模斜度(或叫起模斜度)，如图 8.12(a)所示，一般斜度为 1∶20 铸造零件的拔模斜度在零件图中可不画、不注，必要时可在技术要求或图形中注出，如图 8.12(b)所示。

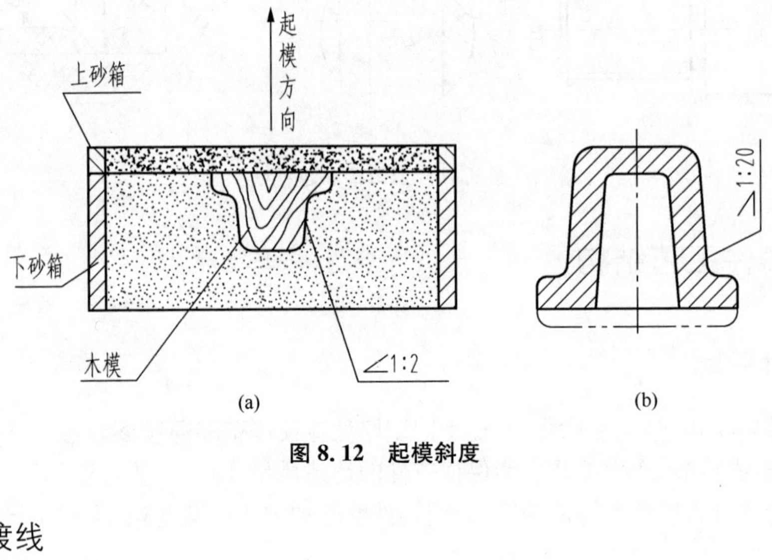

(a)　(b)

图 8.12　起模斜度

4. 过渡线

由于铸件表面相交处有铸造圆角存在，使表面的交线变得不太明显。为了看图时能区分不同表面，图中交线仍要画出，这种交线叫过渡线。当过渡线的投影和面的投影重合时，按面的投影绘制；当过渡线的投影和面的投影不重合时，过渡线按其理论交线的投影用细实线绘制，但线的两端要与其他轮廓线断开。

过渡线的画法与没有圆角情况下的相贯线画法基本相同，但应注意以下几点：

(1) 两曲面相交的过渡线不应与圆角的轮廓线接触，并在切点附近断开，如图 8.13(a)所示。

(2) 平面与平面或平面与曲面相交的过渡线，应在转角处断开，并加画小圆弧，其弯向应与铸造圆角的方向一致，如图 8.13(b)所示。

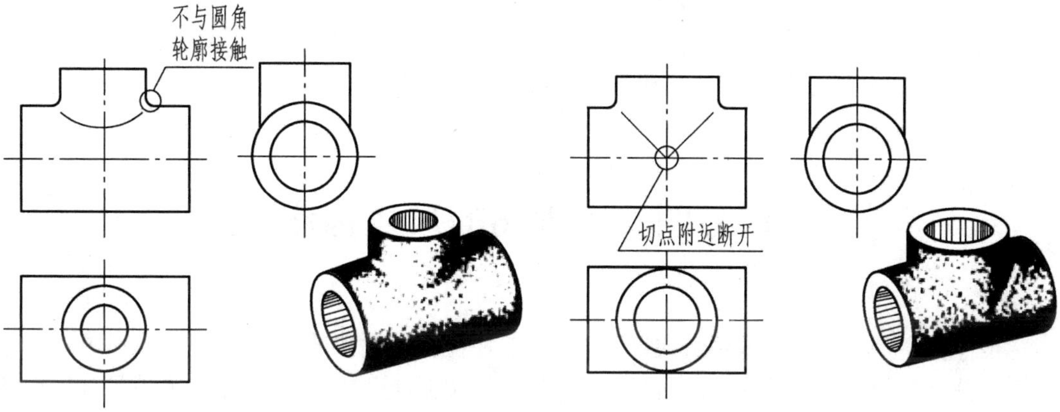

(a)

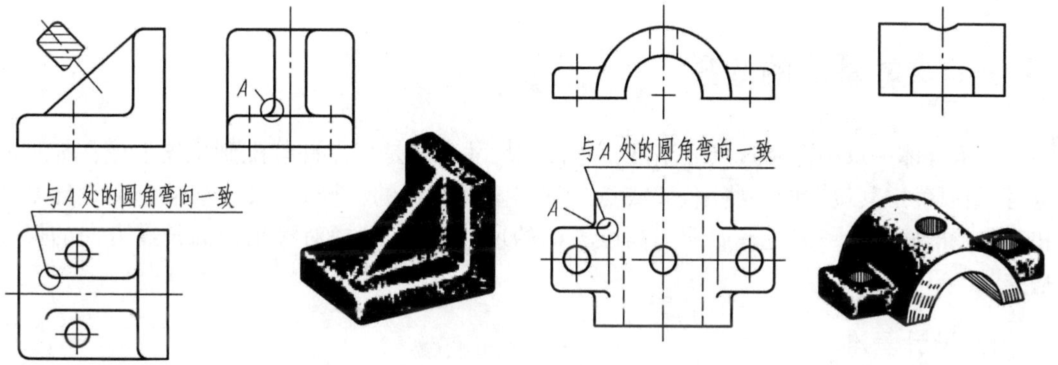

(b)

图 8.13　过渡线画法

5. 工艺凸台和凹坑

为了保证零件间的配合面接触良好，零件上凡与其他零件接触的表面一般都要加工。但为了降低零件的制造成本，在设计零件时应尽量减少加工面，常在两接触表面处制出凸台和凹坑，其结构和尺寸标注如图 8.14 所示。

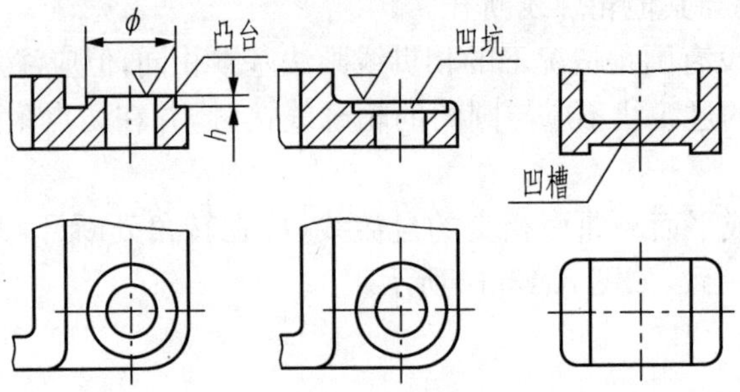

图 8.14 工艺凸台和凹坑

任务四 零件图的尺寸标注

尺寸标注是零件图的重要组成部分，是加工和检验零件的直接依据。零件图中的尺寸除了要符合前面组合体尺寸标注所述正确、完整和清晰的基本要求外，还必须满足合理性的要求。尺寸标注的合理性是指所注的尺寸既要满足设计要求，又要便于加工、测量和检验，符合生产实际。要使尺寸标注合理，需要具备一定专业知识和生产实践经验的积累，本节主要介绍合理标注尺寸的基本知识。

一、尺寸基准的选择

在组合体一章中介绍过尺寸基准。零件的尺寸基准是指零件装配到机器上或在加工测量时，用以确定其位置的一些面、线或点。依据基准作用的不同，一般将基准分为设计基准和工艺基准两类。一般选择底面为高度方向的尺寸基准，选择对称平面为长度方向的尺寸基准。

1. 设计基准

根据零件结构特点和设计要求，确定零件在机器中位置的一些面、线或点，称为设计基准。如图 8.15 所示轴承座，在标注轴承孔 $\phi16$ 的中心高 40 ± 0.02 时，从设计的角度出发，由于一根轴通常要由两个轴承支撑，两者的轴孔应处在同一轴线上，且一般应与基面平行，也就是要保证两个轴承孔的轴线距底面等高。因此，在标注轴承支承孔高度方向的定位尺寸 40 ± 0.02 时，应以轴承座的底面 B 为高度方向的基准。在标注长度方向尺寸时，如底板两安装孔的定位尺寸为 65 时，应以对称面 C 为基准，以保证底板上两个安装孔之间的中心距及其与轴孔的对称关系，实现两轴孔安装后同轴。对称平面 C 和底面 B 即为设计基准。

2. 工艺基准

根据零件加工制造、测量和检验等工艺要求所选定的一些面、线或点，称为工艺基准（在加工时，确定零件装夹位置和刀具位置的一些基准以及检测时所使用的基准）。

如图 8.16 所示的阶梯轴，E 面为轴向设计基准，因为工作时以其定位。但是，如果轴向

尺寸均以 E 面为起点标注，对加工和测量都不方便。若以右端面为起点标注尺寸，则符合图 8.16 所示阶梯轴在车床上的加工情况，所以确定右端面 F 为工艺基准。但在两基准之间必须标注一个联系尺寸如 52。

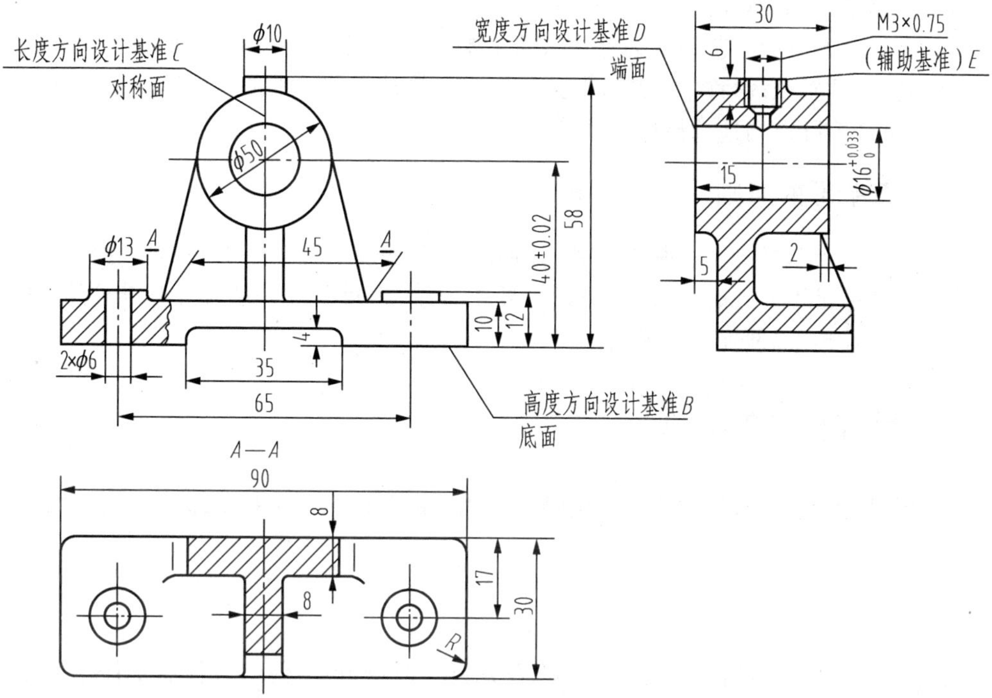

图 8.15　轴承座的设计基准与工艺基准

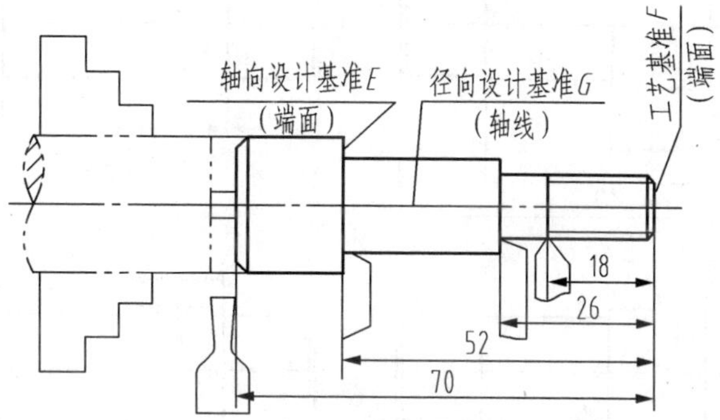

图 8.16　阶梯轴的设计基准与工艺基准

每个零件都有长、宽、高三个方向的尺寸，每个方向至少有一个基准，因此，每一个零件至少有三个方向的尺寸基准，如以上讨论的轴承座。对于轴套类和轮盘类零件，实际设计中经常采用的是轴向基准和径向基准，而不用长、宽、高基准，如图 8.16 所示的阶梯轴。在同方向的多个基准中必有一个是主要的，称为主要基准，其余为辅助基准。辅助基准与主要基准之间应有联系尺寸，如图 8.15 中的辅助基准 E 是通过尺寸 58 与主要基准 B 相联系的。

从设计基准出发标注尺寸，能反映设计要求，保证所设计的零件在机器中的工作性能。而从工艺基准标注尺寸，则方便零件制造中的加工和测量。实际上有些基准既是设计基准，也是工艺基准。因此，在标注尺寸时应尽量使设计基准与工艺基准统一起来。如图 8.16 中阶梯轴的轴线既是径向设计基准也是径向工艺基准，即工艺基准和设计基准是重合的，这样可以减少机械加工量、尺寸的误差，保证产品的质量。如图 8.15 所示轴承座，对于主体结构，底面 B 既是设计基准也是工艺基准；对于顶面的局部结构，凸台顶面 E 既是螺孔深度的设计基准又是加工和测量时的工艺基准。

可作为设计基准或工艺基准的点、线、面主要有：对称平面、主要加工面、结合面、安装底面、端面；孔、轴的轴线，对称中心线；圆心、球心等。应选择零件上的重要几何要素作为主要基准，结合生产实际恰当地选择尺寸基准。

3. 选择基准的原则

尽可能使设计基准与工艺基准一致，以减少两个基准不重合而引起的尺寸误差。当设计基准与工艺基准不一致时，应以保证设计要求为主，将重要尺寸从设计基准注出，次要基准从工艺基准注出，以便加工和测量。

二、尺寸标注的形式

零件尺寸的标注形式取决于零件的结构特点、加工方法、所选择的基准等诸多因素。常用的尺寸标注形式有以下三种：

1. 坐标式

如图 8.17(a)所示，所有尺寸 A、B、C、D 从同一基准开始标注，其优点是任一尺寸的加工误差不会影响其他尺寸的加工精度。

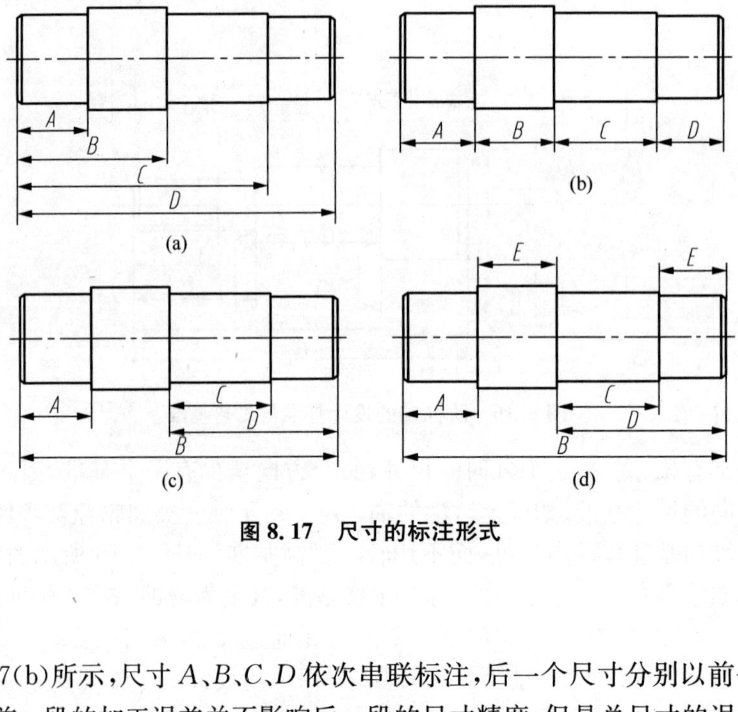

图 8.17　尺寸的标注形式

2. 链式

如图 8.17(b)所示，尺寸 A、B、C、D 依次串联标注，后一个尺寸分别以前一个尺寸为基准，优点在于前一段的加工误差并不影响后一段的尺寸精度，但是总尺寸的误差则是各段尺寸的误差之和。

3. 综合式

综合式是坐标式与链式的组合标注形式，如图 8.17(c)、(d)所示。这种方法在尺寸标注中应用得最为广泛，各尺寸的加工误差都累积到一个不重要的不注尺寸上，图 8.9(d)中的尺寸 E 就是这种情况。

三、合理标注尺寸应注意的问题

1. 不能注成封闭尺寸链

封闭的尺寸链是指在同一方向上的尺寸像车链一样，一环扣一环首尾相连，成为封闭形状的情况。如图 8.18(a)所示，A、B、C 三个尺寸就组成了一个封闭尺寸链。尺寸链上任何一环的尺寸误差同其他各环的加工误差有关，如图 8.18(a)中 A、B 各段尺寸误差的和不可能正好等于总轴尺寸 C 的误差。解决的办法是在尺寸链中选一个不重要的环不注尺寸，称它为开口环，这样，其他各个尺寸的加工误差都积累到空出不注的这个尺寸上，如图 8.18(b)所示，从而保证主要尺寸的精度。

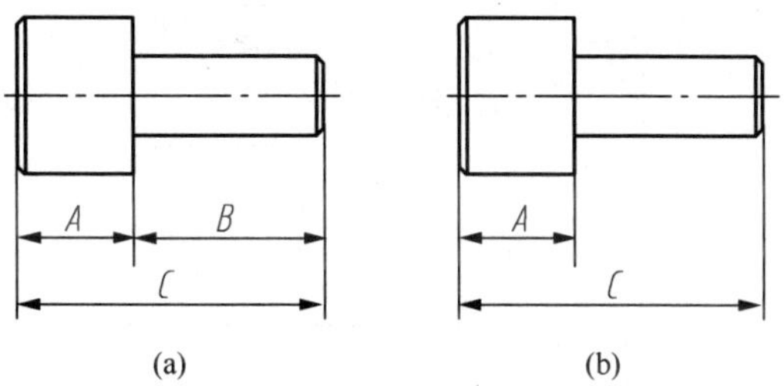

图 8.18　不能标注封闭尺寸链

2. 重要尺寸一定要从基准直接注出，以保证设计要求

重要尺寸是指零件上对机器的使用性能和装配质量有较大影响的尺寸，这类尺寸应从设计基准直接注出。如图 8.19(a)中的高度尺寸 40±0.02 为重要尺寸，直接从高度方向主要基准直接注出，两个安装孔的中心距 65 从长度基准直接标注；而不能像图 8.19(b)那样通过换算才能得出尺寸值，从而避免加工误差的积累。

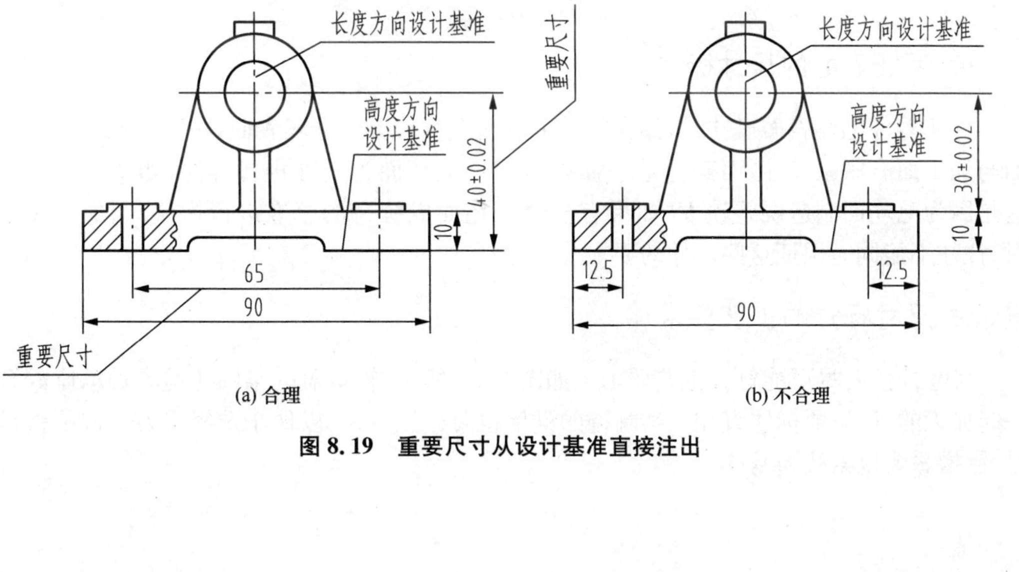

图 8.19　重要尺寸从设计基准直接注出

3. 标注尺寸要考虑工艺要求

若无特殊要求，应按加工顺序标注尺寸，这样符合加工过程，便于加工测量。如图 8.20 所示阶梯轴，除尺寸 51 是配合尺寸(长度方向)，要直接注出外，其余都按加工顺序标注。为了便于备料，注出了轴的总长 128；为了加工 ϕ35 的轴径，直接注出了尺寸 25；调头加工 ϕ40 的轴颈，应直接注出尺寸 74；在加工 ϕ35 时，应保证配合尺寸 51。这样既保证了设计要求，又符合加工顺序。

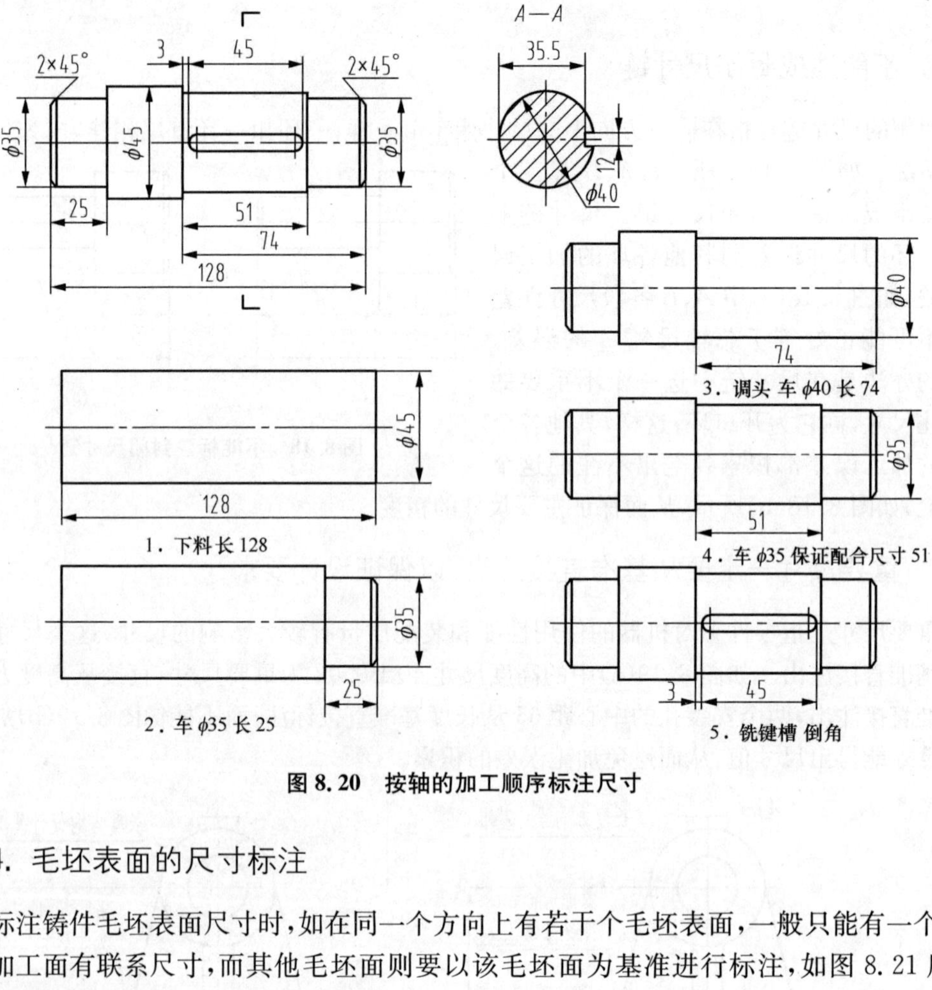

图 8.20　按轴的加工顺序标注尺寸

4. 毛坯表面的尺寸标注

标注铸件毛坯表面尺寸时，如在同一个方向上有若干个毛坯表面，一般只能有一个毛坯面与加工面有联系尺寸，而其他毛坯面则要以该毛坯面为基准进行标注，如图 8.21 所示。这是因为毛坯面制造误差较大，如果有多个毛坯面以统一的基准进行标注，则加工该基准时，往往不能同时保证这些尺寸的要求。

5. 尺寸标注的工艺要求

尺寸标注要尽可能符合工艺要求。如图 8.22 所示，轴承盖的半圆孔是和轴承座配合在一起加工的，所以要标注直径。半圆键的键槽也要标注直径，以便于选择铣刀。铣平键键槽时，键槽深要以素线为基准。

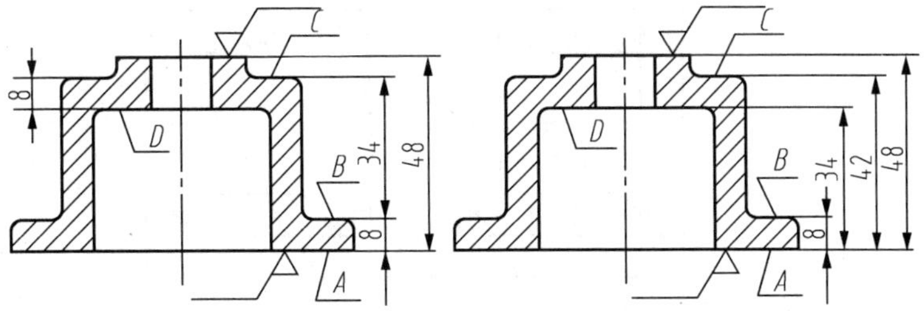

(a) 合理　　　　　　(b) 不合理

图 8.21　毛坯表面尺寸的标注

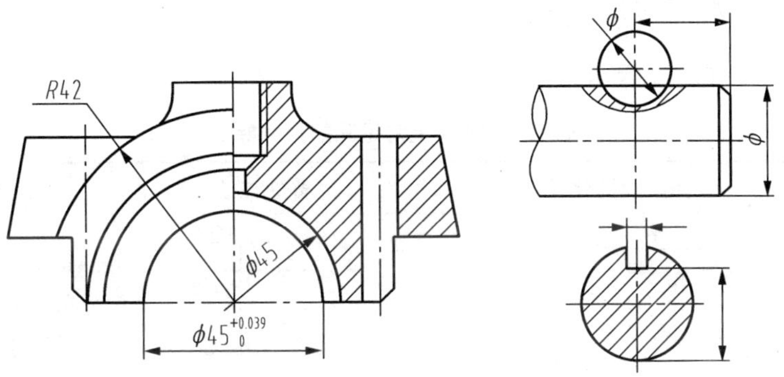

图 8.22　标注尺寸要符合制造工艺

6. 尽可能地考虑加工看图方便，满足零件加工、测量和制造的要求

(1) 考虑加工看图方便

不同加工方法所用尺寸分开标注，以便于看图加工。如图 8.23 所示，是把车削与铣削所需要的尺寸分开标注。

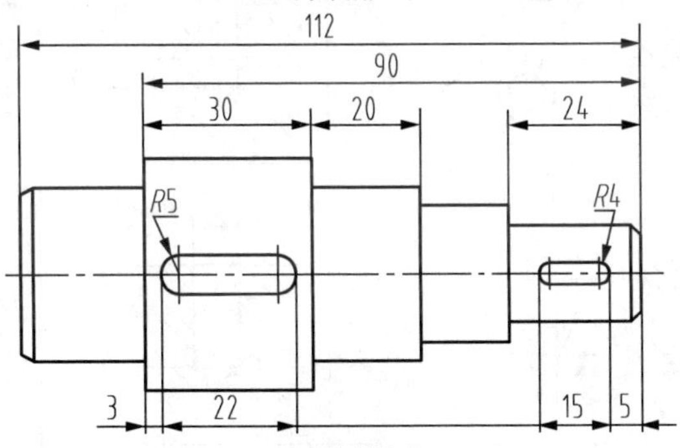

图 8.23　按加工方法标注尺寸

(2) 考虑测量方便

尺寸标注有多种方案，但要注意所注尺寸是否便于测量。如图 8.24 所示结构，两种不同标注方案中，不便于测量的标注方案是不合理的。

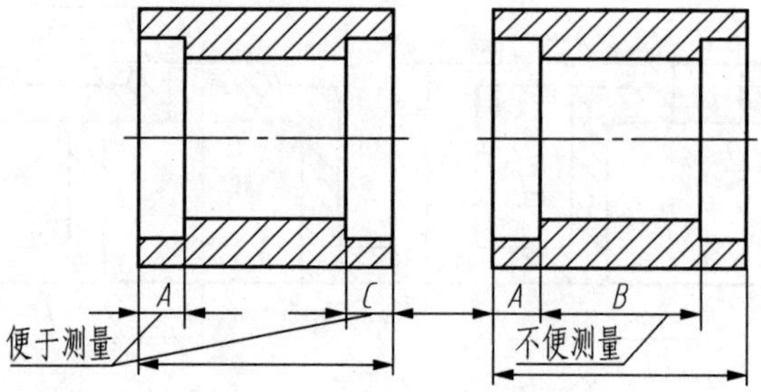

图 8.24　考虑尺寸测量方便

7. 常见孔的尺寸标注方法

常见孔的尺寸标注方法如表 8.1 所示。

表 8.1　零件上常见孔的尺寸标注

类型		旁注法及简化注法	普通注法	说明
螺孔	通孔	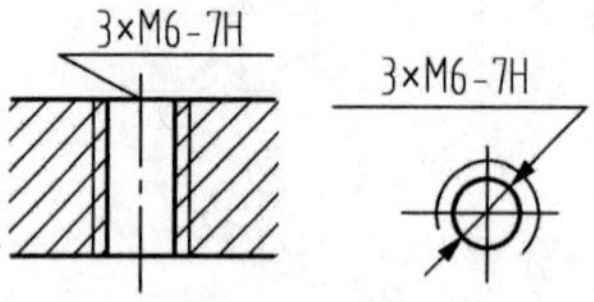	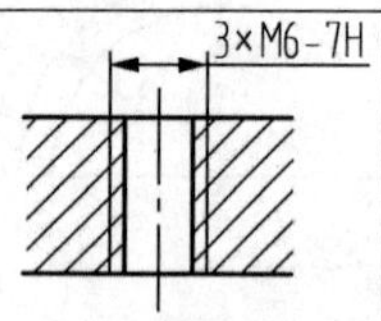	3×M6 表示直径为 6 并均匀分布的 3 个螺孔，3 种标注法可任选一种
	不通孔	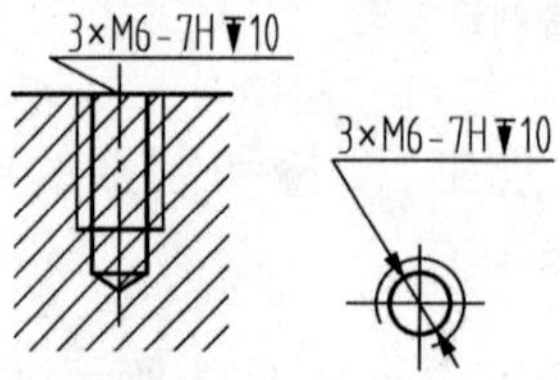	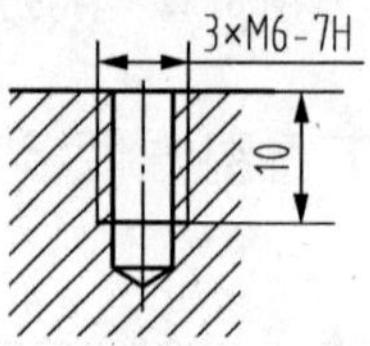	只注螺孔深度时，可以与螺孔直径连注
	不通孔	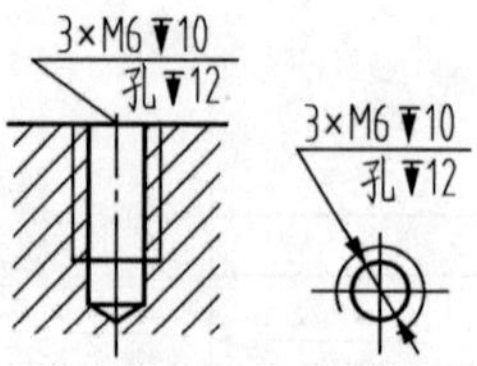	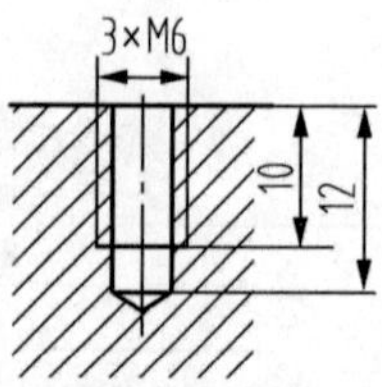	需要注出光孔深度时，应明确标注深度尺寸
光孔	圆柱孔	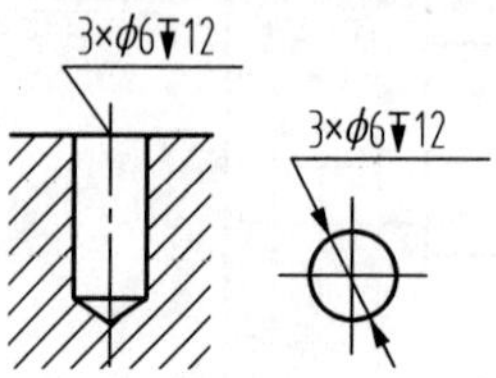	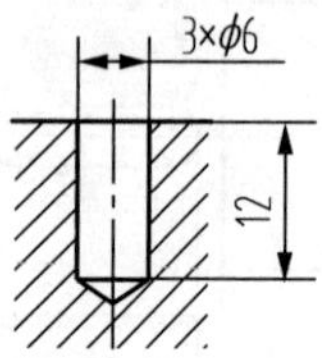	3×ϕ6 表示直径为 6 的 3 个均匀分布的光孔，孔深为 12
	锥销孔	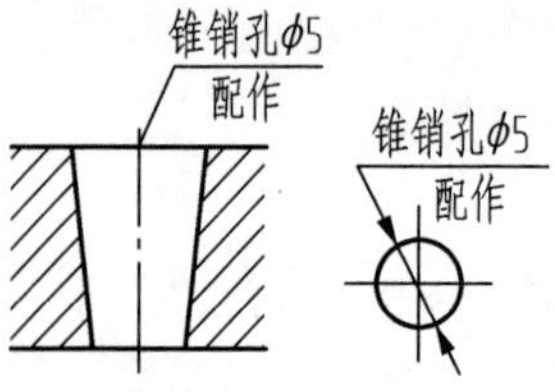	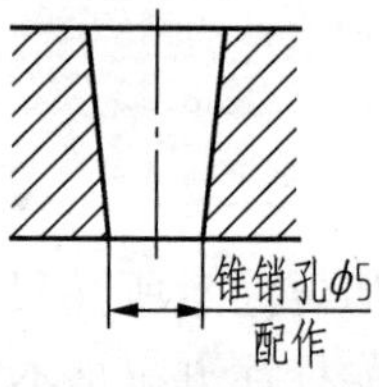	锥销孔的小端直径为 5，并与其相连接的另一零件一起配钻铰

续表

类 型		旁注法及简化注法		普通注法	说 明
光孔		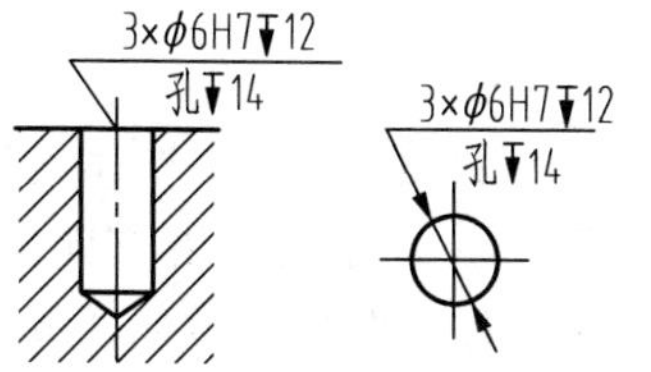		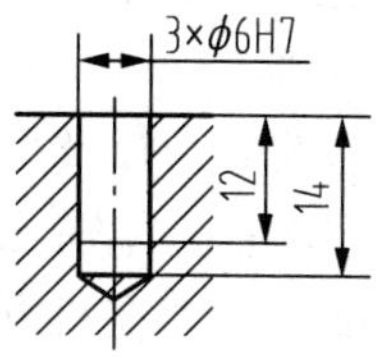	3×ϕ6 表示直径为 6 的 3 个均匀分布的孔，精加工深度为 12，光孔深为 14
中心孔	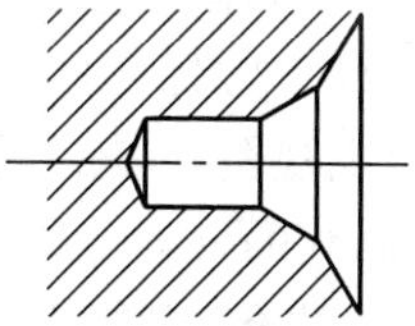		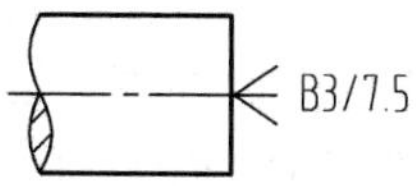	要求采用 B 型中心孔，$d=3$，$D_{max}=7.5$。在完工的零件上要求保留	
	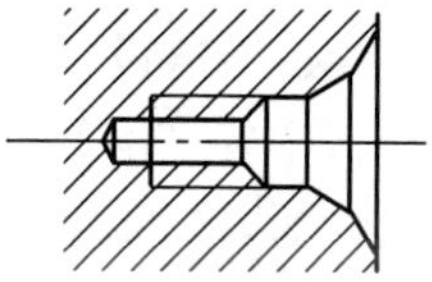 C 型		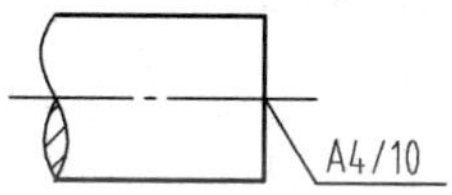	采用 A 型中心孔，$d=4$，$D_{max}=10$。在完工的零件上是否保留都可以	
	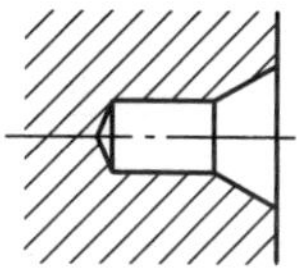		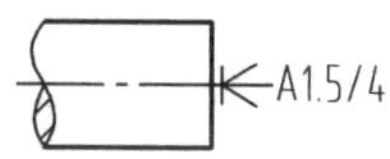	采用 A 型中心孔，$d=1.5$，$D_{max}=4$。在完工的零件上不允许保留	
	柱形沉孔	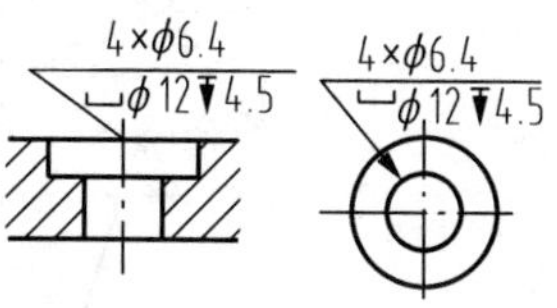		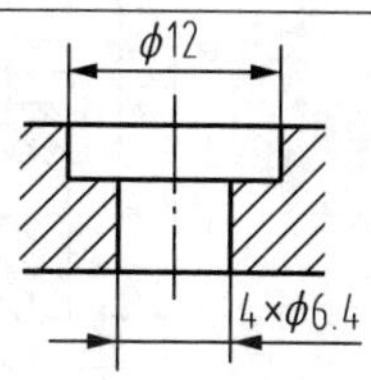	四个柱形沉孔的小孔直径为 ϕ6.4，大孔直径为 ϕ12，深度为 4.5
	锥形沉孔	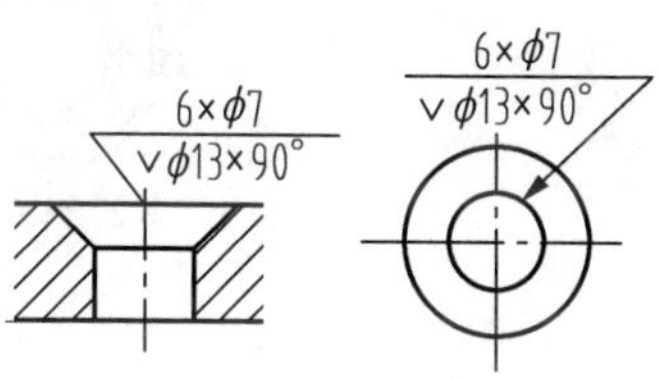		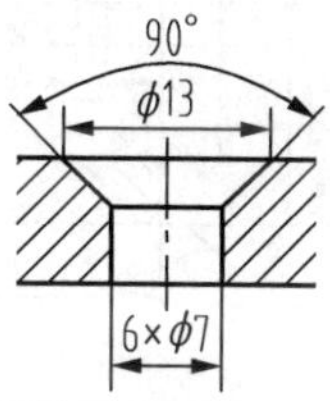	6×ϕ7 表示 6 个孔的直径均为 ϕ7。锥形部分大端直径为 ϕ13，锥角为 90°
	锪平面孔	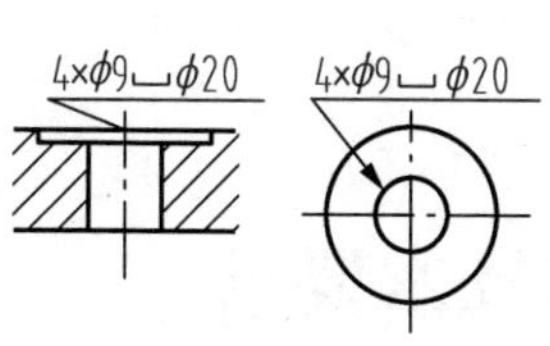		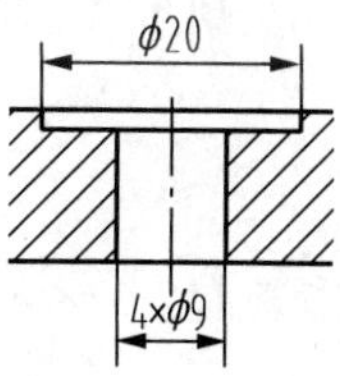	锪平面 ϕ20 的深度不需标注，加工时一般锪平到不出现毛面为止

四、尺寸标注步骤

当零件结构比较复杂、形体比较多时，通常按下列步骤进行标注：

(1) 分析尺寸基准，标主要形体的定位尺寸。

(2) 形体分析，标注出主要形体的定形和定位尺寸。

(3) 形体分析，标注出次要形体结构的定形和定位尺寸。

(4) 整理加工，标出零件全部尺寸。

下面举例说明零件尺寸基准的选择及尺寸的标注。如图 8.25(a)所示为轴承挂架安装在机器上的情况。在图 8.25(b)中选择轴承挂架的安装面 B 作为高度方向的设计基准，并由该基准出发注出 $60_{-0.06}^{\ 0}$ 来确定挂架在机器中的上下位置。在长度方向选择安装面 C 为基准，以确定挂架在机器中的左右位置。在宽度方向选择对称平面 D 为设计基准，以确定挂架在机器中的前后位置，轴承挂架上两安装孔的中心距 50 是从该基准 D 考虑标注的，可保证安装时挂架上两个孔与机架上两个螺孔能准确配上。在图 8.25(b)主视图中，轴承孔的长度 48、油孔的定位尺寸 12 是以端面 E 为基准进行加工和测量的，轴承孔的外径 $\phi40$ 和内径 $\phi30$ 是以轴线 F 为基准测量的，故标注尺寸时端面 E 和轴线 F 为工艺基准。选择尺寸基准的一条首要原则是：凡是影响产品性能、工作精度和互换性的主要尺寸，必须从设计基准直接注出，如图 8.25(b)中的 $60_{-0.06}^{\ 0}$、32、50 等。同一方向上有多个基准时，主要基准与辅助基准之间应有尺寸联系，如图 8.24(b)中的 $60_{-0.06}^{\ 0}$、32、13。此外，标注尺寸时，图 8.2(b)中的尺寸标注符合基准重合原则。

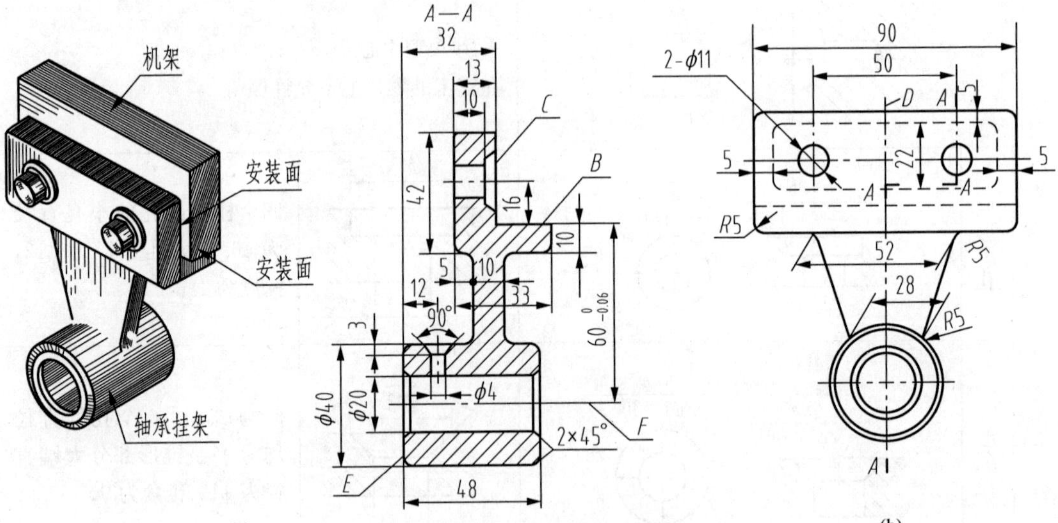

图 8.25 轴承挂架的尺寸基准

任务五 零件图的技术要求

在机械图样上，为保证零件的使用要求，除了对零件在加工过程中存在的尺寸误差、形状和位置误差给出公差要求外，还要根据产品的功能需要对零件的表面质量——表面结构给出要求。零件的表面质量是零件的一项重要的技术性指标。国家标准 GB/T 131—2006 中对技术产品图样中的表面结构表示做了具体规定，零件图上的技术要求也与以前不同。

该标准的修订，在表面结构技术领域建立了一个更加全面、明确的图样标注体系。评定零件的表面质量从讨论零件表面结构基本概念开始。

一、表面结构

1. 表面结构的概念

(1) 表面粗糙度

零件经过机械加工后的表面会留有许多高低不平的凸峰和谷，零件加工表面上具有较小间距和峰谷所组成的微观几何特性称为表面粗糙度。表面粗糙度与加工方法、刀刃形状以及刀切削量等因素有密切关系。

表面粗糙度是评定零件表面质量的一项重要技术指标，对于零件的配合、耐磨性、抗腐蚀性及密封性都有显著影响，是零件图中必不可少的一项技术要求。

(2) 表面波纹度

在机械加工过程中，由于机床、工件和刀具系统的振动，在工件表面所形成的间距比粗糙度大得多的表面不平度称为波纹度。零件表面的波纹度是影响零件使用寿命和机器振动的重要因素。

(3) 表面结构

表面结构是表面粗糙度、表面波纹度、表面缺陷、表面纹理以及表面几何形状的总称。在机械加工过程中，由于刀具或砂轮切削后会留下痕迹，切削过程中刀具和零件表面之间摩擦、切削分离时产生塑性变形，同时由于机床等的高频振动等原因，会在被加工零件的表面产生较小间距和微小的峰谷，这样表面粗糙度、表面波纹度、表面缺陷、表面纹理和表面几何形状总是同时产生并存在于同一零件表面，如图 8.26 所示。

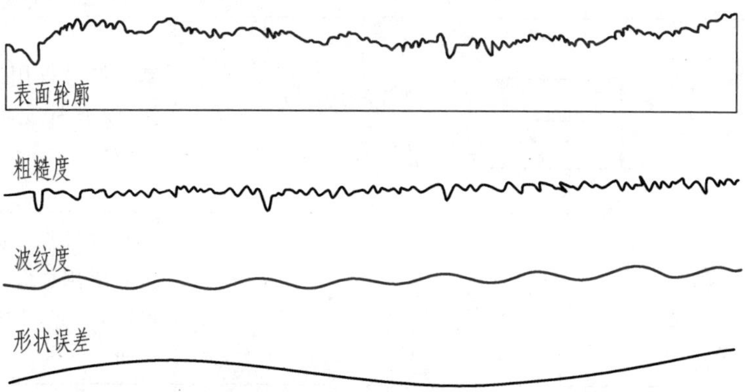

图 8.26　表面轮廓的构成

2. 评定表面结构常用的轮廓参数

表面结构的各项要求在图样上的标示法在 GB/T 131—2006 中均有具体规定。为了满足对零件表面的功能要求，国家标准根据表面微观几何形状的高度、间距和形状等特征，规定了相应的评定参数。在机械制图中常用的评定参数是轮廓参数。

这里主要介绍表面结构表示法中涉及的主要轮廓参数——*R* 轮廓(粗糙度轮廓)参数的

表示法。下面介绍技术要求的有关内容及其注写方法。

(1) 轮廓算术平均偏差 *Ra*

一个取样长度内，纵坐标 $z(x)$ 绝对值的算术平均值。如图 8.27、表 8.2 所示。

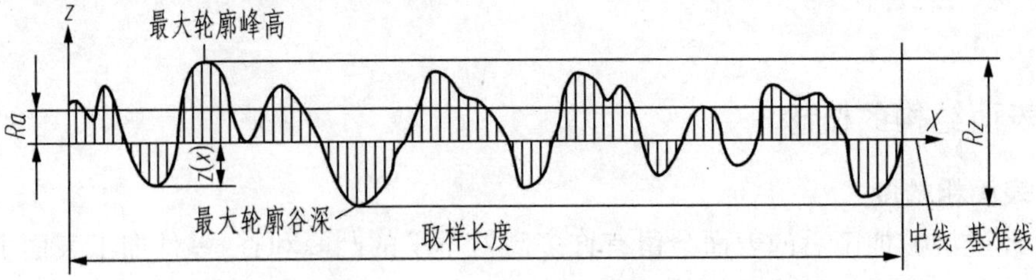

图 8.27　轮廓算术平均偏差 *Ra* 和轮廓的最大高度 *Rz*

表 8.2　评定轮廓的算术平均偏差 *Ra* 值　　　　单位：μm

Ra	0.012	0.025	0.05	0.10	0.20	0.40	0.80
	1.6	3.2	6.3	12.5	25	50	100

(2) 轮廓的最大高度 *Rz*

同一取样长度内，最大轮廓峰高与最大轮廓谷深之和。如图 8.27 所示。

3. 标注表面结构的图形符号

在技术产品文件中对表面结构的要求可用几种不同的图形符号表示，每种符号都有特定的含义，如表 8.3 所示。

表 8.3　标注表面结构要求的图形符号

符号名称	符　号	含　义
基本图形符号	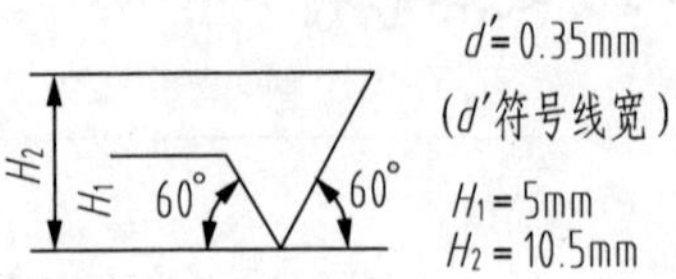	基本符号仅用于简化代号标注，没有补充说明不能单独使用
扩展图形符号	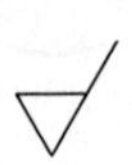	基本符号加一短横表示指定表面使用去除材料的方法获得，如通过机械加工获得的表面
		基本符号加一圆圈表示指定表面使用不去除材料方法获得
完整体型符号		在上述三种图形符号的长边上加一横线，以便标注表面结构特征的补充信息

当在图样某个视图上构成封闭轮廓的各表面具有相同的表面结构要求时，在完整的图

形符号上加一圆圈标注在图样中工件的封闭轮廓线上,如图 8.28 所示。

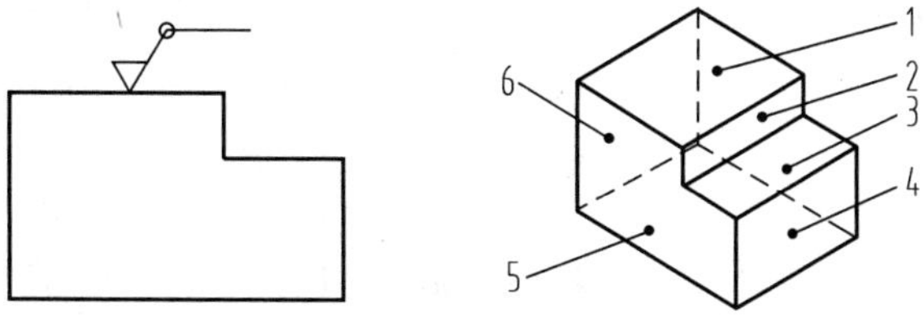

图 8.28　周边各面有相同的表面结构要求的注法

为了明确表面结构要求,除了标注表面结构参数和数值外,必要时要标注补充要求。在完整图形符号中,对表面结构的单一要求写在图示的指定位置,具体内容见表 8.4。

表 8.4　表面结构要求在图形符号中的注写位置

代　号	含　义
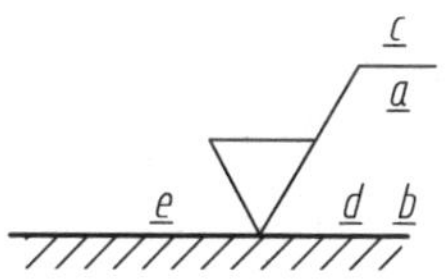	位置 *a*　注写表面结构的单一要求 位置 *a* 和 *b* < *a* 注写第一表面结构要求；*b* 注写第二表面结构要求 位置 *c*　注写加工方法,如“车”、“磨”、“镀”等 位置 *d*　注写表面纹理方向,“=”、“×”、“M”等 位置 *l*　注写加工余量

4. 表面结构代号

表面粗糙度符号与参数 *Ra* 的具体数值相结合,便组成了表面粗糙度代号,见表 8.5。

表 8.5　表面结构参数代号(GB/T 131—2006)

序号	符　号	含义/解释
R2.1	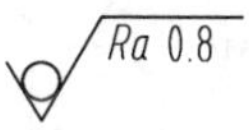	表示不允许去除材料,单向上限值,默认传输带,*R* 轮廓,算术平均偏差为 0.8 μm,评定长度为 5 个取样长度(默认),16%规则(默认)
R2.2	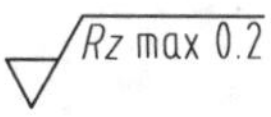	表示去除材料,单向上限值,默认传输带,*R* 轮廓,轮廓最大高度的最大值为 0.2 μm,评定长度为 5 个取样长度(默认),最大规则
R2.3	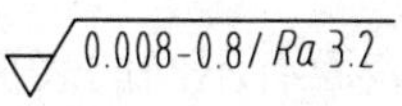	表示去除材料,单向上限值,传输带 0.008～0.8 mm,*R* 轮廓,算术平均偏差为 3.2 μm,评定长度为 5 个取样长度(默认),16%规则(默认)
R2.4	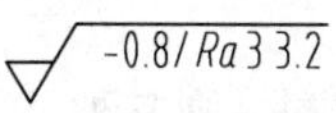	表示去除材料,单向上限值,传输带 0.0025～0.8 mm,*R* 轮廓,算术平均偏差为 3.2 μm,评定长度包含 3 个取样长度,16%规则(默认)

续表

序号	符　号	含义/解释
R2.5	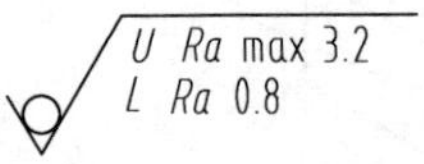	表示不允许去除材料，双向极限值，两极限值均使用默认传输带，R 轮廓。上限值：算术平均偏差为 3.2 μm，评定长度为 5 个取样长度（默认），最大规则。下限值：算术平均偏差为 0.8 μm，评定长度为 5 个取样长度（默认），16％规则（默认）

5. 表面结构要求在图样中的注法

表面结构要求的标注分以下几种情况：

（1）表面结构要求的注写和读取方向与尺寸的注写和读取方向一致，如图 8.29 所示。

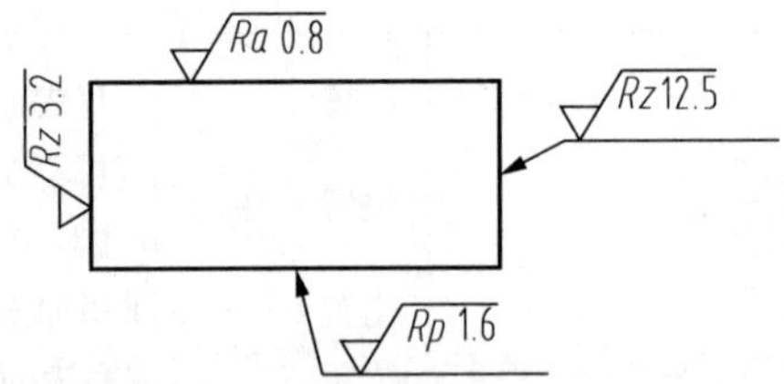

图 8.29　表面结构要求的注写方向

（2）表面结构要求可标注在轮廓或其延长线上，其符号应从材料外指向并接触表面，如图 8.30(a)所示；必要时，表面结构符号也可用带箭头或黑点的指引线引出标注，如图 8.30(b)所示。

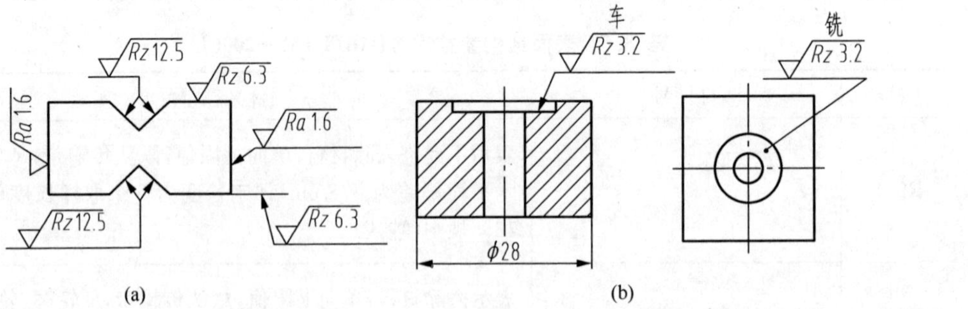

图 8.30　表面结构要求在轮廓线上的标注

（3）圆柱表面的表面结构要求对每一个表面一般只标注一次，并尽可能注在相应的尺寸及其公差的同一视图上，如图 8.31 所示。

（4）棱柱表面的表面结构要求只标注一次，如果每个棱柱表面有不同的表面结构要求，则应分别单独标注，如 Ra6.3、Ra3.2，如图 8.32 所示。

（5）如图 8.33 所示，表面结构要求和尺寸可以标注在同一尺寸线上（$A-A$ 断面图），倒角表面结构要求注法见主视图。

（6）如果工件的多数（包括全部）表面具有相同的表面结构要求，则其要求可统一标注在图样的标题栏附近。此时（除全部表面有相同要求的情况外），表面结构要求的符号后面应做如下处理：

① 在圆括号内给出无任何其他标注的基本符号，如图 8.34(a)所示。

② 在圆括号内给出不同的表面结构要求，如图 8.34(b)所示。

不同的表面结构要求应直接标注在图形中，见图 8.34。

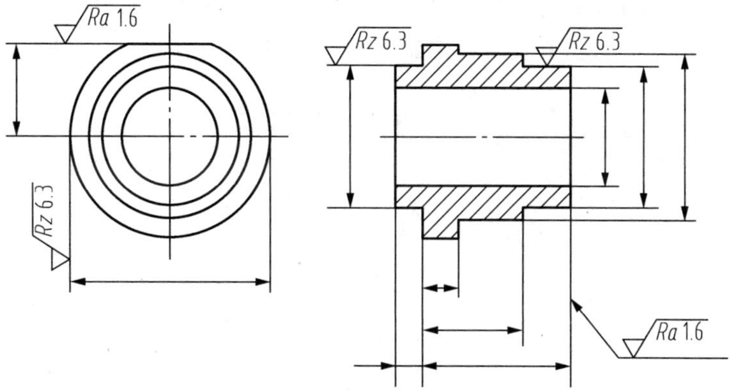

图 8.31　表面结构要求标注在圆柱特征延长线上

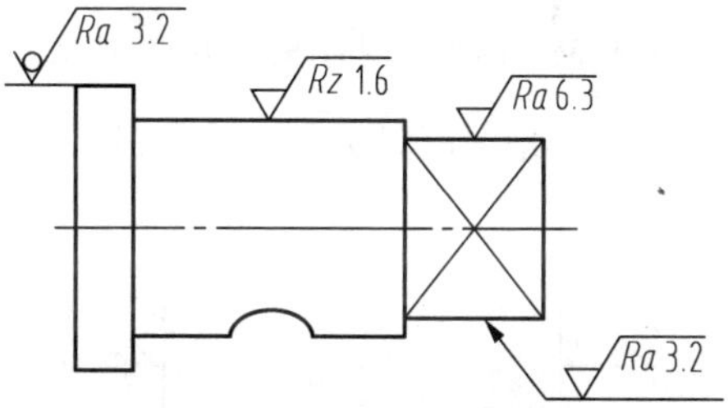

图 8.32　圆柱和棱柱表面结构要求的注法

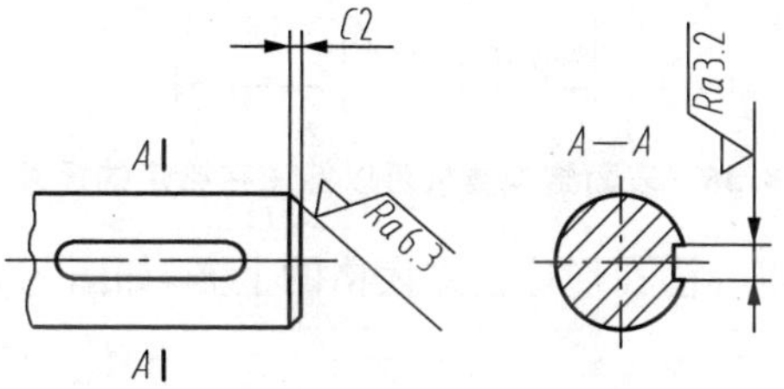

图 8.33　倒角表面结构要求的注法

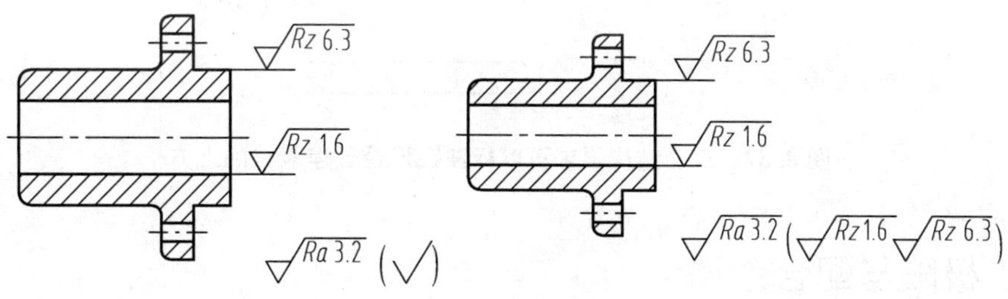

(a)　　(b)

图 8.34　大多数表面具有相同表面结构要求的简化注法

(7) 多个表面具有相同的表面结构要求或图样空间有限时，可采用简化注法：

① 用带字母的完整符号，以等式的形式在图形或标题栏附近对有相同表面结构要求的表面进行简化标注，如图 8.35(a)所示。

② 未指定工艺方法的多个表面结构要求的简化注法如图 8.35(b)所示。

③ 要求去除材料的多个表面结构要求的简化注法，如图 8.35(c)所示。

④ 不允许去除材料的多个表面结构要求的简化注法，如图 8.35(d)所示。

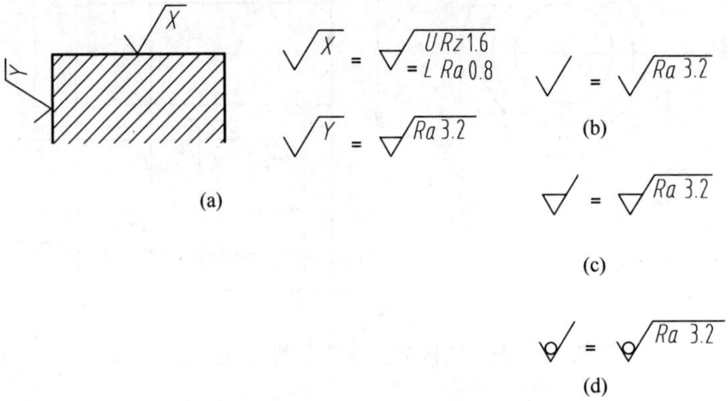

图 8.35 图纸空间有限时的简化注法

(8) 在不引起误解时，表面结构要求可以标注在给定的尺寸线上，如图 8.36 所示。

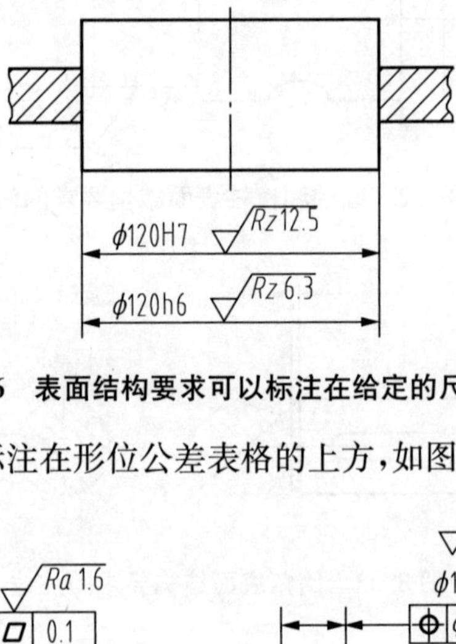

图 8.36 表面结构要求可以标注在给定的尺寸线上

(9) 表面结构要求可以标注在形位公差表格的上方，如图 8.37 所示。

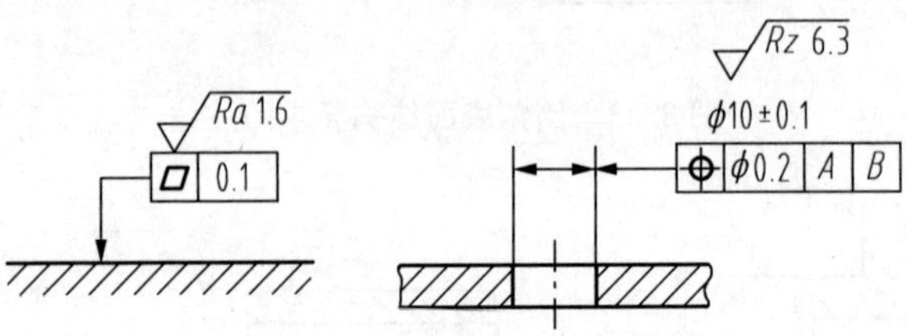

图 8.37 表面结构要求可以标注在形位公差表格的上方

二、极限与配合

1. 零件互换性的概念

同一规格的零部件不需要做任何挑选、调整或修配，就能装到机器上，满足使用要求，零件的这种性质称为互换性。零件具有互换性后，大大简化了零件、部件的制造和维修工作，使产品的生产周期缩短，生产率提高，成本降低，也保证了产品质量的稳定性，为批量化的生产创造了条件。

2. 极限的有关术语、定义

如果能将所有相同规格零件的几何尺寸做成与理想的一样，则这批零件肯定具有很好的互换性。但是在零件的加工过程中，由于机床精度、刀具磨损、测量误差等因素的影响，不可能把零件的尺寸做得绝对准确。完全理想的状况是不可能实现的。从零件的使用功能看，要求零件的几何尺寸在某一范围内变动，保证同一规格的零件彼此充分接近，这个允许变动的范围被称为公差，它在零件的使用和制造上是合理的；为了实现互换性，必须将零件尺寸的加工误差限制在一定的范围内，制定出尺寸的变动量，如图 8.38 所示。公差配合制度是实现互换性的重要基础。下面简要介绍相关术语、定义。

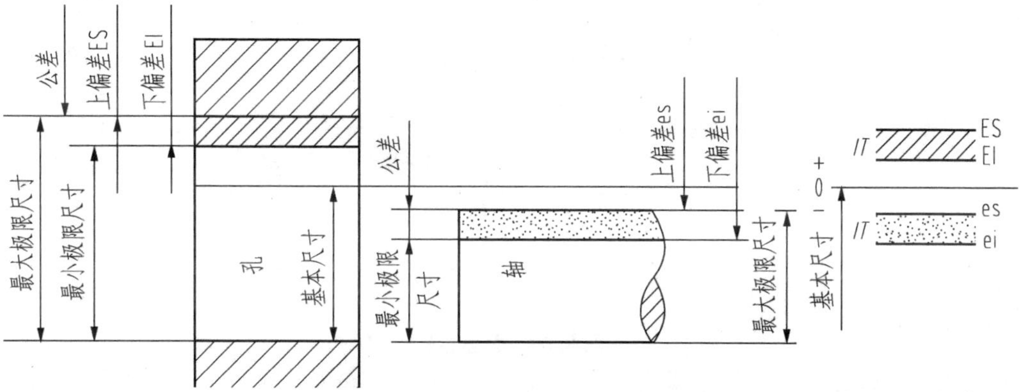

图 8.38 尺寸公差术语解释

(1) 基本尺寸

由设计给定的尺寸称为基本尺寸，一般要符合标准尺寸系列，以减少定值刀具、量具、夹具的种类。

(2) 实际尺寸

通过测量所得到的尺寸。由于存在测量误差，实际尺寸并非被测尺寸的真值。真值是客观存在的，但不确定。因此，只能以测得尺寸作为实际尺寸。

(3) 极限尺寸

允许尺寸变化的两个界限值称为极限尺寸。两个界限值中较大的一个称为上极限尺寸，较小的一个称为下极限尺寸。加工尺寸的最大允许值称为最大极限尺寸，最小允许值称为最小极限尺寸。

(4) 尺寸偏差

有上偏差和下偏差之分，最大极限尺寸与基本尺寸的代数差称为上偏差，最小极限尺寸与基本尺寸的代数差称为下偏差。孔的上偏差用 ES 表示，孔的下偏差用 EI 表示；轴的上偏差用 es 表示，轴的下偏差用 ei 表示。上、下偏差统称极限偏差。尺寸偏差可为正、负或零值。

$$上偏差 = 最大极限尺寸 - 基本尺寸$$

下偏差 = 最小极限尺寸 − 基本尺寸

(5) 尺寸公差

允许的尺寸变动量称为尺寸公差(简称公差)。公差等于最大极限尺寸减最小极限尺寸,或等于上偏差减下偏差。

尺寸公差 = 最大极限尺寸 − 最小极限尺寸 = 上偏差 − 下偏差

因为最大极限尺寸总是大于最小极限尺寸,所以尺寸公差一定为正值。

(6) 公差带

为了便于分析,一般将尺寸公差与基本尺寸的关系,按放大比例画成方框图,称为公差带图。公差带是由代表上、下偏差的两条直线所限定的一个区域 。用零线代表基本尺寸,是确定偏差的一条基准直线,上方的偏差为正,下方的偏差为负。如图 8.39 所示,图中的方框上边代表上偏差,下边代表下偏差,矩形高度代表公差。

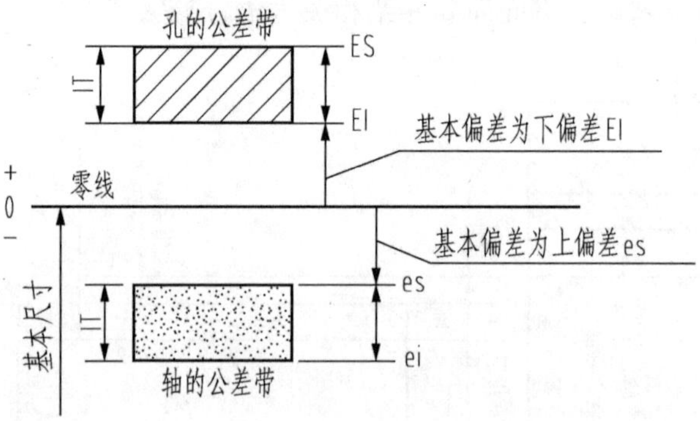

图 8.39 公差带图

(7) 标准公差

用以确定公差带大小的任一公差。国家标准将公差等级分为 20 级:IT01、IT0、IT1～IT18。“IT”表示标准公差,公差等级的代号用阿拉伯数字表示。IT01～IT18,精度等级依次降低。标准公差等级数值可查有关技术标准。

(8) 基本偏差

用以确定公差带相对于零线位置的上偏差或下偏差。一般是指靠近零线的那个偏差。根据实际需要,国家标准分别对孔和轴各规定了 28 个不同的基本偏差。基本偏差用拉丁字母表示,大写字母表示孔的基本偏差,小写字母表示轴的基本偏差。如图 8.40 所示。公差带位于零线之上,基本偏差为下偏差;公差带位于零线之下,基本偏差为上偏差。当公差带关于零线对称,基本偏差为上偏差或下偏差,如 JS(js)。基本偏差数值可以为正、为负或为零。

3. 孔、轴的公差带代号

孔、轴的公差带代号:由基本偏差与公差等级代号组成,并且要用同一号字母和数字书写。

例如 ϕ50H8,其含义如下:

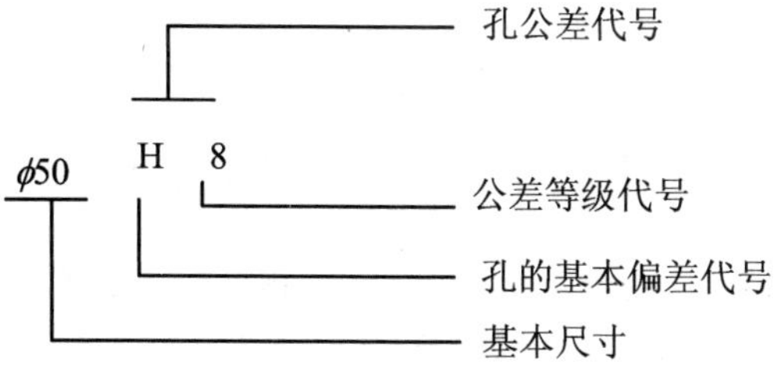

此公差带的全称是:基本尺寸为 φ50,公差等级为 8 级,基本偏差为 H 的孔的公差带。

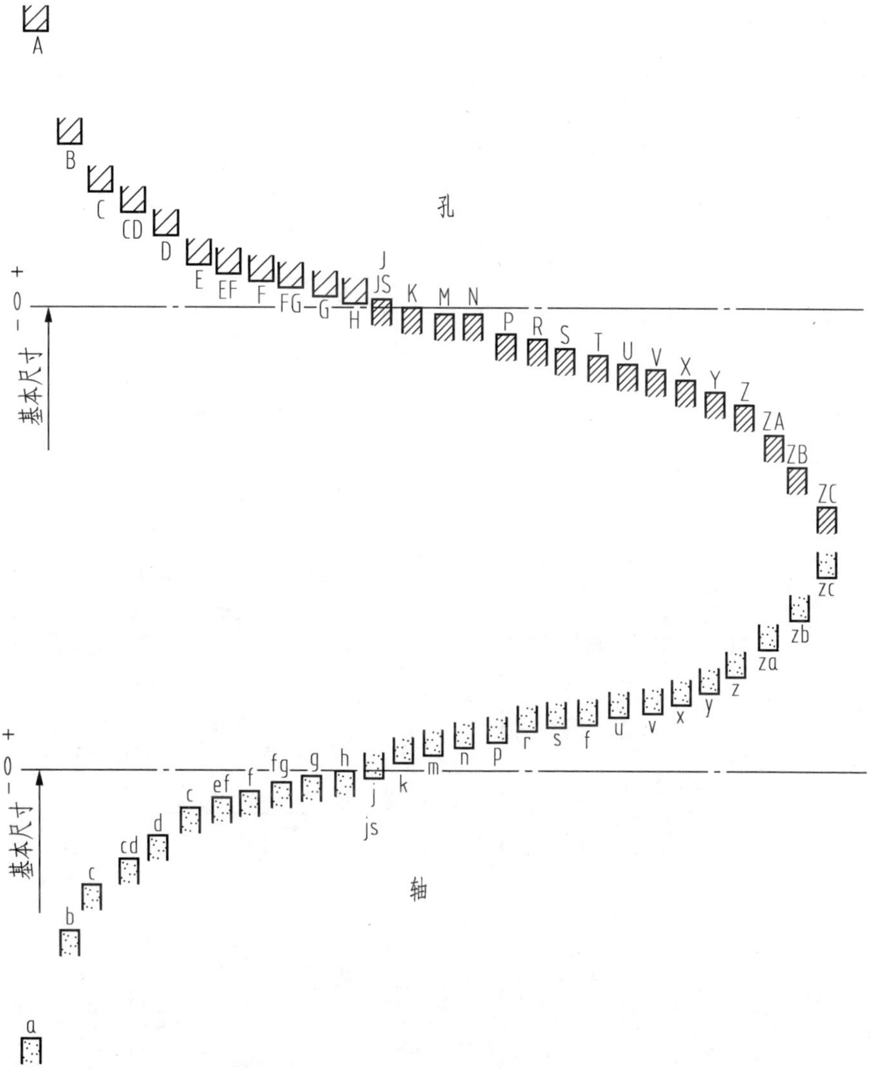

图 8.40　基本偏差系列

又如 φ50f7,其含义如下:

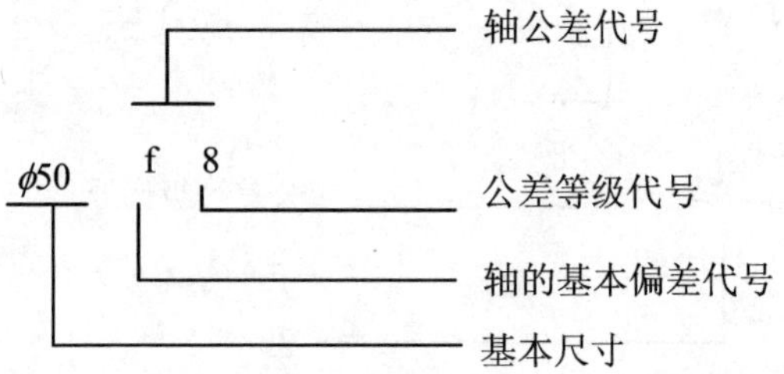

此公差带的全称是：基本尺寸为 φ50，公差等级为 8 级，基本偏差为 f 的轴的公差带。

4. 配合的有关术语

在机器装配中，基本尺寸相同、相互结合的孔和轴公差带之间的关系称为配合。根据机器的设计要求、工艺要求和生产实际的需要，国家标准将配合分为 3 大类，如图 8.41 所示。

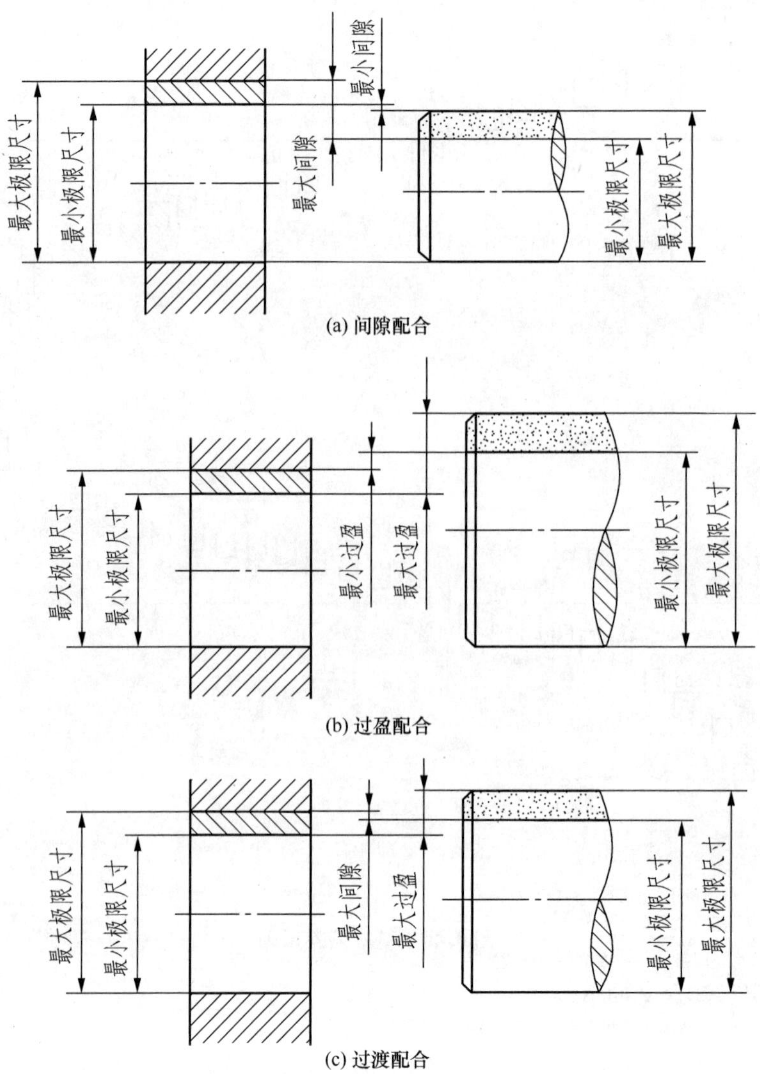

图 8.41　配合类别

(1) 配合的种类

1) 间隙配合

孔的公差带完全在轴的公差带之上,任取其中一对轴和孔相配,孔的实际尺寸总比轴的实际尺寸大,都成为具有间隙的配合,包括最小间隙为零的情况(轴在孔中能相对运动),如图 8.41(a)所示。

2) 过盈配合

孔的公差带完全在轴的公差带之下,任取其中一对轴和孔相配,孔的实际尺寸总比轴的实际尺寸小,都成为具有过盈的配合,包括最小过盈为零的情况(需要外力才能把轴压进孔),如图 8.41(b)所示。

3) 过渡配合

孔和轴的公差带相互交叠,任取其中一对孔和轴相配合,孔的实际尺寸比轴的实际尺寸有时大有时小,可能有间隙,也可能有过盈的配合,这种介于间隙与过盈之间的配合即是过渡配合,如图 8.41(c)所示。

(2) 配合的基准制

只要把基本尺寸相同的孔、轴公差带组合起来,就可以组成各种不同的配合。但是,为了方便设计制造,实现配合的标准化,国家标准规定了两种基准制,即基孔制和基轴制。

1) 基孔制

基本偏差为一定的孔的公差带,与不同基本偏差的轴的公差带构成各种配合的一种制度称为基孔制。这种制度在同一基本尺寸的配合中,是将孔的公差带位置固定,通过变动轴的公差带位置,得到各种不同的配合,如图 8.42 所示。

基孔制的孔称为基准孔。国家标准规定基准孔的下偏差为零,"H"为基准孔的基本偏差。

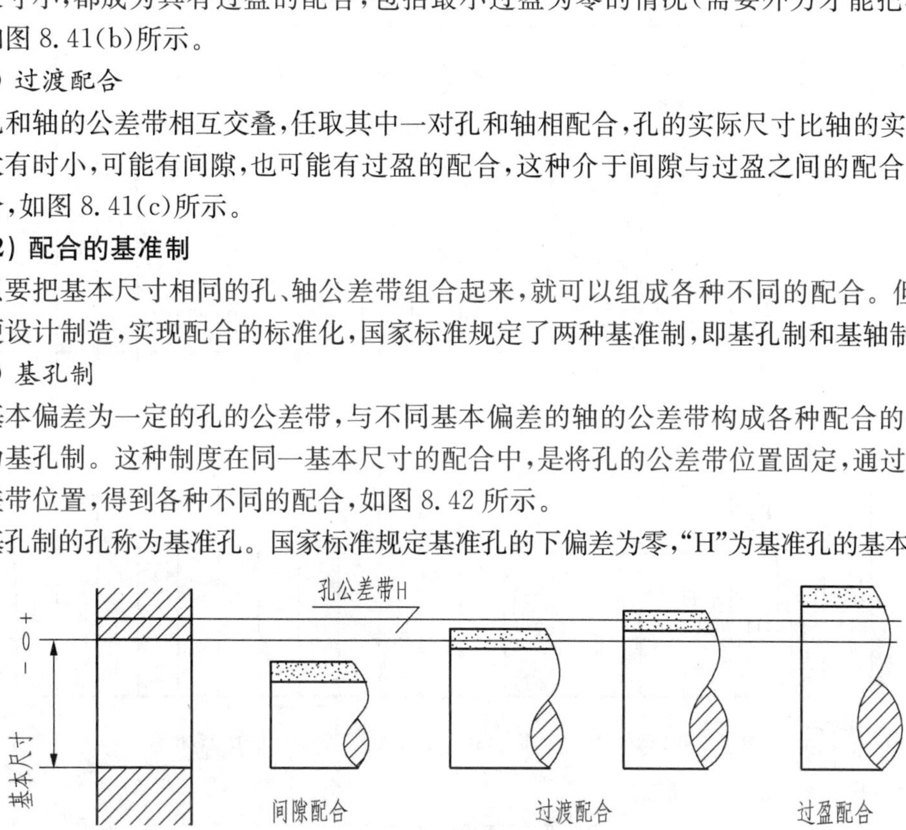

图 8.42　基孔制配合

2) 基轴制

基本偏差为一定的轴的公差带与不同基本偏差的孔的公差带构成各种配合的一种制度称为基轴制。这种制度在同一基本尺寸的配合中,是将轴的公差带位置固定,通过变动孔的公差带位置,得到各种不同的配合,如图 8.43 所示。

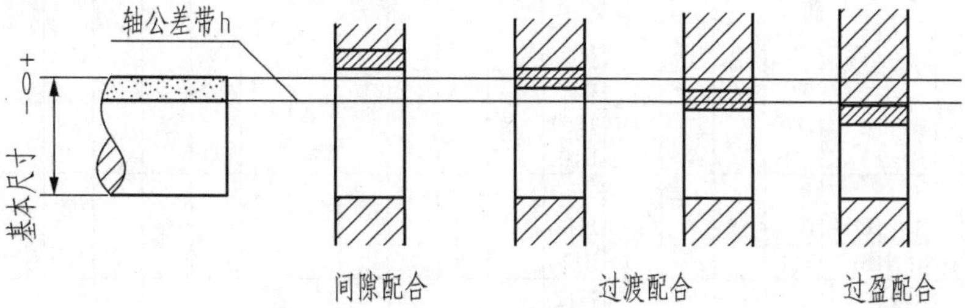

图 8.43　基轴制配合

基轴制的轴称为基准轴。国家标准规定基准轴的上偏差为零,“h”为基轴制的基本偏差。

(3) 常用配合和优先配合

根据国家标准规定的孔、轴基本偏差和标准公差,可以组成许多种配合。为此,国家标准规定了基孔制和基轴制优先常用的配合,见表 8. 6、表 8. 7。根据配合的性质尽可能选用优先配合,其次是常用配合,最后是一般配合。为了便于选用,国家标准规定了优先常用配合轴、孔公差带极限偏差。

表 8. 6 基孔制优先常用配合

基准孔	轴																				
	a	b	c	d	e	f	g	h	js	k	m	n	p	r	s	t	u	v	x	y	z
	间隙配合								过渡配合			过盈配合									
H6						$\frac{H6}{f5}$	$\frac{H6}{g5}$	$\frac{H6}{h5}$	$\frac{H6}{js5}$	$\frac{H6}{k5}$	$\frac{H6}{m5}$	$\frac{H6}{n5}$	$\frac{H6}{p5}$	$\frac{H6}{r5}$	$\frac{H6}{s5}$	$\frac{H6}{t5}$					
H7						$\frac{H7}{f6}$	◤ $\frac{H7}{g6}$	◤ $\frac{H7}{h6}$	$\frac{H7}{js6}$	◤ $\frac{H7}{k6}$	$\frac{H7}{m6}$	◤ $\frac{H7}{n6}$	◤ $\frac{H7}{p6}$	$\frac{H7}{r6}$	◤ $\frac{H7}{s6}$	◤ $\frac{H7}{t6}$	$\frac{H7}{u6}$	$\frac{H7}{v6}$	$\frac{H7}{x6}$	$\frac{H7}{y6}$	$\frac{H7}{z6}$
H8					$\frac{H8}{e7}$	◤ $\frac{H8}{f7}$	$\frac{H8}{g7}$	◤ $\frac{H8}{h7}$	$\frac{H8}{js7}$	$\frac{H8}{k7}$	$\frac{H8}{m7}$	$\frac{H8}{n7}$	$\frac{H8}{p7}$	$\frac{H8}{r7}$	$\frac{H8}{s7}$	$\frac{H8}{t7}$	$\frac{H8}{u7}$				
H8				$\frac{H8}{d8}$	$\frac{H8}{e8}$	$\frac{H8}{f8}$		$\frac{H8}{h8}$													
H9			$\frac{H9}{c9}$	◤ $\frac{H9}{d9}$	$\frac{H9}{e9}$	$\frac{H9}{f9}$		◤ $\frac{H9}{h9}$													
H10			$\frac{H10}{c10}$	$\frac{H10}{d10}$				$\frac{H10}{h10}$													
H11	$\frac{H11}{a11}$	$\frac{H11}{b12}$	◤ $\frac{H11}{c11}$	$\frac{H11}{d11}$				◤ $\frac{H11}{h11}$													
H12		$\frac{H12}{b12}$						$\frac{H12}{h12}$													

注:(1) $\frac{H6}{n5}$、$\frac{H7}{p6}$在公称尺寸小于或等于 3 mm 和$\frac{H8}{r7}$在小于或等于 100 mm 时,为过渡配合。

(2) 标注“◤”的配合为优先配合。

表 8. 7 基轴制优先常用配合

基准轴	孔																				
	A	B	C	D	E	F	G	H	JS	K	M	N	P	R	S	T	U	V	X	Y	Z
	间隙配合								过渡配合				过盈配合								
h7					$\frac{E8}{h7}$	◤ $\frac{F8}{h7}$		◤ $\frac{H8}{h7}$	$\frac{JS8}{h7}$	$\frac{K8}{h7}$	$\frac{M8}{h7}$	$\frac{N8}{h7}$									
h8				$\frac{D8}{h8}$	$\frac{E8}{h8}$	$\frac{F8}{h8}$		$\frac{H8}{h8}$													
h9				◤ $\frac{D9}{h9}$	$\frac{E9}{h9}$	$\frac{F9}{h9}$		◤ $\frac{H9}{h9}$													
h10				$\frac{D10}{h10}$				$\frac{H10}{h10}$													
h11	$\frac{A11}{h11}$	$\frac{B11}{h11}$	◤ $\frac{C11}{h11}$	$\frac{D11}{h11}$				◤ $\frac{H11}{h11}$													
h12		$\frac{B12}{h12}$						$\frac{H12}{h12}$													

国家标准根据机械工业产品生产的需要，考虑到定值刀具、量具的统一，规定了一般用途孔公差带 105 种、轴公差带 119 种以及优先选用的孔、轴公差带。国家标准还规定轴、孔公差带中组合成基孔制常用配合 59 种、优先配合 13 种，基轴制常用配合 47 种、优先配合 13 种，见表 8.6、表 8.7。

一般情况下优先选用基孔制，因为加工孔一般比加工轴难，选用基孔制可以限制和减少加工孔所需的定值刀具、量具的规格和数量，从而获得较好的经济效益。

5. 公差与配合的标注

(1) 在零件图中的标注方法

零件图中的公差可按下列三种形式之一标注，如图 8.44 所示：(a)图标注公差带的代号；(b)图标注极限偏差；(c)图公差带代号和极限偏差一起标注。

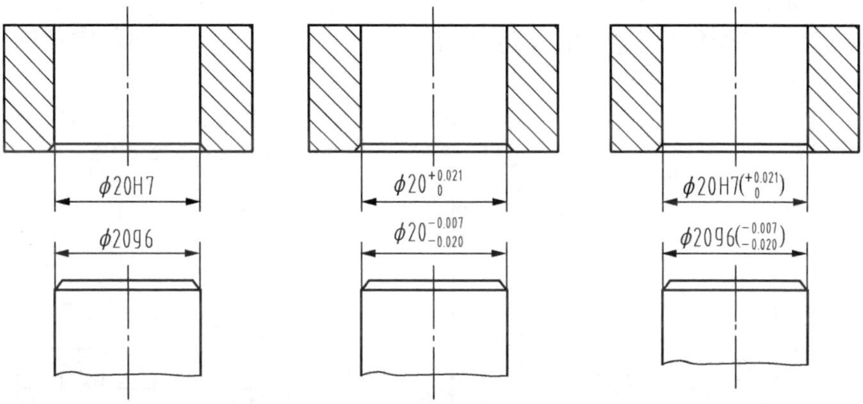

(a)　　(b)　　(c)

图 8.44　零件图中尺寸公差的标注方法

如图 8.44(a)所示，只标注公差带代号常用于大批量生产中；如图 8.44(b)所示，只标注极限偏差常用于小批量或单件生产中，以便加工检验时对照；如图 8.44(c)所示，同时标注公差带代号和极限偏差，注意其偏差数值应该用圆括号括起来，用于产量不定时。

标注极限偏差数值时应注意以下几个问题：

① 标注极限偏差数值时，上偏差注在基本尺寸的右上方，下偏差注在右下方并与基本尺寸注在同一底线上。偏差数字的字高比尺寸数字小一号。

② 上、下偏差的小数位必须相同、对齐，如 $\phi30^{-0.009}_{-0.007}$；当上偏差或下偏差为零时，用数字“0”标出，如 $\phi65^{+0.030}_{0}$；小数点后末位的“0”一般不予注出，仅当为凑齐上、下偏差的小数点后的位数时，才用“0”补齐。

③ 当公差带相对于基本尺寸对称时，即上、下偏差互为相反数时，可采用“±”加偏差绝对值的注法，此时偏差与基本尺寸数字为同字号，如 $\phi50\pm0.031$。

(2) 在装配图中的标注方法

在装配图中标注配合代号时，必须在基本尺寸的右边，用分数形式注出。分子为孔的公差带代号，分母为轴的公差带代号，标注的通用形式如图 8.45(a)所示。必要时也允许按图 8.45(b)或(c)所示形式标注。

在装配图上标注相配零件的极限偏差时一般按如图 8.46(a)所示的形式标注，孔的基本

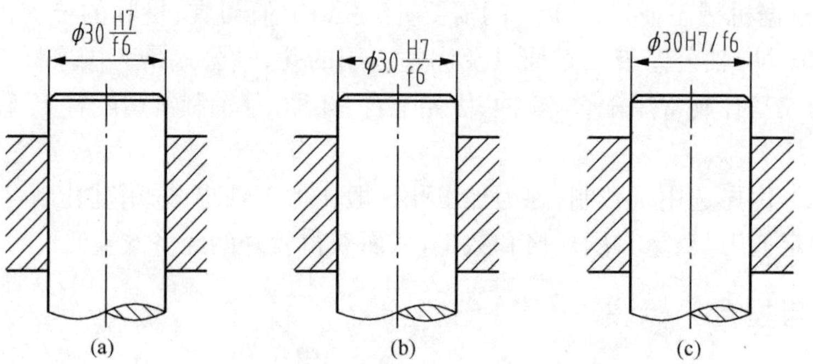

(a) (b) (c)

图 8.45 配合代号的标注

尺寸和极限偏差注写在尺寸线上方，轴的基本尺寸和极限偏差注写在尺寸线下方，也允许按如图 8.46(b)所示的形式标注。

标注标准件、外购件与零件（轴或孔）的配合代号时，可以仅标注相配零件的公差带代号，如图 8.47 所示。

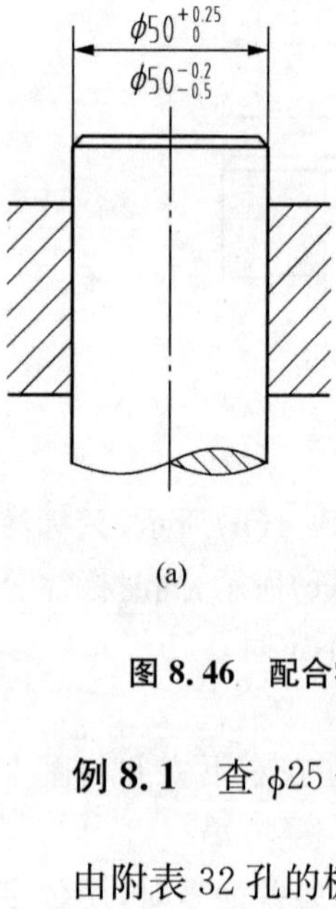

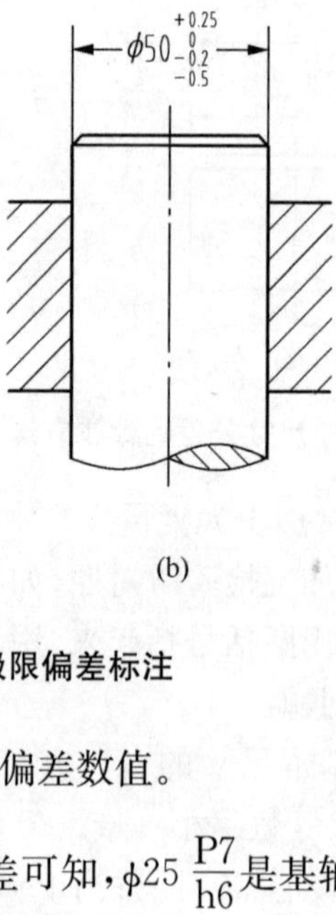

(a) (b)

图 8.46 配合零件的极限偏差标注

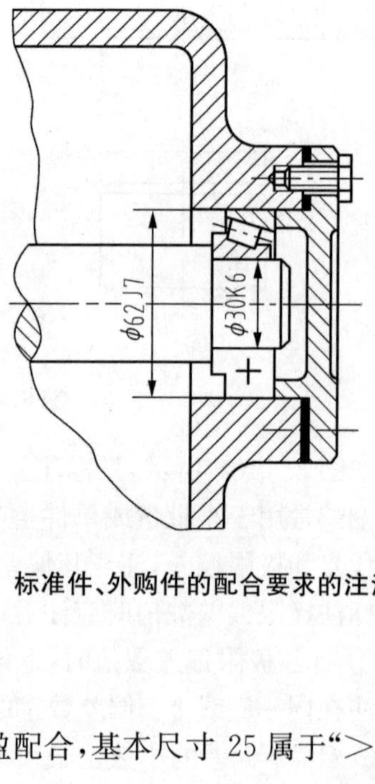

图 8.47 标准件、外购件的配合要求的注法

例 8.1 查 $\phi25\,\frac{P7}{h6}$极限偏差数值。

由附表 32 孔的极限偏差可知，$\phi25\,\frac{P7}{h6}$是基轴制的过盈配合，基本尺寸 25 属于“$>24\sim30$ mm”尺寸，由附表 32 可直接查得 ϕ 25h6 轴的极限偏差为 $\phi25^{\ 0}_{-0.013}$，ϕ25P7 孔的极限偏差为 $\phi25^{-0.014}_{-0.035}$。如图 8.48 所示。

例 8.2 查表确定 $\phi50\,\frac{H8}{s7}$中轴和孔的极限偏差，画出公差带图，判断配合性质。

此配合为基本尺寸 ϕ50 的基孔制配合，基本尺寸 50 属于“$>40\sim50$ mm”尺寸段，由附录表中可直接查得 ϕ50H8 孔的极限偏差为 $\phi50^{+0.039}_{\ 0}$，50s7 轴的极限偏差为 $\phi50^{+0.068}_{+0.043}$。如图 8.49 所示。

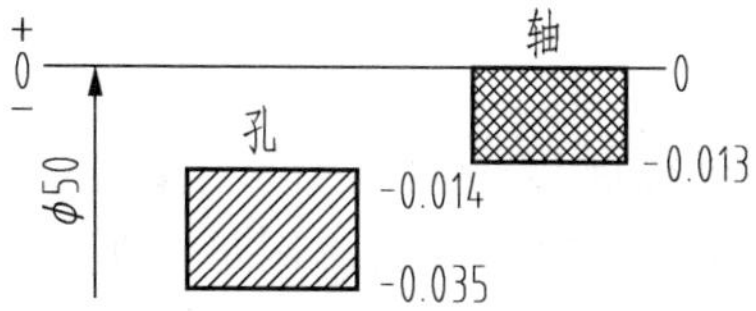

图 8.48 φ25 $\frac{P7}{h6}$ 公差带图

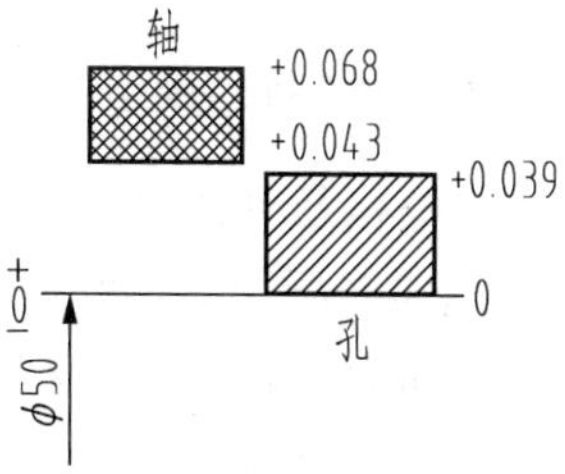

图 8.49 φ50 $\frac{H8}{s7}$ 公差带图

三、形状和位置公差

评定零件质量的指标是多方面的，除前述的表面粗糙度和尺寸公差要求外，零件的几何形状和结构的位置也大大影响零件的质量。

加工后的零件不仅尺寸存在误差，而且几何形状和相对位置也存在误差，为了满足使用要求，零件结构的几何尺寸和相对位置有形状公差和位置公差方面的要求。

1. 形状和位置公差的基本概念

形状误差是指单一实际要素的形状对其理想形状的变动量。位置误差是指关联实际要素的位置对其理想要素位置的变动量。形状和位置所允许的变动量称为形状和位置公差。为保证零件的装配和使用要求，需要给定加工和检验零件的形状和位置公差。下面简要介绍相关概念。

2. 形位公差代号

国家标准规定的形位公差的项目、分类及符号见表 8.8。

表 8.8 形位公差的分类、项目及符号

公差类型	特征项目	符 号	有无基准要求	公差类型	特征项目	符 号	有无基准要求
形状公差	直线度	—	无	位置公差	位置度	⌖	有或无
	平面度	▱	无		同心度（用于中心点）	◎	有
	圆度	○	无				
	圆柱度	⌭	无		同轴度（用于轴线）	◎	有
	线轮廓度	⌒	有或无				
	面轮廓度	⌓	有或无		对称度	⌯	有
方向公差	平行度	//	有		线轮廓度	⌒	有
	垂直度	⊥	有		面轮廓度	⌓	有
	倾斜度	∠	有				
	线轮廓度	⌒	有	跳动公差	圆跳动	↗	有
	面轮廓度	⌓	有		全跳动	⌰	有

3. 形位公差的标注

(1) 形位公差框格及其内容

公差框格用细实线画出，要水平或垂直放置，框格高度是图样中尺寸数字高度的两倍，长度视需要而定。框格中的数字、字母、符号与图样中的数字等高。用带箭头的指引线将被测要素与公差框格一端相连。如图 8.50 所示。

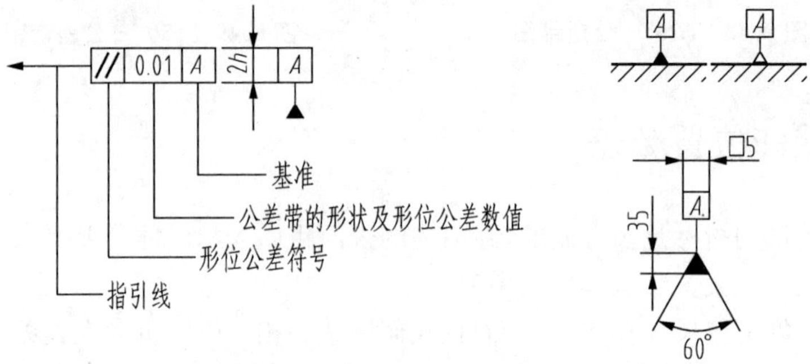

图 8.50　形位公差代号及基准符号

(2) 被测要素和基准要素的标注方法

① 当被测要素(或基准符号)是轮廓线或轮廓面时，箭头(或基准符号)指向该要素的轮廓线或其延长线(应与尺寸线明显错开)，如图 8.51 所示。

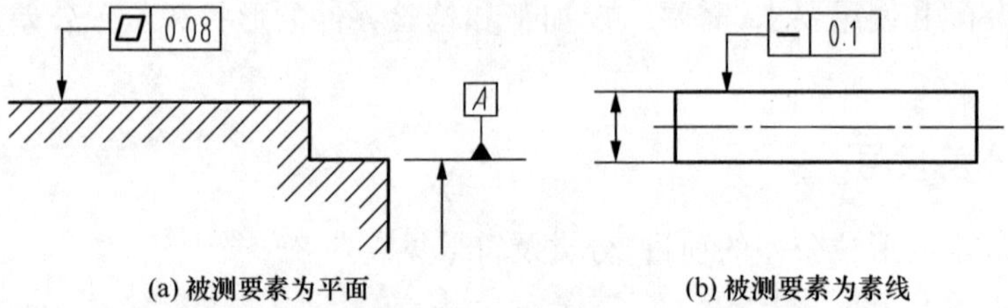

图 8.51　被测要素为轮廓线或表面的注法

② 当被测要素(或基准符号)是轴线或中心平面时，箭头(或基准符号)应位于相应尺寸线的延长线上，如图 8.52 所示。

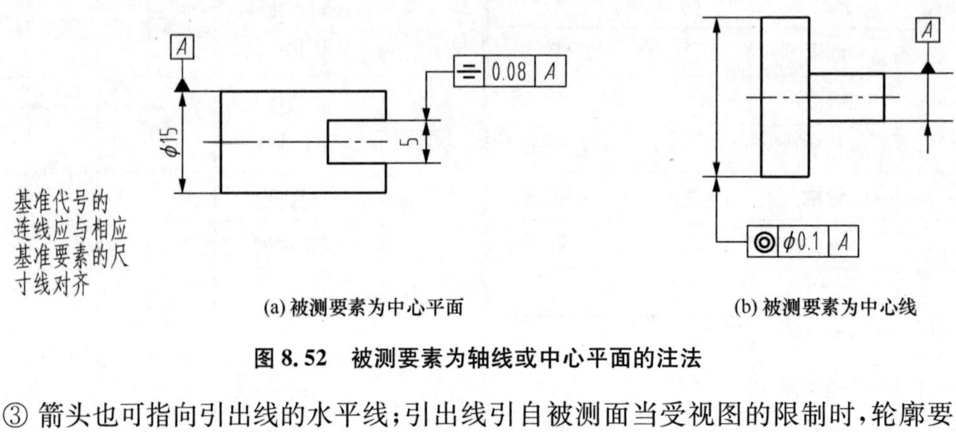

图 8.52　被测要素为轴线或中心平面的注法

③ 箭头也可指向引出线的水平线；引出线引自被测面当受视图的限制时，轮廓要素的基准代号也可这样标注。如图 8.53 所示。

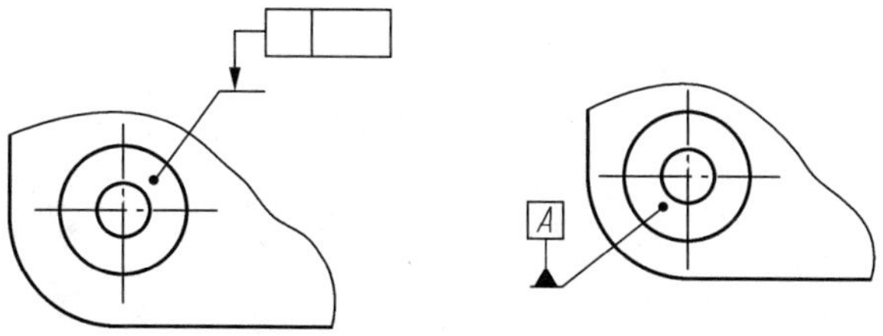

图 8.53 形位公差的标注

(3) 形位公差的标注示例

如图 8.54 所示阀杆零件图上标注有三处形位公差：

① SR750 的球面对 ϕ16f7 轴线的圆跳动公差为 0.03 mm。

② ϕ16f7 圆柱体的圆柱度公差为 0.005 mm。

③ M8×1 螺纹孔的轴线相对 ϕ16f7 轴线的同轴度公差为 ϕ0.01。

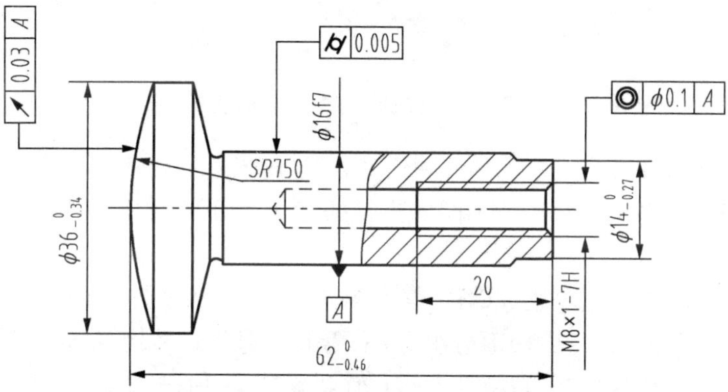

图 8.54 形位公差的标注示例

任务六 零件的测绘

零件的测绘就是根据实际零件画出它的图形，测量出它的尺寸并制订出技术要求。测绘时，首先以徒手画出零件草图，然后根据该草图画出零件工作图。在仿造和修配机器部件以及技术改造时，常常要进行零件测绘，因此，它是工程技术人员必备的技能之一。

一、零件测绘的方法和步骤

1. 了解和分析测绘对象

首先应了解零件的名称、材料以及它在机器或部件中的位置、作用及与相邻零件的关系，然后对零件的内外结构形状进行分析。

下面以齿轮减速器的箱体（图 8.55）为例，说明零件测绘的方法和步骤。

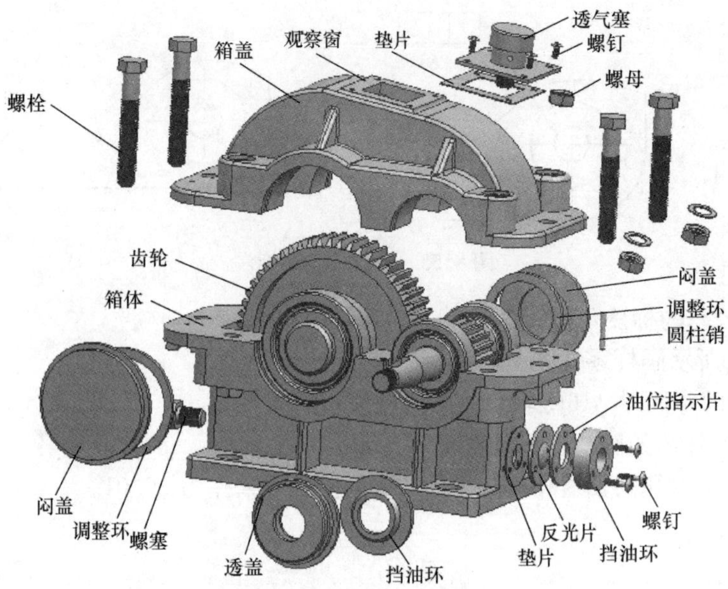

图 8.55 减速器的轴测分解图

减速器是原动机和工作机之间的一种传动装置，用来降低转速和增大转矩，以满足工作需要。它是通过两轴系上一对齿数不同的齿轮的啮合，利用齿数与转速成反比的原理实现减速的。

箱盖结构是减速器的重要组成部件，属于箱体类零件，材料是灰铸铁 HT200。为了便于箱体部件的安装和拆卸，机体由两部分组成，采用上下部分式结构，沿轴心线平面分为上箱盖、下箱体，两零件采用螺栓联接；箱盖上部开有观察窗，正值一对齿轮啮合处的正上方，两啮合齿轮的两侧，对称分布着轴承和端盖，箱盖前后两侧对称设置四个加强肋板。

2. 确定表达方案

以箱盖的工作位置为主视图的投射方向，如图 8.56 所示。由于箱盖的内外结构都比较复杂，应选用主、俯、左三个基本视图。箱盖的主视图应按其工作位置及形状特征原则选定，在不影响外形表达的前提下，在 4 处做了局部剖；俯视图用以表达箱体的外部形状及各组成部分的前后、左右位置关系；左视图采用两个相互平行的剖切平面剖得的全剖视图，反映了两半圆孔组结构及铸件的多处壁厚情况。*B* 向视图为使用旋转剖画出的斜视图。这样，既反映了观察窗实形，又方便了尺寸标注。

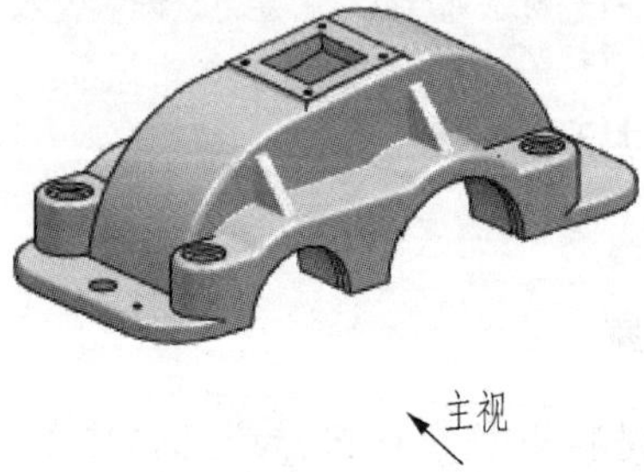

图 8.56 箱盖的结构及主视图方向的选择

3. 绘制零件草图

零件草图是画零件工作图的重要依据，有时也直接供生产用，因此具有零件图的全部内容，包括一组图形、齐全的尺寸、技术要求和标题栏。如图 8.57 所示是箱盖的草图。

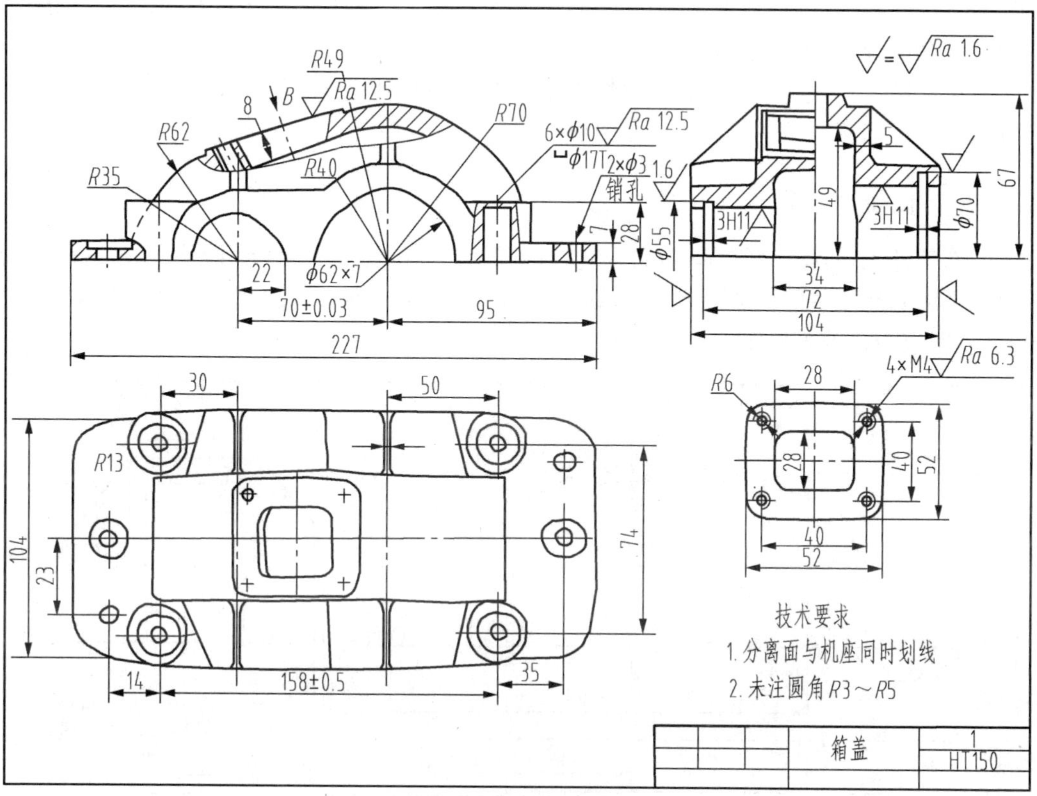

图 8.57 箱盖零件草图

(1) 绘制草图步骤

根据选定的表达方案，绘制其草图，作图步骤如下：

① 确定图幅，目测比例，根据零件的大小、视图数量，在现有图纸上合理布局各个视图位置。

② 徒手绘制中心线、轴线或基准线。

③ 从主视图入手，先画主要轮廓主要线，再画细节部分，同时注意投影关系。

④ 测量尺寸，定技术要求，标注出全部尺寸及技术要求。

⑤ 仔细检查草图，描深并绘制剖面线，填写标题栏。

(2) 绘制零件草图时的注意点

在标尺寸时，首先选择尺寸基准，基准应考虑便于加工和测量，如箱盖的长、宽、高方向的基准分别选用 φ62 的回转轴线、箱盖的前后对称平面、箱盖的底面。先集中画出所有的尺寸界线、尺寸线和箭头，再依次测量、逐个记入尺寸数字。对配合尺寸和定位尺寸直接注出，如两齿轮分度圆的直径之和 72 是配合的重要尺寸直接注出。其他尺寸则按定形尺寸、定位尺寸、总体尺寸全部注出。对零件各部分的尺寸，从基准出发逐一进行测量和标注。对相邻零件有配合的尺寸，应同时在相关的零件草图上注出，以保证关联尺寸的准确性和一致性。

如图 8.57 所示。

注技术要求时，零件上标准结构（如槽、孔、螺纹等）的尺寸，必须查阅相应国家标准并予以标准化。注写技术要求，通常可采用类比法给出，主要尺寸要保证其精度。箱盖的两轴线中心的尺寸 $\phi72\pm0.06$ 等，都应给出公差；有配合关系的孔与轴，要查阅轴与孔的相应资料（装配图或零件图），以核准配合制度和配合性质。零件草图上的工艺结构如倒角、圆角、退刀槽等应全部画出，不得遗漏。

只有这样，经测绘而制造出的零件，才能顺利地装配到机器上去并达到其功能要求。

最后填写标题栏。

4. 绘制零件工作图

绘制零件图前，检查校核草图的表达方案以及尺寸标注是否符合相关规定；检查零件技术要求是否满足零件的性能要求。必要时还要查阅相关标准，认真分析，完善零件草图。如图 8.58 所示为箱盖零件图。

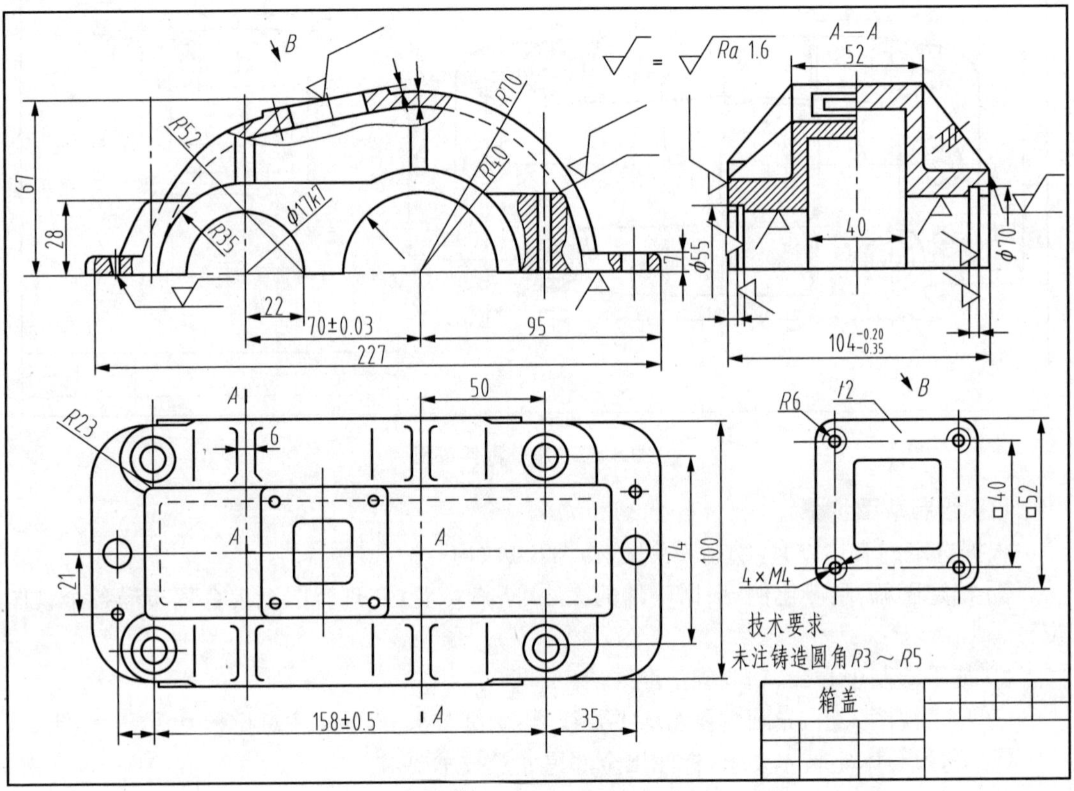

图 8.58　箱盖零件图

二、零件尺寸的测量方法

测量尺寸是零件测绘过程中一个很重要的环节，尺寸测量得准确与否，将直接影响机器的装配和工作性能，因此，测量尺寸要细致。

零件测绘中，常用的测量工具、量具有直尺、内卡钳、外卡钳、游标卡尺、内径千分尺、外径千分尺、高度尺、螺纹规、圆弧规、量角器等。

测量时，应根据尺寸精度要求的不同选用不同的测量工具。对于精度要求不高的尺寸，一般用直尺、内外卡钳等；精度要求较高的尺寸，一般用游标卡尺、千分尺等；特殊结构，一般要用专用量具如螺纹规、圆弧规、曲线尺来测量。

1. 直尺或游标卡尺测量线性尺寸

如图 8.59 所示。

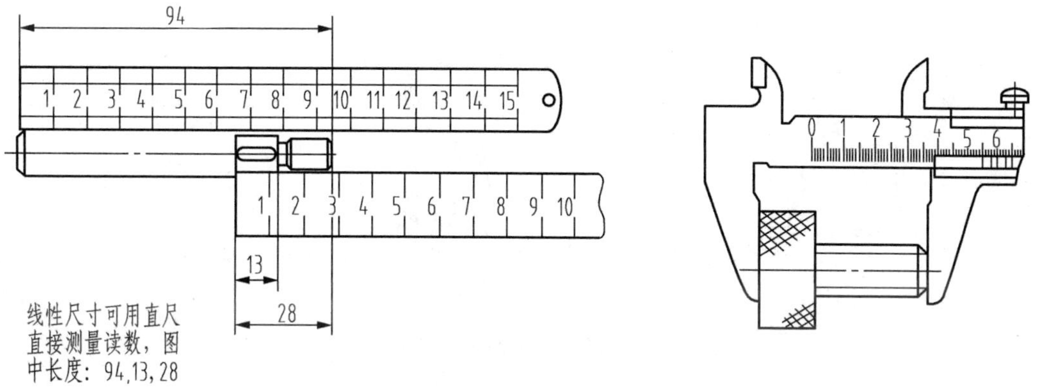

图 8.59　测长度尺寸

2. 直尺卡钳组合测壁厚

如图 8.60 所示。

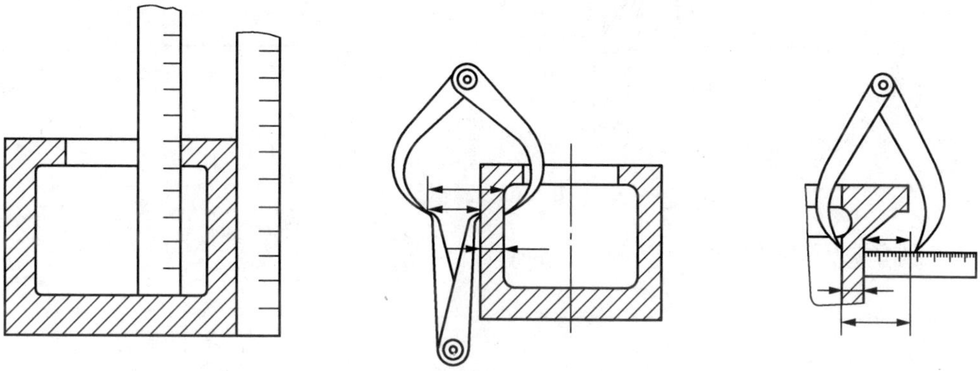

图 8.60　测零件底壁、侧壁厚度

3. 游标卡尺、卡钳测量回转面外径、内径

如图 8.61 所示。

4. 螺纹规、直尺测螺距

直尺可测量螺距 P，$P=T/n$，T 为 n 个螺距的长度，由直尺测量，n 为螺距数量。根据算出的螺距再查手册取标准值。如图 8.62 所示。

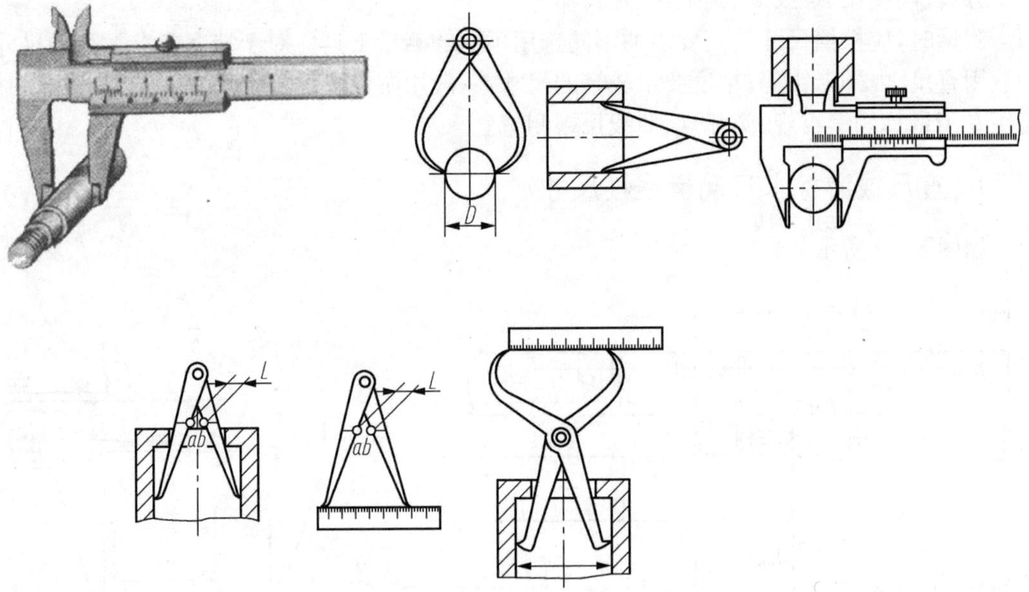

图 8.61　测圆柱内外直径、阶梯孔的直径

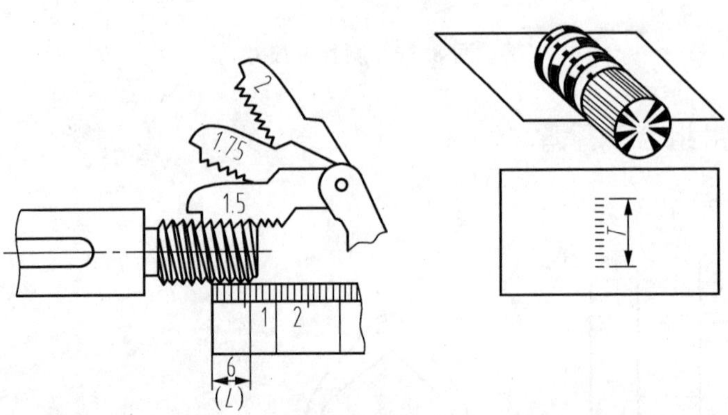

图 8.62　测螺距

5. 圆角规测量角度

如图 8.63 所示。

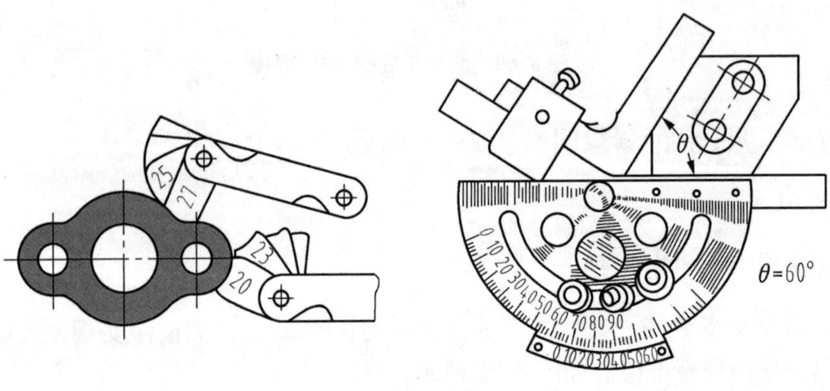

图 8.63　测圆角

圆角规每套圆角有两组多片，每片都刻有圆角半径的数值。测量时逐个实验，从中找到与被测部位完全吻合的一片，读出该片上的 R 数值即为所测圆角半径。

6. 用内外卡钳测孔间距

如图 8.64 所示。

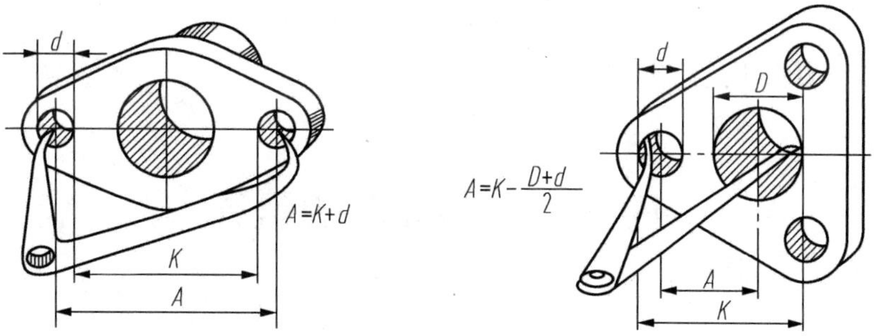

图 8.64　测孔间距

7. 游标卡尺测齿轮的参数

(1) 数齿轮的齿数。

(2) 测出齿顶圆直径 d_a。当齿数为偶数时，直接测量齿顶圆直径 d_a，如图 8.65(a)所示；当齿数为奇数时，如图 8.65(b)、(c)所示，应分别测量齿轮的轴孔孔径 D_1 及齿顶到轴孔的距离 H，有 $d_a=D_1+2H$。

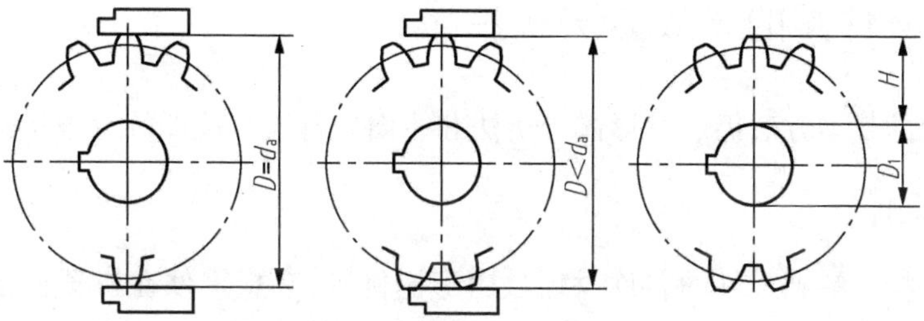

(a)　　　(b)　　　(c)

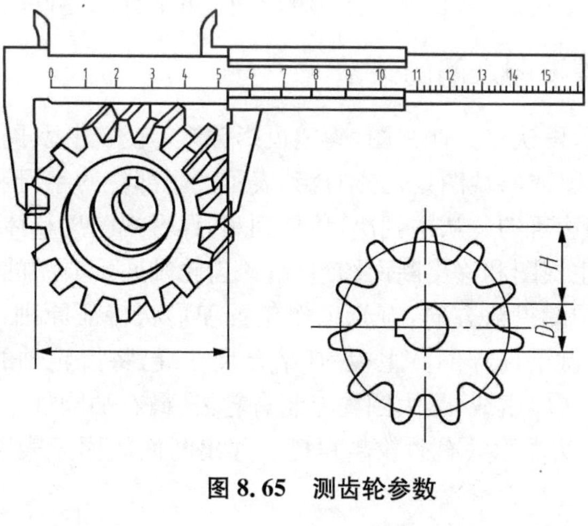

图 8.65　测齿轮参数

(3) 算出模数 m。根据公式 $m=\frac{d_a}{z+2}$算出 m 的测得值，查表取较接近的标准模数为被测齿轮的模数。

(4) 计算分度圆直径，$d=mz$。将分度圆直径用相啮合齿轮两轴的中心距 a 校对，应符合：

$$a=\frac{d_1+d_2}{2}=\frac{m(z_1+z_2)}{2}$$

(5) 测量计算齿轮其他各部尺寸。

任务七　零件图的识读

一、读零件图的目的

培养读图能力，是学习本课程最重要的任务之一。通过看零件图，了解零件的名称、用途、材料等，通过分析视图、分析尺寸，弄清零件各部分的结构形状、大小、功用及其相对位置，了解零件的各项技术要求，以确定加工方法和检测手段。下面以图 8.66 所示齿轮轴零件图为例，说明看零件图的方法和步骤。

二、读零件图的一般方法和步骤

读零件图的基本方法仍然是形体分析法和线面分析法。读图的一般步骤是：

1. 看标题栏

从中可概括了解到零件的名称、材料、图形比例等，联想零件在机器或部件中的作用和特点，建立起初步印象。有时对较复杂的零件图，还需参考零件所在部件的装配图及相关的零件图等技术资料。从标题栏可知零件的名称叫齿轮轴，其材料为 45 号钢，属于轴类零件，最大直径 60 mm，总长 228 mm，从比例和图形的大小，可估计出零件的大致轮廓。

2. 通览全图，弄清视图之间的关系

看视图，先找主视图，再认定其他视图，确定投影关系，凡有剖视、断面图处，要找到剖切面的剖切位置，有局部视图或斜视图处，必须找到表示投影部位的字母和表示投射方向的箭头，从而弄清各视图的表达目的。从主到次，从易到难，详看视图想整体形状。

零件的表达方案由主视图和移出断面图组成，该齿轮轴属于典型的轴类零件，以图 8.66 中所示的方向作为主视图的投射方向，符合工作位置和形状特征原则，视图数量和表达方法都比较恰当，轮齿部分做了局部剖。主视图(结合尺寸)已将齿轮轴的主要结构表达清楚了：由几段不同直径的回转体组成，最大圆柱上制有轮齿，最右端圆柱上有一键槽，零件两端及轮齿两端有倒角，C、D 两端面处有砂轮越程槽。移出断面图用于表达键槽深度和进行有关标注。

3. 分析尺寸

齿轮轴中两 ϕ35k6 轴段及 ϕ20r6 轴段用来安装滚动轴承及联轴器，径向尺寸的基准为齿轮轴的轴线。端面 C 用于安装挡油环及轴向定位，所以端面 C 为轴向的主要尺寸基准，注出了尺寸 2、8、76 等。端面 D 为轴向方向的第一辅助尺寸基准，注出了尺寸 2、28。齿轮轴的右端面为轴向方向尺寸的另一辅助基准，注出了尺寸 4、53 等。键槽长度 45、齿轮宽度 60 等为轴向的重要尺寸，已直接注出。

4. 分析技术要求

两个 ϕ35 及 ϕ20 的轴颈处有配合要求，尺寸精度较高，均为 6 级公差，相应的表面粗糙度要求也较高，分别为 $Ra1.6$ 和 $Ra3.2$。对键槽提出了对称度要求。对热处理、倒角、未注尺寸公差等提出了 4 项文字说明要求。

5. 归纳总结

通过上述看图分析，对齿轮轴的作用、结构形状、尺寸大小、主要加工方法及加工中的主要技术指标要求，就有了较清楚的认识，能够综合想象出零件的整体形状。

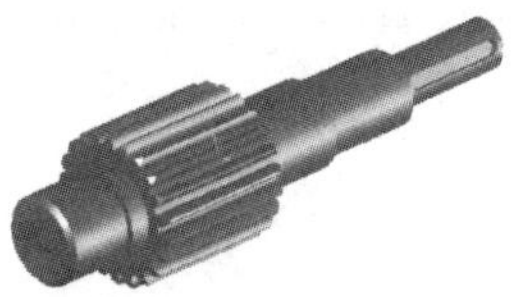

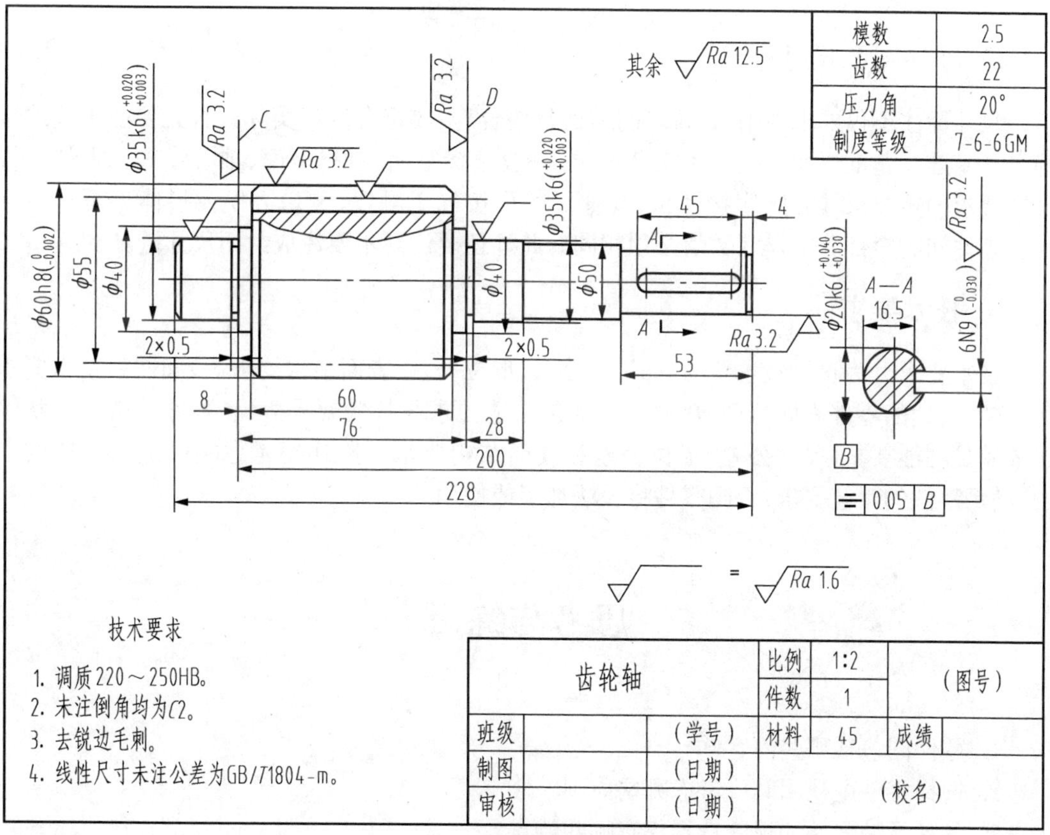

图 8.66　齿轮轴零件图

知识梳理

零件图是设计部门提供给生产部门的技术性文件，是直接指导生产的依据。本模块与前面所学的相关内容相比有更进一步的要求，增强了实用性和合理性。

本模块主要内容如下：

1. 零件图的视图选择

典型的零件类型有轴套类、盘盖类、箱体类与叉架类等几种类型。根据各类典型零件的形体特征与用途及零件本身的用途，表达零件时选择的主视图、其他视图及各种表达方法也不尽相同。

零件主视图是零件图的核心，应较明显地反映零件主要结构形状和各组成部分的相对位置。其投影方向选择必须遵循三个原则，即形状特征原则、工作位置原则和加工位置原则。一般轴套类、盘盖类零件在确定主视图投射方向时主要是依据加工位置原则来确定，并将回转轴线水平放置于主视图中；箱体类与叉架类零件在确定主视图投射方向时主要是依据工作位置原则来确定，并同时考虑形状特征原则。

其他视图是主视图的必要补充，有表达的侧重点，在保证充分表达零件结构形状的条件下，视图的数量应尽量少。

2. 零件图的尺寸标注

尺寸标注不仅要求清晰、正确、完整，而且要合理、要符合生产实际。首先要能正确地选择尺寸基准。基准要满足设计和工艺要求，一般选接触面、对称平面、轴心线等。零件对设计所要求的重要尺寸必须直接注出，其他尺寸可按加工顺序、测量方便或形体分析进行标注。零件间配合部分的尺寸数值必须相同。此外还要注意不要注成封闭尺寸链。

3. 技术要求

技术要求分为符号技术要求（如尺寸公差、形位公差、表面结构要求等）和文字技术要求（用文字表达的零件表面处理、热处理等加工制造要求与检验要求等）。零件的结构形状除了要满足功能要求（尺寸公差、形位公差和表面结构要求）外，还要考虑零件加工制造的方便，满足零件的工艺要求，否则零件将无法加工或使用。

思考与练习

1. 零件图包括哪些内容？
2. 选择零件主视图时应考虑哪些原则？
3. 各种类型零件的视图选择都有哪些特点？

4. 零件的哪些面、线常作为尺寸基准?

5. 如何正确分析零件图中的定形尺寸和定位尺寸?

6. 说明基孔制中基准孔的代号和基轴制中基准轴的代号。

7. 零件上常见的工艺结构有哪些? 什么是技术要求?

8. 根据 $\phi 30^{-0.020}_{-0.041}$说明基本尺寸、上偏差、下偏差、最大极限尺寸、最小极限尺寸及公差。

9. 阅读零件图的基本步骤有哪些?

模块九　装　配　图

任何一台机器，都是由若干个部件或零件组成的装配体，而部件又是由一组零件组成的具有一定功能的简单的装配体。装配图是表达机器或部件的图样，通常用来表达机器或部件的工作原理、零件之间的装配连接关系，是设计、装配、检验、安装、维修和技术交流等工作的重要技术文件。

任务一　装配图的作用及内容

一、装配图的作用

在进行产品设计时，一般要根据产品的需要和工作原理先画出装配图，然后再根据装配图进行零件的设计，并用以拆画零件图；在产品制造过程中先按零件图加工制造出零件，然后把加工好的零件按装配图进行组装、调试与检验；在产品使用与维修时，也要通过装配图了解产品的工作原理和构造，以便更好地使用和维修。因此，装配图是反映设计思想、生产制造和技术交流等的重要工具。

二、装配图的内容

从图 9.1 虎钳的装配图可知一张完整的装配图应包括以下内容：

1. 一组视图

用一组视图完整、清晰、准确地表达出机器的工作原理，各零件的相对位置及装配关系、连接方式和重要零件的形状结构。

2. 必要的尺寸

装配图上标注的尺寸是装配体的装配尺寸、安装尺寸、性能尺寸、外形尺寸及设计时确定的一些重要尺寸等。

3. 技术要求

用文字或符号说明机器(或部件)的性能、规格、装配和调试等所必须满足的技术条件。

4. 零件序号、明细栏及标题栏

装配图中的零件序号用于对组成装配体的所有零件进行排序编号，明细栏用于依次注明各零件的序号、名称、数量、材料、规格及标准代号等内容，标题栏则用以注明装配体的名称、规格、代号、比例及设计、审核等责任人的签名内容。

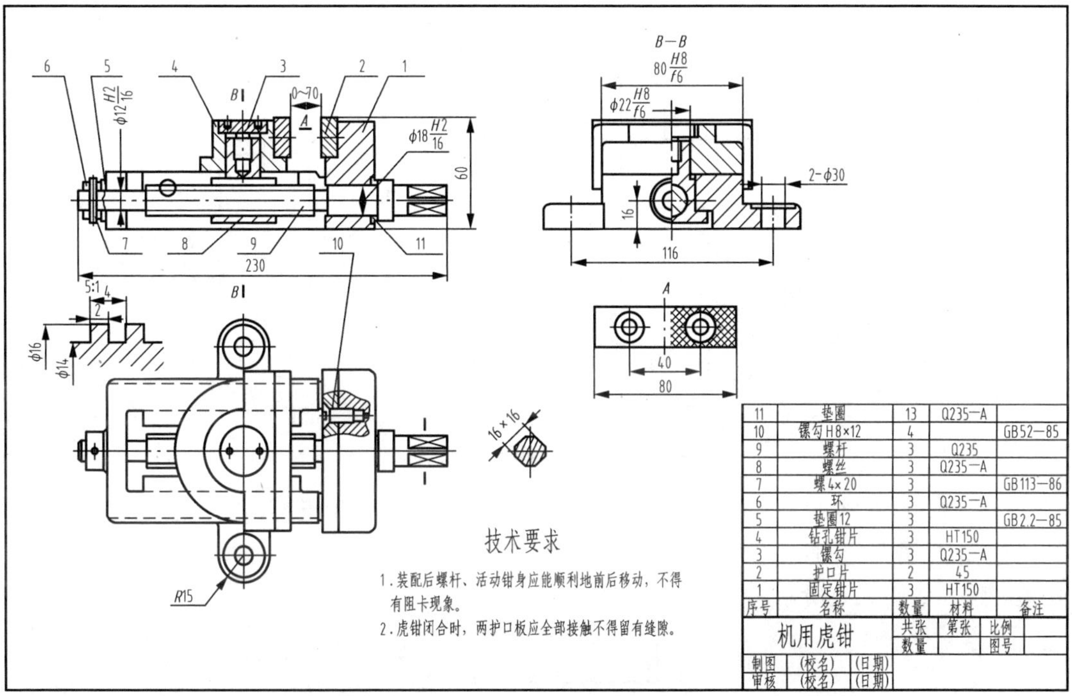

图 9.1 机用虎钳装配图

任务二 装配图的视图表示法

装配图的表示法和零件图基本相同，都是通过各种视图、剖视图和断面图等来表示的，所以零件图中所应用的各种表示法都适用于装配图。

一、装配图的基本表达方法

机器或部件的表达方法与前述零件的各种表达方法（如视图、剖视图和断面图等）相同，视图选择原则也是相同的，但两者表达的对象和目的不同。零件图是以单个零件结构形状为中心的，而装配图则是以反映有一定数量关系的零件之间的装配、位置关系等为主。装配图需要把整台机器和部件的内外结构形状、零件的整体轮廓表达清楚，不要求详尽表达每个零件的形状。在装配体的表达方法中还需采用一些规定画法和特殊表达方法等。

二、装配图的规定画法

（1）两相邻零件的接触面和配合面只画一条轮廓线；不接触面或非配合面的两表面，不论其间隙多小，都必须画出两条线。若间距过小，可采用夸大化法。如图 9.2 所示。

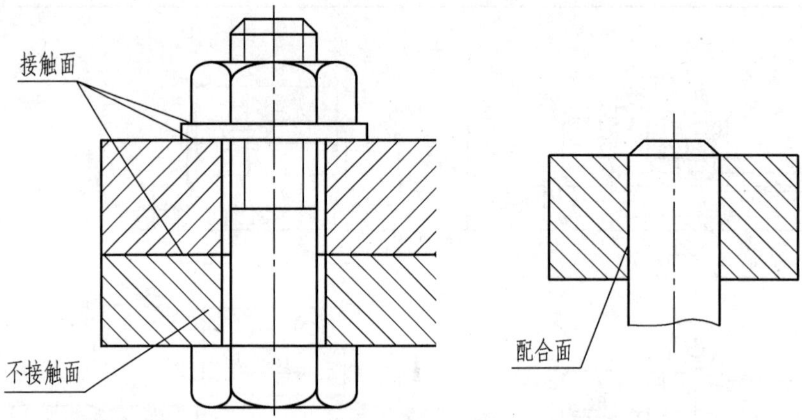

图 9.2　接触面和配合面的画法

（2）相邻两个或多个零件的剖面线应有所区别，或者方向相反，或者方向一致但间隔不同，明显相互错开。同一图样中，零件在采用的各个剖视图、断面图中的剖面线方向和间隔必须一致。如图 9.3 所示。

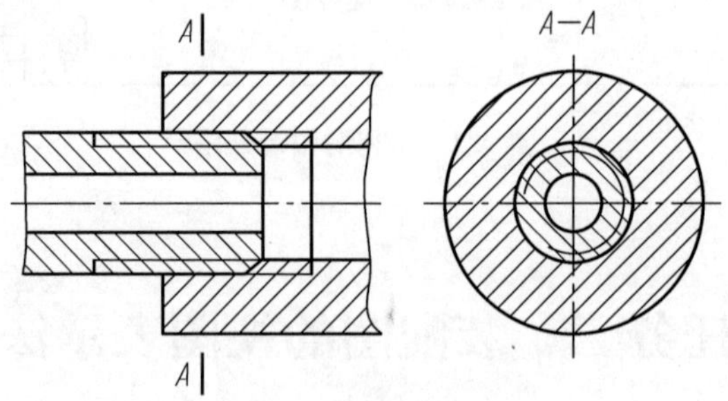

图 9.3　剖面线的画法

（3）对于标准件（如螺栓、螺母、垫圈、键、销等）和实心件（如轴、手柄、球类等），若按纵向剖切且剖切平面通过其对称平面或轴线时，则这些零件均按不剖绘制，只画出其外形，若需要垂直这些零件的轴线横向剖切时，则应画出剖面线。如图 9.4 所示。

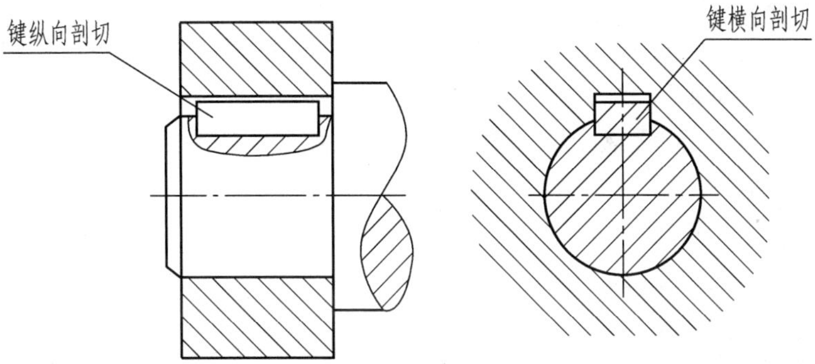

图 9.4 标准件、实心件的规定画法

三、装配图的特殊画法和简化画法

1. 装配图画法的特殊规定

(1) 拆卸画法

当某些零件遮住了后面的需要表达的结构和装配关系时，或在某一视图上不需要画出某些零件时，可假想拆去某些零件或假想沿某些零件的结合面进行剖切，这种画法称为拆卸画法。拆卸画法的拆卸范围比较灵活，可以将某些零件全拆，也可以将某些零件半拆。半拆时以对称线为界，类似于半剖。还可以将某些零件局部拆卸，此时，以波浪线分界，类似于局部剖。采用拆卸画法的视图需加以说明时，可标注“拆去××零件”等字样，如图 9.5 所示。

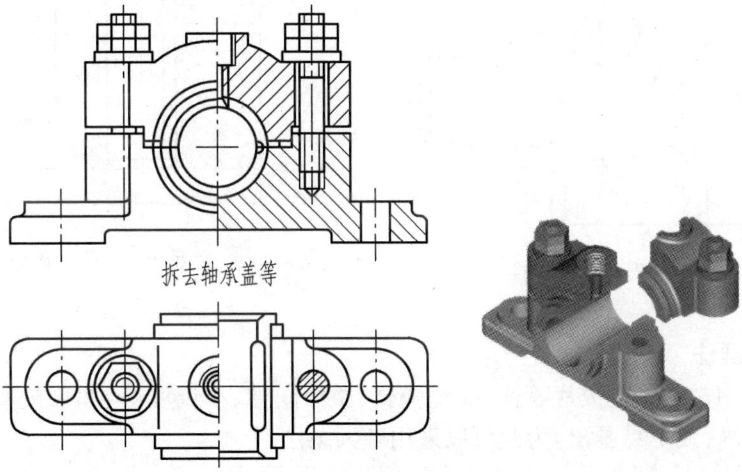

图 9.5 拆卸画法（俯视图沿结合面半剖切）

(2) 单独表达个别零件的画法

如所选择的视图已将大部分零件的形状、结构表达清楚，但仍有个别零件的某些方面还未表达清楚又需要表达清楚时，可单独画出该零件的某一视图或剖视图，并进行相应标注。如图 9.6 所示钻模图中“模座 B 向”视图。

(3) 假想画法

为了表示部件或机器的作用、安装方法,可将其他相邻零件、部件的部分轮廓用双点画线画出,假想轮廓的剖面区域内不画剖面线。当需要表示运动零件的运动范围或运动的极限位置时,可按其运动的一个极限位置绘制图形,再用细双点画线画出另一个极限位置的图形。如图 9.7 所示。

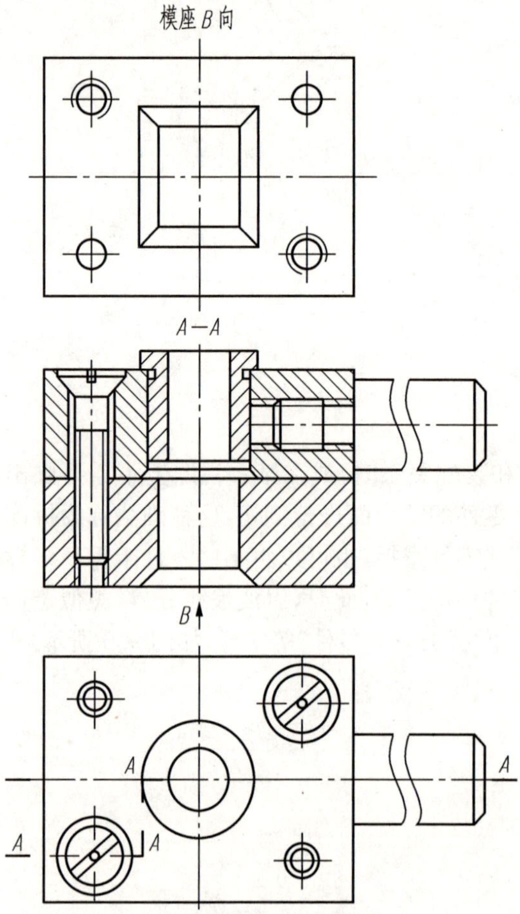

图 9.6 单独表达个别零件

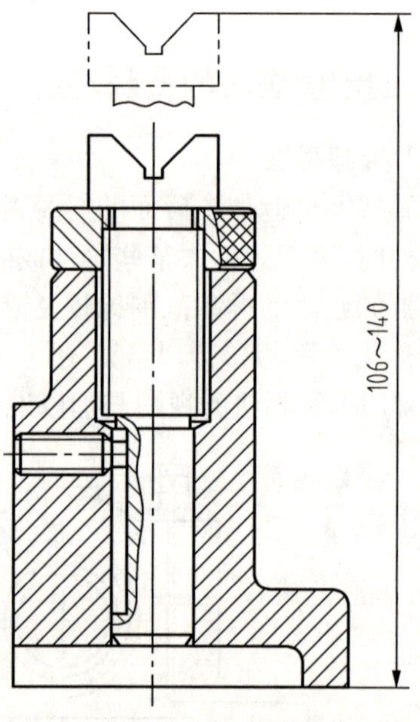

图 9.7 假想画法

(4) 夸大画法

在装配图中常有一些拨片零件、细丝弹簧、微小间隙、小锥度等,如果按实际尺寸画出,往往表达不清晰,或不易画出,为此可以采用夸大画法。

2. 装配图的简化画法

(1) 对于装配图中若干相同的零、部件组,如螺栓联接等,可以详细地画出一组,其余只需用细点画线表示其位置即可。

(2) 在装配图中,对薄的垫片等不易画出的零件可将其涂黑。

(3) 在装配图中,零件的工艺结构,如小圆角、倒角、退刀槽、拔模斜度等可不画出。

装配图中的简化画法如图 9.8 所示。

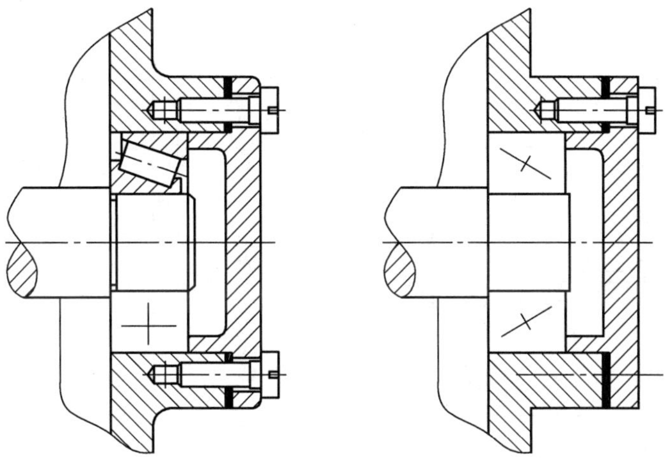

(a) 简化前　　(b) 简化后

图 9.8　简化画法

任务三　装配图尺寸标注和技术要求

装配图和零件图一样需要进行尺寸标注、填写技术要求，但由于两种图样所起的作用不同，其尺寸标注和技术要求的内容和要求有所区别。

一、装配图的尺寸标注

在装配图中并不需要将组成装配图的零件尺寸都表达清楚，而只需要标注装配、安装、检验、使用等方面有关的尺寸。按其作用不同，装配图中的尺寸大致可分为以下几种：

1. 规格或性能尺寸

装配图中的性能尺寸即表示机器（或部件）的工作性能和规格的相关尺寸。图 9.1 所示虎钳装配图中表示活动钳口行程的尺寸“0～70”，即为虎钳最基本的性能尺寸。又如图 9.9 所示轴承座装配图中圆心 40H8 所注的尺寸，为所安装轴承相配合的重要孔径尺寸，决定了轴承座的规格，因此也属于性能尺寸。

2. 装配尺寸

装配尺寸即表示机器（或部件）中的零件间装配关系的尺寸。这种尺寸又分为两种：

(1) 配合尺寸

表示两个零件之间配合关系与性能的尺寸。零件间有公差配合要求的一些重要尺寸见图 9.1 所示虎钳装配图中的 ϕ12H8/f6、ϕ18H8/f6 等尺寸。

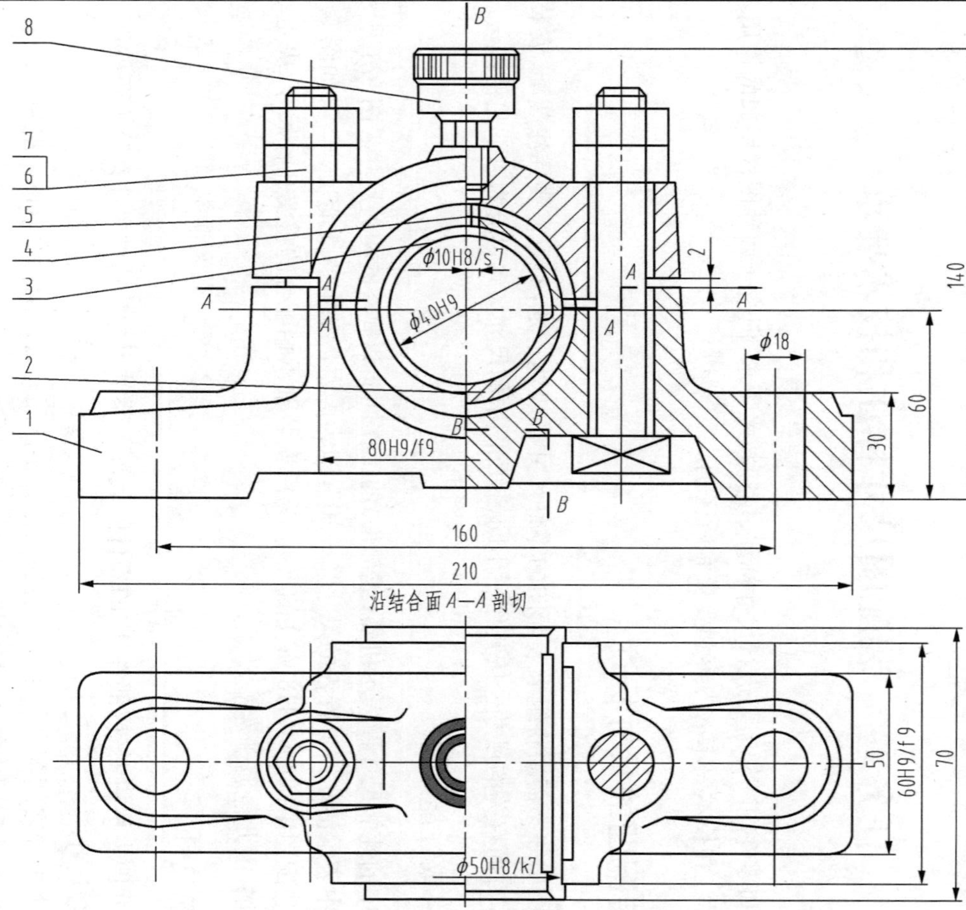

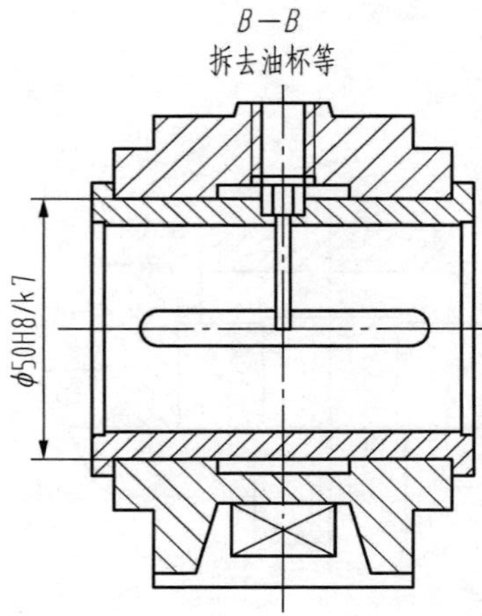

技术要求

1.下轴瓦与轴承座的接触面积不得小于50%，上轴瓦与轴承盖的接触面积不得小于40%；

2.未注铸造圆角R3。

序号	代号	名称	数量	材料	备注
8		油杯10	1		GB/T1154—1989
7		螺母HT12	2	Q235	GB/T6170—2000
6		螺栓MT2×110	2	Q235	GB/T8—1988
5		轴承垫	1	HT200	
4		固定套	1	Q235	
3		上轴瓦	1	ZCuSn10Pb1	
2		下轴瓦	1	ZCuSn10Pb1	
1		轴承座	1	HT200	

轴承			比例		图号	
			共 页		第 页	
制图						
审核						

图 9.9　滑动轴承座的装配图

(2) 相对位置尺寸

表示装配时需要保证的零件间较重要的相对位置尺寸，如减速器安装齿轮的轴间中心距。

3. 安装尺寸

安装尺寸即表示机器(或部件)安装所需的尺寸。图 9.9 所示轴承座装配图中底座上两孔的定型尺寸及定位尺寸 160 就属于这种类型的尺寸。

4. 外形尺寸

外形尺寸即表示机器(或部件)外形轮廓大小或总体大小(总长、总宽、总高)的尺寸。图 9.1 所示虎钳的总长度 230、总宽度 146、总高度 60 都属于外形尺寸。外形尺寸的大小可为包装、运输和安装提供依据。

5. 其他重要尺寸

如在设计过程中,经过设计而确定的,但又不包括在上述几类中的重要尺寸。如图 9.7 中的运动极限尺寸“106～140”等。

必须注意,并不是每张装配图必须全部标注上述各类尺寸,有时装配图上同一尺寸往往有几种含义。因此装配图上标注哪些尺寸,要根据具体情况进行具体分析。

二、装配图上的技术要求

不同性能的机器或部件,其技术要求也不相同,一般可以从以下几个方面来考虑:

(1) 装配要求。装配要求主要有三个方面:一是装配后必须保证的准确度,如同磨、同钻等;二是装配后应达到的精度,如间隙、运动件的行程等;三是装配过程中的特殊要求,如密封、清洗、涂油脂等。

(2) 检验要求。装配后必须保证达到的准确程度,如泵、阀类装配件的压力试验;有关其检验方法的说明;其他检验要求、有无特殊要求等。

(3) 使用要求。对产品的基本性能、维护和保养的要求以及使用操作时的注意事项。

上述各项内容并不要求每张装配图全部注写,应根据具体情况而定,如已在零件图上提出的技术要求,装配图上可不再注写。技术要求一般写在明细表上方或图纸下方的空白处,也可以另编技术文件附于图纸资料中。

任务四 装配图中零、部件序号和明细栏

装配图上图形复杂,零件多。为了便于图样管理和进行生产准备工作,有必要将每一个零件的名称、数量、材料等资料编写成一张表格,称为明细栏,画在标题栏的上方。明细栏内的每一个零件均应编上序号,且将序号按一定的顺序写在装配图图形周围,并用指引线将序号指引在相应零件的图形上。这样,便可通过序号使图形与明细栏的内容一一对应互相联

系，便于读装配图时对照查阅。

一、零部件序号

国家标准《机械制图》对零部件序号的编写做了具体要求：

(1) 装配图中同一个零(部)件只编一个序号，不可重复。

(2) 零(部)件序号注写的常见形式如图 9.10 所示。从所标注的零件内部引出一条细实线绘制的指引线，在引出线的起点画一圈点，末点画一水平线(或圆圈)并在其上(或其内)书写序号数字，序号数字所用的字号一般比尺寸数字所用的大 1～2 号，如图 9.10(a)所示。当所指部分很薄或为涂黑的剖面不便画圆点时，可在指引线的起点处画成剪头，如图 9.10(b)所示。

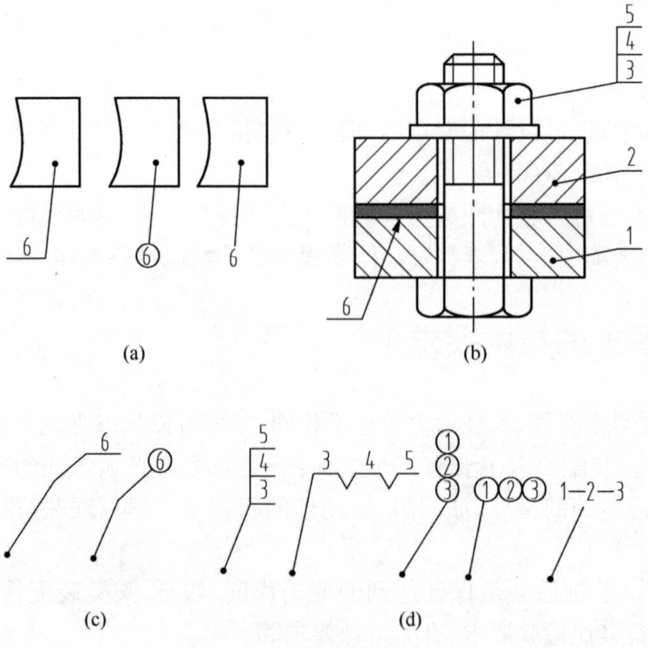

图 9.10　零件序号的标注

(3) 零部件序号应注写在视图周围，按照顺时针或逆时针方向依次排列。按水平方向或垂直方向排列整齐。

(4) 指引线不能相互交叉，当指引线通过剖面区域时，指引线不能与剖面线平行，必要时，指引线可画成折线，但只能折一次。如图 9.10(c)所示。

(5) 一组紧固件或装配关系清楚的零件组，可采用公共指引线，并在每一个横线上或圆圈内标注一个序号。如图 9.10(d)所示。

二、标题栏和明细栏

明细栏绘制在标题栏的上方，详细列出零件的序号、名称、数量、材料、标准代号等内容，每一个零件占一行，按零件序号从小到大的顺序依次自下而上填写。当零件数量过多向上延伸空间不够时，可将一部分移至紧靠标题栏左侧自下而上延续。学生用明细栏推荐格式如图 9.11 所示。

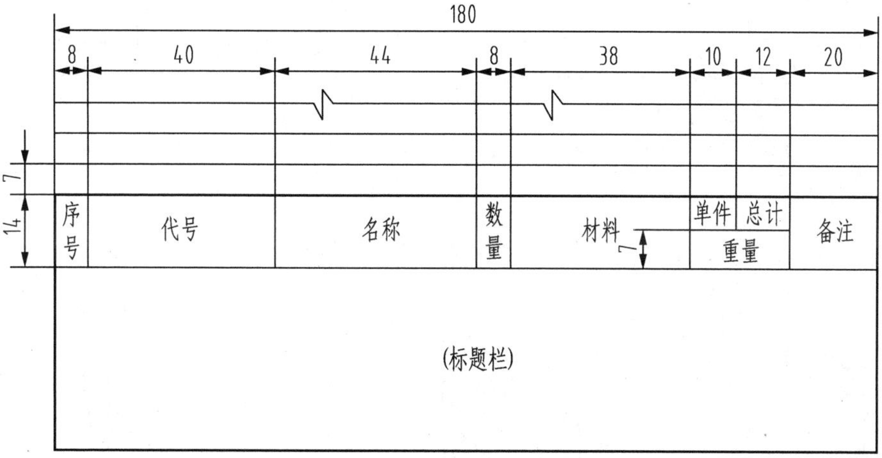

图 9.11　明细栏的格式

三、绘制标题栏和明细栏时应注意的问题

(1) 标题栏和明细栏的分界线是粗实线，明细栏的外框竖线是粗实线，明细栏的横线和内部竖线均为细实线(包括最上一条横线)。

(2) 标准件的国标代号可写入备注栏。

任务五　常见的装配工艺结构

为了保证机器或部件能顺利装配，并达到设计规定的性能要求，而且拆装方便，除应考虑设计要求的结构外，还应考虑装配工艺上要求的结构合理性问题。了解装配体上一些有关装配的工艺结构和常见装置，可以使图样画得更合理，以满足装配要求。

一、接触面与配合面的结构

1. 同方向接触面的结构

两零件在同一方向上应只有一对接触面，如图 9.12(a)所示，这样才能保证两零件接触良好，避免装配表面发生干涉；对于孔、轴之间的配合，如图 9.12(b)所示，若在同一方向上需要配合也是如此。

2. 接触面转角处的结构

两零件有一对相交的表面接触时，接触面的转角处尽量避免 90°直角接触，而应在转角处制出倒角、圆角、凹槽、退刀槽等，以保证表面接触良好。如图 9.13 所示。

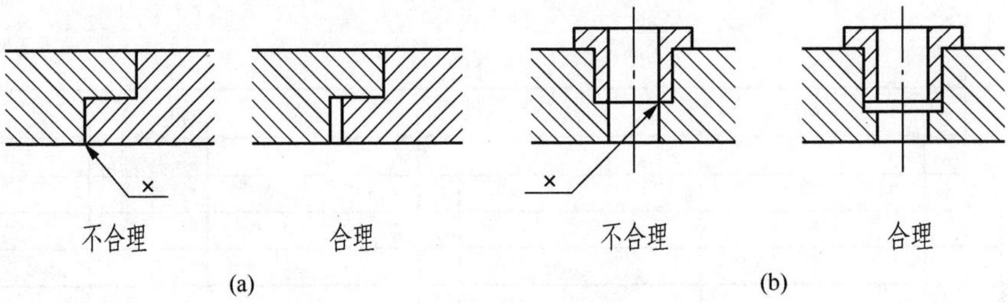

图 9.12 同方向两表面接触结构

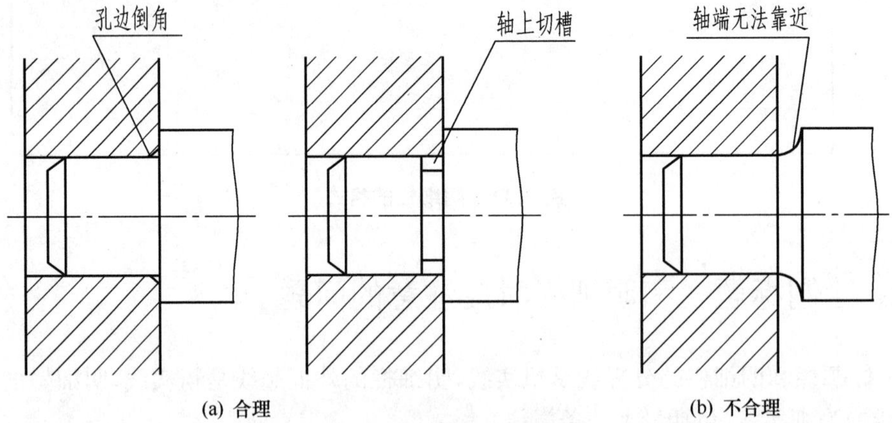

图 9.13 接触面转角处的结构

3. 两圆锥表面的配合结构

两圆锥表面配合时，锥体端面与锥孔底部间应留有空隙，如图 9.14 所示。

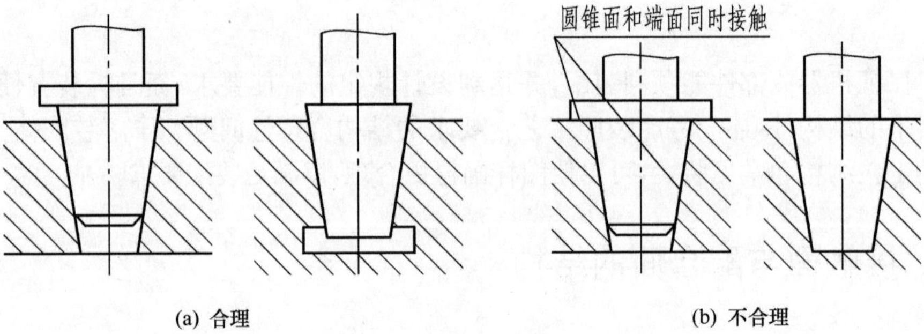

图 9.14 锥面配合结构

二、便于装拆的结构

(1) 滚动轴承内圈的外径应大于定位的轴肩直径，外圈的内径应小于定位机座的直径，如图 9.15 所示。

(2) 螺纹紧固件的装配结构应考虑装拆方便的问题，保证装拆时有必要的操作空间，如图 9.16 所示。

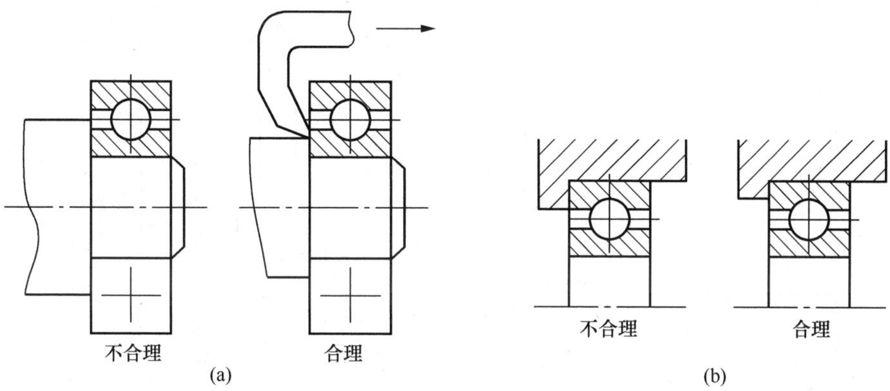

图 9.15 轴承便于装拆的结构

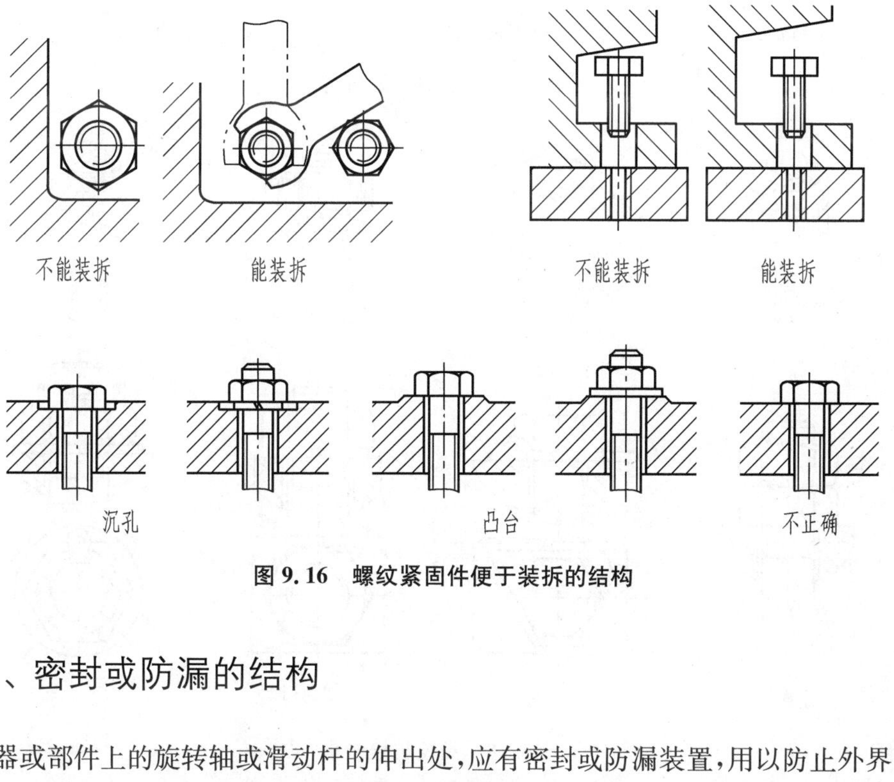

图 9.16 螺纹紧固件便于装拆的结构

三、密封或防漏的结构

机器或部件上的旋转轴或滑动杆的伸出处，应有密封或防漏装置，用以防止外界的灰尘杂质侵入内部或阻止工作介质(液体或气体)沿轴杆泄漏。机器能否正常运转，在很大程度上取决于密封或防漏结构的可靠性。常见的密封结构如图 9.17 所示。

四、防松结构

机器运转时，由于受到振动或冲击，螺纹紧固件可能发生松动，这不仅妨碍机器正常工作，有时甚至会造成严重的事故，因此需要防松装置。常用的防松装置有双螺母、止动垫圈、弹簧垫圈、开口销和开缝圆螺母，如图 9.18 所示。

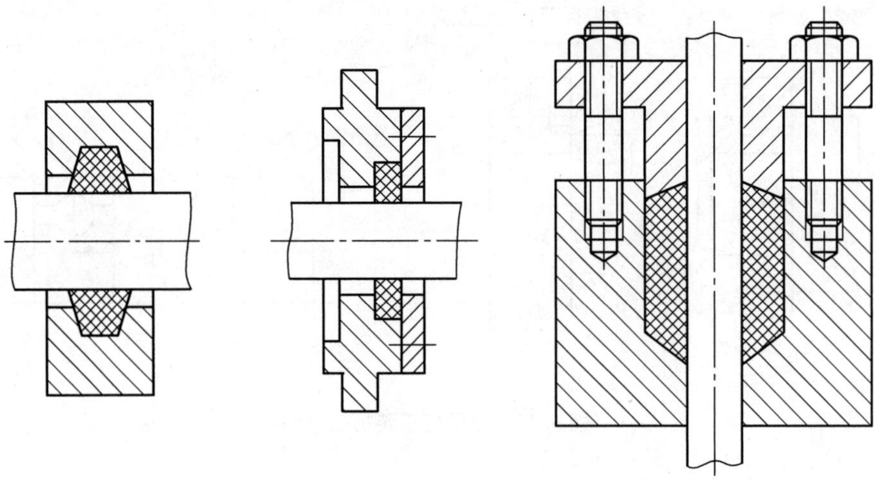

(a) 毡圈密封　　(b) 毡圈密封　　(c) 毡圈密封

图 9.17　密封防漏结构

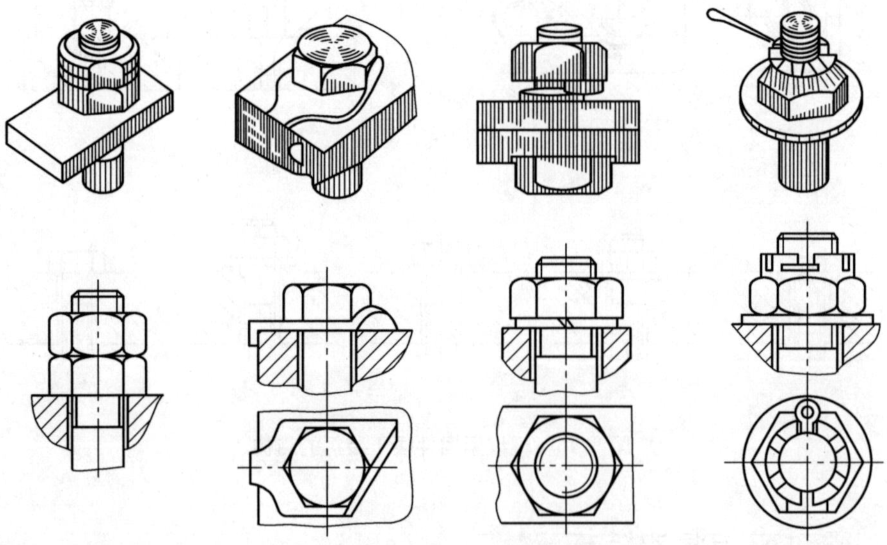

双螺母　　止动垫圈　　弹簧垫圈　　开口销

图 9.18　螺纹防松装置

任务六　部件测绘及装配图画法

零部件测绘是在学生学习“机械制图”课程中，必须完成的后续实践性教学环节。通过对整台机器或部件进行拆卸、测量，并画出其草图，然后整理绘制出装配图和一套零件图的过程，称为部件(或机器)的测绘。

测绘在生产实践中用处很大，无论是新产品设计、引进先进技术，还是对原有设备进行技术改造和维修，都需要对现有的机器或部件进行测绘，以获取第一手技术资料。所以，部件测绘是工程技术人员必备的一项技能，也是将要从事机械行业的学员应具备的一项基本功。

下面以机用虎钳为例，介绍部件测绘的一般方法和步骤。

一、了解和分析部件结构

部件测绘时，首先要根据实物，查阅有关资料和图纸，对测绘对象进行全面的分析研究，详细了解所测绘部件的用途、性能、工作原理、结构特点以及使用运转情况。

机用虎钳主要由固定钳身、活动钳身、钳口板、丝杆和螺母等组成。丝杆固定在固定钳身上，转动丝杆可带动螺母块作直线移动。螺母块与活动钳身用螺钉连成整体，因此丝杆转动时，活动钳身就会沿固定钳身移动。

机用虎钳是用来夹持工件进行加工用的部件。当操作者转动螺杆顺时针旋入螺母块时，螺母块沿着固定钳身底部长方槽内的平面滑动，带动活动钳身右移，钳口闭合夹紧工件。反向旋转时，钳口松开卸下工件。

机用虎钳有两条装配干线：一是螺杆装配干线，当扳手套在螺杆的四边形头部旋转时，通过螺杆两端的轴颈与钳身两孔的间隙配合，实现旋转运动；另一条装配干线是螺母与螺杆相配合，通过螺钉把螺母固定在活动钳身的孔中。

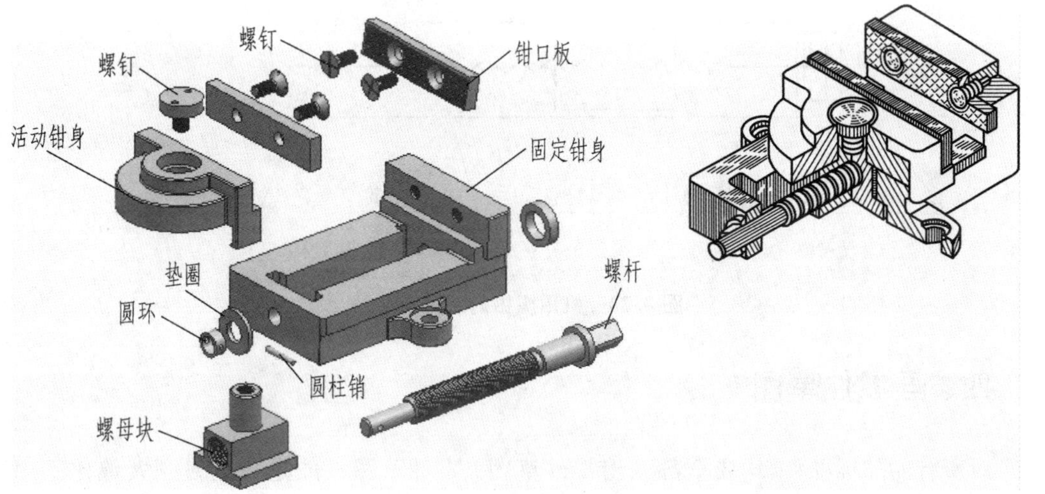

图 9.19　机用虎钳轴测分解图

二、拆卸部件

在熟悉部件结构的基础上，确定正确的拆卸方法和次序，选用拆卸工具和量具。拆卸前应先测量一些重要的尺寸，如装配尺寸、零件的相对位置尺寸、极限尺寸；拆卸过程中尽量不拆、少拆，拆下的零件一一编号、登记，分类依次放置；拆卸后要对零件进行妥善保管，以免损坏丢失，以便测绘后能够顺利地重新装配并达到原来的精度和性能。

虎口钳的拆卸循序是：圆锥销 7→环 6→垫圈 5→旋出螺杆 9→垫圈 11，旋出螺钉 3→取出机件,活动钳身4的导槽沿着固定钳身1的导边从右往左推出,旋出螺钉10,拆下护口片2。

三、画装配示意图

装配示意图是使用简单的图线(甚至可用单线条)画出部件各零件的大致轮廓,它所表达的内容主要是各零件之间的相对位置、装配与联接关系以及传动路线等。装配示意图是在机器或部件拆卸过程中所画的记录图样,是绘制装配图和重新装配的依据。

在画装配示意图时,应注意以下事项:

(1) 应把部件看成一个透明体,内外结构没有前后之分,均为可见。

(2) 国家标准《机械制图》有规定符号的零件用规定符号画出,没有规定符号的零件用简单的线条画出大致轮廓。

(3) 画图时,接触面应按非接触面一样画成两条线,以便区别。

机用虎钳的装配示意图如图9.20所示。

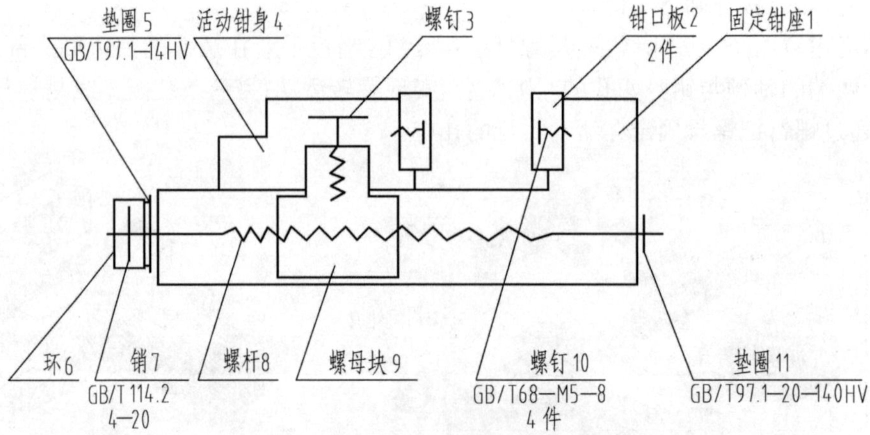

图9.20 机用虎钳的装配示意图

四、画零件草图

对所有的非标准件,均要全部画出零件草图。零件草图一般是现场目测大致比例用铅笔徒手绘制。零件草图是画零件图的依据,有时还要直接用于加工生产所急需的配件,所以,除由徒手画出及无需严格遵守比例关系以外,其他内容均和零件图完全相同,如视图的选择、尺寸标注、技术要求和标题栏等应完整无缺。

图9.21为机用虎钳一部分零件的草图。

五、画装配图

部件测绘的主要任务就是根据装配示意图和零件草图绘出装配图。画装配图的过程,是一次检验、校对零件形状、尺寸的过程。零件草图中的形状和尺寸如有错误或不妥之处,应及时协调改正,以保证零件之间的装配关系能在装配图上正确地反映出来。

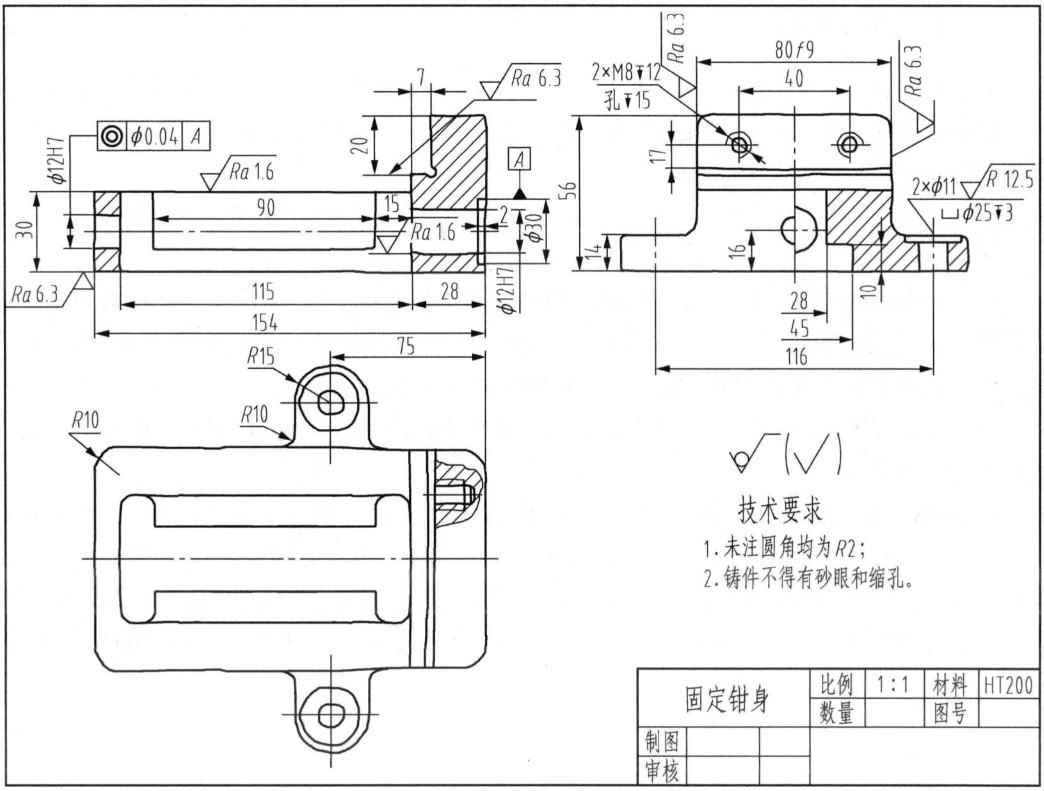

(a) 固定钳身零件草图

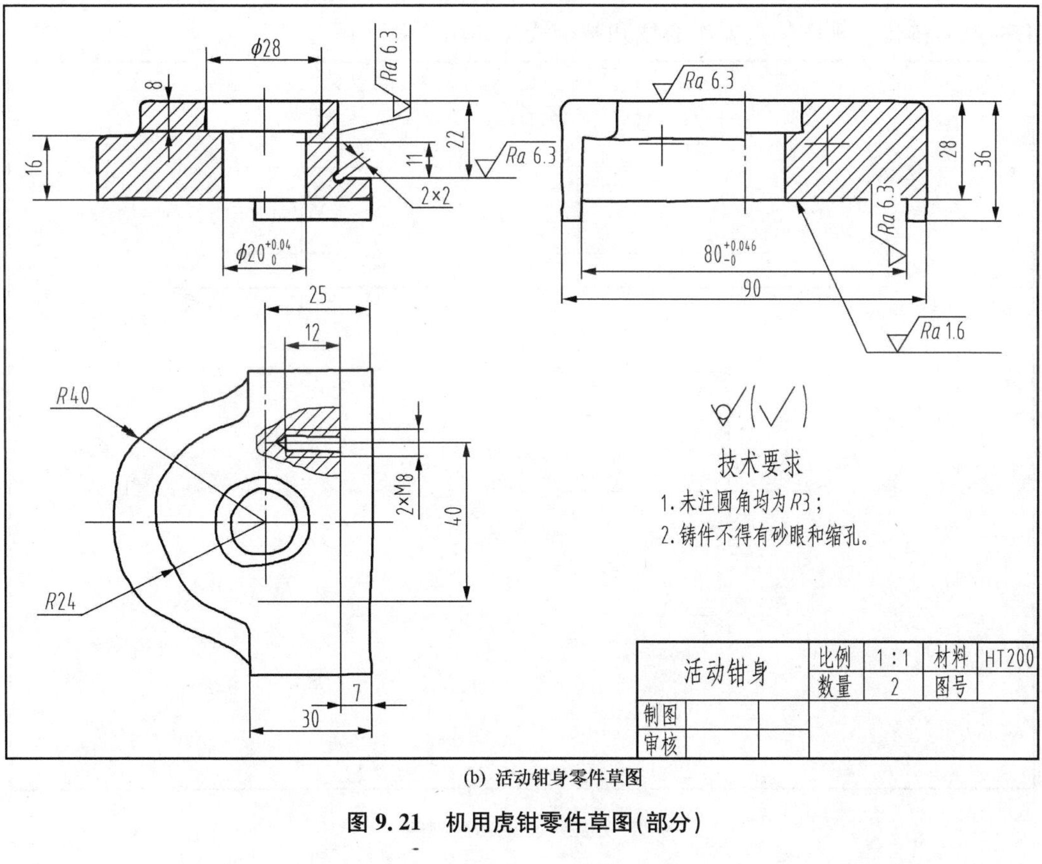

(b) 活动钳身零件草图

图 9.21　机用虎钳零件草图(部分)

1. 进行部件分析

分析要绘制部件的用途、工作原理、装配关系及零件的组成情况等。机用虎钳是用来夹持工件进行加工的部件。在清晰、准确地表达部件的情况下，就要合理地选择视图和运用各种表达方法，视图的数量越少越好。

2. 确定表达方案

(1) 主视图的选择。画装配图和画零件图一样，要选择好主视图的投影方向和它的安放位置。主视图一般按部件的工作位置选择，使主要轴线或主要安装面放成水平位置，使主视图最能反映部件的工作原理、装配干线和相对位置关系。

(2) 其他视图的选择。主视图确定以后，用其他视图来补充主视图中尚未表达清楚或表达不充分的地方。

机用虎钳表达方案为：主视图采用全剖，沿着活动虎钳的前后对称面剖切，主要表示螺杆、方形螺母、钳座装配干线及 $B-B$ 装配干线的结构，反映出虎钳的工作原理。俯视图表达虎钳外形、底座安装孔和螺钉分布情况；用局部剖视图表达护口板和钳座的螺钉联接情况。左视图为了表达螺杆 9 和钳座 1 的联接情况，采用了以 $B-B$ 为剖切平面的半剖视图，采用了 A 向视图表达护口片 2 的外形。

3. 绘制装配图

(1) 根据上面选好的视图表达方案，选择比例和图幅，画图框线，布置视图、标题栏和明细栏，然后画出各视图的主要中心线和基准线。如图 9.22 所示。

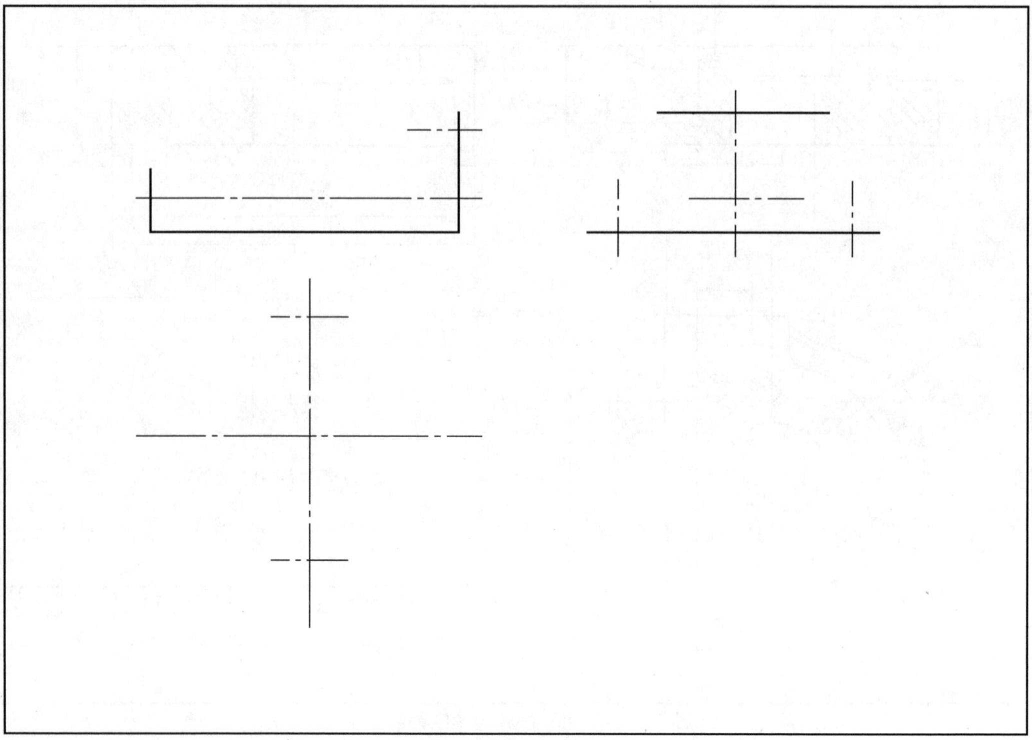

图 9.22　合理布局视图

（2）绘制部件的主体结构。在绘剖视图时，应从主要装配干线入手，逐渐由内向外扩展；表达外部结构时，可从大的或主要的零件着手。一般画图时是从主视图入手，各视图同时画。如图 9.23 所示。

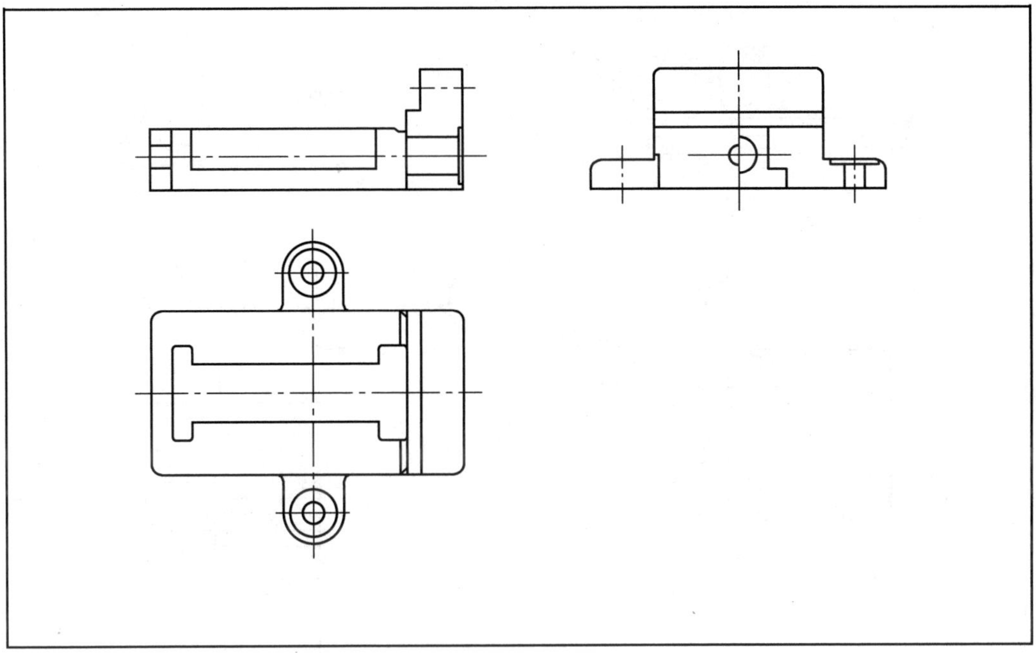

(a) 画固定钳身

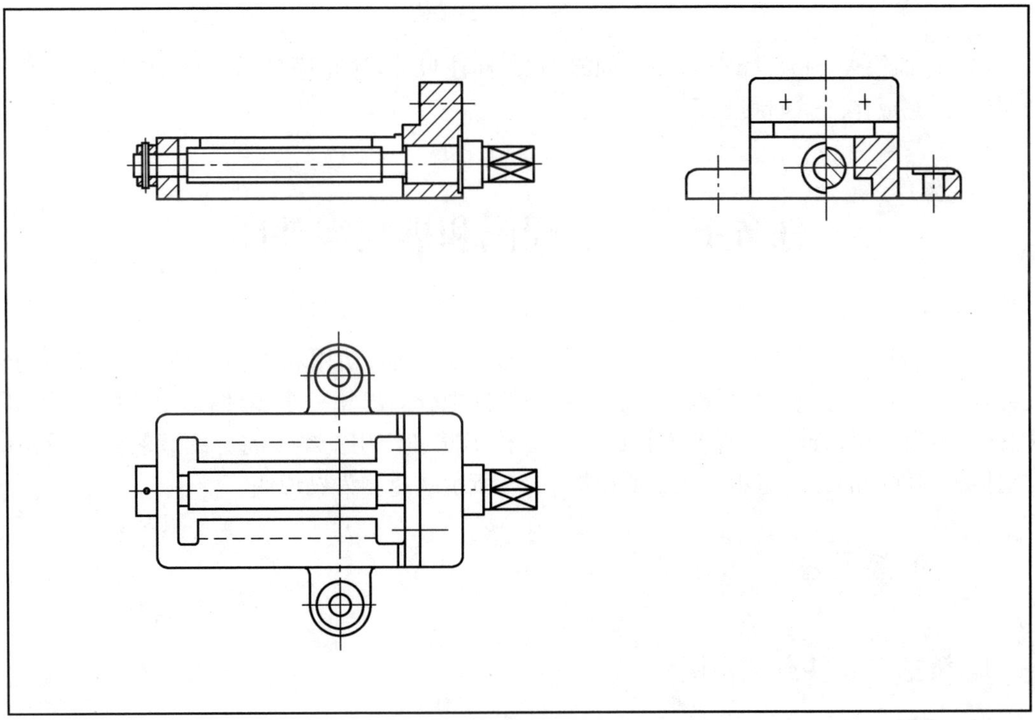

(b) 画螺杆

图 9.23　画主体结构

（3）画次要结构及剖面线。画剖面线时，应注意画完一个零件所有视图上的剖面线后，再画另一个零件。如图 9.24 所示。

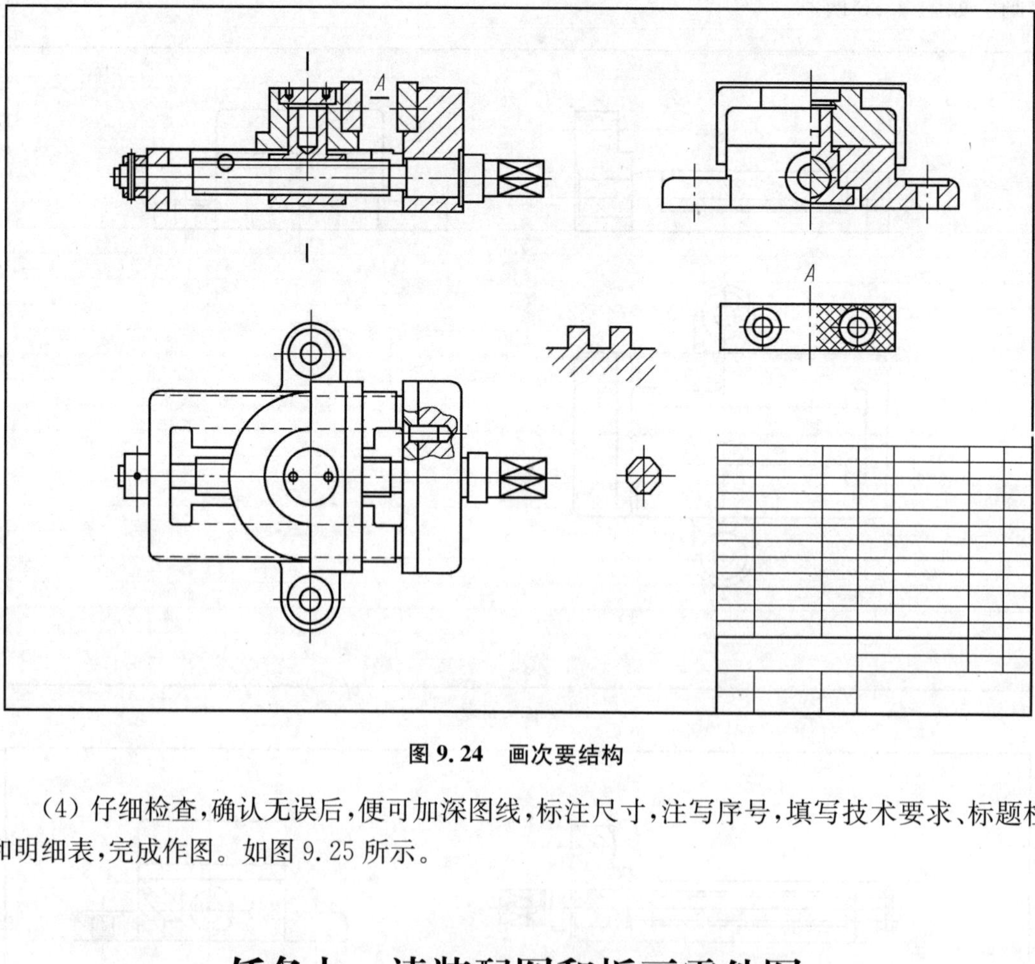

图 9.24　画次要结构

（4）仔细检查，确认无误后，便可加深图线，标注尺寸，注写序号，填写技术要求、标题栏和明细表，完成作图。如图 9.25 所示。

任务七　读装配图和拆画零件图

读装配图，就是要从装配图中了解机器或部件的性能、功用和工作原理，各零件间的装配关系及各零件的拆装顺序，以至于从机器和部件中分离出每一个零件，即由装配图拆画零件图（简称为拆图），进而分析各零件的主要结构形状和作用。本节将介绍读装配图及由装配图拆画零件图的方法与步骤。下面以图 9.26 所示减速器为例说明。

一、读装配图

1. 概括了解并浏览视图

（1）概括了解

首先从标题栏入手，了解装配体的名称和绘图比例。从装配体的名称联系生产实践知识，往往可以知道装配体的大致用途。例如，阀，一般是用来控制流量起开关作用的；虎钳，

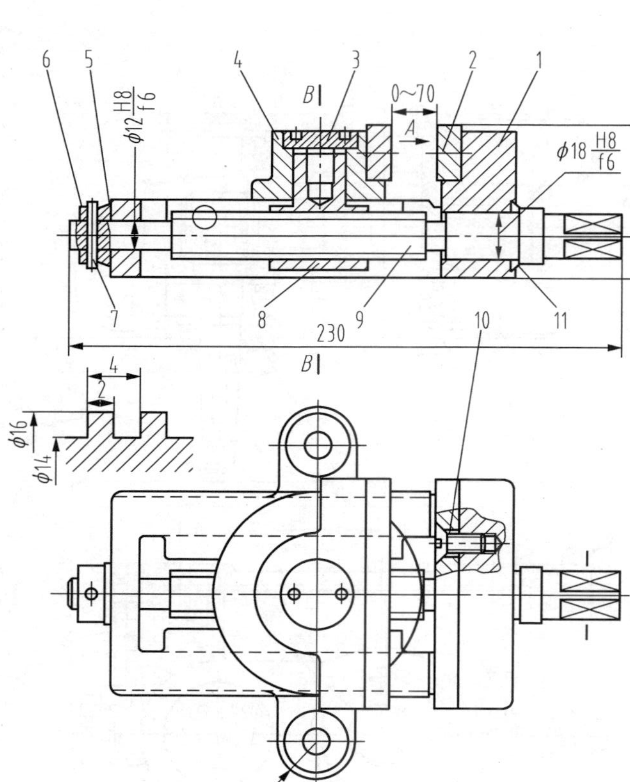

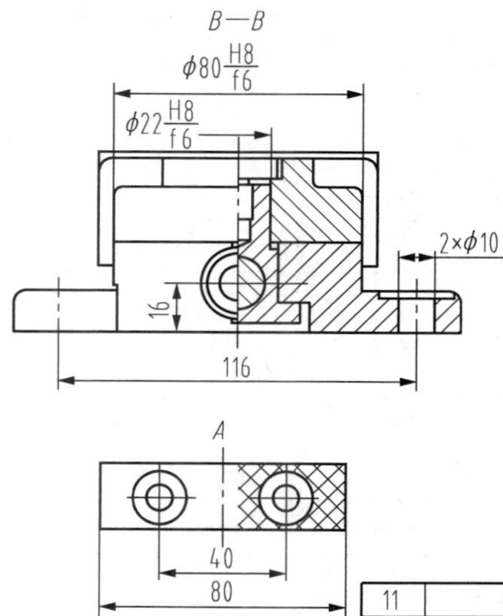

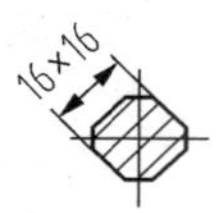

R15

技术要求

1. 装配后螺杆、活动钳身应能顺利地前后移动，不得有阻卡现象。
2. 虎钳闭合时，两护口板应全部接触不得留有缝隙。

序号	名称	数量	材料	备注
11	垫圈	3	Q235-A	
10	螺勾$H2\times32$	4		GB368-85
9	螺杆	3	Q235	
8	螺母	3	Q235-A	
7		3		GB332-85
6	环	3	Q235-A	
5	垫圈 32	3		GB932-85
4		3	HT150	
3	螺勾	3	Q235-A	
2	护口片	2	45	
1	固定锯片	3	HT150	

		共张	第张	比例	
		数量		图号	
制图	（校名）	（日期）			
审核	（校名）	（日期）			

图 9.25　完成装配图绘制

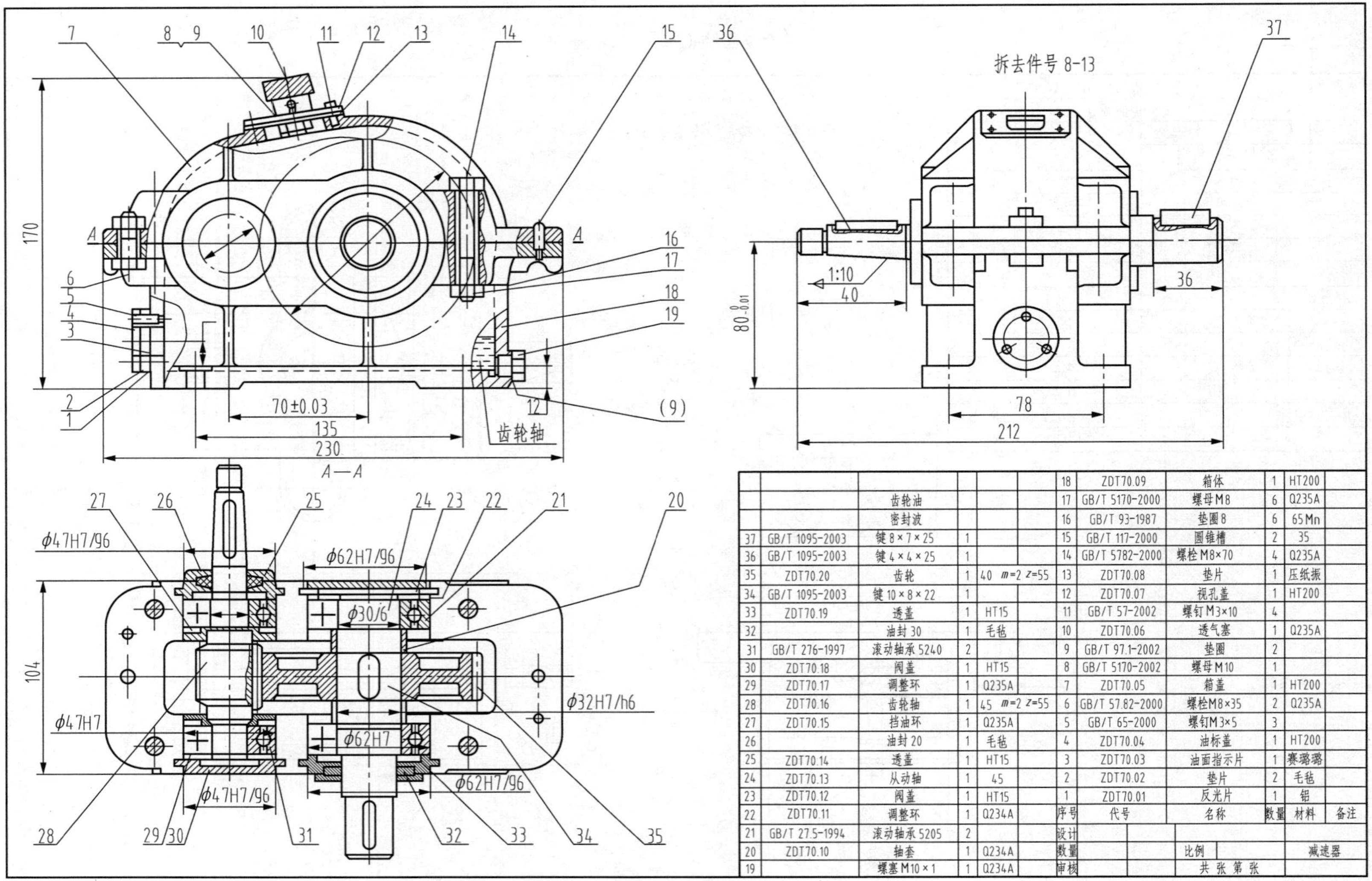

序号	代号	名称	数量	材料	备注	序号	代号	名称	数量	材料	备注
						18	ZDT70.09	箱体	1	HT200	
		齿轮油				17	GB/T 5170-2000	螺母M8	6	Q235A	
		密封波				16	GB/T 93-1987	垫圈8	6	65Mn	
37	GB/T 1095-2003	键 8×7×25	1			15	GB/T 117-2000	圆锥槽	2	35	
36	GB/T 1095-2003	键 4×4×25	1			14	GB/T 5782-2000	螺栓 M8×70	4	Q235A	
35	ZDT70.20	齿轮	1	40	m=2 z=55	13	ZDT70.08	垫片	1	压纸振	
34	GB/T 1095-2003	键 10×8×22	1			12	ZDT70.07	视孔盖	1	HT200	
33	ZDT70.19	透盖	1	HT15		11	GB/T 57-2002	螺钉 M3×10	4		
32		油封 30	1	毛毡		10	ZDT70.06	透气塞	1	Q235A	
31	GB/T 276-1997	滚动轴承 5240	2			9	GB/T 97.1-2002	垫圈	2		
30	ZDT70.18	阀盖	1	HT15		8	GB/T 5170-2002	螺母 M10	1		
29	ZDT70.17	调整环	1	Q235A		7	ZDT70.05	箱盖	1	HT200	
28	ZDT70.16	齿轮轴	1	45	m=2 z=55	6	GB/T 57.82-2000	螺栓M8×35	2	Q235A	
27	ZDT70.15	挡油环	1	Q235A		5	GB/T 65-2000	螺钉M3×5	3		
26		油封 20	1	毛毡		4	ZDT70.04	油标盖	1	HT200	
25	ZDT70.14	透盖	1	HT15		3	ZDT70.03	油面指示片	1	赛璐璐	
24	ZDT70.13	从动轴	1	45		2	ZDT70.02	垫片	2	毛毡	
23	ZDT70.12	阀盖	1	HT15		1	ZDT70.01	反光片	1	铝	
22	ZDT70.11	调整环	1	Q234A		序号	代号	名称	数量	材料	备注
21	GB/T 27.5-1994	滚动轴承 5205	2			设计					
20	ZDT70.10	轴套	1	Q234A		数量		比例		减速器	
19		螺塞 M10×1	1	Q234A		审核		共 张 第 张			

图 9.26　减速器装配图

一般是用来夹持工件的；各种泵是在气压、液压或润滑系统中产生一定压力和流量的装置；减速器则是在传动系统中起减速作用的。通过比例，即可大致确定装配体的大小。图 9.26 所示的减速器，总长 230，总宽 212，总高 170，采用 1∶1 比例，装配图选用 A1 号图纸绘制。

再从明细栏了解各零件的名称和个数，并在视图中找出相应零件所在的位置。

(2) 浏览视图

通览一下所有视图、尺寸和技术要求，初步了解该装配图的表达方法及各视图间的大致对应关系，进而明确各视图所表达的内容。

如图 9.26 所示减速器的装配图，由标题栏与明细栏可知：减速器由 24 种非标准件、13 种标准件共 37 种零件组成。主要零件为箱体(箱盖和箱底)、齿轮、轴、滚动轴承四部分。选用了“主”、“俯”、“左”三个基本视图，主视图、左视图采用的是视图，俯视图采用了沿结合面剖切。

2. 详看视图，分析部件的工作原理和装配关系

(1) 详细分析视图

在概括了解的基础上，进一步分析视图，看采用了哪些视图和表达方法，弄清各视图的表达重点、剖切位置及各视图之间的相互关系。分析视图一般从主视图开始，并对照其他视图逐步明白所表达的内容，这是阅读装配图的一个最重要的阶段。

减速器主视图的选择符合其工作位置，重点表达外形，同时对螺栓联接及放油螺塞联接采用局部剖视。这样不但表达了这两处的装配联接关系，同时对箱座右边和下边壁厚进行了表达，而且油面高度及大齿轮的浸油情况也一目了然。上部可对透气装置采用局部剖视，表达出该结构的工作情况。其中，上、下箱体的螺栓联接采用了拆卸画法；轴承、端盖、螺钉采用了简化画法。

俯视图是反映减速器工作原理、轴系零件及其相对位置的主要视图，它采用沿箱体结合面剖切的表达方法，以较大的局部剖视清楚反映了两齿轮啮合传动和两轴系零件的相依关系及其轴向定位。

左视图补充表达了主视图未尽表达的减速器左端面外形。对上、下箱体表面的过渡线做了正确图示。

(2) 深入了解装配关系以及工作原理

从以上视图分析，结合形体结构装配关系，进而分析装配图的工作原理：减速器有两条轴系——两条装配线，由于输入轴的小齿轮的齿数少于输出轴上大齿轮的齿数，根据转速与齿数成反比，当动力(如电机)或其他传动机构的高速运动，通过输入齿轮轴传到输出轴后，输出轴便得到了低于输入轴的低速运动，从而达到减速的目的。

(3) 分析零件结构

对照明细栏和零件序号以及各个零件剖面线的不同方向和间隔，从装配图中把每个零件从视图的投影范围中划分出来。一般是从主要零件到次要零件，从运动的传入到传出，从主视图入手，对照零件在各视图中的投影关系，弄清各零件的结构形状及其作用。

轴是组成机器的一个重要零件。它支撑着轴上零件围绕轴心线回转，并传递运动和扭矩，两轴分别由滚动轴承支承在箱体上，箱体采用分离式，沿两轴线平面分为箱体和箱盖，是传动零件的基座，应具有足够的强度和刚度。箱体和箱盖采用螺栓联接，这样便于装修。小齿轮与高速轴制成一体，称为齿轮轴。大齿轮和低速轴是分开的两个零件。两轴均采用深

沟球轴承主要承受径向载荷,齿轮是模数 m 均为 2 的直齿圆柱齿轮。

3. 归纳总结

在对装配关系和主要零件的结构进行分析的基础上,还要对技术要求、全部尺寸进行研究,进一步了解机器(或部件)的设计意图和装配工艺性。如:减速器箱体和箱盖通过六个螺栓联接,拆下六个螺栓即可将箱盖取下。对于两轴系零件,整个取下该轴,即可一一拆下各零件,其他各部分拆卸比较简单。装配时,再一起由前向后组装。这样对整台机器(或部件)有一个完整的概念,为进一步拆画零件图打下基础。

二、由装配图拆画零件图

由装配图拆画零件图是设计过程的重要环节。这是在真正看懂装配图的基础上,将零件从装配图中分离出来,并按照零件图的内容和要求画出零件工作图的过程,称为拆画零件图。拆画零件图的步骤和方法如下:

1. 拆画零件

(1) 零件分类

通过装配图将零件分为标准件、常用件和一般零件。标准件只需外购,不必拆画,所有非标准零件都要拆画其零件图。

(2) 确定表达方案

装配图的表达方案是从整个装配体来考虑的。在拆画零件图时,每个零件的表达方案应根据零件的结构特点来考虑,不能强求与装配图一致。一般来讲,壳体、箱体类零件主视图所选的位置可以与装配图一致。图 9.27 拆画的箱体就是与减速器的装配图表达方案一致,这样便于装配时对照。而对于轴类零件,一般按加工位置选取主视图。图 9.28、图 9.29 两轴的主视图均按加工位置和形体特征原则画出。

(3) 确定零件的结构形状

装配图中,对零件的某些工艺结构(如倒角、圆角、退刀槽等)进行了省略,在拆画零件图时,要注意按照零件图的内容和要求对这些结构进行补充。

2. 标注尺寸(参考零件的尺寸标注)

装配图上标注的尺寸较少,拆画零件图时,零件的各尺寸如何得到?有以下方法:

(1) 抄取:在装配图上已注出的尺寸均为重要尺寸,可在零件图上直接标注。对于配合尺寸、某些相对位置尺寸,要注出偏差数值。

(2) 量取:装配图上未注出的尺寸,一般可根据图样比例从装配图上直接量取,并尽量取整数。

(3) 查取:与标准件相配合及工艺结构尺寸,如螺纹尺寸、销孔、键槽、倒角、沉孔、退刀槽等尺寸,要从相应标准中查取。

(4) 算出:某些设计时计算的尺寸(如齿轮啮合的中心距),需要根据装配图给出的参数进行计算而定,如齿轮分度圆、齿顶圆直径可用模数和齿数算出。

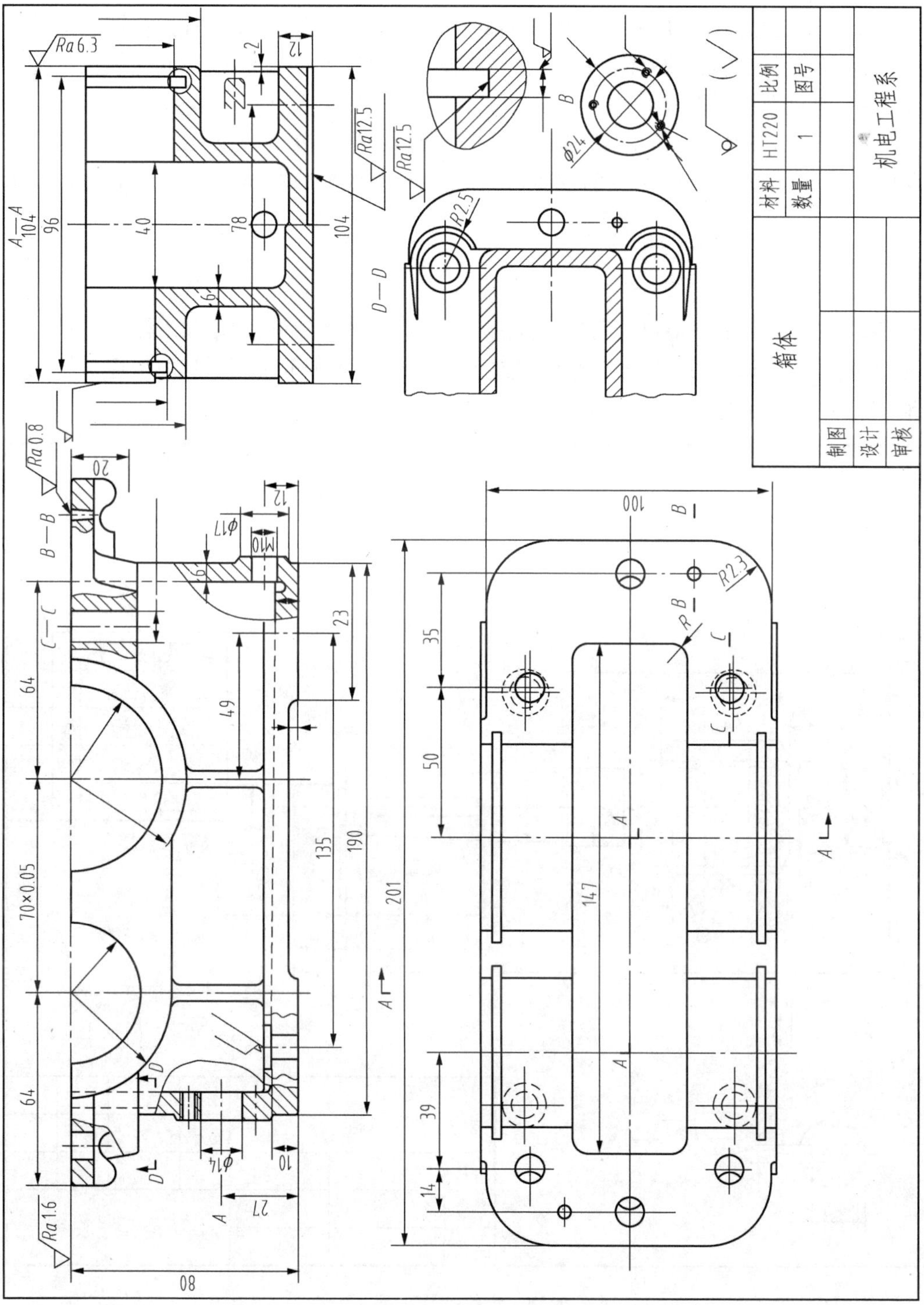

图 9.27　箱体零件图

3. 标注技术要求

零件的技术要求(表面结构要求、尺寸公差、形位公差)是保证零件加工质量的重要内容。零件上各表面结构要求应根据零件表面的作用和要求确定。一般来讲,有相对运动和配合的表面,有密封要求、耐腐蚀要求的表面,其表面的粗糙度数值应小些;其他表面粗糙度数值应大些,具体数值可查阅附录。

零件图上技术要求的确定涉及有关专业知识,可以参照有关资料和同类产品零件,用类比法确定。并且要结合生产单位的设备、技术水平、实践经验及参考有关技术资料等来确定。

4. 填写标题栏

最后是填写零件图的标题栏,写明零件的名称、材料、画图比例、数量和图号等内容。

根据以上步骤,即可由装配图拆画出零件图。如图 9.26 所示装配图是用计算机绘制出的,图 9.27 至图 9.30 所示为所拆画的零件图。

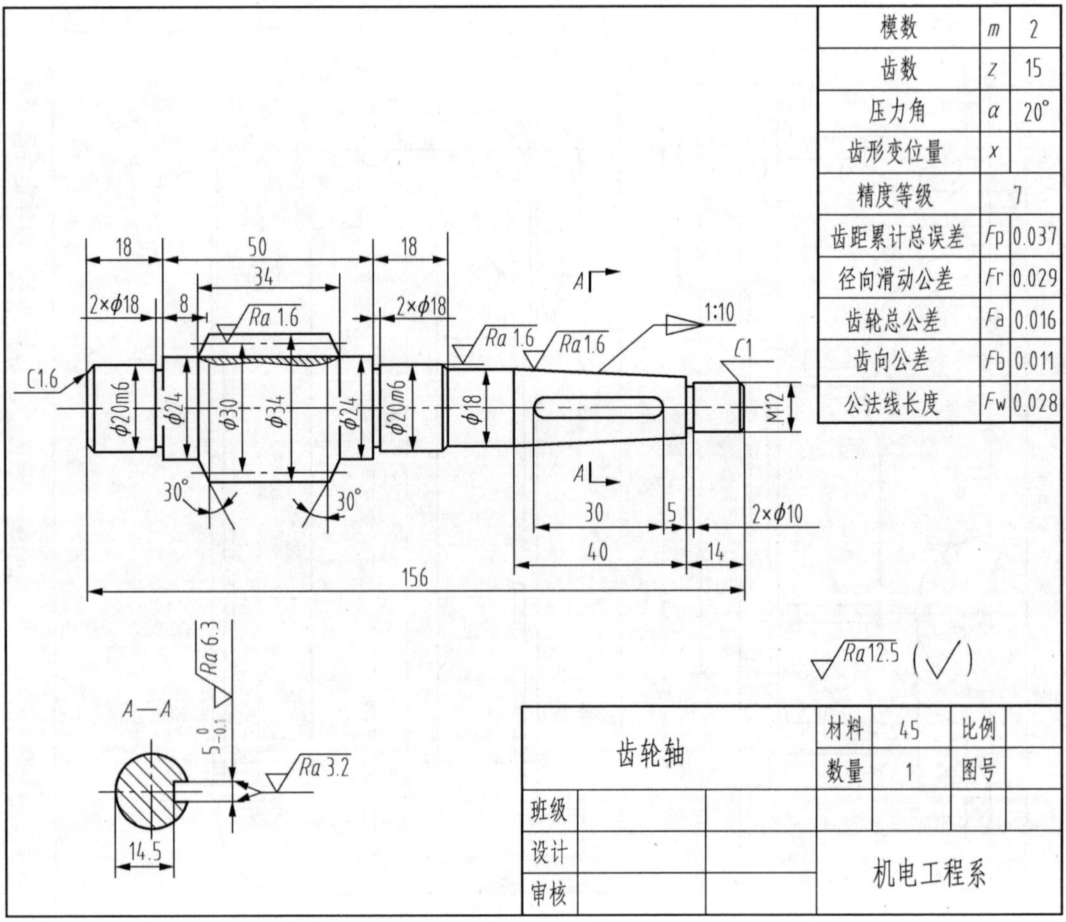

图 9.28　齿轮轴零件图

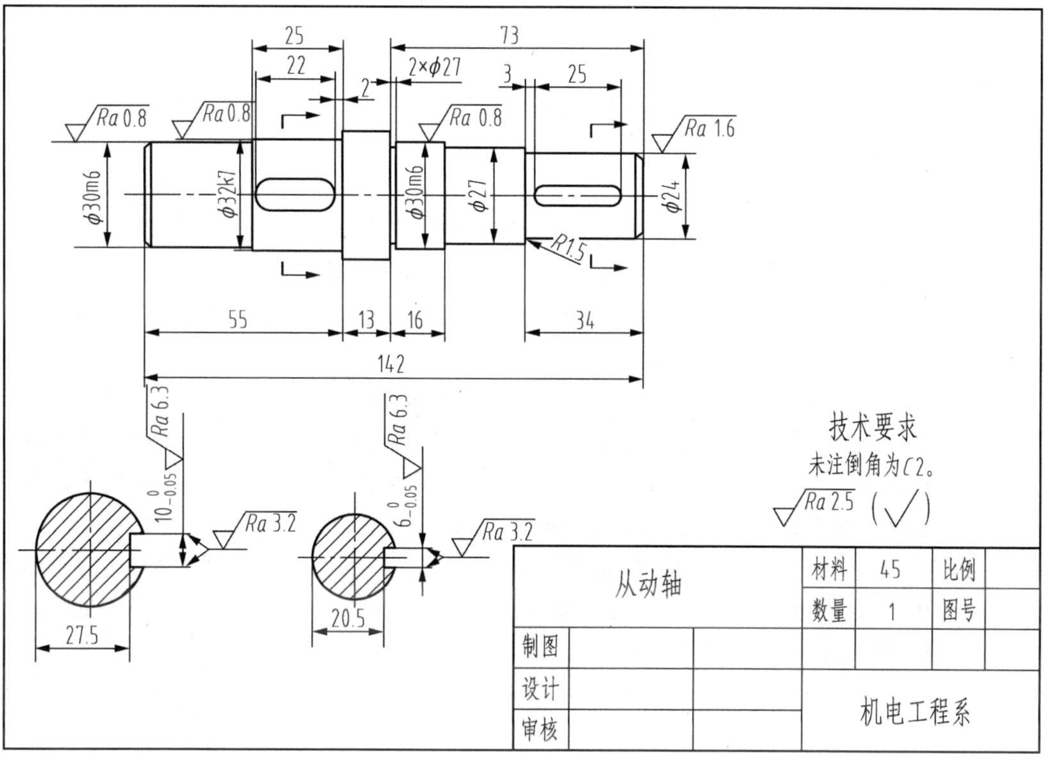

图 9.29　从动轴零件图

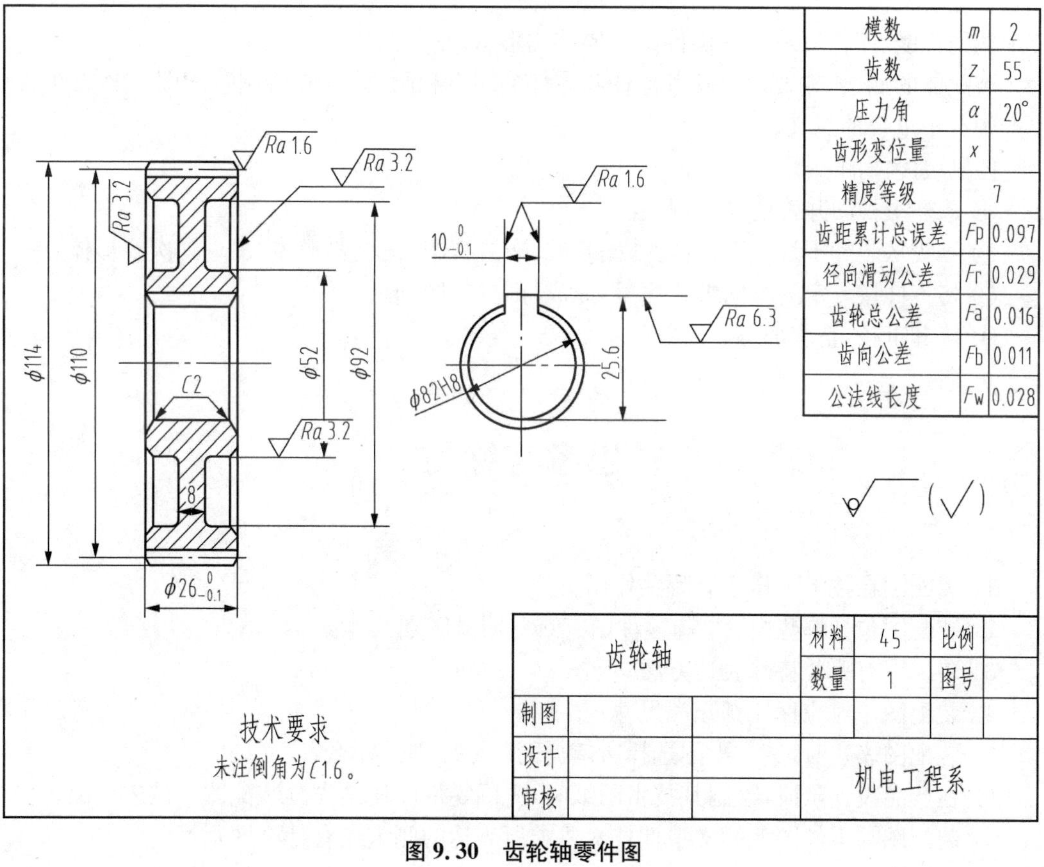

图 9.30　齿轮轴零件图

知 识 梳 理

(1) 装配图的作用:装配图是表达机器或部件的图样,用于表达出机器(或部件)的工作原理、各零件的相对位置及装配关系、联接方式及重要零件的结构形状。

(2) 装配图的内容:一幅完整的装配图应包括一组视图、尺寸标注、零件序号、标题栏及明细栏和技术要求等。

(3) 选择装配图视图的原则:主视图应尽量选择最能反映机器(或部件)工作原理、各零件装配关系及装配体上主要零件主要结构形状的视图,选择若干其他视图、各种表达方法配合主视图进行表达。装配图的表达方法与零件图基本相同,但装配图上有一些规定画法与特殊画法,这些画法是装配图画图、读图的基础,须牢固掌握。

(4) 装配图尺寸标注与技术要求:并非要将组成装配体的所有零件尺寸都标注出来,装配图必须要标注的尺寸有性能尺寸、装配尺寸、配合尺寸和总体尺寸等。装配图上的文字性技术要求有装配要求、使用和检验要求等。

装配结构的合理性是本章的重点和难点内容,需要在学习、实践的过程中认真体会,积累经验,避免出错。

(5) 装配体的识读与测绘:识读装配图主要是了解构成装配体的各零件间的相互关系,即它们在装配体中的位置、作用、固定及联接方法、运动情况及装拆顺序等,从而进一步了解装配体的性能、工作原理及各零件的主要结构形状。

装配体的测绘,主要是对其各部件和零件的测量和画草图,并绘制装配图。测绘在实际生产中有很重要的意义。

绘制装配图的步骤:

① 选择主视图并确定其他视图。

② 一般从装配干线入手,选定作图基准,布置视图,画主要形体,逐一画次要形体。

③ 将零件按一定的方向编排序号,完成标题栏、明细栏。

④ 认真审核,整理加深。

思考与练习

1. 装配图在技术工作中有哪些作用?
2. 装配图包括哪些内容?与零件图有哪些明显区别?
3. 装配图有哪些特殊表达方法?
4. 装配图一般应标注哪几类尺寸?
5. 装配图表达时,其主视图选择所遵循的一般原则是什么?
6. 在产品设计阶段,绘制其技术图纸时,先画零件图还是先画装配图?试述原因。
7. 装配图与零件图上的文字性技术要求所表达的侧重点有什么区别?

8. 回顾和总结一下绘制和阅读装配图的步骤。

9. 数一数一级齿轮减速器两轴系各有多少个零件，各零件之间怎样联接？靠什么定位的？

10. 解释下列配合代号的意义：

(1) $\phi 30\,\dfrac{H7}{g6}$；

(2) $\phi 50\,\dfrac{F8}{h8}$。

附　　录

1. 普通螺纹

(1) 普通螺纹的基本牙型(GB/T 192—2003)

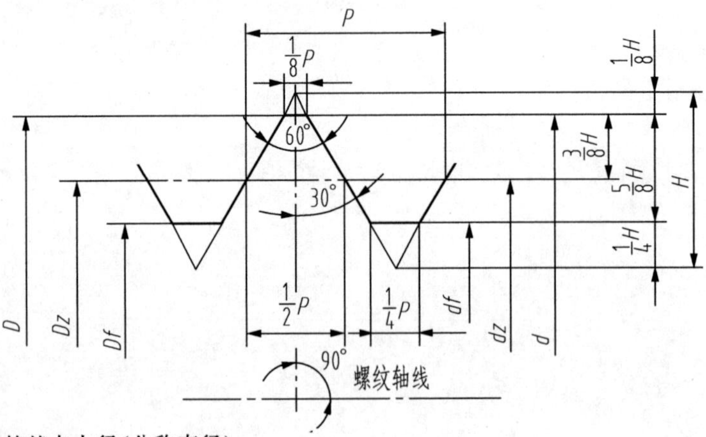

D——内螺纹的基本大径(公称直径)

d——外螺纹的基本大径(公称直径)

D_z——内螺纹的基本中径

d_z——外螺纹的基本中径

D_f——内螺纹的基本小径

d_f——外螺纹的基本小径

H——原始三角形高度

P——螺距

附表1　基本牙型尺寸　　单位:mm

螺距 P	H	$\frac{5}{8}H$	$\frac{3}{8}H$	$\frac{1}{4}H$	$\frac{1}{8}H$
0.2	0.173 205	0.108 253	0.064 952	0.043 301	0.021 651
0.25	0.216 506	0.135 316	0.081 190	0.054 127	0.027 063
0.3	0.259 808	0.162 380	0.097 428	0.064 952	0.032 476
0.35	0.303 109	0.189 443	0.113 666	0.075 777	0.037 889
0.4	0.346 410	0.216 506	0.129 904	0.086 603	0.043 301
0.45	0.389 711	0.243 570	0.146 142	0.097 428	0.048 714
0.5	0.433 013	0.270 633	0.162 380	0.108 253	0.054 127
0.6	0.519 615	0.324 760	0.194 856	0.129 904	0.064 952

续表

螺距 P	H	$\frac{5}{8}H$	$\frac{3}{8}H$	$\frac{1}{4}H$	$\frac{1}{8}H$
0.7	0.606 218	0.378 886	0.227 332	0.151 554	0.075 777
0.75	0.649 519	0.405 949	0.243 570	0.162 380	0.081 1 90
0.8	0.692 820	0.433 013	0.259 808	0.173 205	0.086 603
1	0.866 025	0.541 266	0.324 760	0.216 506	0.108 253
1.25	1.082 532	0.676 582	0.405 949	0.270 633	0.135 316
1.5	1.299 038	0.811 899	0.487 139	0.324 760	0.162 380
1.75	1.515 544	0.947 215	0.568 329	0.378 886	0.189 443
2	1.732 051	1.082 532	0.649 519	0.433 013	0.216 506
2.5	2.165 063	1.353 165	0.811 899	0.541 266	0.270 633
3	2.598 076	1.623 798	0.974 279	0.649 519	0.324 760
3.5	3.031 089	1.894 431	1.136 658	0.757 772	0.378 886
4	3.464 102	2.165 063	1.299 038	0.866 025	0.433 013
4.5	3.897 114	2.435 696	1.461 418	0.974 279	0.487 139
5	4.330 127	2.706 329	1.623 798	1.082 532	0.541 266
5.5	4.763 140	2.976 962	1.786 177	1.190 785	0.595 392
6	5.196 152	3.247 595	1.948 557	1.299 038	0.649 519
8	6.928 203	4.330 127	2.598 076	1.732 051	0.866 025

(2) 普通螺纹的直径与螺距系列(GB/T 193—2003)

附表 2　直径与螺距的标准组合系列　　单位:mm

公称直径 D、d			螺距 P		公称直径 D、d			螺距 P	
第一系列	第二系列	第三系列	粗牙	细牙	第一系列	第二系列	第三系列	粗牙	细牙
4			0.7	0.5	24			3	2、1.5、1
	4.5		0.75	0.5			25		2、1.5、1
5			0.8	0.5			26		1.5
		5.5		0.5		27		3	2、1.5、1
6			1	0.7			28		2、1.5、1
	7		1	0.75	30			3.5	(3)、2、1.5、1
8			1.25	1、0.75			32		2、1.5
		9	1.25	1、0.75		33		3.5	(3)、2、1.5
10			1.5	1.25、1、0.75			35①		1.5
		11	1.5	1.5、1、0.75	36			4	3、2、1.5
12			1.75	1.25、1			38		1.5
	14		2	1.5、1.25②		39		4	3、2、1.5

续表

公称直径 D、d			螺距 P		公称直径 D、d			螺距 P	
第一系列	第二系列	第三系列	粗牙	细牙	第一系列	第二系列	第三系列	粗牙	细牙
		15		1.5、1			40		3、2、1.5
16			2	1.5、1	42			4.5	4、3、2、1.5
		17		1.5、1		45		4.5	4、3、2、1.5
	18		2.5	2、1.5、1	48			5	4、3、2、1.5
20			2.5	2、1.5、1			50		3、2、1.5
	22		2.5	2、1.5、1		45		4.5	4、3、2、1.5

注：(1) 仅限于发动机的火花塞。

(2) 仅限于轴承的锁紧螺母。

附表 3　细牙普通螺纹螺距与小径的关系

螺距 P	小径 D_1、d_1	螺距 P	小径 D_1、d_1	螺距 P	小径 D_1、d_1
0.35	$d-1+0.621$	1	$d-2+0.917$	2	$d-3+0.835$
0.5	$d-1+0.459$	1.25	$d-2+0.647$	3	$d-4+0.752$
0.75	$d-1+0.188$	1.5	$d-2+0.376$	4	$d-5+0.670$

注：表中的小径按 $D_1=d_1=d-2\times5/8H$，$H=\frac{\sqrt{3}}{2}P$ 计算得出。

(3) 非螺纹密封的管螺纹(GB 7307—2001)

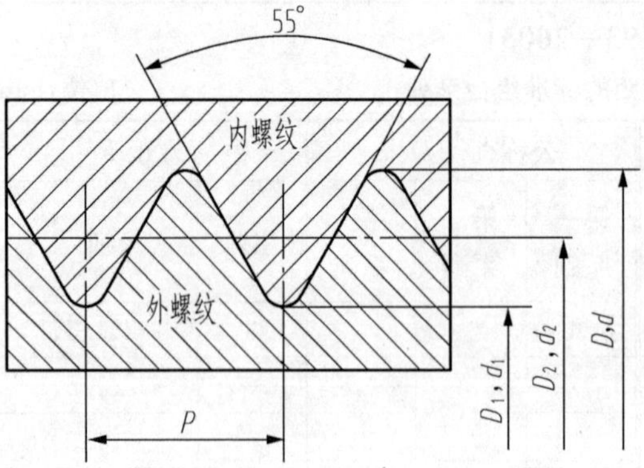

标记示例

$1\frac{1}{2}$左旋内螺纹：G1 $\frac{1}{2}$-LH(右旋不标)

$1\frac{1}{2}$A 级外螺纹：G1 $\frac{1}{2}$A

$1\frac{1}{2}$B 级外螺纹：G1 $\frac{1}{2}$B

内外螺纹装配：G1 $\frac{1}{2}$/G1 $\frac{1}{2}$A

附表 4　非螺纹密封的管螺纹的尺寸　　　　单位：mm

尺寸代号	每 25.4 mm 内的牙数 n	螺距 P	牙高 h	圆弧半径 $r\approx$	基本直径		
					大径 $d=D$	中径 $d_2=D_2$	小径 $d_1=D_1$
1/16	28	0.907	0.581	0.125	7.723	7.142	6.561
1/8	28	0.907	0.581	0.125	9.728	9.147	8.566
1/4	19	1.337	0.856	0.184	13.157	12.301	11.445
3/8	19	1.337	0.856	0.184	16.662	15.806	14.950
1/2	14	1.814	1.162	0.249	20.955	19.793	18.631

续表

尺寸代号	每 25.4 mm 内的牙数 n	螺距 P	牙高 h	圆弧半径 $r\approx$	基本直径		
					大径 $d=D$	中径 $d_2=D_2$	小径 $d_1=D_1$
5/8	14	1.814	1.162	0.249	22.911	21.749	20.587
3/4	14	1.814	1.162	0.249	26.441	25.279	24.117
7/8	14	1.814	1.162	0.249	30.201	29.039	27.877
1	11	2.309	1.479	0.317	33.249	31.771	30.291
1 1/3	11	2.309	1.479	0.317	37.897	36.418	34.939
1 1/2	11	2.309	1.479	0.317	41.910	40.431	38.952
1 2/3	11	2.309	1.479	0.317	47.803	46.324	44.845
1 3/4	11	2.309	1.479	0.317	53.746	52.267	50.788
2	11	2.309	1.479	0.317	59.614	58.135	56.656
2 1/4	11	2.309	1.479	0.317	65.710	64.231	62.752
2 1/2	11	2.309	1.479	0.317	75.184	73.705	72.226
2 3/4	11	2.309	1.479	0.317	81.534	80.055	78.576
3	11	2.309	1.479	0.317	87.884	86.405	84.926
3 1/2	11	2.309	1.479	0.317	100.330	98.851	97.372
4	11	2.309	1.479	0.317	113.030	111.551	110.072
4 1/2	11	2.309	1.479	0.317	125.730	124.251	122.772
5	11	2.309	1.479	0.317	138.430	136.951	135.472
5 1/2	11	2.309	1.479	0.317	151.130	149.651	148.172
6	11	2.309	1.479	0.317	163.830	162.351	160.872

注：本标注适用于管接头、旋塞、阀门及其附件。

(4) 梯形螺纹(GB 5796.2—2005，GB 5796.3—2005)

标记示例

梯形内螺纹，公称直径 $d=40$、螺距 $P=7$、精度等级为 7H，标记为：Tr40×7－7h；多线左旋梯形外螺纹，公称直径 $d=40$、导程 $Ph=14$、螺距 $P=7$、精度等级为 7e，标记为：Tr40× 14(P7)LH－7e；梯形螺旋副，公称直径 $d=40$、螺距 $P=7$、内螺纹精度等级为 7H、外螺纹精度等级为 7e，标记为：Tr40×7－7H/7e。

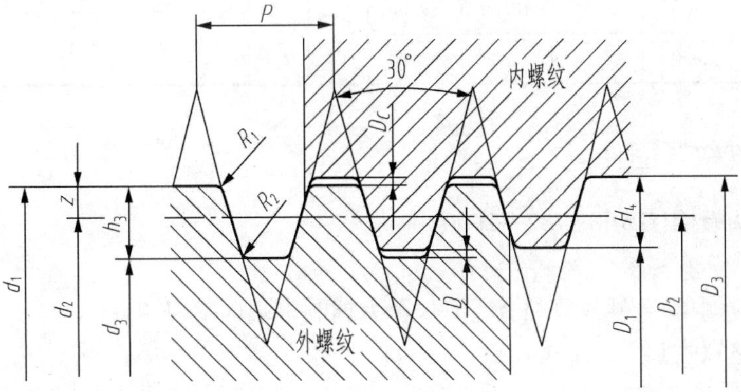

附表 5　直径与螺距系列、基本尺寸　　单位：mm

公称直径 d 第一系列	公称直径 d 第二系列	螺距 P	中径 $d_2=D_2$	大径 D_4	小径 d_3	小径 D_1
8		1.5	7.25	8.30	6.20	6.500
	9	1.5	8.25	9.30	7.20	7.50
		2	8.00	9.50	6.50	7.00
10		1.5	9.25	10.30	8.20	8.50
		2	9.00	10.50	7.50	8.00
	11	2	10.0	11.50	8.50	9.00
		3	9.50	11.50	7.50	8.00
12		2	11.00	12.50	9.50	10.00
		3	10.50	12.50	8.50	9.00
	14	2	13.00	14.50	11.50	12.00
		3	12.50	14.50	10.50	11.00
16		2	15.00	16.50	13.50	14.00
		4	14.00	16.50	11.50	12.00
	18	2	17.00	18.50	15.50	16.00
		4	16.00	18.50	13.50	14.00
20		2	19.00	20.50	17.50	18.00
		4	18.00	20.50	15.50	16.00
	22	3	20.50	22.50	18.50	19.00
		5	19.50	22.50	16.50	17.00
		8	18.00	23.00	13.00	14.00
24		3	22.50	24.50	20.50	21.00
		5	21.50	24.50	18.50	19.00
		8	20.00	25.00	15.00	16.00

公称直径 d 第一系列	公称直径 d 第二系列	螺距 P	中径 $d_2=D_2$	大径 D_4	小径 d_3	小径 D_1
	26	3	24.50	26.50	22.50	23.00
		5	23.50	26.50	20.50	21.00
		8	22.00	27.00	17.00	18.00
28		3	26.50	28.50	24.50	25.00
		5	25.50	28.50	22.50	23.00
		8	24.00	29.00	19.00	20.00
	30	3	28.50	30.50	26.50	29.00
		6	27.00	31.00	23.00	24.00
		10	25.00	31.00	19.00	20.50
32		3	30.50	32.50	28.50	29.00
		6	29.00	33.00	25.00	26.00
		10	27.00	33.00	21.00	22.00
	34	3	32.50	34.50	30.50	31.00
		6	31.00	35.00	27.00	28.00
		10	29.00	35.00	23.00	24.00
36		3	34.50	36.50	32.50	33.00
		6	33.00	37.00	29.00	30.00
		10	31.00	37.00	25.00	26.00
	38	3	36.50	38.50	34.50	35.00
		7	34.50	39.00	30.00	31.00
		10	33.00	39.00	27.00	28.00
40		3	38.50	40.50	36.50	37.00
		7	36.50	41.00	32.00	33.00

2. 常用螺纹紧固件

(1) 六角头螺栓(GB/T 5782—2000)

(1) $\beta=15°\sim30°$；

(2) 末端应倒角，若螺纹规格 $d\leqslant$M4，可为辗制末端(GB/T 2)；

(3) 不完整螺纹 $U\leqslant 2P$；

(4) d_w 的仲裁基准；

(5) 圆滑过渡。

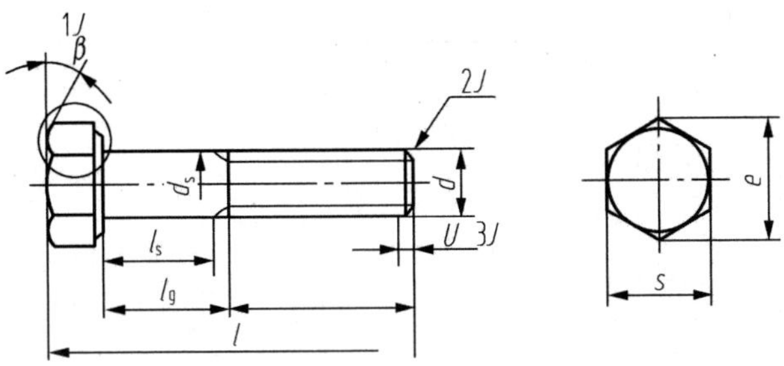

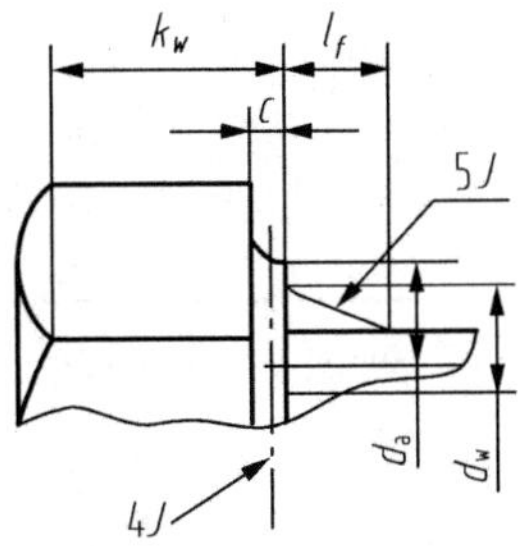

标记示例

螺纹规格 d=80 mm、性能等级为 8.8 级、表面氧化、产品等级为 A 级的六角头螺栓标记：螺栓 GB/T 5782　M12×80。

附表 6　优选的螺纹规格　　单位：mm

螺纹规格 d				M3	M4	M5	M6	M8	M10	M12	M16	M20	M24	M30	M36	M42	M48	M56	M64
P①				0.5	0.7	0.8	1	1.25	1.5	1.75	2	2.5	3	3.5	4	4.5	5	5.5	6
$b_{参考}$	①			12	14	16	18	22	26	30	38	46	54	66	—	—	—	—	—
	②			18	20	22	24	28	32	36	44	52	60	72	84	96	1 08	—	—
	④			31	33	35	37	41	45	49	57	65	73	85	97	109	121	137	153
c	max			0.40	0.40	0.50	0.50	0.60	0.60	0.60	0.8	0.8	0.8	0.8	0.8	1.0	1.0	1.0	1.0
	min			0.15	0.15	0.15	0.15	0.15	0.15	0.15	0.2	0.2	0.2	0.2	0.2	0.3	0.3	0.3	0.3
max				3.6	4.7	5.7	6.8	9.2	11.2	13.7	17.7	22.4	26.4	33.4	39.4	45.6	52.6	63	71
d_s	公称=max			3.00	4.00	5.00	6.00	8.00	10.00	12.00	16.00	20.00	24.00	30.00	36.00	42.00	48.00	56.00	64.00
	min	产品等级	A	2.86	3.82	4.82	5.82	7.78	9.78	11.73	15.73	19.67	23.67	—	—	—	——	—	—
			B	2.75	3.70	4.70	5.70	7.64	9.64	11.57	15.57	19.48	23.48	29.48	35.38	41.38	47.38	55.26	63.26
d_w min	产品等级		A	4.57	5.88	6.88	8.88	11.63	1 4.63	16.63	22.49	28.19	33.61	—	—	—	—		
			B	4.45	5.74	6.74	8.74	11.47	14.47	16.47	22	27.7	33.25	42.75	51.11	59.95	69.45	78.66	88.16
e min	产品等级		A	6.01	7.66	8.79	11.05	14.38	17.77	20.03	26.75	33.53	39.98	—	—	—	—		
			B	5.88	7.50	8.63	10.89	14.20	17.59	19.85	26.17	32.95	39.55	50.85	60.79	71.3	82.6	93.56	104.86
l_f max				1	1.2	1.2	1.4	2	2	3	3	4	4	6	6	8	10	12	13
k	公称			2	2.8	3.5	4	5.3	6.4	7.5	10	12.5	15	18.5	22.5	26	30	35	4.0
	产品等级	A	max	2.125	2.925	3.65	4.15	5.45	6.58	7.68	10.18	12.715	15.215	—	—	—	—	—	
			min	1.875	2.675	3.35	3.85	5.15	6.22	7.32	9.82	12.285	14.785	—	—	—	—	—	—
		B	max	2.2	3.0	3.26	4.24	5.54	6.69	7.79	10.26	12.85	15.35	19.12	22.92	26.42	30.42	35.5	40.5
			min	1.8	2.6	2.35	3.76	5.06	6.11	7.21	9.71	12.15	14.65	18.28	22.08	25.58	29.58	34.5	39.5

续表

螺纹规格 d			M3	M4	M5	M6	M8	M10	M12	M16	M20	M24	M30	M36	M42	M48	M56	M64
$K_w^{⑤}$ min	产品等级	A	1.31	1.87	2.35	2.70	3.61	4.35	5.12	6.87	8.6	10.35	—	—	—	—	—	—
		B	1.26	1.82	2.28	2.63	3.54	4.28	5.05	6.8	8.51	10.26	12.8	15.46	17.91	20.71	24.15	27.65
r min			0.1	0.2	0.2	0.25	0.4	0.4	0.6	0.6	0.8	0.8	1	1	1.2	1.6	2	2
s	公称=max		5.50	7.00	8.00	10.00	13.00	16.00	18.00	24.00	30.00	36.00	46	55.0	65.0	75.0	85.0	95.0
	min 产品等级	A	5.32	6.78	7.78	9.78	12.73	15.73	17.73	23.67	29.67	35.38	—	—	—	—	—	—
		B	5.20	6.64	7.64	9.64	12.57	15.57	17.57	23.16	29.16	35.00	45	53.8	63.1	73.1	82.8	92.8
l(商品规格范围及通用规格)			20～30	25～40	25～50	30～60	40～80	45～100	50～120	65～160	80～200	90～240	110～300	140～360	160～440	180～480	220～500	260～500
l 系列			20、25、30、40、50、55、60、65、70、80、90、100、110、120、130、140、150、160、180、200、220、240、260、280、300、320、340、360、380、400、420、440、460、480、500															

注：(1) P—螺距；(2) 公称≤125 mm；(3) 125 mm<1 公称≤200 mm；(4) 1 公称>200 mm；(5) K_w min=0.7K min；(6) l_g max=1 公称$-b$，l_s min=l_g max$-5P$。

(2) 双头螺柱

$b_m=1d$(GB/T 897)　$b_m=1.25d$(GB/T 898)　$b_m=1.5d$(GB/T 899)　$b_m=2d$(GB/T 900)

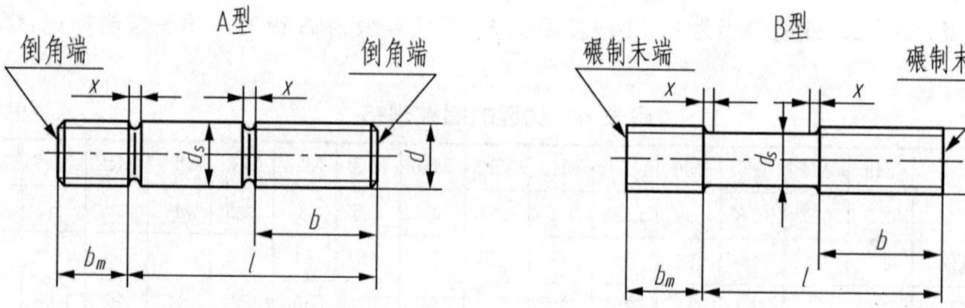

辗制末端按 GB/T 2 的规定：d_s≈螺纹直径(仅适用于 B 型)

标记示例

两端均为粗牙普通螺纹，d=10 mm、l=50 mm、性能等级为 4.8 级、不经表面处理、B 型、$b_m=1d$ 的双头螺柱标记为：螺柱 GB/T 897 M10×50；机体的一端为粗牙普通螺纹，旋入螺母的一端为螺距 P=1 mm 的细牙普通螺纹，d=10 mm、l=50 mm、性能等级为 4.8 级、不经表面处理、A 型、$b_m=1d$ 的双头螺柱标记为：螺柱 GB/T 897 AM10－M10×1×50。

附表 7　双头螺柱的尺寸规格　　单位：mm

螺纹规格 d	b_m(公称)				l/b
	GB/T 897	GB/T 898	GB/T 899	GB/T 900	
M2			3	4	12～16/6、20～25/10
M2.5			3.5	5	16/8、20～30/11
M3			4.5	6	16～20/6、25～40/12
M4			6	8	16～20/8、25～40/14
M5	5	6	8	10	16～20/10、25～50/16
M6	6	8	10	12	20/10、25～30/14、35～70/18
M8	8	10	12	16	20/12、25～30/16、35～90/22
M10	10	12	15	20	25/14、30～35/16、40～120/26、130/32

续表

螺纹规格 d	b_m(公称)				l/b
	GB/T 897	GB/T 898	GB/T 899	GB/T 900	
M12	12	15	18	24	25～30/16、35～40/20、45～120/30、130～180/36
M16	16	20	24	32	30～35/20、40～50/30、60～120/38、130～200/44
M20	20	25	30	40	35～40/25、45～60/35、70～120/46、130～200/52
M24	24	30	36	48	45～50/30、60～70/45、80～120/54、130～200/60
M30	30	38	45	60	60/40、70～90/50、100～200/66、130～200/72、210～250/85
M36	36	45	54	72	70/45、80～110/160、120/78、130～200/84、210～300/97
M42	42	50	63	84	70～80/50、90～110/70、120/90、130～200/96、210～300/109
M48	48	60	72	96	80～90/60、100～110/80、120/102、130～200/108、210～300/121
l 系列	12、16、20、25、30、35、40、45、50、60、70、80、90、100、120、130、140、150、160、170、180、190、200、210、220、230、240、250、260、280、300				

(3) 螺钉

开槽圆柱头螺钉(GB/T 65—2000)　开槽盘头螺钉(GB/T 67—2000)

标记示例

螺纹规格 d=M5、公称长度 l=20 mm、性能等级为 4.8 级、不经表面处理的 A 级开槽圆柱头螺钉标记为:螺钉 GB/T 65 M5×20。

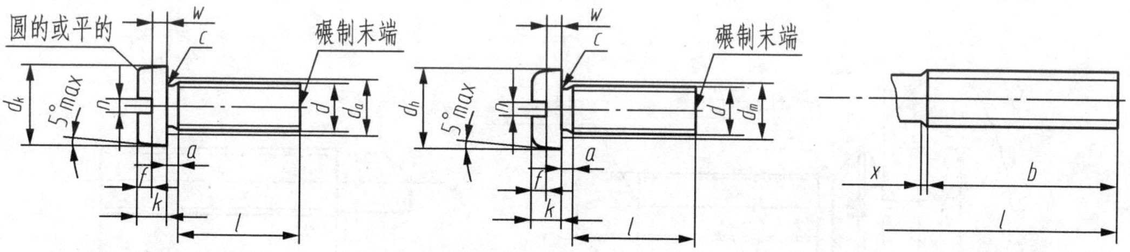

附表 8　　单位: mm

螺纹规格 d	M3	M4	M5	M6	M8	M10
P(螺距)	0.5	0.7	0.8	1	1.25	1.5
a max	1	1.4	1.6	2	2.5	3
b min	25	38	38	38	38	38
x max	1.25	1.75	2	2.5	3.2	3.8

续表

螺纹规格 d			M3	M4	M5	M6	M8	M10
n 公称			0.8	1.2	1.2	1.6	2	2.5
GB/T 65—2000	d_k	公称＝max	5.5	7	8.5	10.00	13.00	16.00
		min	5.32	6.78	8.28	9.78	12.73	15.73
	k	公称＝max	2.00	2.60	3.30	3.9	5.0	6.0
		min	1.86	2.46	3.12	3.6	4.7	5.7
	t	min	0.85	1.1	1.3	1.6	2	2.4
GB/T 67—2000	d_k	公称＝max	5.6	8.00	9.50	12.00	16.00	20.00
		min	5.3	7.64	9.14	11.57	15.57	19.48
	k	公称＝max	1.80	2.40	3.00	3.6	4.8	6.0
		min	1.66	2.26	2.86	3.3	4.5	5.7
	t	min	0.7	1	1.2	1.4	1.9	2.4
GB/T 65—2000 GB/T 67—200	r min		0.1	0.2	0.2	0.25	0.4	0.4
	d_p min		3.6	4.7	5.7	6.8	9.2	11.2
	$\frac{l}{a}$		$\frac{5\sim30}{l-a}$	$\frac{6\sim40}{l-a}$	$\frac{8\sim50}{l-a}$	$\frac{8\sim60}{l-a}$	$\frac{10\sim80}{l-a}$	$\frac{12\sim80}{l-a}$

开槽沉头螺钉(GB/T 68—2000)　开槽半沉头螺钉(GB/T 69—2000)

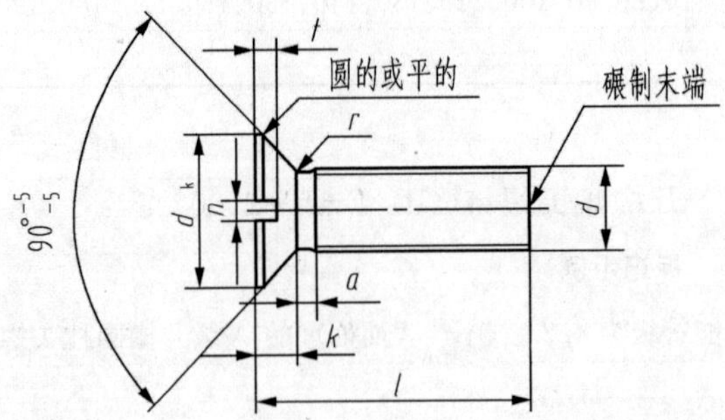

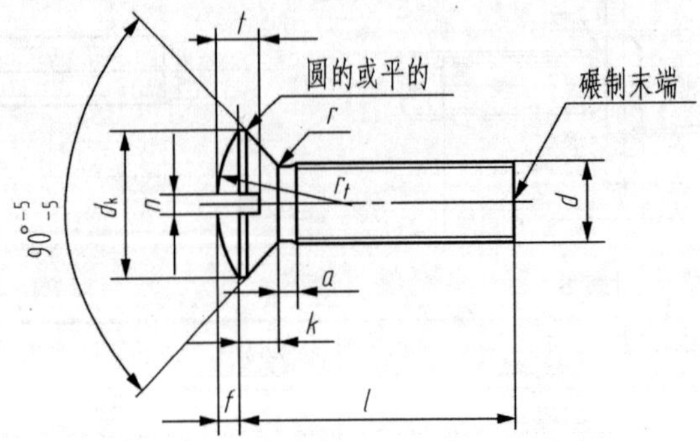

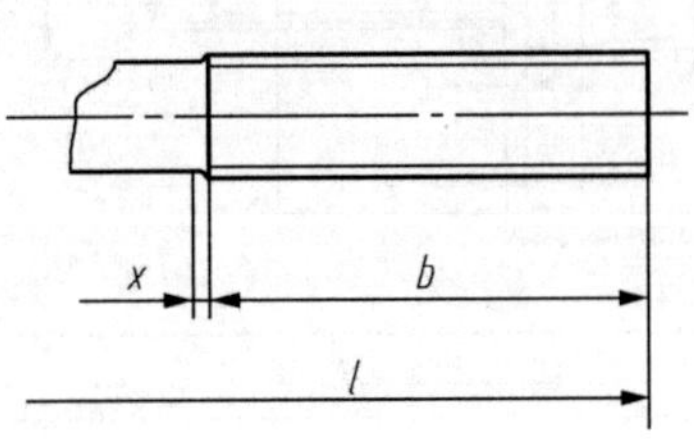

标记示例

螺纹规格 d＝M、公称长度 l＝20、性能等级为 4.8 级、不经表面处理的 A 级开槽沉头螺钉的标记为：螺钉 GB/T 68 M5×20。

附表 9

单位：mm

螺纹规格 d			M1.6	M2	M2.5	M3	M4	M5	M6	M8	M10
P①			0.35	0.4	0.45	0.5	0.7	0.8	1	1.25	1.5
$a$max			0.7	0.8	0.9	1	1.4	1.6	2	2.5	3
$b$min			25	25	25	25	25	38	38	38	38
D_k②	理论值 max		3.6	4.4	5.5	6.3	9.4	10.4	12.6	17.3	20
	实际值	max	3.0	3.8	4.7	5.6	8.40	9.30	11.30	15.80	18.30
		min	2.7	3.5	4.4	5.2	8.04	8.94	10.87	15.37	17.78
K③公称＝max			1	1.25	1.5	1.65	2.7	2.7	3.3	4.65	5
n		公称	0.4	0.5	0.6	0.8	1.2	1.2	1.6	2	2.5
		max	0.60	0.70	0.80	1.00	1.51	1.51	1.91	2.31	2.81
		min	0.46	0.56	0.66	0.86	1.26	1.26	1.66	2.06	2.56
$r$max			0.4	0.5	0.6	0.8	1	1.3	1.5	2	2.5
$x$max			0.9	1	1.1	1.25	1.75	2	2.5	3.2	3.8
f≈			0.4	0.5	0.6	0.7	1	1.2	1.4	2	2.3
$r_f$max			3	4	5	6	905	905	12	16.5	19.5
t	max	GB/T 68—2000	0.50	0.6	0.75	0.85	1.3	1.4	1.6	2.3	2.6
		GB/T 69—2000	0.80	1.0	1.2	1.45	1.9	2.4	2.8	3.7	4.4
	min	GB/T 68—2000	0.32	0.4	0.50	0.60	1.0	1.1	1.2	1.8	2.0
		GB/T 69—2000	0.64	0.8	1.0	1.2	1.6	2.0	2.4	3.2	3.8
$x$max			0.9	1	1.1	1.25	1.75	2	2.5	3.2	3.8
l(商品规格范围的公称长度)			2.5～16	3～20	4～25	5～30	6～40	8～50	8～60	10～80	12～80
l(系列)			2.5、3、4、5、6、8、10、12、(14)①、16、20、25、30、35、40、45、50、(55)、60、(65)、70、(75)、80								

注：① P——螺距。

② 螺纹规格 d 在 M1.6～M3、公称长度 $l\leqslant30$ mm 的螺钉，或螺纹规格 d 在 M4～M10、公称长度 $l\leqslant45$ mm 的螺钉，应制出全螺纹。

③ 尽可能不采用括号内的规格。

十字槽盘头螺钉（GB/T 818—2000）　十字槽沉头螺钉（GB/T 819—2000）　十字槽半沉头螺钉（GB/T 820—2000）

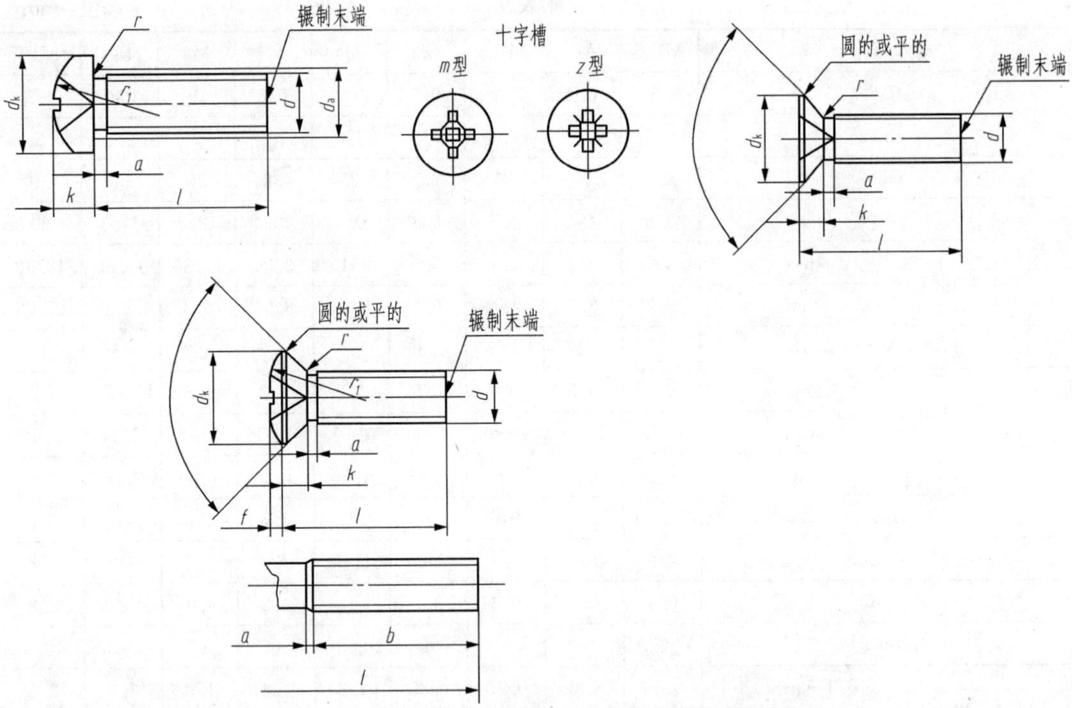

附表 10 单位：mm

螺纹规格 d			M1.6	M2	M2.5	M3	M4	M5	M6	M8	M10
P(螺距)			0.35	0.4	0.45	0.5	0.7	0.8	1	1.25	1.5
$a$max			0.7	0.8	0.9	1	1.4	1.6	2	2.5	3
$b$min			25	25	25	25	25	38	38	38	38
d_i max			2	2.6	3.1	3.3	4.7	5.7	6.8	9.2	11.2
d_k	max	GB/T 818—2000	3.2	4.0	5.0	5.6	8.00	9.95	12.00	16.00	20.00
		GB/T 819—2000	3.0	3.8	4.7	5.5	8.40	9.30	11.30	15.80	18.30
		GB/T 820—2000	3.0	3.8	4.7	5.5	8.40	9.30	11.30	15.80	18.30
	min	GB/T 818—2000	2.9	3.7	4.7	5.3	7.64	9.14	11.57	15.57	19.48
		GB/T 819—2000 GB/T 820—2000	2.7	3.5	4.4	5.2	8.04	8.94	10.87	15.37	17.78
k	公称=max	GB/T 818—2000	1.30	1.60	2.10	2.40	3.10	3.70	4.6	6.0	7.50
		GB/T 819—2000 GB/T 820—2000	1	1.2	1.5	1.65	2.7	2.7	3.3	4.65	5
	min	GB/T 818—2000	1.16	1.46	1.96	2.26	2.92	3.52	4.3	5.7	7.14
k	min	GB/T 818—2000	0.1	0.1	0.1	0.1	0.2	0.2	0.25	0.4	0.4
	max	GB/T 819—2000 GB/T 820—2000	0.4	0.5	0.6	0.8	1	1.3	1.5	2	2.5
$x$max			0.9	1	1.1	1.25	1.75	2	2.5	3.2	3.8

续表

螺纹规格 d					M1.6	M2	M2.5	M3	M4	M5	M6	M8	M10
$r_f\approx$					2.5	3.2	4	5	6.5	8	10	13	16
十字槽	槽号 No				0		1		2		3	4	
十字槽	H型	m参考		GB/T 818—2000	1.7	1.9	2.7	3	4.4	4.9	6.9	9	10.1
				GB/T 819—2000	1.6	1.9	2.9	3.2	4.6	5.2	6.8	8.9	10
				GB/T 820—2000	1.9	2	3	3.4	5.2	5.4	7.3	9.6	10.4
		插入深度	max	GB/T 818—2000	0.95	1.2	1.55	1.8	2.4	2.9	3.6	4.6	5.8
				GB/T 819—2000	0.9	1.2	1.8	2.1	2.6	3.2	3.5	4.6	5.7
				GB/T 820—2000	1.2	1.5	1.85	2.2	3.2	3.4	4.0	5.25	6.0
			min	GB/T 818—2000	0.7	0.9	1.15	1.4	1.9	2.4	3.1	4.0	5.2
				GB/T 819—2000	0.6	0.9	1.4	1.7	2.1	2.7	3.0	4.0	5.1
				GB/T 820—2000	0.9	1.2	1.50	1.8	2.7	2.9	3.5	4.75	5.5
	Z型	m参考		GB/T 818—2000	1.6	2.1	2.6	2.8	4.3	4.7	6.7	8.8	8.9
				GB/T 819—2000	1.6	1.9	2.8	3	4.4	4.9	6.6	8.8	9.8
				GB/T 820—2000	1.9	2.2	2.8	3.1	5	5.3	7.1	9.5	10.3
		插入深度	max	GB/T 818—2000	0.9	1.42	1.50	1.75	2.34	2.74	3.46	4.50	5.69
				GB/T 819—2000	0.95	1.20	1.73	2.01	2.51	3.05	3.45	4.60	5.64
				GB/T 820—2000	1.20	1.40	1.75	2.08	3.10	3.35	3.85	5.20	6.05
			min	GB/T 818—2000	0.65	1.17	1.25	1.50	1.89	2.29	3.03	4.05	5.24
				GB/T 819—2000	0.70	0.95	1.48	1.76	2.06	2.60	3.00	4.15	5.19
				GB/T 820—2000	0.95	1.15	1.50	1.83	2.65	2.90	3.40	4.75	5.60
l(商品规格范围的公称长度)					3～16	3～20	3～25	4～30	5～40	6～50	8～60	10～60	12～60
l(系列)					3、4、5、6、8、10、12、(14)、16、20、25、30、35、40、45、50、(55)、60								

注：(1) 尽可能不采用括号内的规格。

(2) P——螺距。

(3) 纹规格 d 在 M1.6～M3、公称长度 $l\leqslant30$ mm 的螺钉，或螺纹规格 d 在 M4～M10、公称长度 $l\leqslant45$ mm 的螺钉，应制出全螺纹。

(4) 垫圈

平垫圈 A级 (GB/T 97.1—2002)

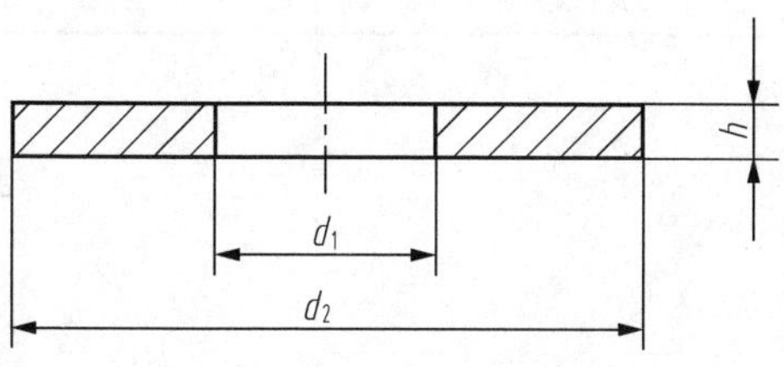

平垫圈 倒角型 A级 (GB/T 97.2—2002)

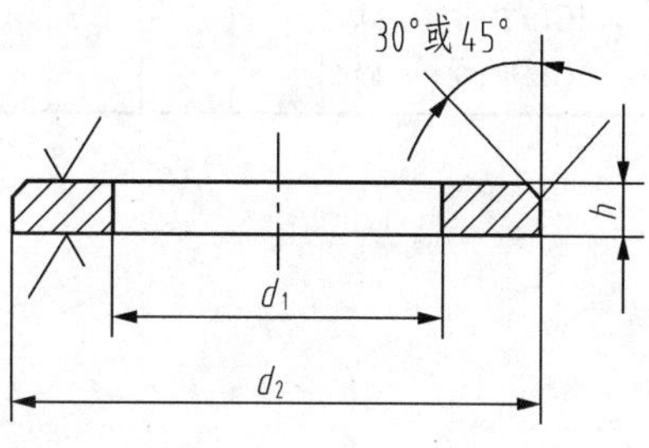

附表 11 垫圈的规格尺寸 单位:mm

<table>
<tr><td colspan="3">公称尺寸(螺纹规格)d</td><td>1.6</td><td>2</td><td>2.5</td><td>3</td><td>4</td><td>5</td><td>6</td><td>8</td><td>10</td><td>12</td><td>16</td><td>20</td><td>24</td><td>30</td><td>36</td></tr>
<tr><td rowspan="10">d_1
内径</td><td rowspan="5">max</td><td>GB/T 484—2002</td><td rowspan="2">1.84</td><td rowspan="2">2.34</td><td rowspan="2">2.84</td><td rowspan="2">3.38</td><td rowspan="2">4.48</td><td rowspan="4">5.48</td><td rowspan="4">6.62</td><td rowspan="4">8.62</td><td rowspan="4">10.77</td><td rowspan="4">13.27</td><td rowspan="4">17.27</td><td rowspan="4">21.33</td><td rowspan="3">25.33</td><td rowspan="3">31.39</td><td rowspan="3">37.62</td></tr>
<tr><td>GB/T97.1—2002</td></tr>
<tr><td>GB/T97.2—2002</td><td>—</td><td>—</td><td>—</td><td>—</td><td>—</td></tr>
<tr><td>GB/T96.1—2002</td><td rowspan="2">—</td><td rowspan="2">—</td><td rowspan="2">—</td><td>3.38</td><td>4.48</td><td>25.52</td><td>33.62</td><td>39.62</td></tr>
<tr><td>GB/T96.2—2002</td><td>3.7</td><td>4.8</td><td>5.8</td><td>6.96</td><td>9.36</td><td>11.43</td><td>13.93</td><td>17.93</td><td>22.52</td><td>26.84</td><td>34</td><td>40</td></tr>
<tr><td rowspan="5">公称
(min)</td><td>GB/T 848—2002</td><td rowspan="2">1.7</td><td rowspan="2">2.2</td><td rowspan="2">2.7</td><td rowspan="2">3.2</td><td rowspan="2">4.3</td><td rowspan="4">5.3</td><td rowspan="4">6.4</td><td rowspan="4">8.4</td><td rowspan="4">1.05</td><td rowspan="4">13</td><td rowspan="4">17</td><td rowspan="4">21</td><td rowspan="4">25</td><td rowspan="3">31</td><td rowspan="3">37</td></tr>
<tr><td>GB/T97.1—2002</td></tr>
<tr><td>GB/T97.2—2002</td><td>—</td><td>—</td><td>—</td><td>—</td><td>—</td></tr>
<tr><td>GB/T96.1—2002</td><td rowspan="2">—</td><td rowspan="2">—</td><td rowspan="2">—</td><td>3.2</td><td>4.3</td><td>33</td><td>39</td></tr>
<tr><td>GB/T96.2—2002</td><td>3.4</td><td>4.5</td><td>5.5</td><td>6.6</td><td>9</td><td>11</td><td>13.5</td><td>17.5</td><td>22</td><td>26</td><td>33</td><td>39</td></tr>
<tr><td rowspan="10">d_2
外径</td><td rowspan="5">公称
(max)</td><td>GB/T 848—2002</td><td>3.5</td><td>4.5</td><td>5</td><td>6</td><td>8</td><td>9</td><td>11</td><td>15</td><td>18</td><td>20</td><td>28</td><td>34</td><td>39</td><td>50</td><td>60</td></tr>
<tr><td>GB/T97.1—2002</td><td>4</td><td>5</td><td>6</td><td>7</td><td>9</td><td rowspan="2">10</td><td rowspan="2">12</td><td rowspan="2">16</td><td rowspan="2">20</td><td rowspan="2">24</td><td rowspan="2">30</td><td rowspan="2">37</td><td rowspan="2">44</td><td rowspan="2">56</td><td rowspan="2">66</td></tr>
<tr><td>GB/T97.2—2002</td><td>—</td><td>—</td><td>—</td><td>—</td><td>—</td></tr>
<tr><td>GB/T96.1—2002</td><td rowspan="2">—</td><td rowspan="2">—</td><td rowspan="2">—</td><td rowspan="2">9</td><td rowspan="2">12</td><td rowspan="2">15</td><td rowspan="2">18</td><td rowspan="2">24</td><td rowspan="2">30</td><td rowspan="2">37</td><td rowspan="2">50</td><td rowspan="2">60</td><td rowspan="2">72</td><td rowspan="2">92</td><td rowspan="2">110</td></tr>
<tr><td>GB/T96.2—2002</td></tr>
<tr><td rowspan="5">min</td><td>GB/T 848—2002</td><td>3.2</td><td>4.2</td><td>4.7</td><td>5.7</td><td>7.64</td><td>8.64</td><td>10.57</td><td>14.57</td><td>17.57</td><td>19.48</td><td>27.48</td><td>33.38</td><td>38.38</td><td>49.38</td><td>58.8</td></tr>
<tr><td>GB/T97.1—2002</td><td>3.7</td><td>4.7</td><td>5.7</td><td>6.64</td><td>8.64</td><td rowspan="2">9.64</td><td rowspan="2">11.57</td><td rowspan="2">15.57</td><td rowspan="2">19.48</td><td rowspan="2">23.48</td><td rowspan="2">29.48</td><td rowspan="2">36.38</td><td rowspan="2">43.38</td><td rowspan="2">55.26</td><td rowspan="2">64.8</td></tr>
<tr><td>GB/T97.2—2002</td><td>—</td><td>—</td><td>—</td><td></td><td></td></tr>
<tr><td>GB/T96.1—2002</td><td rowspan="2">—</td><td rowspan="2">—</td><td rowspan="2">—</td><td>8.64</td><td>11.57</td><td>14.57</td><td>17.57</td><td>23.48</td><td>29.48</td><td>36.38</td><td>49.38</td><td>59.26</td><td>70.8</td><td>90.6</td><td>108.6</td></tr>
<tr><td>GB/T96.2—2002</td><td>8.1</td><td>10.9</td><td>13.9</td><td>16.9</td><td>22.7</td><td>28.7</td><td>35.4</td><td>48.4</td><td>58.1</td><td>70.1</td><td>89.8</td><td>107.8</td></tr>
<tr><td rowspan="15">厚
度
h</td><td rowspan="5">公称</td><td>GB/T 848—2002</td><td>0.3</td><td>0.3</td><td>0.5</td><td>0.5</td><td>0.5</td><td rowspan="5">1</td><td rowspan="5">1.6</td><td rowspan="3">1.6</td><td>1.6</td><td>2</td><td>2.5</td><td rowspan="3">3</td><td rowspan="3">4</td><td rowspan="3">4</td><td rowspan="3">5</td></tr>
<tr><td>GB/T 97.1—2002</td><td>0.3</td><td>0.3</td><td>0.5</td><td>0.5</td><td>0.8</td><td rowspan="2">2</td><td rowspan="2">2.5</td><td rowspan="2">3</td></tr>
<tr><td>GB/T 97.2—2002</td><td>—</td><td>—</td><td>—</td><td>—</td><td>—</td></tr>
<tr><td>GB/T 96.1—2002</td><td rowspan="2">—</td><td rowspan="2">—</td><td rowspan="2">—</td><td rowspan="2">0.8</td><td rowspan="2">1</td><td rowspan="2">2</td><td rowspan="2">2.5</td><td rowspan="2">3</td><td rowspan="2">3</td><td rowspan="2">4</td><td rowspan="2">5</td><td rowspan="2">6</td><td rowspan="2">8</td></tr>
<tr><td>GB/T 96.2—2002</td></tr>
<tr><td rowspan="5">Max</td><td>GB/T 848—2002</td><td>0.35</td><td>0.35</td><td>0.55</td><td>0.55</td><td>0.55</td><td rowspan="4">1.1</td><td rowspan="4">1.8</td><td rowspan="3">1.8</td><td rowspan="3">1.8</td><td rowspan="3">2.2</td><td rowspan="3">2.7</td><td rowspan="3">3.3</td><td rowspan="3">4.3</td><td rowspan="3">4.3</td><td rowspan="3">5.6</td></tr>
<tr><td>GB/T 97.1—2002</td><td>0.35</td><td>0.35</td><td>0.55</td><td>0.55</td><td>0.9</td></tr>
<tr><td>GB/T 97.2—2002</td><td>—</td><td>—</td><td>—</td><td></td><td></td></tr>
<tr><td>GB/T 96.1—2002</td><td rowspan="2">—</td><td rowspan="2">—</td><td rowspan="2">—</td><td>0.9</td><td>1.1</td><td>2.2</td><td>2.7</td><td>3.3</td><td>3.3</td><td>4.3</td><td>5.6</td><td>6.6</td><td>9</td></tr>
<tr><td>GB/T 96.2—2002</td><td>1.0</td><td>1.2</td><td>1.2</td><td>1.6</td><td>2.3</td><td>2.8</td><td>3.6</td><td>3.6</td><td>4.6</td><td>6</td><td>7</td><td>9.2</td></tr>
<tr><td rowspan="5">min</td><td>GB/T 848—2002</td><td>0.25</td><td>0.25</td><td>0.45</td><td>0.45</td><td>0.45</td><td rowspan="4">0.9</td><td rowspan="4">1.4</td><td rowspan="3">1.4</td><td>1.4</td><td>1.8</td><td>2.3</td><td rowspan="3">2.7</td><td rowspan="3">3.7</td><td rowspan="3">3.7</td><td rowspan="3">4.4</td></tr>
<tr><td>GB/T 97.1—2002</td><td>0.25</td><td>0.25</td><td>0.45</td><td>0.45</td><td>0.7</td><td rowspan="2">1.8</td><td rowspan="2">2.3</td><td rowspan="2">2.7</td></tr>
<tr><td>GB/T 97.2—2002</td><td>—</td><td>—</td><td>—</td><td>—</td><td>—</td></tr>
<tr><td>GB/T 96.1—2002</td><td rowspan="2">—</td><td rowspan="2">—</td><td rowspan="2">—</td><td>0.7</td><td>0.9</td><td>1.8</td><td>2.3</td><td>2.7</td><td>2.7</td><td>3.7</td><td>4.4</td><td>5.4</td><td>7</td></tr>
<tr><td>GB/T 96.2—2002</td><td>0.6</td><td>0.8</td><td>0.8</td><td>1.3</td><td>1.7</td><td>2.2</td><td>2.4</td><td>2.4</td><td>3.4</td><td>4</td><td>5</td><td>6.8</td></tr>
</table>

(5) 螺母 1 型六角螺母 A 和 B(摘自 GB/T 6170)

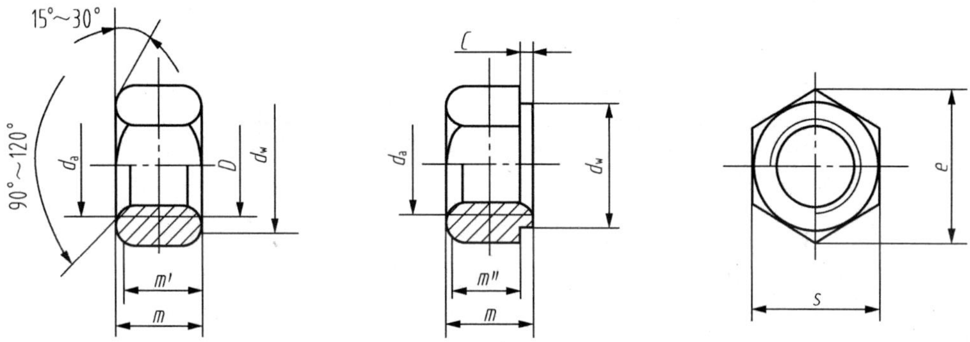

标记示例

螺纹规格 D＝M12、性能等级为 10 级、不经表面处理、A 级的 1 型六角螺母标记为：螺母 GB/T6170 M12。

附表 12　螺母的尺寸规格　　单位：mm

螺纹规格 D		M1.6	M2	M2.5	M3	M4	M5	M6	M8	M10	M12
$c$max		0.2	0.2	2.0	0.4	0.4	0.5	0.5	0.6	0.6	0.6
d_a	max	1.84	2.3	2.9	3.45	4.6	5.75	6.75	8.75	10.8	13
	min	1.6	2	2.5	3	4	5	6	8	10	12
d_w		2.4	3.1	4.1	4.6	5.9	6.9	8.9	11.6	14.6	16.6
e		3.41	4.32	5.45	6.01	7.66	8.79	11.05	14.38	17.77	20.03
m	max	1.3	1.6	2	2.4	3.2	4.7	5.2	6.8	8.4	10.8
	min	1.05	1.35	1.75	2.15	2.9	4.4	4.9	6.44	8.04	10.37
m'		0.8	1.1	1.4	1.7	2.3	3.5	3.9	5.1	6.4	8.3
m''		0.7	0.9	1.2	1.5	2	3.1	3.4	4.5	5.6	7.3
s	max	3.2	4	5	5.5	7	8	10	13	16	18
	min	3.02	3.82	4.82	5.32	6.78	7.78	9.78	12.73	15.73	17.73

螺纹规格 D		M16	M20	M24	M30	M36	M42	M48	M56	M64	
$c$max		0.8	0.8	0.8	0.8	0.8	1	1	1	1.2	
d_a	max	17.3	21.6	25.9	32.4	38.9	45.4	51.8	60.5	69.1	
	min	16	20	24	30	36	42	48	56	64	
d_w		22.5	27.7	33.2	42.7	51.1	60.6	69.4	78.7	88.2	
e		26.75	21.95	39.55	50.85	60.79	72.02	82.6	93.56	104.86	
m	max	14.8	18	21.5	25.6	31	34.7	38	45	51	
	min	14.1	16.9	20.2	24.3	29.4	32.4	36.4	43.4	49.1	
m'		11.3	13.5	16.2	19.4	23.5	25.9	29.1	34.7	39.3	
m''		9.9	11.8	14.1	17	20.6	22.7	25.5	30.4	34.4	
s	max	24	30	36	46	55	68	75	85	95	
	min	23.39	29.16	35	45	53.8	63.8	73.1	82.8	92.8	

注：(1) A 级用于 $D\leqslant 16$ 的螺母；B 级用于 $D>16$ 的螺母，本表仅按商品规格和通用规格列出。

(2) 螺纹规格为 M8～M64、细牙、A 级和 B 级的 1 型六角螺母，请查询 GB/T 6171。

3. 键与平键、键和键槽的剖面尺寸(GB/T 1095)

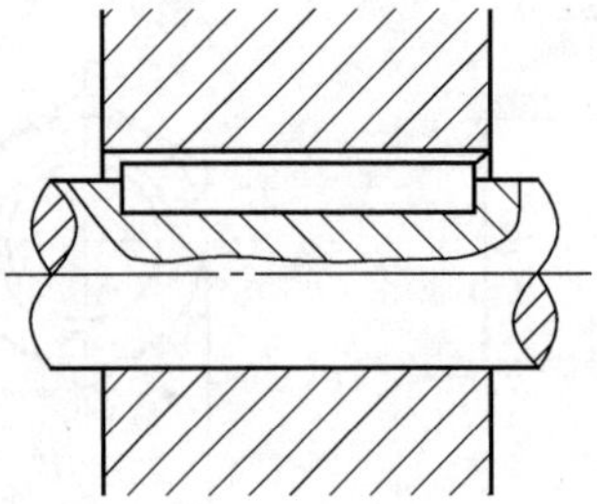

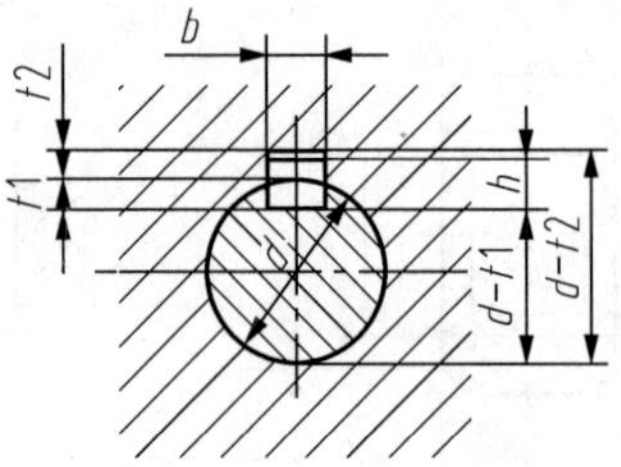

附表 13　　单位:mm

<table>
<tr><th>轴</th><th>键</th><th colspan="12">键槽</th></tr>
<tr><th rowspan="4">公称
直径
d</th><th rowspan="4">公称
尺寸
b×h</th><th colspan="6">宽度 b</th><th colspan="4"></th><th rowspan="3" colspan="2">半径 r</th></tr>
<tr><th rowspan="3">公称
尺寸
b</th><th colspan="5">偏差</th><th rowspan="2" colspan="2">轴 t1</th><th rowspan="2" colspan="2">毂 t2</th></tr>
<tr><th colspan="2">较松键联接</th><th colspan="2">一般键联接</th><th>较紧键联接</th></tr>
<tr><th>轴 H9</th><th>毂 D10</th><th>轴 N9</th><th>毂 Js9</th><th>轴和毂 P9</th><th>公称</th><th>偏差</th><th>公称</th><th>偏差</th><th>最小</th><th>最大</th></tr>
<tr><td>自 6～8</td><td>2×2</td><td>2</td><td rowspan="2">+0.025
0</td><td rowspan="2">+0.060
+0.020</td><td rowspan="2">−0.004
−0.029</td><td rowspan="2">±0.0125</td><td rowspan="2">−0.006
−0.031</td><td>1.2</td><td rowspan="7">+0.01
0</td><td>1</td><td rowspan="7">+0.01
0</td><td rowspan="3">0.08</td><td rowspan="3">0.16</td></tr>
<tr><td>>8～10</td><td>3×3</td><td>3</td><td>1.8</td><td>1.4</td></tr>
<tr><td>>10～12</td><td>4×4</td><td>4</td><td rowspan="3">+0.030
0</td><td rowspan="3">+0.078
+0.030</td><td rowspan="3">0
−0.030</td><td rowspan="3">±0.015</td><td rowspan="3">−0.012
−0.042</td><td>2.5</td><td>1.8</td></tr>
<tr><td>>12～17</td><td>5×5</td><td>5</td><td>3.0</td><td>2.3</td><td rowspan="3">0.16</td><td rowspan="3">0.25</td></tr>
<tr><td>>17～22</td><td>6×6</td><td>6</td><td>3.5</td><td>2.8</td></tr>
<tr><td>>22～30</td><td>8×7</td><td>8</td><td rowspan="2">+0.036
0</td><td rowspan="2">+0.098
+0.040</td><td rowspan="2">0
−0.036</td><td rowspan="2">±0.018</td><td rowspan="2">−0.015
−0.051</td><td>4.0</td><td>3.3</td></tr>
<tr><td>>30～38</td><td>10×8</td><td>10</td><td>5.0</td><td>3.3</td><td rowspan="5">0.25</td><td rowspan="5">0.40</td></tr>
<tr><td>>38～44</td><td>12×8</td><td>12</td><td rowspan="4">+0.043
0</td><td rowspan="4">+0.120
+0.050</td><td rowspan="4">0
−0.043</td><td rowspan="4">±0.0215</td><td rowspan="4">−0.018
−0.061</td><td>5.0</td><td rowspan="8">+0.20
0</td><td>3.3</td><td rowspan="8">+0.20
0</td></tr>
<tr><td>>44～50</td><td>14×9</td><td>14</td><td>5.5</td><td>3.8</td></tr>
<tr><td>>50～58</td><td>16×10</td><td>16</td><td>6.0</td><td>4.3</td></tr>
<tr><td>>58～65</td><td>18×11</td><td>18</td><td>7.0</td><td>4.4</td></tr>
<tr><td>>65～75</td><td>22×12</td><td>20</td><td rowspan="4">+0.052
0</td><td rowspan="4">+0.149
+0.065</td><td rowspan="4">0
−0.052</td><td rowspan="4">±0.026</td><td rowspan="4">−0.022
−0.074</td><td>7.5</td><td>4.9</td><td rowspan="4">0.40</td><td rowspan="4">0.60</td></tr>
<tr><td>>75～85</td><td>22×14</td><td>22</td><td>9.0</td><td>5.4</td></tr>
<tr><td>>85～95</td><td>25×14</td><td>25</td><td>9.0</td><td>5.4</td></tr>
<tr><td>>95～110</td><td>28×16</td><td>28</td><td>10.0</td><td>6.4</td></tr>
</table>

标记示例

圆头普通平键(A 型)b=18 mm,h=11 mm,l=100 mm,标记为:18×100　GB/T 1096。

平头普通平键(B 型)b=18 mm,h=11 mm,l=100 mm,标记为:18×100　GB/T 1096。

单圆头普通平键(C 型)b=18 mm,h=11 mm,l=100 mm,标记为:18×100　GB/T 109。

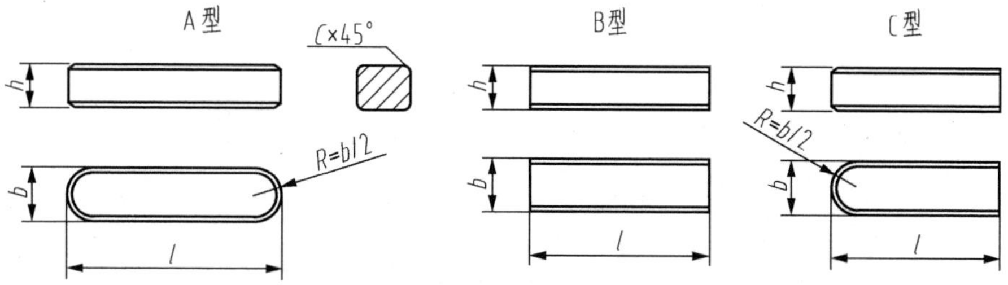

附表 14　普通平键的型号尺寸　　单位：mm

b	2	3	4	5	6	8	10	12	14	16	18	20	22	25	28	32	36	40	45	50
h	2	3	4	5	6	7	8	8	9	10	11	12	14	14	16	18	20	22	25	28
c或r																				
l范围	6～20	6～36	8～45	10～56	14～70	18～90	22～110	28～140	36～160	45～180	50～220	56～220	63～250	70～280	80～320	90～360	100～400	100～400	110～450	125～500

注：l 系列为 6、8、10、12、14、16、18、20、22、25、28、32、36、40、45、50、56、63、70、80、90、100、110、125、140、160、180、200 等。

4. 圆柱销(GB/T 119.1—2000)

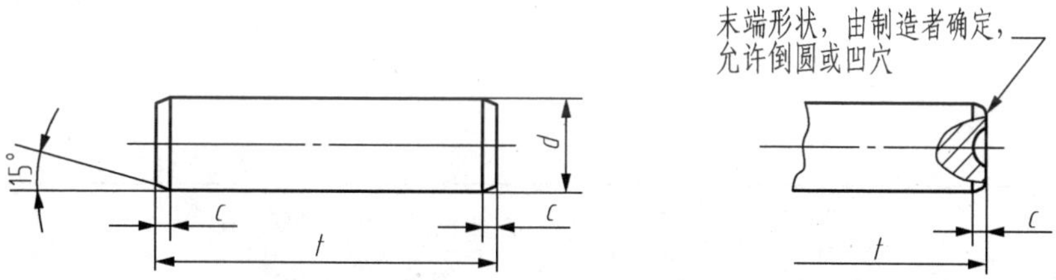

附表 14　圆柱销的尺寸规格

d(公称) m6/h8	0.6	0.8	1	1.2	1.5	2	2.5	3	4	5	6	8	10	12	16	20	25	30	40	50
$c\approx$	0.12	0.16	0.2	0.25	0.3	0.35	0.4	0.5	0.63	0.8	1.2	1.6	2	2.5	3	3.5	4	5	6.3	8
l规格范围	2～6	2～8	4～10	4～12	4～16	6～20	6～24	8～30	8～40	10～50	12～60	14～80	18～95	22～140	26～180	35～200	50～200	60～200	80～200	95～200
l 系列	2、3、4、5、6、8、10、12、14、16、18、20、22、24、26、28、30、32、35、40、45、50、55、60、65、70、75、80、85、90、95、100、120、140、160、180、200																			
长度公差范围	(2～10)±0.25、(12～50)±0.5、55 以上±0.75																			

5. 圆锥销(GB/T 117—2000)

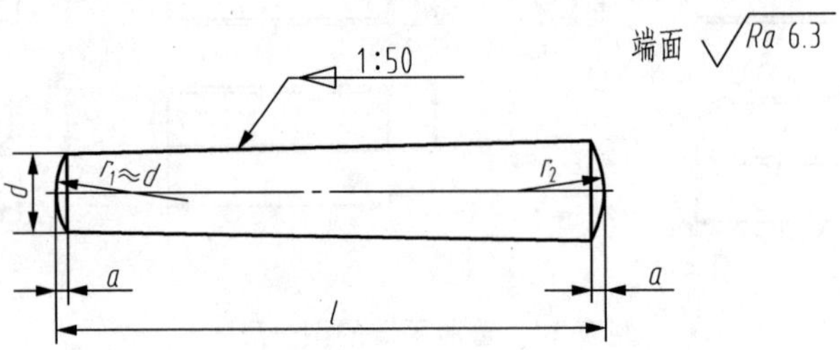

$$r_2 \approx \frac{a}{2} + d + \frac{(0.021)^2}{8a}$$

附表 16　圆锥销的尺寸规格

d（公称）h10	0.6	0.8	1	1.2	1.5	2	2.5	3	4	5	6	8	10	12	16	20	25	30	40	50
c≈	0.08	0.1	0.12	0.16	0.2	0.25	0.3	0.4	0.5	0.63	0.8	1	1.2	1.6	2	2.5	3	4	5	6.3
l 规格范围	4～8	5～12	6～16	6～20	8～24	10～35	10～35	12～45	14～55	18～60	22～90	22～120	26～160	32～180	40～200	45～200	50～200	55～200	60～200	65～200
l 系列	2、3、4、5、6、8、10、12、14、16、18、20、22、24、26、28、30、32、35、40、45、50、55、60、65、70、75、80、85、90、95、100、120、140、160、180、200																			
长度公差范围	(2～10)±0.25、(12～50)±0.5、55 以上±0.75																			

6. 轴承

附表 17　深沟球轴承(GB/T 276—1994 摘编)

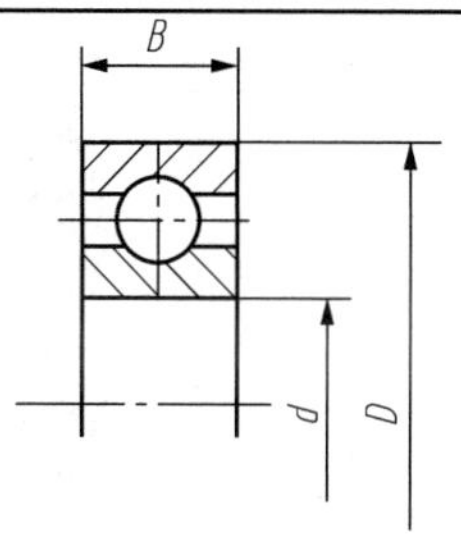

60000 型

轴承代号	尺寸(mm)		
	d	D	B
尺寸系列代号 10			
606	6	17	6
607	7	19	6
608	8	22	7
609	9	24	7
6000	10	26	8
6001	12	28	8
6002	13	32	9
6003	17	35	10
6004	20	42	12
6005	25	47	12
6006	30	55	13
6007	35	62	14
6008	40	68	15
6009	45	75	16
6010	50	80	16
6011	55	90	18
6012	60	95	18
尺寸系列代号 02			
623	3	10	4
624	4	13	5
625	5	16	5
626	6	19	6
627	7	22	7
628	8	24	8
629	9	26	8
6200	10	30	9
6201	12	32	10
6202	15	35	11
6203	17	40	12
6204	20	47	14

轴承型号	尺寸(mm)		
	d	D	B
尺寸系列代号 02			
6205	25	52	15
6206	30	62	16
6207	35	72	17
6208	40	80	18
6209	45	85	19
6210	50	90	20
6211	55	100	21
6212	60	110	22
尺寸系列代号 03			
634	4	16	5
635	5	19	6
6300	10	35	11
6301	12	37	12
6302	15	42	13
6303	17	47	14
6304	20	52	15
6305	25	62	17
6306	30	72	19
6307	35	82	21
6308	40	92	23
6309	45	100	25
6310	50	110	27
6311	55	120	29
6312	60	150	31
尺寸系列代号 04			
6403	17	62	17
6404	20	72	19
6405	25	82	21
6406	30	92	23
6407	35	100	25
6408	40	110	27
6409	45	120	29
6410	50	130	31
6411	55	140	33
6412	60	150	35
6413	65	170	37
6414	70	180	42
6415	75	190	45
6416	80	200	48
6417	85	225	52
6418	90	225	54
6419	95	240	55

附表 18　圆锥滚子轴承(GB 273.1—87)

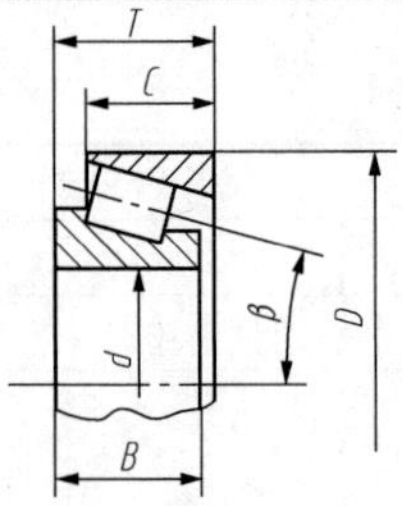

7000 型

特轻(7)系列

d	D	宽度系列:特宽 3		
		B	C	T
40	75	26	20.5	26
45	80	26	20.5	26
50	85	26	20.5	26
55	95	30	23	30
60	100	30	23	30
65	110	35	26.5	34
70	120	37	29	37
75	125	37	29	37

超轻(9)系列

d	D	宽度系列:宽 2		
		B	C	T
20	37	12	9	12
22	40	12	9	12
25	42	12	9	12
28	45	12	9	12
30	47	12	9	12
32	52	13	10	14
35	55	14	11.5	14
40	62	15	12	15
45	68	15	12	15
50	72	15	12	15
55	80	17	14	17
60	85	17	14	17
65	90	17	14	17
70	100	20	16	20
75	105	20	16	20

轻(2)系列　　轻(5)系列

d	D	宽度系列								
		窄 0			特宽 3			宽 0		
		B	C	T	B	C	T	B	C	T
17	40	12	11	13.25	—	—	—	16	14	17.25
20	47	14	12	15.25	—	—	—	18	15	19.25
25	52	15	13	16.25	22	18	22	18	16	19.25
28	58	—	—	—	24	19	24	19	16	20.25
30	62	16	14	17.25	25	19.5	25	20	17	21.25
32	65	17	15	18.25	26	20.5	26	21.5	17	22
35	72	17	15	18.25	28	22	28	23	19	24.25
40	80	18	16	19.75	32	25	32	23	19	24.75
45	85	19	16	20.75	32	25	32	23	19	24.75
50	90	20	17	21.75	32	25.5	32	23	19	24.75
55	100	21	18	22.75	35	27	35	25	21	26.75
60	110	22	19	23.75	38	29	38	28	25	29.75
65	120	23	20	24.75	41	32	41	31	27	32.75
70	125	24	21	26.25	41	32	41	31	27	33.25
75	130	25	22	27.25	41	32	41	31	27	33.25

特轻(1)系列

d	D	宽 2			特宽 3		
		B	C	T	B	C	T
20	42	15	12	15	—	—	—
22	44	15	11.5	15	—	—	—
25	47	15	11.5	15	17	14	17
28	52	16	12	16	—	—	—
30	55	17	13	17	20	16	20
32	58	17	13	17	—	—	—
35	62	18	14	18	21	17	21
40	68	19	14.5	19	22	18	22
45	75	20	15.5	20	24	19	24
50	80	20	15.5	20	24	19	24
55	90	23	17.5	23	27	21	27
60	95	23	17.5	23	27	21	27
65	100	23	17.5	23	27	21	27
70	110	25	19	25	31	25.5	31
75	115	25	19	25	31	25.5	31

中(3)系列　　中(6)系列

d	D	宽度系列								
		窄 0			窄 0			宽 0		
		B	C	T	B	C	T	B	C	T
15	42	13	11	14.25	—	—	—	—	—	—
17	47	14	12	15.25	—	—	—	19	16	20.25
20	52	15	13	16.25	—	—	—	21	18	22.25
25	62	17	15	18.28	17	13	18.75	24	20	25.25
30	72	19	16	20.75	19	14	20.75	27	23	28.75
35	80	21	18	22.75	21	15	22.75	31	25	32.75
40	90	23	20	25.25	23	17	25.25	33	27	35.25
45	100	25	22	27.25	25	17	27.25	36	30	38.25
50	110	27	23	29.25	27	19	29.25	40	33	42.25
55	120	29	25	31.5	29	21	30.5	43	35	45.5
60	130	31	26	3.5	31	22	33.5	46	37	48.5
65	140	33	28	36	33	23	36	48	39	51
70	150	35	30	38	35	25	38	51	42	54
75	160	37	31	40	37	26	40	55	45	58

注:1. 该宽度系列适用于大锥角圆锥滚子轴承。

附表 19　推力球轴承(GB/T 301—1995)

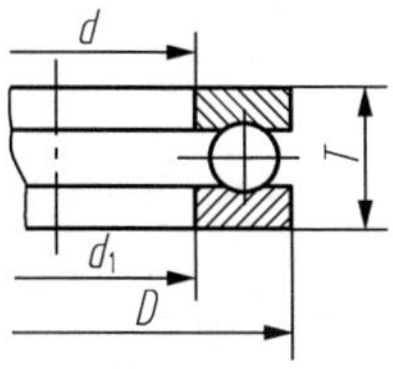

51000 型

轴承代号	尺寸(mm)			
	d	$d_{1\min}$	D	T
51100	10	11	24	9
51101	12	13	26	9
51102	15	16	28	9
51103	17	18	30	9
51104	20	21	35	10
51105	25	26	42	11
51106	30	32	47	11
51107	35	37	52	12
51108	40	42	60	13
51109	45	47	65	14
51110	50	52	70	14
51111	55	57	78	16
51112	60	62	85	17
51113	65	67	90	18
51114	70	72	95	18
51115	75	77	100	19
51116	80	82	105	19
51117	85	87	110	19
51118	90	92	120	22
51120	100	102	135	25
轻(12)系列				
51200	10	12	26	11
51201	12	14	28	11
51202	15	17	32	12
51203	17	19	35	12
51204	20	22	40	14
51205	25	27	47	15
51206	30	32	52	16
51207	35	37	61	18
51208	40	42	68	19
51209	45	47	73	20
51210	50	52	75	11
51211	55	57	90	25
51212	60	62	95	26
51213	65	67	100	27

轴承型号	尺寸(mm)			
	d	$d_{1\min}$	D	T
51214	70	72	105	27
51215	75	77	110	27
51216	80	82	115	28
51217	85	88	125	30
51217	90	93	135	35
51220	100	103	150	38
13 系列				
51304	20	22	47	18
51305	25	27	52	18
51306	30	32	60	21
51307	35	37	68	24
51308	40	42	78	26
51309	45	47	85	28
51310	50	52	95	31
51311	55	57	105	35
51312	60	62	110	35
51312	65	67	115	36
51314	70	72	125	40
51315	75	77	135	44
51316	80	82	140	44
51317	85	88	150	49
51318	90	93	155	50
51320	100	103	170	55
14 系列				
51405	25	27	60	24
51406	30	32	70	28
51407	35	37	80	32
51408	40	42	90	36
51409	45	47	100	39
51410	50	52	110	43
51411	55	57	120	48
51412	60	62	130	51
51413	65	68	140	56
51414	70	73	150	60
51415	75	75	160	65
51416	80	83	170	68
51417	85	88	180	72
51718	90	93	190	77
51420	100	103	210	85

7. 常用标准结构和标准数据

普通螺纹的螺纹收尾、肩距、退刀槽和倒角(摘自 GB 3—79)。

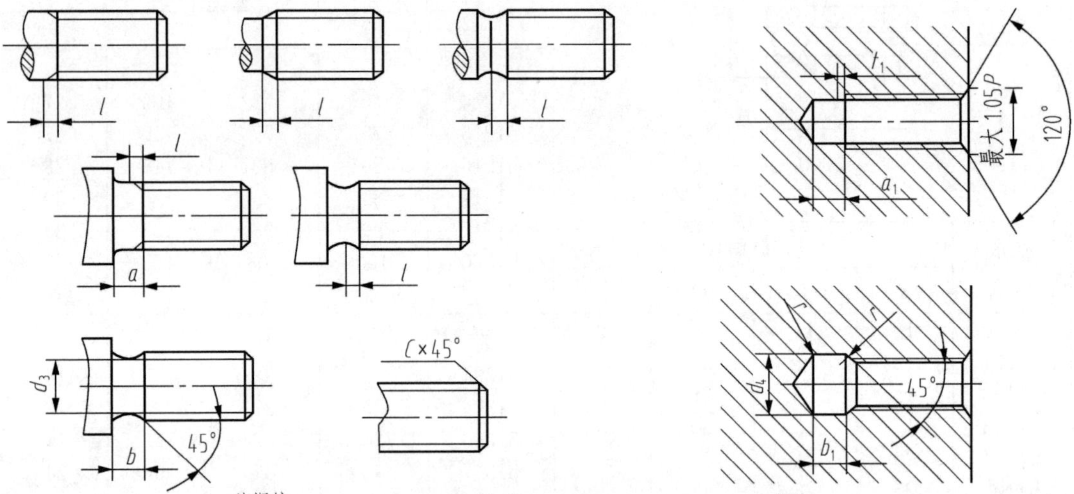

外螺纹　　内螺纹

附表 20　常用的标准结构和标准数据

螺距	粗牙螺纹直径	细牙螺纹直径	螺纹收尾≤				肩距≤					退刀槽								倒角 C
			一般	短的		长的	一般	长的		短的		一般	窄的		d_3	d_4	r 或 r_1			
	d		l	l_1	l	l_1	a	a_1	a	a_1	a	b	b_1	b	b_1					
0.5	3	根据螺纹直径查表	1.25	1	0.7	1.5	1.5	3	2	4	1	1.5	2	1	1.5	d−0.8	d+0.3	0.5P		0.5
0.6	3.5		1.5	1.2	0.75	1.8	1.8	3.2	2.4	4.8	1.2					d−1				
0.7	4		1.75	1.4	0.9	2.1	2.1	3.5	2.8	5.6	1.4	2	3			d−1.1				0.6
0.75	4.5		1.9	1.5	1	2.3	2.25	3.8	3	6	1.5				2	d−1.2				
0.8	5		2	1.3	1	2.4	2.4	4	3.22	64	1.3					d−1.3				0.8
1	6、7		2.5	2	1.25	3	3	5	4	8	2	2.4	4	1.5	2.5	d−1.6	d+0.5			1
1.25	8		3.2	2.5	1.6	3.8	4	6	5	10	2.5	3	5		3	d−2				1.2
1.5	10		3.8	3	1.9	4.5	4.5	7	6	12	3	4	6	2.5	4	d−2.3				1.5
1.75	12		4.3	5.5	2.2	5.1	5.3	9	7	14	3.5	5	7			d−2.6				3
2	14、16		5	4	2.5	6	6	10	8	16	4		8	3.5	5	d−3				
2.5	18、20、22		6.3	5	3.2	7.5	7.5	12	10	18	5	6	10		6	d−3.6				2.5
3	24、27		7.5	6	3.8	9	9	14	12	22	6	7	12	4.5	7	d−4.4				
3.5	30、33		9	7	4.5	10.5	10.5	16	14	24	7	9	14		8	d−5				3
4	36、39		10	8	5	12	12	18	16	26	8	9	16	5.5	9	d−5.7				
4.5	42、45		11	9	5.5	13.5	13.5	21	18	29	9	10	18	6	10	d−6.4				4
5	48、52		12.5	10	6.3	15	15	23	20	32	10	11	21	6.5	11	d−7				
5.5	56、60		14	11	7	16.5	16.5	25	22	35	11	12	22	7.5	12	d−7.7				5
6	64、68		15	12	7.5	18	18	28	24	38	12	14	24	8	14	d−8.3				

附表 21　砂轮越程槽(摘自 GB/T 6403.4—1986)

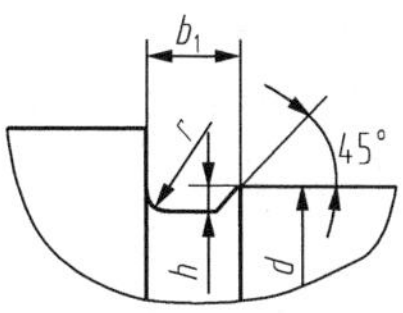

磨外圆

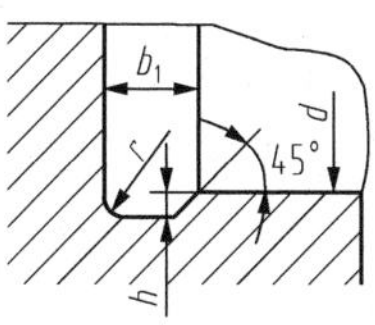

磨内圆

b_1	0.6	1.0	1.6	2.0	3.0	4.0	5.0	8.0	10
b_2	2.0	3.0		4.0		5.0		8.0	10
h	0.1	0.2		0.3	0.4		0.6	0.8	1.2
r	0.2	0.5		0.8	1.0		1.6	2.0	3.0
d	～10			>10～50		>50～100		>100	

注:(1) 越程槽内二直线相交处,不允许产生尖角。

(2) 越程槽深度 h 与圆弧半径 r 要满足 $r \leqslant 3h$。

(3) 磨削具有数个直径的工作,可使用同一规格的越程槽。

(4) 直径 d 值大于零件,允许选择小规格的砂轮越程槽。

(5) 砂轮越程槽的尺寸公差和表面粗糙度根据该零件的结构、性能确定。

附表 22　零件的倒圆与倒角

型式

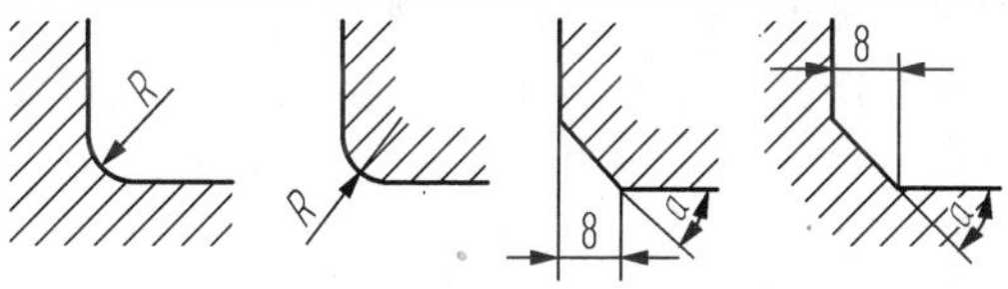

R、C 的尺寸系列:

0.1、0.2、0.3、0.4、0.5、0.6、0.8、1.0、1.2、1.6、2.0、2.5、3.0、4.0、5.0、6.0、8.0、10、12、16、20、25、32、40、50

装配形式

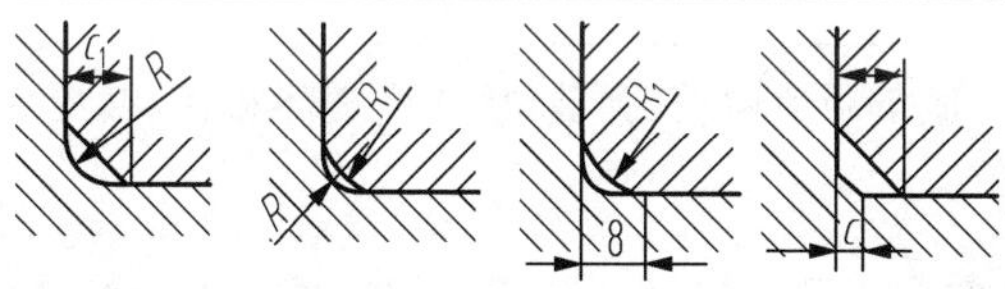

尺寸规定:

(1) R_1、C_1 的偏差为正;R、C 的偏差为负。

(2) 左起第 3 种装配方式,C 的最大值 C_{max} 与 R_1 的关系如下:

R_1	0.1	0.2	0.3	0.4	0.5	0.6	0.8	1.0	1.2	1.6	2.0	2.5	3.0	4.0	5.0	6.0	8.0	10	12	16	20	25
C_{max}	—	0.1	0.1	0.2	0.2	0.3	0.4	0.5	0.6	0.8	1.0	1.2	1.6	2.0	2.5	3.0	4.0	5.0	6.0	8.0	10	12

注:(1) 本表未摘录 $P<0.5$ 的各有关尺寸。

(2) 国家标准局发布了国家标准《紧固件　外螺纹零件的末端》(GB 2—85),要查阅其中的有关规定。

8. 常用金属材料

附表 23　常用钢材的牌号与用途

名　称	牌　号	应用举例
碳素结构钢 (GB/T 700)	Q215 Q235	塑性较高,强度较低,焊接性好,常用作各种板材及型钢、制作工程结构件或机器中受力不大的零件,如螺钉、螺母、垫圈、吊钩、拉杆等;也可渗碳,制作不重要的渗碳零件
	Q275	强度较高,可制作中等应力的普通零件,如紧固件、吊钩、拉杆等;也可经热处理后制造不重要的轴

续表

名　称	牌　号	应用举例
优质碳素结构钢（GB/T 699）	15 20	塑性、韧性、焊接性和冷冲性很好，但强度较低。用于制造受力不大、韧性要求较高的零件、紧固件、渗碳零件及不要求热处理的低负荷零件，如螺栓、螺钉、拉杆、法兰等
	35	有较好的塑性和适当的强度，用于制造曲轴、转轴、轴销、杠杆、连杆、横梁、链轮、垫圈、螺钉、螺母等。这种钢多在正火和调质状态下使用，一般不作焊接作用
	40 45	用于要求强度较高、韧性要求中等的零件，通常进行调质或正火处理，用于制造齿轮、齿条、链轮、轴、曲轴等；经高频表面淬火后可替代渗碳钢制作齿轴、活塞销等零件
	55	经热处理后有较高的表面硬度和强度，具有较好的韧性，一般经正火或淬火、回火后使用，用于制造齿轮、连杆、轮圈及轧辊等。焊接性及冷变形性均低
	65	一般经淬火、中温回火，具有较高的弹性，适用于制作小尺寸弹簧
	15Mn	性能与15钢相似，但其淬透性、强度和望性均稍高于15钢，用于制作中心部分的力学性能要求较高且需渗碳的零件，这种钢焊接性好
	65Mn	性能与65钢相似，适于制适弹簧、弹簧垫圈、弹簧环和片，以及冷拔钢丝（≤7 mm）和发条
合金结构钢（GB/T 3077）	20Cr	用于渗碳零件，制作受力不太大、不需要很高的耐磨零件，如机床齿轮、齿轮轴、蜗杆、凸轮、活塞销等
	40Cr 20Cr MnTi	调质后强度比碳钢高，常用作中等截面、要求力学性能比碳钢高的重要调质零件，如齿轮、轴、曲轴、连杆螺栓等。强度、韧性均高，是铬镍钢的替用材料。经热处理后，用于承受高速、中等负荷以及冲击、磨损等的重要零件，如渗碳齿轮、凸轮等
	38CrMoAl	是渗氮专用钢种，经热处理后用于要求高耐磨性、高疲劳强度和相当高的强度且热处理变形小的零件，如堂杆、主轴、齿轮、蜗杆、套筒、套环等
	35SiMn	除了要求低温（−20 ℃以下）及冲击韧性很高的情况外，可全面替代40Cr作调质钢，也可部分替代40CrNi，制作中小型轴类、齿轮等零件
	50CrVA	用于 ϕ30～ϕ50mm 重要的承受大应力的各种弹簧；也可用作大截面的温度低于400℃的气阀弹簧、喷油嘴弹簧等
	ZG200－400	用于各种形状的零件，如机座、变速箱壳等
	ZG230－450	用于铸造平坦的零件，如机座、机盖、箱体等
	ZG270－500	用于各种形状的零件，如飞轮、机架、水压机工作缸、横梁等

附表　24　常用铸铁的牌号与用途

名　称	牌　号	应用举例	说　明
灰铸铁 (GB/T 4949)	HT100	低载荷和不重要的零件，如盖、外罩、手轮、支架、重锤等	牌号中“HT”是“灰铁”二字汉语拼音的首字母，其后的数字表示最低抗拉强度(MPa)，但这一力学性能与铸件壁厚有关
	HT150	承受中等应力的零件，如支柱、底座、齿轮箱、工作台、刀架、端盖、阀体、管路附件及一般无工作条件要求的零件	
	HT200 HT250	承受较大应力和较重要的零件，如汽缸体、齿轮、机座、飞轮、床身、缸套、活塞、刹车轮、联轴器、齿轮箱、轴承座、油缸等	
	HT300 HT350 HT400	承受高弯曲应力及抗拉应力的重要的零件，如齿轮、凸轮、车床卡盘、剪床和压力机的机身、床身、高压油缸、滑阀壳体等	
球墨铸铁 (GB/T 1348)	QT400－15 QT450－10 QT500－7 QT600－3 QT700－2	球墨铸铁可替代部分碳钢、合金钢，用来制造一些受力复杂，强度、韧性和耐磨性要求高的零件。前两种牌号的球墨铸铁，具有较高的韧性与塑性，常用来制造受压阀门、机器底座、汽车后桥壳等；后两种牌号的球墨铸铁，具有较高的强度与耐磨性，常用来制造拖拉机或柴油机中的曲轴、连杆、凸轮轴，各种齿轮，机床的主轴、蜗杆、蜗轮，轧钢机的轧辊、大齿轮，大型水压机的工作缸、缸套、活塞等	牌号中“QT”是“球铁”二字汉语拼音的首字母，后面两组数字分别表示其最低抗拉强度(MPa)和最小伸长率($\delta\times100$)

附表 25　常用有色金属的牌号及用途

名　称			牌　号	应用举例
加工黄铜 (GB/T 5232)	普通黄铜		H62	销钉、铆钉、螺钉、螺母、垫圈、弹簧等
			H68	复杂的冷冲压件、散热器外壳、弹壳、导管、波纹管、轴套等
			H90	双金属片、供水和排水管、证章、艺术品等
	铍青铜		QBe2	用于重要的弹簧及弹性元件，耐磨零件以及在高速、高压和高温下工作的轴承等
	铅青铜		HPb59－1	适用于仪器仪表等工业部门用的切削加工零件，如销、螺钉、螺母、轴套等
加工青铜 (GB/T 5232)	锡青铜	加工锡青铜	QSn4－3	弹性元件、管配件、化工机械中耐磨零件及抗磁零件
			QSn6.5－0.1	弹簧、接触片、振动片、精密仪器中的耐磨零件
		铸造锡青铜	ZCuSn10Pb1	重要的减磨零件，如轴承、轴套、蜗轮、摩擦轮、机床丝杠螺母等
			ZCuSn5Pb5Zn5	中速、中载荷的轴承、轴套、蜗轮等耐磨零件

9. 公差数值

附表 26 标准公差数值(GB/T 1800.3—1998)

基本尺寸(mm)		标准公差等级																	
		IT1	IT2	IT3	IT4	IT5	IT6	IT7	IT8	IT9	IT10	IT11	IT12	IT13	IT14	IT15	IT16	IT17	IT18
大于	至	μm											mm						
—	3	0.8	1.2	2	3	4	6	10	14	25	40	60	0.1	0.14	0.25	0.4	0.6	1	1.4
3	6	1	1.5	2.5	4	5	8	12	18	30	48	75	0.12	0.18	0.3	0.48	0.75	1.2	1.8
6	10	1	1.5	2.5	4	6	9	15	22	36	85	90	0.15	0.22	0.36	0.58	0.9	1.5	2.2
10	18	1.2	2	3	5	8	11	18	27	43	70	110	0.18	0.27	0.43	0.7	1.1	1.8	2.7
18	30	1.5	2.5	4	6	9	13	21	33	52	84	130	0.21	0.33	0.52	0.84	1.3	2.1	3.3
30	50	1.5	2.5	4	7	11	16	25	39	62	100	160	0.25	0.39	0.62	1	1.6	2.5	3.9
50	80	2	3	5	8	13	19	30	46	74	120	190	0.3	0.46	0.74	1.2	1.9	3	4.6
80	120	2.5	4	6	10	15	22	35	54	87	140	220	0.35	0.54	0.87	1.4	2.2	3.5	5.4
120	180	3.5	5	8	12	18	25	40	63	100	160	250	0.4	0.63	1	1.6	2.5	4	6.3
180	250	4.5	7	10	14	20	29	46	72	115	185	290	0.46	0.72	1.15	1.85	2.9	4.6	7.2
250	315	6	8	12	16	23	32	52	81	130	210	320	0.52	0.81	1.3	2.1	3.2	5.2	8.1
315	400	7	9	13	18	25	36	57	89	140	230	360	0.57	0.89	1.4	2.3	3.6	5.7	8.9
400	500	8	10	15	20	27	40	63	97	155	250	400	0.64	0.97	1.55	2.5	4	6.3	9.7
500	630	9	11	16	22	32	44	70	110	175	280	440	0.7	1.1	1.75	2.8	4.4	7	11
630	800	10	13	18	25	36	50	80	125	200	320	500	0.8	1.25	2	3.2	5	8	12.5
800	1000	11	15	21	28	40	56	90	140	230	360	560	0.9	1.4	2.3	3.6	5.6	9	14
1000	1250	13	18	24	33	47	66	105	165	260	420	660	1.05	1.65	2.6	4.2	6.6	10.5	16.5
1250	1600	15	21	29	39	55	78	125	195	310	500	780	1.25	1.95	3.1	5	.8	12.5	19.5
1600	2000	18	25	35	46	65	92	150	230	370	600	920	1.5	2.3	3.7	6	9.2	15	23
2000	2500	22	30	41	55	78	110	175	280	440	700	1100	1.75	2.8	4.4	7	11	17.5	28
2500	3150	26	36	50	68	96	135	210	330	540	860	1350	2.1	3.3	5.4	8.6	13.5	21	33

注:(1) 基本尺寸大于 500 mm 的 IT1 至 IT5 的标准公差数值为试行的。

(2) 基本尺寸小于或等于 1 mm 时,无 IT14 至 IT18。

附表 27　轴的基本上偏差数值(GB/T 1800.3)

基本尺寸(mm)		基本偏差																
		上偏差 es																
		所有标准公差等级												IT5和IT6	IT7	IT8	IT4至TI7	≤IT3 >IT7
大于	至	a	b	c	cd	d	e	ef	f	fg	g	h	js	j			k	
—	3	−270	−140	−60	−34	−20	−14	−10	−6	−4	−2	0	偏差=$\pm\frac{ITn}{2}$式中 ITn 是 IT 值数	−2	−4	−6	0	0
3	6	−270	−140	−70	−46	−30	−20	−14	−10	−6	−4	0		−2	−4		+1	0
6	10	−280	−150	−80	−56	−40	−25	−18	−13	−8	−5	0		−2	−5		+1	0
10	14	290	−150	−95		−50	−32		−16		−6	0		−3	−6		+1	0
14	18																	
18	24	−300	−160	−110		−65	−40		−20		−7	0		−4	−8		+2	0
24	30																	
30	40	−310	−170	−120		−80	−50		−25		−9	0		−5	−10		+2	0
40	50	−320	−180	−130														
50	65	−340	−190	−140		−100	−60		−30		−10	0		−7	−12		+2	0
65	80	−360	−200	−150														
80	100	−380	−220	−170		−120	−72		−36		−12	0		−9	−15		+3	0
100	120	−410	−240	−180														
120	140	−460	−260	−200		−145	−85		−43		−14	0		−11	−18		+3	0
140	160	−520	−280	−210														
160	180	−580	−310	−230														
180	200	−660	−340	−240		−170	−100		−50		−15	0		−13	−21		+4	0
200	225	−740	−380	−260														
225	250	−820	−204	−280														
250	280	−920	−480	−300		−190	−110		−56		−17	0		−16	−26		+4	0
280	315	−1250	−540	−330														
315	355	−1200	−600	−360		−210	−125		−62		−18	0		−18	−28		+4	0
355	400	−1350	−680	−400														
400	450	−1500	−760	−440		−230	−135		−68		−20	0		−20	−32		+5	0
450	500	−1650	−840	−480														
500	560					−260	−145		−76		−22	0					0	0
560	630																	
630	710					−290	−160		−80		−24	0					0	0
710	800																	
800	900					−320	−170		−86		−26	0					0	0
900	1000																	
1000	1120					−350	−195		−98		−28	0					0	0
1120	1250																	
1250	1400					−390	−220		−110		−30	0					0	0
1400	1600																	
1600	1800					−430	−240		−120		−32	0					0	0
1800	2000																	
2000	2240					−480	−260		−130		−34	0					0	0
2240	2500																	
2500	2800					−520	−290		−145		−38	0					0	0
2800	3150																	

注：(1) 基本尺寸小于或等于 1 mm 时，基本偏差 a 和 b 均不采用。

(2) 公差带 js7 至 js11，若 ITn 值是奇数，则取偏差为$\pm\frac{ITn-1}{2}$。

附表 28　轴的基本下偏差数值(GB/T　1800.3)

基本偏差数值													
下偏差 ei													
所有标准公差等级													
m	n	p	r	s	t	u	v	x	y	z	za	zb	zc
+2	+4	+6	+10	+14		+18		+20		+26	+32	+40	+60
+4	+8	+12	+15	+19		+23		+28		+35	+42	+50	+80
+6	+10	+15	+19	+23		+28		+34		+42	+52	+67	+97
+7	+12	+18	+23	+28		+33		+40		+50	+64	+90	+130
							+39	+45		+60	+77	+108	+150
+8	+15	+22	+28	+35		+41	+47	+54	+63	+73	+98	+136	+188
					+41	+48	+55	+64	+75	+88	+118	+160	+218
+9	+17	+26	+34	+43	+48	+60	+68	+80	+94	+112	+148	+200	+274
					+54	+70	+81	+97	+114	+136	+180	+242	+325
+11	+20	+32	+41	+53	+66	+87	+102	+122	+144	+172	+226	+300	+405
			+43	+59	+75	+102	+120	+146	+174	+210	+274	+360	+480
+13	+23	+37	+51	+71	+91	+124	+146	+178	+214	+258	+335	+445	+585
			+54	+79	+104	+144	+172	+210	+254	+310	+400	+525	+600
+15	+27	+43	+63	+92	+122	+180	+202	+248	+300	+365	+470	+620	+800
			+65	+100	+134	+190	+228	+280	+340	+415	+535	+700	+900
			+68	+108	+146	+210	+252	+310	+380	+465	+600	+780	+1000
+17	+31	+50	+77	+122	+166	+236	+284	+350	+425	+520	+670	+880	+1150
			+81	+130	+180	+258	+310	+385	+470	+575	+740	+960	+1250
			+84	+140	+196	+284	+340	+425	+520	+640	+820	+1050	+1350
+20	+34	+56	+94	+158	+218	+315	+385	+475	+580	+710	+920	+1200	+1550
			+98	+170	+240	+350	+425	+525	+650	+790	+1000	+1300	+1700
+21	+37	+62	+108	+190	+268	+390	+475	+590	+730	+900	+1150	+1500	+1900
			+114	+208	+294	+435	+530	+660	+820	+1000	+1300	+1650	+2100
+23	+40	+68	+126	+232	+330	+490	+595	+740	+920	+1100	+1450	+1850	+2400
			+132	+252	+360	+540	+660	+820	+1000	+1250	+1600	+2100	+2600
+26	+44	+78	+150	+280	+400	+600							
			+155	+310	+450	+660							
+30	+50	+88	+175	+340	+500	+740							
			+185	+380	+560	+840							
+34	+56	+100	+210	+430	+620	+940							
			+220	+470	+680	+1050							
+40	+66	+120	+250	+520	+780	+1150							
			+260	+580	+840	+1300							
+48	+78	+140	+300	+640	+850	+1450							
			+330	+720	+1050	+1600							
+85	+92	+170	+370	+820	+1200	+1850							
			+400	+920	+1350	+2000							
+68	+110	+195	+440	+1000	+1500	+2300							
			+460	+1100	+1650	+2500							
+76	+135	+240	+550	+1250	+1900	+2900							
			+850	+1400	+2100	+3200							

附表 29　孔的基本下偏差数值(GB/T 1800.3)

基本尺寸(mm)		基本偏差数值																				
		下偏差 EI																				
大于	至	所有标准公差等级												IT6	IT7	IT8	≤IT8	>IT8	≤IT8	>IT8	≤IT8	>IT8
		A	B	C	CD	D	E	EF	F	FG	G	H	JS	J			K		M		N	
—	3	+270	+140	+60	+34	+20	+14	+10	+6	+4	+2	0	偏差=$\pm\frac{ITn}{2}$式中的ITn是IT值数	+2	+4	+6	0	0	−2	−2	−4	−4
3	6	+270	+140	+70	+46	+30	+20	+14	+10	+6	+4	0		+5	+6	+10	$-1+\Delta$		$-4+\Delta$	−4	$-8+\Delta$	0
6	10	+280	+150	+80	+56	+40	+25	+18	+13	+8	+5	0		+5	+8	+12	$-1+\Delta$		$-6+\Delta$	−6	$-10+\Delta$	0
10	14	+290	+150	+95		+50	+32		+16		+6	0		+6	+10	+15	$-1+\Delta$		$-7+\Delta$	−7	-12 Δ	0
14	18																					
18	24	+300	+160	+110		+65	+40		+20		+7	0		+8	+12	+20	$-2+\Delta$		$-8+\Delta$	−8	$-15+\Delta$	0
24	30																					
30	40	+310	+170	+120		+80	+50		+25		+9	0		+10	+14	+24	$-2+\Delta$		$-9+\Delta$	−9	$-17+\Delta$	0
40	50	+320	+180	+130																		
50	65	+340	+190	+140		+100	+60		+30		+10	0		+13	+18	+28	$-2+\Delta$		$-11+\Delta$	−11	-20 Δ	0
65	80	+360	+200	+150																		
80	100	+380	+220	+170		+120	+72		+36		+12	0		+16	+22	+34	$-3+\Delta$		$-13+\Delta$	−13	$-23+\Delta$	0
100	120	+410	+240	+180																		
120	140	+460	+260	+200		+145	+85		+43		+14	0		+18	+26	+41	$-3+\Delta$		$-15+\Delta$	−15	$-27+\Delta$	0
140	160	+520	+280	+210																		
160	180	+580	+310	+230																		
180	200	+660	+310	+240		+170	+100		+50		+15	0		+22	+30	+47	$-4+\Delta$		$-17+\Delta$	−17	$-31+\Delta$	0
200	225	+740	+380	+260																		
225	250	+820	+420	+280																		
250	280	+920	+480	+300		+190	+110		+56		+17	0		+25	+36	+55	$-4+\Delta$		$-20+\Delta$	−20	$-34+\Delta$	0
2800	3150	+1050	+540	+330																		
315	355	+1200	+600	+360		+210	+125		+62		+18	0		+29	+39	+60	$-4+\Delta$		$-21+\Delta$	−21	$-37+\Delta$	0
355	400	+1350	+680	+400																		
400	450	+1500	+760	+440		+230	+135		+68		+20	0		+33	+43	+66	$-5+\Delta$		$-23+\Delta$	−23	$-40+\Delta$	0
450	500	+1650	+840	+480																		
500	560					+260	+145		+75		+22	0					0		−26		−44	
560	630																					
630	710					+290	+150		80		+24	0					0		−30		−50	
710	800																					
800	900					+320	+170		+86		+26	0					0		−34		−56	
900	1000																					
1000	1120					+350	+195		+98		+28	0					0		−40		−65	
1120	1250																					
1250	1400					+390	+220		+110		+20	0					0		−48		−78	
1400	1600																					
1600	1800					+430	+240		+120		+32	0					0		−85		−92	
1800	2000																					
2000	2240					+480	+260		+130		+34	0					0		−68		−110	
2240	2500																					
2500	2800					+520	+290		+145		+38	0					0		−76		−135	
2800	3150																					

注:(1) 基本尺寸小于或等于 1 mm 时,基本偏差 a 和 b 均不采用。

(2) 公差带 js7 至 js11，若 ITn 值数是奇数，则取偏差为$\pm\frac{\mathrm{IT}n-1}{2}$。

(3) 对小于或等于 IT8 的 K、M、N 和小于或等于 IT7 的 P－ZC，所需的 Δ 值从表内右侧选取。例如，18～30 mm 段的 K7，Δ＝8 μm，所以 ES＝－2＋8＝＋6 μm，18～30 mm 段的 S6，Δ＝4 μm，所以 ES＝－35＋4＝－31 μm。

(4) 特殊情况：250～315 mm 段的 M6，ES＝－9 μm(代替－11 μm)。

附表 30　孔的基本上偏差数值(GB/T 1800.3)　　单位：μm

基本偏差数值													Δ值					
上偏差 ES																		
≤IT7	标准公差等级大于 IT7												标准公差等级					
P 至 ZC	P	R	S	T	U	V	X	Y	Z	ZA	ZB	ZC	IT	IT4	IT5	IT6	IT7	IT8
	-6	-10	-14		-18		-20		-26	-32	-40	-60	0	0	0	0	0	0
	-12	-15	-19		-23		-28		-35	-42	-50	-80	1	1.5	1	3	4	6
	-15	-19	-23		-28		-34		-42	-52	-67	+97	1	1.5	2	3	6	7
	-18	-23	-28		-33		-40		-50	-64	-90	-130	1	2	3	3	7	9
						-39	-45		-60	-77	-105	-150						
	-22	-28	-35		-41	-47	-54	-63	-73	-98	-136	-188	1.5	2	3	4	8	12
				-41	-48	-55	-64	-75	-88	-118	-160	-218						
	-26	-34	-43	-48	-60	-68	-80	-94	-112	-148	-200	-274	1.5	3	4	5	9	14
				-54	-70	-81	-97	-114	-136	-180	-242	-325						
	-32	-41	-53	-66	-87	-102	-122	-144	-172	-226	-300	-405	2	3	5	6	11	16
		-43	-59	-75	-102	-120	-146	-174	-210	-274	-360	-480						
	-37	-51	-71	-91	-124	-146	-178	-214	-258	-335	-445	-585	2	4	5	7	13	19
		-54	-79	-104	-144	-472	-210	-254	-310	-400	-525	-690						
	-43	-63	-92	-122	-170	-202	-248	-300	-365	-470	-620	-800	3	4	6	7	15	23
		-65	-100	-134	-190	-228	-280	-340	-415	-535	-700	-900						
		-68	-108	-146	-210	-252	-310	-380	-465	-600	-780	-1000						
	-50	-77	-122	-166	-236	-284	-350	-425	-520	-670	-880	-1150	3	4	6	9	17	26
		-80	-130	-180	-258	-310	-385	-470	-575	-740	-960	-1250						
		-84	-140	-196	-284	-340	-425	-520	-640	-820	-1050	-1350						
	-56	-94	-158	-218	-315	-385	-475	-580	-710	-920	-1200	-1550	4	4	7	9	20	29
		-98	-170	-240	-350	-425	-515	-650	-790	-1000	-1300	-1700						
	-62	-108	-190	-268	-390	-475	-590	-730	-900	-1150	-1500	-1900	4	5	7	11	21	32
		-114	-208	-294	-435	-530	-660	-820	-1000	-1300	-1650	-2100						
	-68	-126	-232	-330	-490	-595	-740	-920	-1450	-1100	-1850	-2400	5	5	7	13	23	34
		-132	-252	-360	-540	-660	-820	-1000	-1250	-1600	-2100	-2600						
	-78	-150	-280	-400	-600													
		-155	-310	-450	-660													
	-88	-175	-340	-500	-740													
		-185	-380	-560	-840													
	-100	-210	-430	-620	-940													
		-223	-470	-680	-1050													
	-120	-250	-520	-780	-1150													
		-260	-580	-810	-1300													
	-140	-300	-640	-960	-1450													
		-330	-720	-1050	-1600													
	-170	-370	-820	-1200	-1850													
		-400	-920	-1350	-2000													
	-195	-440	-1000	-1500	-2300													
		-460	-1100	-1650	-2500													
	-240	-550	1250	-1900	-2900													
		-580	-1400	-2100	-3200													

附表 31　基本尺寸至 500 mm 优先常用

代号	c	d		e		f		g		h						js
基本尺寸(mm)	等															
	11	8	9	7	8	7	8	6	7	5	6	7	8	9	10	11	±3
≤3	-60 -120	-20 -34	-20 -45	-14 -24	-14 -27	-6 -16	-6 -20	-2 -8	-2 -12	0 -4	0 -6	0 -10	0 -14	0 -25	0 -40	0 -60	±4
>3~6	-70 -145	-30 -48	-30 -60	-20 -32	-20 -38	-10 -22	-10 -28	-4 -12	-4 -16	0 -5	0 -8	0 -12	0 -18	0 -30	0 -48	0 -75	±4.5
>6~10	-80 -170	-40 -62	-40 -76	-25 -40	-25 -47	-13 -28	-13 -35	-5 -14	-5 -20	0 -6	0 -9	0 -15	0 -22	3 -36	0 -58	0 -90	±5.5
>10~14	-95 -205	-50 -77	-50 -93	-32 -50	-32 -59	-16 -34	-16 -43	-6 -17	-6 -24	0 -8	0 -11	0 -18	0 -27	0 -43	0 70	0 -110	±6.5
>14~18																	
>18~24	-110 -240	-65 -98	-65 -117	-40 -61	-40 -73	-20 -41	-20 -53	-7 -20	-7 -28	0 -9	0 -13	0 -21	0 -33	0 -52	0 -84	0 -130	±8
>24~30																	
>30~40	-120 -280	-80 -119	-80 -142	-50 -75	-50 -89	-25 -50	-25 -64	-9 -25	-9 -34	0 11	0 -16	0 -25	0 -39	0 -62	0 -100	0 -160	±9.5
>40~50	-130 -290																
>50~65	-140 -330	-100 146	-100 174	-60 -90	-60 106	-30 60	-30 76	-10 29	-10 40	0 -13	0 -19	0 -30	0 -46	0 -74	0 -120	0 -160	±11
>65~80	-150 -340																
>80~00	-170 -390	-120 -174	-120 -207	-72 -107	-72 -126	-36 -71	-36 -90	-12 -34	-12 -47	0 -15	0 -22	0 -35	0 -54	0 -87	0 -140	0 -220	±12.5
>100~120	-180 -400																
>120~140	-200 -450	-145 -208	-145 -245	-85 -125	-85 -148	-13 -83	-43 -106	-14 -39	-14 -54	0 -18	0 -25	0 -40	0 -63	0 -100	0 -160	0 -250	±14.5
>140~160	-210 -460																
>160~180	-230 -480																
>180~200	-240 -530	-170 -242	-170 -285	-100 -146	-100 -172	-50 -966	-50 -122	-15 -44	-15 -61	0 -20	0 -29	0 -46	0 -72	0 -115	0 -185	0 -260	±16
>200~225	-260 -550																
>225~250	-280 -570																

续表

代号	c	d		e		f		g		h							js
基本尺寸(mm)	等																
	11	8	9	7	8	7	8	6	7	5	6	7	8	9	10	11	±3
>250~280	−300 −620	−190 −271	−190 −320	−110 −162	−110 −191	−56 −107	−56 −137	−17 −49	−17 −68	0 −23	0 −32	0 −52	0 −81	0 −130	0 −210	0 −320	±16
>250~315	−330 −650																
>315~355	−360 −720	−210 −299	−210 −350	−125 −182	−125 −214	−62 −119	−62 −151	−18 −54	−18 −75	0 −25	0 −36	0 −57	0 −89	0 −140	0 −230	0 −360	±18
>355~400	−400 −760																
>400~450	−440 −840	−230 −327	−230 −385	−135 −198	−135 −232	−68 −131	−68 −165	−20 −60	−20 −83	0 −27	0 −40	0 −63	0 −97	0 −155	0 −250	0 −400	±20
>450~500	−480 −880																

附表 32　配合轴的极限偏差(GB/T 1801)　　单位:μm

k		m		n		p		r		s		t		u	v	x	y	z
级																		
6	7	6	7	5	6	6	7	6	7	5	6	6	7	6	6	6	6	6
+6 0	+10 0	+8 +0	+12 +2	+8 +4	+10 +4	+12 +6	+16 +6	+16 +10	+20 +10	+15 +14	+20 +14	—	—	+24 +18	—	+26 +20	—	+32 +26
+9 +1	+13 +1	+12 +4	+16 +4	+13 +8	+16 +8	+20 +12	+26 +12	+23 05	+27 +15	+24 +19	+27 +19	—	—	+31 +23	—	+36 +28	—	+43 +35
+10 +1	+16 +1	+15 +6	+21 +6	+16 +10	+19 +10	+24 +15	+30 +15	+28 +19	+34 +19	+29 +23	+32 +23	—	—	+37 +28	—	+43 +34	—	+51 +42
+12 +1	+19 +1	+18 +7	+25 +7	+20 +12	+23 +12	+29 +18	+36 +18	+34 +23	+41 +23	+36 +28	+39 +28	—	—	+44 +33	—	+51 +40	—	+61 +50
															+50 +39	+56 +45	—	+71 +60
+15 +2	+23 +2	+21 +8	+29 +5	+24 +15	+28 +15	+35 +22	+43 +22	+41 +28	+49 +28	+44 +34	+48 +35	—	—	+54 +41	+60 +47	+67 +54	+76 +63	+86 +73
												+54 +41	+62 +41	+61 +48	+68 65	677 +64	+88 +75	+101 +88
+18 +2	+27 +2	+25 +9	+34 +9	+28 +17	+33 +17	+43 +26	+51 +26	+50 +34	+59 +34	+54 +43	+59 +43	+64 +48	+73 +48	+76 +60	+84 +68	+96 +80	+110 +94	+127 +112
												+71 +54	+79 +54	+86 +70	+97 +81	+113 +97	+130 +114	+152 +136
+21 +2	+32 +2	+30 +11	+41 +11	+33 +20	+38 +20	+51 +32	+62 +32	+60 +41	+71 +41	+66 +53	+72 +53	+85 +55	+96 +66	+106 +87	+121 102	+141 +122	+163 +144	+191 +172
								+62 +43	+73 +43	+72 +59	+78 +59	+94 +75	+105 +75	+121 +102	+136 +120	+165 +146	+193 +174	+229 −210

续表

k		m		n		p		r		s		t		u	v	x	y	z
级																		
6	7	6	7	5	6	6	7	6	7	5	6	6	7	6	6	6	6	6
+25 +3	+38 +3	+35 +13	+48 +13	+38 +23	+45 +23	+59 +37	+72 +37	+73 +51	+86 +51	+86 +71	+93 +71	+113 +94	+126 +91	+146 +124	+168 +146	+200 +178	+236 +214	+280 +258
								+75 +54	+89 +54	+94 +79	+101 +79	+126 +104	+138 +104	+166 +144	+194 +172	+232 +210	+276 +254	+332 +310
+28 +3	+43 +3	+40 +15	+55 +15	+45 +27	+52 +27	+68 +43	+83 +43	+88 +63	+103 +63	+110 +92	+117 +92	+147 +122	+162 +122	+195 +170	+227 +202	+237 +248	+325 +30	+390 +364
								+90 +65	+135 +65	+118 +100	+125 +100	+159 +134	+174 +134	+215 +190	+253 +228	+315 +280	+365 +340	+440 +415
								+93 +68	+108 +68	+126 +108	+133 +108	+171 +146	+186 +146	+235 +210	+277 +252	+335 +310	+405 +380	+490 +465
+33 +4	+50 +4	+46 +17	+63 +17	+51 +31	+60 +31	+79 +50	+96 +50	+106 +77	+123 +77	+142 +122	+151 +122	+195 +166	+212 +166	+265 +236	+313 +284	+379 +350	+454 +425	+549 +520
								+109 +80	+126 +80	+150 +130	+159 +130	+209 +180	+226 +180	+287 +258	+339 +310	+414 +385	+699 +470	+604 +575
								+113 +84	+130 +84	+160 +140	+169 +140	+225 +196	+242 +196	+313 +284	+369 +340	+454 +425	+549 +520	+669 +640
+36 +4	+56 +4	+52 +20	+72 +20	+57 +34	+66 +34	+88 +56	+108 +56	+126 +94	+136 +94	+181 +158	+190 +158	+250 +218	+270 +218	+347 +315	+417 +385	+507 +475	+612 +580	+742 +710
								+130 +98	+150 +98	+193 +170	+212 +170	+272 +240	+292 +240	+382 +350	+457 +425	+557 +525	+682 +650	+822 +790
+40 +4	+61 +4	+57 +21	+78 +21	+62 +37	+73 +37	+98 +62	+119 +62	+144 +108	+165 +108	+215 +190	+226 +190	+304 +268	+325 +268	+426 +390	+511 +475	+626 +590	+766 +730	+936 +900
								+150 +114	+171 +114	+233 +208	+244 +208	+330 +294	+351 +294	+471 +435	+566 +630	+696 +660	+856 +820	+1036 +1000
+45 +5	+68 +5	+63 +23	+86 +23	+67 +40	+80 +40	+108 +68	+131 +68	+166 +126	+189 +126	+259 +232	+272 +232	+370 +330	+393 +330	+530 +490	+635 +595	+780 +740	+960 +920	+1140 +1100
								+172 +132	+195 +132	+279 +252	+292 +252	+400 +360	+423 +360	+580 +540	+700 +660	+860 +820	+1040 +1000	+1290 +1250

附表 33　基本尺寸至 500 mm 优先常用

代号	C	D		E		F		G		H						
基本尺寸(mm)	等															
	11	9	10	8	9	8	9	6	7	6	7	8	9	10	11	12
≤3	+120 +60	+45 +20	+60 +20	+28 +14	+39 +14	+20 +6	+30 +6	+8 +2	+12 +2	+6 +0	+10 0	+14 0	+25 0	+40 0	+60 0	+400 0
3～6	+145 +70	+60 +30	+78 +30	+38 +20	+50 +20	+28 +10	+40 +10	+12 +4	+16 +4	+8 0	+12 0	+18 0	+30 0	+48 0	+75 0	+120 0
>6～10	+170 +80	+76 +40	+98 +40	+47 +25	+61 +25	+35 +13	+49 +13	+14 +5	+20 +5	+9 0	+15 0	+22 0	+36 0	+58 0	+91 0	+150 0

续表

代号	C	D		E		F		G		H						
基本尺寸(mm)	等															
	11	9	10	8	9	8	9	6	7	6	7	8	9	10	11	12
>10~14 >14~18	+205 +95	+93 +50	+120 +50	+59 +32	+75 +32	+43 +16	+59 +16	+17 +6	+24 +6	+11 0	+18 0	+27 0	+43 0	+70 0	+110 0	+180 0
>18~24 >24~30	+240 +110	+117 +65	+149 +65	+73 +40	+92 +40	+53 +20	+72 +20	+20 +7	+28 +7	+13 0	+21 0	+33 0	+52 0	+84 0	+130 0	+210 0
>30~40 >40~50	+280 +120 +290 +130	+142 +80	+180 +80	+89 +50	+112 +50	+64 +25	+87 +25	+25 +9	+34 +9	+16 0	+25 0	+39 0	+62 0	+100 0	+160 0	+250 0
>50~65 >65~80	+330 +140 +340 +150	+174 +100	+220 +100	+106 +60	+134 +60	+76 +30	+104 +30	+29 +10	+40 +10	+19 0	+30 0	+46 0	+74 0	+120 0	+190 0	+300 0
>80~100 >100~120	+390 +170 +400 +180	+207 +120	+260 +12	+126 +72	+159 +72	+90 +36	+123 +36	+34 +12	+47 +12	+22 0	+35 0	+54 0	+87 0	+140 0	+220 0	+350 0
>120~140 >140~160 >160~180	+450 +200 +460 +210 +480 +230	+245 +145	+305 +145	+148 +85	+185 +85	+106 +43	+143 +43	+28 +14	+54 +14	+25 0	+40 0	+63 0	+100 0	+160 0	+250 0	+400 0
>180~200 >200~225 >225~250	+530 +240 +550 +260 +570 +280	+285 +170	+355 +170	+172 +100	+215 +100	+122 +50	+165 +50	+44 +15	+61 +15	+29 0	+46 0	+72 0	+115 0	+185 0	+290 0	+460 0
>250~280 >250~315	+620 +300 +650 +330	+320 +190	+400 +190	+191 +110	+240 +110	+137 +56	+186 +56	+49 +17	+69 +17	+32 0	+52 0	+81 0	+130 0	+210 0	+320 0	+520 0
>315~355 >355~400	+720 +360 +760 +400	+350 +210	+440 +210	+214 +125	+265 +125	+151 +62	+212 +62	+54 +18	+36 0	+36 0	+57 0	+89 0	+140 0	+230 0	+360 0	+570 0
>400~450 >450~500	+840 +440 +880 +480	+385 +230	+480 +230	+232 +135	+290 +135	+165 +68	+233 +68	+60 +20	+83 +20	+40 0	+63 0	+97 0	+155 0	+250 0	+400 0	+630 0

附表 34　配合孔的极限偏差(GB/T 1801)　　单位:μm

JS		K		M		N		P		R		S		T		U
级																
7	8	6	7	7	8	6	7	6	7	6	7	6	7	6	7	6
±5	±7	0 −6	0 −10	−2 −12	−2 −16	−4 −10	−4 −14	−6 −12	−6 −16	−10 −16	−10 −20	−14 −20	−14 −24	—	—	−18 −24
±6	±9	+2 −6	+3 −9	0 −12	+2 −16	−5 −13	−4 −16	−9 −17	−8 −21	−12 −20	−11 −23	−16 −24	−15 −27	—	—	−20 −28
±7	±11	+2 −7	+5 −10	0 −15	+1 −21	−7 −16	−4 −16	−12 −21	−9 −24	−16 −25	−13 −28	−20 −29	−17 −32	—	—	−25 −34
±9	±13	+2 −9	+6 −12	0 −18	+2 −25	−9 −20	−5 −23	−15 −26	−11 −29	−20 −31	−16 −34	−25 −36	−21 −39	—	—	−30 −41
±10	±16	+2 −11	+6 −15	0 −21	+4 −29	−11 −24	−7 −28	−18 −31	−14 −35	−24 −37	−20 −41	−31 −44	−27 −48	—	—	−37 −50
														−37 −50	−33 −54	−44 −57
±12	±19	+3 −13	+7 −18	0 −25	+5 −34	−12 −28	−8 −33	−21 −37	−17 −42	−29 −45	−25 −50	−38 −54	−34 −59	−43 −59	−39 −64	−55 −71
														−49 −65	−45 −70	−65 −81
±15	±23	+4 −15	+9 −21	0 −30	+5 −41	−14 −33	−9 −39	−26 −45	−21 −51	−35 −54	−30 −60	−47 −66	−42 −72	−60 −79	−55 −85	−81 −100
										−37 −56	−32 −62	−53 −72	−48 −78	−69 −88	−64 −94	−96 −115
±17	±27	+4 −18	+10 −25	0 −35	+6 −48	−16 −38	−10 −45	−30 −52	−24 −59	−44 −66	−38 −73	−64 −86	−58 −93	−84 −106	−78 −113	−117 −139
										−47 −69	−41 −76	−72 −94	−66 −101	−97 −119	−91 −126	−137 −159
										−56 −81	−48 −88	−85 −110	−77 −117	−115 −140	−107 −147	−163 −188
±20	±31	+4 −21	+12 −28	0 −40	+8 −55	−20 −45	−12 −52	−36 −61	−28 −68	−58 −83	−50 −90	−93 −118	−85 −125	−127 −152	−119 −159	−183 −208
										−61 −86	−53 −93	−101 −126	−93 −133	−139 −164	−131 −171	−203 −228
										−68 −97	−60 −106	−113 −142	−105 −151	−157 −186	−149 −195	−227 −256
±23	±36	+5 −24	+13 −33	0 −46	+9 −63	−22 −51	−14 −60	−41 −70	−33 −79	−71 −100	−63 −109	−121 −152	−113 −159	−171 −200	−163 −209	−249 −278
										−75 −104	−67 −113	−131 −163	−123 −169	−187 −216	−179 −225	−275 −304

续表

JS		K		M		N		P		R		S		T		U
级																
7	8	6	7	7	8	6	7	6	7	6	7	6	7	6	7	6
±26	±40	+5 −27	+16 −36	0 −52	+9 −72	−25 −57	−14 −66	−47 −79	−36 −88	−85 −117	−74 −126	−149 −181	−138 −190	−209 −241	−198 −250	−306 −338
										−89 −121	−78 −130	−161 −193	−150 −212	−231 −263	−230 −272	−341 −373
±28	±44	+7 −29	+17 −40	0 −57	+11 −78	−26 −62	−16 −73	−51 −87	−41 −98	−97 −133	−87 −144	−179 −215	−169 −226	−257 −293	−247 −304	−379 −415
										−103 −139	−93 −150	−197 −233	−187 −244	−283 −319	−273 −330	−424 −461
±31	±48	+8 −32	+18 −45	0 −63	+11 −86	−27 −67	−17 −80	−55 −95	−45 −108	−113 −153	−103 −166	−219 −259	−209 −272	−317 −357	−307 −370	−477 −517
										−119 −159	−109 −172	−239 −279	−229 −292	−347 −387	−337 −400	−527 −567

参考文献

[1] 刘力. 机械制图[M]. 3版. 北京:高等教育出版社,2011.

[2] 劳动和社会保障部教材办公室. 机械制图[M]. 5版. 北京:中国劳动社会保障出版社,2007.

[3] 王幼龙. 机械制图[M]. 北京:高等教育出版社,2003.

[4] 机械制图电子图书[EB/OL]. 中职教学资源网 http://www.cnzj5u..com.

[5] 机械制图机电专用教材[EB/OL]. 中职教学资源网 http://www.cnzj5u..com.

[6] 张信群. 机械制图[M]. 合肥:合肥工业大学出版社,2005.

[7] 钱可强. 零部件测绘实训教程[M]. 北京:高等教育出版社,2007.